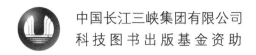

中国长江三峡集团有限公司
科技图书出版基金资助

高水头大流量泄流建筑物
安全技术

中国长江三峡集团有限公司　编著

中国三峡出版传媒
中国三峡出版社

图书在版编目（CIP）数据

高水头大流量泄流建筑物安全技术／中国长江三峡集团有限公司编著. —北京：中国三峡出版社，2022.4

ISBN 978－7－5206－0233－4

Ⅰ.①高… Ⅱ.①中… Ⅲ.①泄水建筑物-安全技术 Ⅳ.①TV65

中国版本图书馆 CIP 数据核字（2021）第 274665 号

责任编辑：任景辉

中国三峡出版社出版发行

（北京市通州区新华北街 156 号　101100）

电话：（010）57082645　57082577

http：//media. ctg. com. cn

北京世纪恒宇印刷有限公司印刷　新华书店经销

2022 年 9 月第 1 版　2022 年 9 月第 1 次印刷

开本：787 毫米×1092 毫米　1/16　印张：26.25

字数：622 千字

ISBN 978－7－5206－0233－4　定价：220.00 元

《高水头大流量泄流建筑物安全技术》
编辑委员会

内 容 提 要

　　高水头大流量泄流建筑物安全技术研究既是我国水电开发中亟待解决的重大课题，又是国际和国内水电行业面临的极富挑战性的创新课题。本书结合我国大型水电工程建设过程中遇到的泄流建筑物安全关键技术难题，经过多家高校及科研院所多年联合技术攻关，开发出适应我国特大型水利水电工程水头高、流量大、河谷狭窄等特点的泄流建筑物安全新技术，解决了消能防冲、掺气减蚀、泄洪雾化、泄流结构灾变及其诊断和预警等系列性关键问题，研制了适应高流速条件的新型抗冲耐磨材料，形成了具有自主知识产权的创新技术成果体系，为提高我国高水头大流量水利水电工程泄流建筑物的安全性，充分发挥工程的综合效益，提供了科技支撑和技术手段。

　　本书可供从事水利水电工程设计、科研和管理等工作的人员参考，也可供高等院校相关专业的师生阅读。

前　言

我国是世界上水资源问题最为突出和复杂的大国，集中表现为水资源空间分布与经济社会发展格局不匹配、经济社会缺水与生态用水保障不足并存、水资源工程建设和安全运行管理任务艰巨、江河治理与水沙问题突出等，水资源问题已成为制约我国社会经济可持续发展的瓶颈因子。长江流域已建水库5.2万座，总库容为3600亿 m³、防洪库容为770亿 m³，水电站装机容量为19万 MW，防洪保护对象涉及10个省（市），4亿多人口。长江上中游已建成世界上规模最大的水利枢纽群，成为保障长江安澜、推动长江经济带发展和实现长江大保护战略目标的关键，也是事关我国社会经济发展全局。中国长江三峡集团有限公司（以下简称"三峡集团"）在长江干流和清江支流共拥有已建和在建水电站9座，总装机容量达7500万 kW，规模相当于3个三峡水电站；梯级防洪库容近400亿 m³，占长江总防洪库容的2/3，是长江流域水资源安全运行和效益发挥的核心与关键。

三峡集团作为全球最大水电开发运营企业和我国最大清洁能源集团，承担使命从最早的"建设三峡、开发长江"逐渐发展为"管理三峡、保护长江"，实现了清洁能源和生态环保两翼齐飞。从水利水电工程勘察、可研、建设、调度运行，乃至长江大保护、京津冀协同发展、雄安新区规划建设、国际水电业务开发运营等，水资源利用是贯穿始终的一条主线。提高水资源高效利用能力，是三峡集团提高核心竞争力和夯实大水电压舱石作用的迫切需求，对建设世界一流示范企业起着至关重要的作用。三峡集团相关部门和单位先后立项开展相关科研项目，取得了大量科技成果。科学技术研究院、长江电力、流域管理中心等单位分别设立了内部专职研究机构。同时完善协同机制，深化产学研合作，三峡集团与外部单位联合成立了多个研发平台，这些共建研发平台起点高、队伍强、保障好，具备水资源高效利用领域产学研深度融合的能力。三峡集团在水资源优化配置、高效利用、合理开发和调度管理等方面已经掌握了一批关键技术。

（1）建成了一整套先进的气象业务系统。三峡集团与中国气象局、湖北气象局等建立战略合作关系，打造国内水电行业唯一的气象技术服务团队，按照省级气象台站标准建成了一整套先进的气象业务系统。每年收集气象卫星、雷达和长江流域12 000个雨量站共约3T数据，可以在综合分析中国、美国、欧洲、日本等国家和地区4个数值模型的基础上进行长、中、短期预报，覆盖了宜昌以上至石鼓共约80万 km² 的区域，为金沙江—三峡梯级水库调度及电力生产、金沙江下游流域梯级电站的建设及蓄水投产提供气象相关服务。

（2）研发了高水平的适应水库调度特点的水文预报系统。水文预报是流域水资源安全、高效运行的基础和关键。三峡集团与水利部及长江委、相关省市的水文部门建立了良好的合作关系，自建、共建和共享的水雨情站点达到1400处，联合研发了高水平的适应水库调度特点的水文预报系统，基于"气象预报与水文预报相结合、长中短期水文预报相结合、人工交互与预报系统相结合"的技术路线，具备制作并发布金沙江下游梯级、三峡梯级、清江梯级的长中短期入库流量预报的能力。

（3）形成了流域水库群的联合优化调度能力。流域梯级科学调度决策需要方方面面的技术支撑。三峡集团联合长江委等单位，分阶段、长时期开展了多目标水库联合调度研究，提出了优化的防洪调度方式以及与汛末提前蓄水相结合的调度方式；全年实时优化调度控制库水位，科学安排运行方式和检修计划，力争所有机组保持在高效区运行；开展生态调度、库尾减淤调度等研究，实现社会效益和发电效益双赢；由单库向水库群联合运行转变，进一步发挥流域水资源综合效益。部分研究成果纳入调度规程，提高了调度水平和工作效率，梯级电站水能利用率每年提高超过4%，初步形成流域梯级联合调度完整体系和关键能力。

（4）建立了较为完备的调度技术支撑系统。一是建成国内水电企业中规模最大、功能最全、技术领先的水情遥测系统，布设遥测站点600多个，控制流域面积54万km^2，该系统多年畅通率、可用度均在99%以上。二是建成包括上游主要干支流约30座水库信息的共享平台；建成覆盖气象预报、水文预报、水库调度、电力监控全业务链的预报调度和远程控制一体化系统。三是建成覆盖湖北、四川、云南、北京及6座水电站现场的融合通信系统和通信光环网系统。四是建成电能计量、电力生产报表等其他电力二次辅助系统。

（5）开发了生态友好的水利水电工程调控关键技术与装备。长期以来，我国缺乏成体系的生态友好的水利水电工程关键技术和装备，这也成为影响生态调度，甚至国家安全"卡脖子"的瓶颈。依托三峡工程运行调度实践，发明了适宜鱼类繁殖生境条件的生态调控技术，增加流态多样性和生境多样性，进而增加物种多样性和生物量。为满足流域鱼类生境调控中复杂水文过程的高精度预报需求，发明了变化环境下气象水文预报和栖息生境水文过程精细化模拟关键技术。为保障流域鱼类生境调控的高可靠性与高性能安全控制，研制了具有自主核心技术的H9000系列多目标自动调控装备，实现了巨型水电站调控装备国产化替代和"卡脖子"关键技术的突破，打破了国外企业在巨型水电站调控装备领域的垄断，提高了我国水电站调控装备的自主可控程度。

"十一五"期间，三峡集团负责了国家科技支撑计划重点项目"特大型梯级水利水电枢纽工程建设及高效运行安全关键技术研究"（2008BAB29B00），依托重大工程，围绕特大型水利水电工程建设，解决了复杂地质条件下高陡边坡、超大地下洞室群开挖、深厚覆盖层条件下导截流及围堰安全控制、高坝深层抗滑稳定、高水头大流量泄流建筑物、混凝土高坝施工与高拱坝结构等建设安全关键技术难题；围绕事故控制及应急救援，以三峡工程作为国家示范工程，建立了统一的、一体化特大型水利水电工程安全生产与施工安全应急管理体系；围绕三峡及上游梯级水利枢纽群联合调度技术，在三峡库区上游流域建成了全国最先进的水情自动测报系统和气象遥测站点布局，建立了多目标水库实时优化调度系统；形成了科学、合理、高效、便捷的特大型水利枢纽建设安全以及运行体系，形成了具有自主知识产权的创新技术成果，全面提升了我国特大型梯级水利水电工程安全、高效运行的科技水平，为实现我国水电产业可持续发展、保障国家能源安全和水资源安全战略提供了科技支撑。研究成果涉及领域众多、覆盖全面，无论国内还是国际，均无先例，进一步确立了我国在大型水利水电工程建设、安全和梯级枢纽调度领域的国际领先地位。项目被国家科技部授予"'十一五'国家科技支撑计划执行优秀团队奖"。

在新形势下，三峡集团始终面向国家重大需求，推进产学研深度融合，发挥大企业引领支撑作用，不断加强水资源共性技术平台建设。当前国内一大批高坝相继建成，这些水电资源集中在黄河上游及金沙江、澜沧江、雅砻江、大渡河、雅鲁藏布江等干支流，河谷深切、岸坡陡峻，洪水峰高量大，消能水头高，泄洪功率大，高坝泄洪消能技术研究具有广泛的技术需求和良好的发展前景。本书依托三峡集团所属金沙江下游梯级向家坝、溪洛渡、白鹤滩以及乌东德等特大型水利水电工程，针对存在的高水头大流量泄流建筑物安全关键技术难题，开发出适应我国特大型水利水电工程水头高、流量大、河谷狭窄等特点的泄流建筑物安全新技术，解决消能防冲、掺气减蚀、泄洪雾化、高流速条件的新型抗冲耐磨材料、泄流结构灾变及其诊断和预警等系列性关键问题，推动了高坝泄洪消能技术发展，形成了具有自主知识产权的创新技术成果体系。主要包含以下内容。

第 1 章概论，讨论了国内外水电建设的发展形势及开展高水头大流量泄流建筑物安全技术研究的必要性，分析了相关技术国内外研究进展，简要介绍了本书的主要内容。

第 2 章以理论分析为指导，以模型试验为手段，辅以必要的数模计算的综合研究方法，研究了高水头大流量泄流建筑物消能防冲安全技术，包括提出了跌扩型淹没射流消能技术；提出了顺直洞塞、台阶洞塞、收缩洞塞和直角转弯洞塞等新型内流消能工；提出了高坝挑跌流水垫塘和坝身泄水孔口优化的原则；提出了通过扩大剪切消能区的范围，减轻撞击消能区的撞击强度，尽可能利用混掺消能区水体的消能型式；提出了一套无碰撞分级分散挑流技术；提出了一种泄洪洞出口燕尾形挑流鼻坎；建立了泄水建筑物下游冲刷坑的数值模拟方法，研究了清水射流和掺气射流的冲刷坑冲刷过程与稳定形态。

第 3 章提出了一套高水头大流量泄洪洞掺气减蚀新技术，揭示了高水头大流量泄洪洞反弧段水力特性及空蚀原因，有效解决了二维掺气设施存在的问题。此外，建立了反弧段掺气保护长度估算方法，研究了小底坡掺气减蚀设施空腔回水壅堵条件和消除措施，并详细揭示了回水及掺气方式等对掺气效果的影响。同时，本研究研发了一种新型的防回水掺气设施结构，并提出了突扩跌坎掺气设施体型布置和设计方法。

第 4 章基于泄洪雾化的水力学影响因素分析，建立了挑流掺气水舌的数学模型、溅水区的随机喷溅数学模型和雨雾输运与扩散的数学模型，构成了模拟泄洪雾化全过程的数学模型。根据比尺模型雨强的分析成果给出了抛洒降雨区和雾流降雨区的模型律，丰富了雾化雨强模型律的研究成果。建立了雾化雨入渗数学模型及分析程序，揭示了雾化雨入渗对岸坡稳定性的影响，给出了泄洪雾化分区的量化指标、防护设计原则及安全措施。

第 5 章针对高速水流的冲磨空蚀所产生的对高性能抗冲磨防空蚀材料的需求，开发了高性能抗冲耐磨混凝土、新型纳米抗冲磨面层涂料以及抗冲耐磨混凝土的新工艺、试验新方法和寿命估算模型。提出了不同部位泄水建筑物的高性能抗冲磨混凝土配合比优选方法，兼顾混凝土的抗裂性和抗冲磨性能。合成了一种纳米抗冲磨面层涂料体系，可作为抵抗高速夹沙石水流冲磨破坏的面层保护材料。揭示了真空混凝土的性能特性，真空混凝土的抗冻耐久性提高，真空脱水明显降低了混凝土总孔隙率。开发了高速水下钢球法试验机。开发了旋转缩放型磨蚀—空蚀耦合试验系统。建立了悬移质、推移质冲磨作用下混凝土使用寿命的估算模型。

第6章建立了一套基于模态参数识别理论的结构损伤诊断方法和泄流结构流激振动及灾变过程监测系统。提出了一种基于泄流振动响应的弧形闸门多级损伤诊断评估方法，为实现弧形闸门的在线状态检测与监测提供了新思路。开发研制了"光纤区域同步空化空蚀监测"仪器来同步测试空化噪声和泄流结构的空蚀冲击波动响应，全面测试泄洪洞发生空蚀、磨蚀和冲刷等破坏时的水力要素和结构动力响应特征变化规律。提出了大型水利工程泄洪消能防护结构的健康诊断方法，初步构建了泄洪消能结构安全实时监控系统，构建了监控指标体系，建立了水垫塘底板综合安全评价系统。

第7章通过对原型观测方法及数据进行研究，提出了一套基于泄流激励的结构模态参数识别方法和泄流结构的损伤诊断和分级预警方法，对泄流结构工作性态进行在线评估。开发了泄流激励下结构动力响应的降噪技术，为提高泄流激励下结构的模态参数识别提供了可靠基础。提出了泄流结构的模态参数识别算法。提出了基于支持向量机和模态分析的导墙结构损伤诊断评估方法。提出了基于泄流振动响应的结构动力特性识别损伤诊断评估方法。

第8章对上述研究成果进行了总结。研究成果成功应用于向家坝、溪洛渡、白鹤滩、乌东德、锦屏一级、水布垭、二滩、三峡、小湾、瀑布沟、糯扎渡、官地等大型水利水电工程，解决了一大批关键技术问题，取得了显著的经济效益和社会效益。成果对其他类似工程具有广阔的推广价值。淹没射流消能方式已经成功地运用到了向家坝水电站工程的底流消能中，高低跌坎消力池体型使入池高速水流脱离底板，成功地解决高速水流问题，具有广泛的应用前景，侧墙贴角掺气减蚀技术被溪洛渡泄洪洞现设计方案采用。基于泄流激励的模态参数识别和损伤评估方法评估青铜峡大坝三大裂缝和导墙的损伤情况，成果被青铜峡第三次大坝安全定检工作采用。跌坎底流（淹没射流）消能的水流结构研究成果和向家坝水电站新型跌坎型底流消能优化研究成果应用于向家坝水电站。泄水建筑物下游深厚覆盖层冲刷模拟技术和计算方法应用于乌东德水电站试验研究。高拱坝表深孔无碰撞挑流消能研究成果应用于锦屏一级水电站。溪洛渡水电站长有压泄洪洞运行方式研究、溢流反弧段掺气浓度衰减规律和掺气保护长度预测方法研究成果和溪洛渡水电站泄洪洞掺气减蚀布置优化研究成果应用于溪洛渡水电站，成功地解决了顺直河道泄洪洞群布置、50m/s级高速水流空化空蚀和河道消能防冲等难题。白鹤滩水电站大型泄洪洞优化研究成果应用于白鹤滩水电站。泄洪雾化数学模拟方法研究成果应用于两河口水电站和亚碧罗水电站。泄洪雾化物理模型试验技术研究成果应用于构皮滩水电站和乌东德水电站。泄洪雾化灾害防护措施研究成果应用于构皮滩水电站。高速（50m/s）水下钢球法试验机应用于白鹤滩水电站抗冲磨混凝土试验研究。真空脱水工艺部分成果应用于江苏扬州施桥、邵伯三线船闸工程。在拉西瓦水电站和二滩水电站中应用泄流结构流激振动及灾变过程监测系统，对水动力要素（如压力、噪声）和结构动力要素（如振动、波动、应力）实施动态监控。基于泄流激励的模态参数识别和损伤评估方法成果应用于强震后映秀湾水电站拦河闸结构损伤评估。

全书主要内容源自戴会超等主持的国家"十一五"科技支撑计划重点项目课题（2008BAB29B04）以及近十几年来三峡集团在向家坝、溪洛渡、白鹤滩、乌东德等水电站建设过程中的技术总结。本书由中国长江三峡集团有限公司组织编写，主编是戴会超，参与编写的有刘志武、毛劲乔、蒋定国、郑铁刚、赵汗青、翟俨伟、翟然等。

本书得到了国家科技支撑计划、国家自然科学基金等项目的支持。在本书的编写过程中，参阅和引用了一些国内外文献和资料，编者在此向有关人员一并致谢！对未能列出的其他参考文献和资料的作者表示感谢并请谅解。

本书涉及内容广泛，涵盖本领域诸多前沿问题，限于编者水平，书中难免存在疏漏或不当之处，敬请广大读者指正。

编者

2021 年 12 月

目 录

第1章 概 论

1.1 研究的目的与意义

自20世纪90年代开始，我国水电开发建设进入快速发展阶段，一大批高坝相继建成，更多巨型工程正在建设或筹建当中，这些工程集中在黄河上游、金沙江、澜沧江、雅砻江、大渡河、雅鲁藏布江等干支流，均处于我国西部高山峡谷和高地震区，地质条件十分复杂，施工环境差，河谷深切、岸坡陡峻，洪水峰高量大，消能水头高，泄洪功率大，泄洪消能技术所面临的挑战前所未有。而泄洪消能是水利水电工程安全运行和充分发挥效益的基本保障，在整个枢纽中占有重要的位置，相关技术研究具有广泛的技术需求和良好的发展前景。

虽然我们已获得了三峡、二滩等一大批水电工程的泄洪运行经验，但高坝泄洪方式需根据工程的具体条件进行多方面的综合比较确定，例如坝身泄洪、泄洪洞和岸边溢洪道泄洪。不论哪种泄洪方式，因泄洪高速水流引起的泄水建筑物破坏的事例屡见不鲜，据统计近1/3水电工程的泄水建筑物出现不同程度的破坏，有的破坏还相当严重。随着西南水电工程建设的推进，高水头大流量泄流建筑物安全技术研究已成为我国当前水电开发形势下必须依靠自主创新解决的重大课题。世界已建大坝泄洪功率统计见表1－1。

表1－1 世界已建大坝泄洪功率统计表

工程名称	国家	坝高（m）	泄洪水头（m）	泄洪流量（m³/s）	泄洪功率（MW）
三峡	中国	181	97.3	102 500	97 837
溪洛渡	中国	285.5	193.4	50 900	96 570
伊泰普	巴西	196	120	62 200	73 222
萨尔达尔萨罗瓦尔	印度	163	80	92 000	72 202
糯扎渡	中国	261.5	182	37 532	67 010
图库鲁伊	巴西	86	55	110 000	59 350
纳格尔久讷萨格尔	印度	124.6	65	84 900	54 136
小湾	中国	294.5	226.6	20 745	46 115
构皮滩	中国	232.5	149.5	28 870	42 340

续表

工程名称	国家	坝高 （m）	泄洪水头 （m）	泄洪流量 （m³/s）	泄洪功率 （MW）
古里	委内瑞拉	162	140	30 000	41 202
二滩	中国	240	166.3	23 900	38 990
锦屏一级	中国	305	228.6	13 897	31 165
水布垭	中国	233	171	18 320	30 732
萨彦舒申斯克	俄罗斯	245	220	13 900	29 999
特里	印度	260.5	180	15 540	27 440
拉格朗德二级	加拿大	168	140	15 300	21 013
长河坝	中国	240	200	10 400	20 405
埃尔卡洪	洪都拉斯	234	184	8590	15 505
大岗山	中国	210	178	8814	15 390
里·罗克斯	南非	107	70.5	21 500	14 870
卡博拉巴萨	莫桑比克	171	102.9	13 300	13 425
拉西瓦	中国	250	213	6000	12 537
努列克	塔吉克斯坦	300	270	4400	11 654

本书依托金沙江下游梯级向家坝、溪洛渡、白鹤滩以及乌东德等特大型水利水电工程中存在的高水头大流量泄流建筑物安全关键技术难题，开发出适应我国特大型水利水电工程水头高、流量大、河谷狭窄等特点的泄流建筑物安全新技术，解决消能防冲、掺气减蚀、泄洪雾化、泄流结构灾变及其诊断和预警等系列性关键问题，研制出高流速条件的新型抗冲耐磨材料，进行技术创新，形成具有自主知识产权的创新技术成果体系，提高我国高水头大流量水利水电工程泄流建筑物的安全性，并在溪洛渡、向家坝等水电站开展示范性应用，全面提升我国特大型梯级水利水电工程安全及高效运行的科技水平，完善我国特大型梯级水利水电工程安全，确立我国在大型水利水电安全领域的国际领先地位。

1.2　国内外相关研究进展

近20年，广大科技人员通过不懈努力，密切结合工程实际，在借鉴国内外经验的基础上大胆创新，技术水平不断提高，在枢纽布置和泄洪消能设计等方面均有所突破，有些方面已达到世界先进水平。但是，随着我国兴建和拟建的高坝泄水建筑物所涉及的泄流流量越来越大，高速水流问题的影响日益突出，直接关系到枢纽的安全运行。虽然我们已取得了三峡、二滩等一大批水电工程的泄洪运行经验，但运行中出现的问题表明研究工作尚需进一步深化，以确保水电工程的安全性。

1.2.1　挑流消能理论和技术发展需求

挑流作为高坝中应用广泛的一种消能方式，重点要解决水垫塘的水力设计问题，通过水垫塘和坝身泄水孔口体型优化，减轻入射水舌的撞击强度，确保底板安全。

而狭窄河谷挑流所引起的泄洪雾化问题也是无法回避的，它对水电站输变电系统的安全运行、两岸高边坡稳定以及防护、环境、生态等诸多方面均会造成一定影响，需要认真对待。根据东风水电站泄洪雾化的实测资料，已测得的最大泄洪雾化雨强达4063mm/h，而自然降雨自有历史记录以来还从未超过200mm/h。近年来，人工神经网络与模糊算法等交叉学科的理论方法在泄洪雾化的预测与分级防护方面逐渐得到广泛应用，并取得了较好的研究成果，为拟建工程安全运行防范提供了技术支撑。

1.2.2　底流消能理论和技术发展需求

目前能够代表世界底流消能最高水平的当属苏联的萨扬舒申斯克与印度的德里。我国采用底流消能的高坝工程有已建的安康、岩滩、大朝山和百色，新建成的底流消能代表有向家坝等。国内外采用底流消能的已建工程中出现破坏的为数不少，如印度的巴拉克、苏联的萨扬舒申斯克、美国的利贝，以及我国的安康、五强溪等水电工程。实地调研与分析研究表明，尽管每个工程的破坏原因均不相同，但都与消力池临底水力学指标过高有关，在高水头大流量条件下采用底流消能方式，尚存在较大的技术风险，传统的底流消能需要进一步的发展，以确保工程安全。

1.2.3　新型消能工理论和技术发展需求

考虑到传统消能工存在的技术应用限制，一批新型消能工应运而生，例如，宽尾墩消能工、窄缝挑坎消能工、多层多股跌坎底流消能工等。宽尾墩消能工是由我国林秉南院士于20世纪70年代首创的新型消能工，通过加强水股射流的纵向分散和掺气，与挑流、底流、消力戽、台阶式坝面等组合形成系列的联合消能工，达到提高消能率的效果。宽尾墩通常与其他消能型式联合运用，如安康水电站为宽尾墩与底流联合消能工、潘家口水电站为宽尾墩与挑流联合消能工、岩滩水电站为宽尾墩和戽式消力池联合消能工、乌弄龙水电站为宽尾墩—坝面台阶—戽式消力池联合消能工等。窄缝挑坎改变了常规挑坎横向扩散、减小单宽入水流量的传统观点，并将其成功应用于东风、拉西瓦、龙羊峡等水电站，有效地减轻了入水射流对河床的冲刷破坏力，将挑坎出口单宽流量从300m²/s提高至600~800m²/s。宽尾墩消能工和窄缝挑坎消能工解决了许多工程的泄洪消能难题，但尚有许多方面需要经过实践的检验。

跌坎型底流消能工是在消力池首部设置一定高度的跌坎，使得进入消力池内的高速水流引离临底区域，进而达到降低临底水力学指标的目的，由于其兼顾底流消能工适应性强、流态稳定、对下游环境影响较小等特点，在水电工程中具有较为广阔的应用前景（目前在萨扬舒申斯克、特里、向家坝、官地、亭子口等大型水电站中均得到了应用）。根据采用跌坎型底流消能方式的工程实例统计，其坝高为110~260m，坎上单宽流量为100~230m³/(s·m)，坎上 Fr 为5~12，可见跌坎型底流消能工的适用范围较广。就国内外跌坎型底流消能工的实际运行来看，有部分工程出现了破坏，如萨扬水电站在运行过程中，消力池底板于1985—1988年、2006年发生了严重冲刷破坏，造成了极大的经济损失及社会影响。

多股多层水平淹没射流消能是将高流速、大单宽水流沿垂向和横向分为多层、多股射流进入消力池水体的中部，使高流速带与底板和水面均保持一定的垂向距离，利用在射流轴线周围形成的强剪切、漩滚、剧烈混掺紊动实现消能目的。将跌坎与多层多股射流二者结合形成多层多股跌扩型底流消能工，该消能工具有雾化较低、消能效率较高、流态稳定等特点，能够有效地解决泄洪前沿宽度有限、单宽流量较大的水电工程泄洪消能关键性技术难题，在水利工程中具有很大的应用前景。然而，多层多股跌坎型底流消能工作为新型消能工，尚存在一些未知的水力学问题，需要开展进一步的深化研究工作。

1.2.4 大流量50m/s级泄洪洞掺气减蚀理论与技术发展需求

目前，我国已建、在建或拟建的水电工程（溪洛渡等）的泄洪洞单洞泄流量为3000~4000m³/s，洞内流速达50m/s级。对于岸边泄洪洞，50m/s流速量级的泄洪洞空化空蚀问题目前尚未得到很好的解决，同时，侧墙部位存在"清水区"，还需解决侧墙防空蚀问题。目前，一些工程掺气设施的下游发生了不同程度的空蚀破坏，如二滩水电站1号泄洪洞反弧末端掺气设施下游两侧发生的空蚀破坏，使龙抬头反弧末端下游的混凝土边墙和底板遭受破坏，底板形成多处深坑，严重影响了工程安全运行。如何合理有效地设计、布置掺气设施以保证近底及边壁有足够的掺气浓度，目前还有许多问题需要解决，尚无可靠的设计准则，主要依赖模型试验结果及以往的工程实践经验。

1.2.5 大型导流洞改建泄洪洞相关理论与技术发展需求

利用导流洞改建永久泄洪洞可带来巨大的经济效益，而要实现这一目标，解决消能问题是一个关键。目前，已有多种内消能工应用于实际工程，主要型式包括竖井旋流（或平洞旋流）、消能孔板、洞塞消能等。不同结构型式消能工的消能机理不尽相同，流速的控制及空化的控制也十分复杂，随着泄洪洞工作水头的提高和泄量的增加，还有许多问题需要进一步深化研究。

1.2.6 提高泄洪雾化理论与技术发展需求

泄洪雾化是高坝泄水建筑物泄流时伴随产生的雨、雾和风等自然现象的总称。在高山峡谷兴建高坝，其泄洪消能不可避免地会产生雾化现象，对工程及其下游局部地区的环境会造成一定的危害和影响。我国一些水电站由于泄洪雾化问题而严重影响工程的正常运行，如东风水电站曾因泄洪雾化造成进厂交通洞进水；白山水电站1983年和1986年均发生因雾化使厂房进水、开关站跳闸、岸坡滑坡等影响水电站正常生产并引发安全的事故；刘家峡水电站曾因雾化结冰，迫使电厂停电，输变电设备因泄洪雾化引起的跳闸达13次；黄龙滩水电站1980年遭受50年一遇的洪水，历时33h的泄洪引起的雾化笼罩了整个厂房，形成倾盆大雨，导致厂房受淹，发电机室水深达3.9m，停止发电49d，遭受重大经济损失。乌江渡、龙羊峡、新安江等水电站均曾不同程度地受到泄洪雾化危害，影响了水电站的正常生产和安全。

关于水电站泄洪雾化现象的研究，国外未见有系统性研究成果或文献，国内自20世纪60年代以来，因泄洪雾化导致的工程事故时有发生，从而引起各方面的重视。1975年水电部下属科学研究所编撰的汇编资料中就有关于柘溪水电站和修文溢流拱坝泄洪雾化的专门报道，20世纪80年代中后期，随着新型消能工的应用，水电站泄洪雾化问题也越来越突出，为了研究和解决这个问题，一些科研单位分别开展了泄洪雾化问题的调研、原型观测和试验研究工作，取得了一些可喜的成果，建立了泄洪雾化的概念，明确了雾化的来源，初步划分了雾化区，解决了工程急需的雾化影响治理措施等问题，但主要还是一些定性研究，而对于雾化影响的定量分析尚处在起步研究阶段。

随着西南地区一批高坝大库的兴建、大坝建设高度的增加、新型泄洪消能设施的采用，雾化流的严重性及其产生的危害越来越被人们所认识，许多工程花巨资进行下游的护坡工程，同时改变（输变电、交通洞等）设施的位置，泄洪雾化给泄洪枢纽布置带来了许多难题。因此，预测泄洪雾化流的强度和范围就成为泄洪消能设计中亟须解决的课题。只有比较准确地预测各种运行工况下雾化流的强度和范围，才能为泄洪消能方式的选择提供依据，为下游两岸保护程度和范围提供依据。

目前的研究手段大致为原型观测类比研究、数学模型分析研究及物理模型试验研究。相比于其他研究手段，泄洪雾化物理模型试验的主要优点在于对降雨强度的定量描述，其测量结果较为直观，也取得了一定的研究成果，在雾化的研究中是一种较为重要研究手段。泄洪雾化涉及复杂的气、液两相流动问题，是一个比较复杂的物理现象，影响因素较多，目前尚未有成熟的理论计算方法，对于这一问题的研究还处在用多种手段进行预报预测阶段。对于雾化问题，需要采取综合研究方法，在探究雾化成因的基础上开展雾化模拟技术（包括数学模型和物理模型）及防治对策研究是十分必要的。

应该看到的是，首先，目前的泄洪雾化物理模型研究仍存在较大的局限性，研究水平也有待提高。众所周知，泄洪雾化是极为复杂的水—气两相流现象，影响因素较多且边界条件敏感。泄洪雾化涉及水舌的破碎、碰撞、激溅、扩散等众多物理过程，在通过模型模拟原型的水流雾化时，缩尺效应较大，原型、模型相似关系（模型律）复杂。泄洪雾化模型试验测试结果如何引申至工程原型，尤其是雾化降雨强度的模型律一直都是研究的重点和难点，尽管这方面取得了一些的成果，但是模型方法和模拟准则以及模型缩尺影响的研究还停留在较低水平，缺乏系统理论的研究，学科界至今尚未取得普遍的认识，影响了设计和建设单位对成果的采用。其次，在模型雨强量测技术和数据分析处理方面，目前的测试和数据处理基本以人工为主，费事费力，易受人为因素的干扰，分析精度不高，影响了对泄洪雾化原型降雨预报的准确性。再次，目前的泄洪雾化模型研究中，对水舌抛洒和入水激溅形成的降雨分布研究较多，而对泄洪引起的雾流研究很少，随着环境对工程建设的要求越来越高，雾流对工程附近人们工作和生活的影响也日益受到关注，泄洪产生的雾流的强度和范围也应进一步加以研究。

鉴于此，应在以往的研究基础上，对泄洪雾化物理模型试验技术，包括模拟方法、缩尺影响和测量技术，进一步进行探索和研究，补充和完善雾化的模型律，优化相关测试和分析方法，提高物理模型的预报精度，为相关成果的推广提供必要的科学依据。此外，目前我国水电工程建设与运行已从低海拔地区发展到 2000m 以上高海拔地区，泄洪雾化与气象环境之间的相互影响不容忽视，为此，针对不同海拔高程条件下，开展泄洪雾化降雨分布变化规律的敏感性分析，建立不同海拔条件下气象条件与泄洪雾化过程的相关性，是下一步雾化研究的重要内容。

1.2.7 大型闸门流激振动理论与实践需求

随着闸门设计水平和制作工艺的提高以及施工技术的进步，坝身泄洪孔口及泄洪洞的孔口尺寸不断加大，枢纽的泄洪能力大大提高，为狭窄河道的枢纽布置创造了有利条件。但闸门运行过程所涉及的流激振动问题，对泄水建筑物的安全运行构成一定的影响，如何结合试验研究及原型观测对其进行风险评估尚有许多问题有待解决。

1.2.8 新型抗冲磨材料需求

西南地区特大水电站泄水建筑物的高流速、磨损介质以推移质为主，易产生严重空化空蚀的特点，对抗冲磨材料提出了严酷的要求。现有的 DL/T 5207—2005《水工建筑物抗冲磨防空蚀混凝土技术规范》只适用于水流流速小于 40m/s 的情况，现有工程材料在抵抗尤其是以含推移质为主的高速水流冲磨、空蚀上还存在明显不足，其性能测试和寿命评估手段严重滞后于工程需求。因此，迫切需要开发新型高性能抗冲磨材料，以确保泄水建筑物的安全性，并避免运行期的高额维护费用。

针对高速水流的冲磨空蚀所产生的对高性能抗冲磨防空蚀材料的需求，近年来国内已经在多元胶凝粉体利用技术、降低高强抗冲磨混凝土体积收缩技术、钢纤维和聚丙烯纤维增韧防裂、"海岛结构"环氧树脂合金抗冲磨防护材料、聚脲高抗冲耐磨防护材料和喷涂技术、圆环高速含沙水流冲刷试验仪等方面取得了多项进展，但还存在以下亟须解决的关键问题：①缺乏适用于 50m/s 级流速的抗冲磨防空蚀性能测试方法和设备。现有试验方法中，水下钢球法能较好地模拟推移质引起的冲磨破坏，但流速偏低（<20m/s）；现有测试方法均采用不受约束的混凝土试件，不能反映实际建筑物中混凝土受约束情况下产生内拉应力乃至裂纹，从而大大加速冲磨空蚀破坏过程甚至出现整块冲掉的现象。②缺乏经得起 50m/s 级流速实际工程考验的长效、高性价比的高性能抗冲磨防空蚀材料。一味提高抗冲磨混凝土强度带来严重的开裂问题，且单独依靠将混凝土强度提高到目前的 C50 左右对抗冲磨性能的改善有限；钢纤维混凝土由于成本太高而应用受限，聚丙烯纤维对抗冲磨性能的改善不显著；有机类表面涂层材料存在因其热胀冷缩远大于基底混凝土而容易剥落的顽症；采用铁矿石、铸石为骨料配制的特种混凝土造价太高而只能用于特殊场合。③在施工工艺方面，虽然表面质量对于抗冲磨防空蚀非常重要，但人们对这方面的重视不够。根据南京水利科学研究院多年来的研究和应用，采用真空脱水施工工艺，可以明显改善表面质量，提高耐磨性、抗渗性和抗冻性，且成本低廉，并能加快施工速度。对于高速水流冲磨问题，真空脱水工艺很可能是一种高效、经济的技术措施。④如何评估实际工况下的磨蚀进程并预测使用寿命，现有的试验室研究方法一般为在特定条件下对不同材料或配合比的抗冲磨性能进行相对比较，并参考其经济成本进行选用。但在实际水力学条件下，与特定的试验条件相比，流速、磨蚀介质类型和含量、磨蚀破坏形式的不同带来的磨蚀进程以及相应的使用寿命差异是非线性的，将低流速、单一磨蚀形式下的不同材料性价比比较结果简单外推到高流速、复合磨蚀形式下的情形是明显不安全的，其后果往往是建成以后很快被破坏，之后一再修补。通过测试混凝土抗冲磨特性参数，引用泥沙运动力学方法讨论沙速、冲角及沙量，将它们代入复合磨粒磨损公式，可以估算水工建筑物受沙石磨损的进程和寿命，但国内外在这方面的研究很少，且现有的少量研究中混凝土抗冲磨特性参数是通过风沙枪法测得的，与高速挟沙或挟推移质水流的冲磨有本质的不同。

1.2.9 提高工程建设和管理水平需求

安全监测工作是工程建设、管理和研究中不可忽视的重要工作。主要目的是确保大坝安全，并用以验证设计及科研成果。为解决高坝的泄洪消能难题，多种新型消能工、新技术第一次在实际工程中得到应用，如二滩 1 号泄洪洞掺气坎改进型体型、小浪底的孔板式泄洪洞、沙牌的竖井旋流式泄洪洞和公伯峡的水平旋流式泄洪洞等，为检验这些工程措施的实际效果与安全性，原型监测显得尤为重要。由于水工水力学许多复杂问题的机理尚不清晰，难以进行理论分析，同时模型试验存在的比尺效应问题至今还没有统一的认识，尤其对于高速水流问题，因此只有通过原型观测进行研究，并与理论分析、模型试验相互验证才能得到解决。近年来，监测技术水平、监测仪器可靠性和精准度都有很大的提高，现场观测随着观测设备仪器的发展正向着信息化、实时化、可视化、精确化方向发展。

1.3　本书内容

本书主要包括以下内容：①高水头大流量泄流建筑物消能防冲安全技术研究。结合向家坝水电站，重点研究高水头大流量新型跌坎底流消能技术；结合狭窄河谷建筑物布置空间的限制，研究大型导流洞改建泄洪洞的内流消能新技术；高坝挑跌流水垫塘和底流消力池底板稳定及控制指标和设计准则；泄水建筑物下游深厚覆盖层冲刷模拟技术和计算方法；闸门结构流激振动及防治技术；泄水建筑物泄洪安全（包括初期发电期）的评价指标体系及综合风险分析方法。②高水头大流量泄洪洞掺气减蚀新技术研究。围绕高速水流核心问题，对泄洪洞群布置型式、掺气设施等进行系统研究，提出解决方案，实现泄洪洞建设关键技术全面进步；研究溢流反弧段掺气浓度衰减规律和掺气保护长度预测方法；侧墙贴角式掺气减蚀设施的掺气效果和计算方法；小底坡条件下掺气减蚀设施空腔回水壅堵条件和消除措施；底部非连续性新型掺气坎技术；突扩跌坎掺气设施体型布置和设计方法。③泄洪雾化影响预测方法及防护措施研究。研究不同泄洪消能方式下的雾化影响因素；泄洪雾化数学模拟方法；泄洪雾化物理模型试验技术（包括模拟方法、缩尺影响和测量技术等）；泄洪雾化引起的山体渗流及岸坡稳定分析技术和泄洪雾化灾害防护措施。④新型抗冲耐磨材料研究。研究具有高强、耐磨蚀、低热、低收缩、抗塑性收缩能力强的新型高性能抗冲磨混凝土；第 3 代高性能化学外加剂与矿物外加剂（多组分有机配伍）配制技术、多种纤维配伍限裂技术、新型纳米抗冲磨材料及其机理；不同水力条件下抗磨蚀材料的损伤数学模型；材料磨蚀进程评估与反演及其设计使用寿命预测。⑤泄流结构流激振动及灾变过程监测系统研究。研究和开发泄流结构安全的水动力和结构动力耦合监测系统，包括泄流结构安全监测仪器（如光纤区域性同步空化空蚀、冲蚀监测等）；优选传感器、信号采集与传输和数据库管理系统，以便对水动力要素（如压力、噪声）和结构动力要素（如振动、波动、应力）及结构损伤情况实施动态监控。⑥泄流结构模态参数识别及损伤诊断与预警。研究泄流结构的模态参数识别算法以及提高识别精度的相关技术；各类泄流结构空蚀、冲蚀等不同破坏形式和阶段的敏感特征量；泄流结构损伤的水动力和结构动力耦合诊断方法；"多损伤、强干扰、强耦合"条件下背景噪声剔除、仪器故障信号识别和损伤敏感特征提取方法；泄流结构安全综合评价及分级预警的理论方法；实时动力耦合监测和诊断的软硬件系统集成技术。

第2章　高水头大流量泄流建筑物消能防冲安全技术研究

2.1　研究的现状

泄洪消能是高坝工程的关键问题之一，直接关系到工程的安全性和经济性，常常直接影响到枢纽整体布局，有时甚至是决定工程可行性的关键因素。实际工程中，泄洪消能建筑物遭受破坏的实例不胜枚举，有些破坏的程度还相当严重。

由于我国许多水利水电工程具有世界最高的技术指标，如坝高、泄洪功率等，因此，解决我国大型高坝水利水电工程的泄洪安全问题，必须对消能防冲技术进行创新。

传统水流衔接与消能方式包括挑流、底流、面流和戽流，其中挑流消能应用最广。但挑流引起的泄洪雾化强烈；底流的临底流速高；面流的消能率低、水面波动范围大；戽流对下游水位适应性差。水平淹没射流消能是一种全新的消能形式，突破了传统的挑流、底流、面流、戽流消能框架，为工程的泄洪消能设计开辟了一条新途径。

在泄洪洞内流消能方面，苏联和我国对竖井旋流和平洞旋流进行了大量研究，我国近年已在沙牌水电站和公伯峡水电站中采用，该方式主要适用于中低水头、中小流量的明流泄洪洞。美国和加拿大在格兰峡工程和麦加工程中采用了带三孔闸门钢管的混凝土塞，主要适用于中低水头、中小流量的有压泄洪洞。我国小浪底工程采用的孔板式消能工的空化问题较为复杂。本文的洞塞消能具有消能率高、空化性能好等优点，为导流洞改建高水头、大流量泄洪洞提供了有效途径。

在挑流消能方面，我国的高拱坝因其水头高、流量大、河谷狭窄而使得防冲安全问题更加复杂。为此，我国学者曾结合二滩水电站开创出高拱坝表孔和中（深）孔空中碰撞挑流技术，引领了此后的高拱坝泄水建筑物设计，贡献巨大。但其不足之处是挑流水舌空中碰撞导致泄洪雾化的强度和范围增加。本文通过解决表孔泄流能力、水垫塘冲击荷载和泄洪雾化强度三大核心问题，发明了一套高拱坝表、深孔水流侧收缩无碰撞分级分散挑流技术，从而实现表、深孔水舌在有限的溢流宽度范围内能够相互穿插而过，不发生空中碰撞。水垫塘底板冲击动压与空中碰撞方式相比，不仅没有增加，反而明显降低。

2.2　跌扩型淹没射流消能技术研究

高水头、大单宽流量泄洪消能一直是水利工程界极为关注的研究课题。挑流消能方式结构简单，消能效果显著，缺点是雾化影响严重；传统的底流消能雾化较低，但临底流速较大，底板的抗冲保护难度很大；面流消能雾化影响介于挑流消能和底流消能之间，但表面波浪影响较远，不利于航运及下游河岸的防冲保护。因此，如何解决高水头、大单宽流量底流消能临底流速大，消力池底板稳定性难以保证，且泄洪雾化对环境影响较大等问题，就成为工程设计的关键性技术难题。国内外许多学者对不同底流消能方式的流动特性进行了研究。Rajaratnam、Hager、Iwao Ohtsu 等对有跌坎（S-jum）或对称扩宽（B-jum）的底流消能水力特性进行了详细的试验研究。Katakam 对既有跌坎又有对称扩宽（SB-jum）的底流消能水力特性进行了理论和试验研究，结果表明，既有跌坎又有对称扩宽的底流消能率最高，而且下游流态最稳定。但是，对于高水头大单宽流量水利工程的泄洪消能问题，已有研究成果并不能很好地解决其技术难题。为此，研究人员详细分析研究各种消能方式的消能机理，特别是水跃消能和挑流多股淹没射流消能机理，提出了跌扩型多股多层淹没射流新型消能方式。这种消能方式兼有三元空间水跃和淹没射流特征，具有自身独特的水力特性和消能机理。这种消能方式具有雾化较低、消能效率较高、流态稳定等特点，对于泄洪前沿宽度有限、单宽流量较大的水电工程，可以有效地解决其泄洪消能技术难题。因此，这种新消能方式的研究具有广阔的应用前景。

跌扩型多股多层淹没射流新型消能型式是利用与下游消力池底板具有一定高差且基本平行的多股射流进入消能水体的中间，在每一股射流的四周形成强剪切并各有一个较为稳定的三元紊动漩滚的水平多股淹没射流进行消能。按照传统水力学知识可以将跌扩型多股淹没射流方式归属于底流消能，但其实际消能过程和水流流态与传统的底流消能还有很大区别。为深入研究跌扩型多股多层淹没射流，本节从基础理论出发，分别对突扩、突跌、单层多股跌扩和多层多股跌扩射流消能水力特性进行分析，为实际工程应用提供理论基础。

2.2.1　跌扩型淹没射流消能理论分析

（1）跌坎型底流消能水深及消能率计算

对于跌坎型水跃消能水力特性，国内外已进行了大量系统的理论与试验研究。

1）消能机理分析。如图 2-1 所示，受到跌坎及入射角的影响，沿着主流射流方向可以划分成 3 个不同性质的子区域：淹没自由射流区、冲击区、附壁射流区。在淹没自由射流区，主流得到一定的扩散，并由于卷吸作用，在主流两侧各形成一旋流区，动能得到迅速消散。在冲击区内，主流受到底板的约束，流线发生弯曲，流速转向，速度迅速降低，底板压力急剧增大，对消力池底板产生了巨大的动水冲击压力，是造成消力池底板失稳破坏的主要区域。在附壁射流区，主流沿消力池底板贴底射出，形成附壁射流，主流沿程扩散并迅速跃起，在主流区的顶部形成大的表面漩滚区，具有明显的淹没水跃特征。

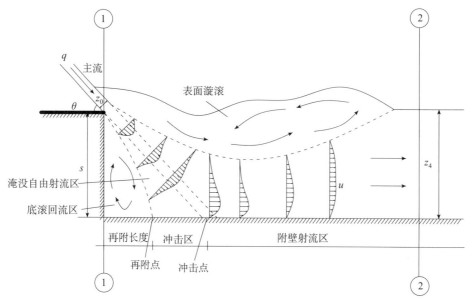

图 2 - 1　跌坎型水跃示意图

2）水力指标特性分析。跌坎型底流消能工具有二元水跃的水力特性，设跌坎高度为 s，跃前水深为 z_0，跃后水深为 z_4，如图 2 - 1 所示，跃前弗劳德数为 Fr_0，单宽流量为 q，则入射角为 0 时的共轭水深关系表达式

$$Fr_0^2 = \frac{\eta\left[(1 + S)^2 - \eta^2\right]}{2(1 - \eta)} \tag{2 - 1}$$

式中：$\eta = \dfrac{z_4}{z_0}$；$S = \dfrac{s}{z_0}$；$Fr_0^2 = \dfrac{q^2}{gz_0^3}$。

消能率是消能工设计中的关键指标之一，由能量方程得，1—1 断面和 2—2 断面能量损失 ΔE 满足方程

$$E_0 = z_0 + s + \frac{q^2}{2gz_0^2} = z_4 + \frac{q^2}{2gz_4^2} + \Delta E = E_4 + \Delta E \tag{2 - 2}$$

则消能率为

$$\frac{\Delta E}{E_0} = \frac{E_0 - E_4}{E_0} = 1 - \left[\left(\eta + \frac{Fr_0^2}{2\eta^2}\right)\Big/\left(1 + S + \frac{Fr_0^2}{2}\right)\right] \tag{2 - 3}$$

试验研究表明，随着水流入池角度的增大，跌坎型底流消能工消力池内的临底流速和底板时均动水压力也相应增大；随着坎深的增大，消力池底板最大临底流速降低，临底流速梯度减小，底板时均动水压力减小。

此外，跌坎后的水流流态与单宽流量 q，跌坎高度 s、下游水深 z_4 以及入射角 θ 等因素有关。在其他条件保持不变的情况下，随着跌坎高度 s 的增加，水流流态依次为底流消能流态、淹没混合流、混合流、面流。因此，要产生底流流态，跌坎高度必须小于形成面流消能的最小跌坎高度 s_{min}，即 $s < s_{min}$。由《水力计算手册》可得

$$s < s_{min} = (4.05\sqrt[3]{Fr_0^2} - \zeta)z_0 \tag{2 - 4}$$

式中：z_0 为跃前水深；Fr_0 为跃前弗劳德数；$\zeta = -0.4\theta + 8.4$，θ 为入射角。

通过对不同高度跌坎下的试验研究指出，跌扩比（跌坎高度与上游跃前水深之比）越大，则剪切层内紊动强度越大。

令消力池底板的临底流速允许的最大值 u_{max} 等于紊动射流轴线上末端流速值 u_M，推得保证消力池临底流速的最小跌坎深度为

$$s_{min} = x\sin\theta + \left(c - \frac{z_0}{2}\right)\cos\theta \tag{2-5}$$

式中：θ 为入射角；c 为射流半宽值；x 为射流距离。

紊动扩散射流最先与消力池底板的接触点为再附点，从跌坎到再附点之间的水平距离为再附长度，如图 2-1 所示。再附长度是衡量坎后底滚回流区水流特性的一个重要参数。根据射流理论及几何关系推导跌坎型底流消能再附长度计算关系式为

$$L = s\cot(\theta + \theta_1) = \frac{s(1 - \tan\theta\tan\theta_1)}{\tan\theta + \tan\theta_1} \tag{2-6}$$

式中：θ 为入射角；θ_1 为水流自由扩散角，取 $10.5°$。

（2）突扩型底流消能水深及消能率计算

上一节，对具有跌坎的底流消能工水力特性进行了简单介绍，本节将对具有突扩的底流消能工水力特性进行阐述。具有突扩的空间水跃具有典型的三元特性，除表面存在漩滚外，在主流两侧会根据突扩比（上、下游断面宽度之比，b/B）不同形成不同强度的立轴漩滚，致使消力池前端横断面高流速梯度造成了不连续高剪切应力层，从而加强了紊动强度和水跃消能效率。研究指出，正是由于主流两侧产生的回流，突扩水跃在消能方面的优势不言而喻。

共轭水深的确定和消能率的计算一直是突扩型水跃研究中的重点和难点，其理论公式一直处于完善阶段。由于不同学者对流速、压力等因素做了不同的假设，因而产生了大量的经验公式，提出了计算突扩水跃共轭水深比 η 的经验公式，即

$$\eta = 0.5\beta[0.8 - 0.15(0.9 - \beta)]\left(\sqrt{1 + 8Fr_0^2/\beta} - 1\right) \tag{2-7}$$

式中：η 为共轭水深比；β 为突扩比，$\beta = b/B$。

本节将在前人基础上，从连续方程和动量方程出发，对突扩型淹没水跃共轭水深和消能率理论计算公式进行推导及完善。突扩型淹没水跃示意图如图 2-2 所示。取 1—1 断面至 2—2 断面水体为脱离体，断面水深为 z_3，平均流速为 u_0，跃后水深取为 z_4，平均流速为 u_4，作用在跃前跃后两过水断面的动水压力分别为 P_1 及 P_2。受力分析示意图如图 2-2（c）所示。计算过程中观察到在跃末处平顺的水流充满整个渠道宽度，1—1 断面处淹没水深沿横断面几乎不变。

若忽略水流与槽身接触面上的摩阻力 P_f，同时假定跃前跃后两断面上的水流具有渐变流的条件，动水压强可按静水压强规律分布，则沿水流 x 方向写出动量方程为

$$P_1 - P_2 = \frac{\gamma}{g}Q(u_4 - u_0) \tag{2-8}$$

跃前跃后断面压力分别为

$$P_1 = 0.5\gamma B z_3^2 \tag{2-9}$$

$$P_2 = 0.5\gamma B z_4^2 \tag{2-10}$$

式（2-8）~式（2-10）中：γ 为水的容重；假定两个断面的动量系数均为 1。

11

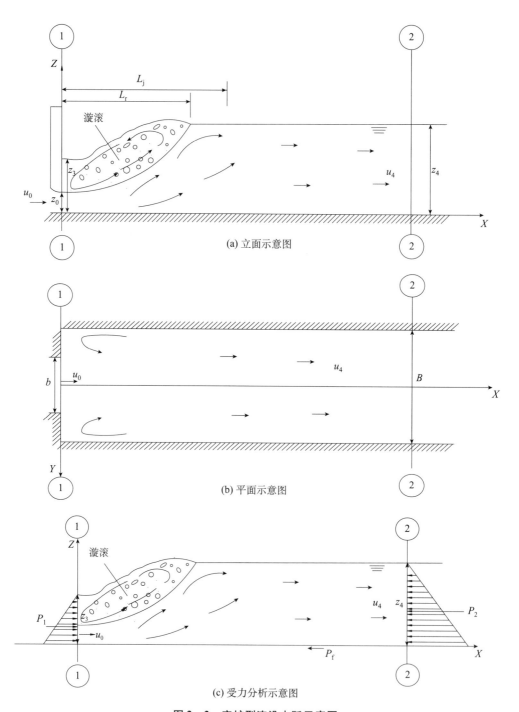

(a) 立面示意图

(b) 平面示意图

(c) 受力分析示意图

图 2 - 2 突扩型淹没水跃示意图

将 $u_4 = \dfrac{Q}{Bz_4}$，$u_0 = \dfrac{Q}{bz_0}$代入式（2 - 8），联合计算可得

$$0.5\gamma B(z_3^2 - z_4^2) = \frac{\gamma Q}{g}\left(\frac{Q}{Bz_4} - \frac{Q}{bz_0}\right) \qquad (2 - 11)$$

将式（2-11）进行无量纲化，取 $Z_3 = z_3/z_0$，$\eta = z_4/z_0$，$Fr_0 = \dfrac{u_0}{\sqrt{gz_0}}$，代入式中可得 η 和 β 的关系为

$$\eta^3 - (Z_3^2 + 2Fr_0^2\beta)\eta + 2Fr_0^2\beta^2 = 0 \qquad (2-12)$$

将 Z_3，η，Fr_0 的实验结果代入式（2-12），对比 η 计算值和实验值如图 2-3（a）所示。由 $\left\{\left|\eta_{cal} - \eta_{ex}\right|/\eta_{ex}\right\} \times 100\%$ 计算误差发现，计算值与实验值误差基本控制在 5% 以内，最大误差仅为 10%。然而，将实验结果代入式（2-7），η 计算值和实验值对比如图 2-3（b）所示。由图 2-3 发现，式（2-7）计算淹没水跃共轭水深，其计算误差较式（2-12）计算时大得多，最大误差达到了 50% 以上。

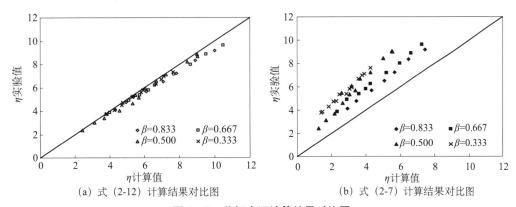

$\quad$（a）式（2-12）计算结果对比图$\qquad\qquad$（b）式（2-7）计算结果对比图

图 2-3　共轭水深计算结果对比图

以水跃底为基准面，设进口 1—1 断面为 E_0 断面，跃后 2—2 断面为 E_4 断面，则跃前跃后断面列能量方程为

$$E_0 = z_0 + \frac{\alpha_1 u_0^2}{2g} \qquad (2-13)$$

$$E_4 = z_4 + \frac{\alpha_2 u_4^2}{2g} \qquad (2-14)$$

式中：下标 0 为进口断面变量；下标 4 为跃后断面变量；物理量符号如前定义；α_1，α_2 分别为跃前跃后动能修正系数，设 $\alpha_1 = \alpha_2 = 1.0$。

根据水跃消能率定义得

$$K_j = \frac{E_0 - E_4}{E_0} \qquad (2-15)$$

式中：K_j 越大，水跃的消能效率越大，消能效果越好。

分别将 Fr_0，η，β 及式（2-13）和式（2-14）代入式（2-15），得 K_j 与 β 的关系为

$$K_j = -A\beta^2 + C \qquad (2-16)$$

$$A = \frac{Fr_0^2}{\eta^2(2 + Fr_0^2)}; \quad C = \frac{2(1 - \eta) + Fr_0^2}{2 + Fr_0^2}$$

将实验结果代入上式，绘制不同突扩比 β 下消能率 K_j 与 Fr_0 关系曲线，如图 2-4 所示。由图可知，Fr_0 对消能率影响显著，在固定突扩比下，跃前弗劳德数越大，下游消能率相对越大。分析突扩比与消能率关系可以发现，当 Fr_0 小于一定值时，消能率受

突扩比影响较小；当 Fr_0 大于某一值时，消能率受突扩比影响显著，突扩比越小，消能率越大。

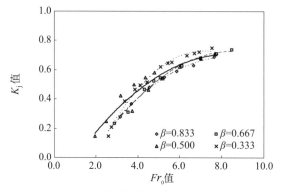

图 2-4　消能率与弗劳德数计算关系图

（3）跌扩型底流消能水深及消能率计算

如前所述，跌扩型底流消能工是在常规底流消能工基础上发展起来的一种新型消能工，其体型为纵剖面上有跌坎，水平面上有对称突扩，如图 2-5 所示。本节将对既有突扩又有突跌的跌扩型底流消能工水力特性进行理论分析。

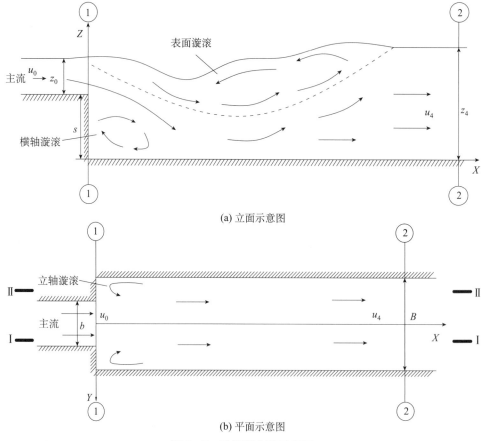

(a) 立面示意图

(b) 平面示意图

图 2-5　跌扩型水跃示意图

1）跃后水深理论计算。Katakam 等曾对既有突扩又有跌坎的水跃进行过研究，并将其称为空间 B 型水跃。根据连续方程及动量方程，忽略边界剪应力，对跃前跃后断面列方程可得

$$P_1 + P_s - P_2 = \frac{\gamma}{g}Q\left(\frac{Q}{z_4 B} - \frac{Q}{z_0 b}\right) \tag{2-17}$$

$$P_s = P_{s1} = \gamma Bs(z_0 + s/2) \tag{2-18}$$

式中：b 为上游断面宽；B 为下游断面宽；z_0 为上游水深；z_4 为下游水深；Q 为流量；P_1 和 P_2 分别为作用在跃前跃后两过水断面的动水压力；P_s 为对水体的附加力；P_{s1} 为跌坎对水体的作用力；γ 为水体的容重。跌扩型水跃受力分析如图 2-6 所示。

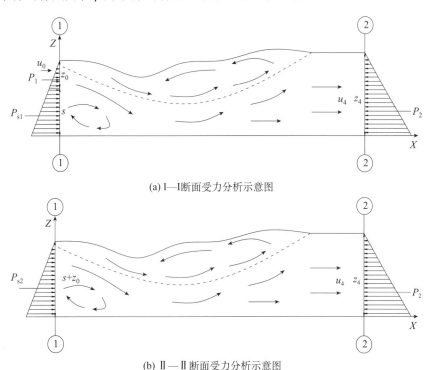

(a) Ⅰ—Ⅰ断面受力分析示意图

(b) Ⅱ—Ⅱ断面受力分析示意图

图 2-6　跌扩型水跃受力分析示意图

设动水压强按静水压强规律分布，则式（2-17）变形为

$$\frac{1}{2}\gamma z_0^2 b + \gamma Bs\left(z_0 + \frac{s}{2}\right) - \frac{1}{2}\gamma z_4^2 B = \frac{\gamma}{g}Q\left(\frac{Q}{z_4 B} - \frac{Q}{z_0 b}\right) \tag{2-19}$$

将式（2-19）简化为

$$z_4 = f_4(u_0, z_0, s, b, B, \gamma) \tag{2-20}$$

应用无因次分析，式（2-20）可写成

$$\eta = \frac{z_4}{z_0} = f_5\left(Fr_0 = \frac{u_0}{\sqrt{gz_0}}, S = \frac{s}{z_0}, \beta = \frac{b}{B}\right) \tag{2-21}$$

由式（2-21）整理式（2-19）得

$$\eta = \frac{z_4}{z_0} = \frac{2Fr_0^2 \beta(\eta - \beta)}{\eta^2 - \left[(S+1)^2 - (1-\beta)\right]} \tag{2-22}$$

Katakam 在试验的基础上验证了式（2-22）的正确性，表明该式适用于他提到的空间 B 型水跃。但由公式推导可以看出，Katakam 仅考虑了跌坎对水跃的影响，而忽略了突扩对水跃的影响。然而在实际工程中，如向家坝工程，泄洪消能过程中，跌扩下游淹没较大，突扩对主流的影响不能忽视，故本文在式（2-19）的基础上，考虑了突扩的影响，即分别以 Ⅰ—Ⅰ 和 Ⅱ—Ⅱ 断面为计算基准，则式（2-18）可修改为

$$P_s = P_{s1} + P_{s2} \tag{2-23}$$

式中：P_{s1} 和 P_{s2} 分别为跌坎和突扩对主流产生的作用力。则

$$P_{s1} = \gamma bs\left(z_0 + \frac{s}{2}\right) \tag{2-24}$$

$$P_{s2} = \gamma(B - b)\frac{(z_0 + s)^2}{2} \tag{2-25}$$

将式（2-23）~式（2-25）代入式（2-17），并仿照上文进行无因次分析整理得

$$\eta = \frac{z_4}{z_0} = \frac{2Fr_0^2\beta(\eta - \beta)}{\eta^2 - (S + 1)^2} \tag{2-26}$$

本文分别取 $S = 0$ 和 $\beta = 1$ 来验证式（2-26）的正确性。当 $S = 0$ 时，则式（2-26）变为

$$\eta = \frac{z_4}{z_0} = \frac{2Fr_0^2\beta(\eta - \beta)}{\eta^2 - 1} \tag{2-27}$$

式（2-27）表示为只有突扩的水跃下，跃前跃后水深比。将其变形整理为

$$\eta^2 + \eta - 2D^2 = 0 \tag{2-28}$$

$$D^2 = k^{-1}Fr_0^2 = \frac{\beta(\eta - \beta)}{\eta - 1}Fr_0^2 \tag{2-29}$$

$$k = \frac{1 - \eta^{-1}}{\beta(1 - \beta\eta^{-1})} \tag{2-30}$$

式（2-28）~式（2-30）通过试验证明了其准确性，如图 2-7 所示。

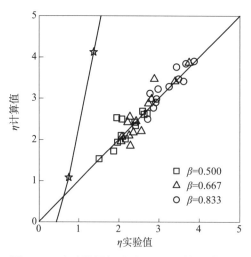

图 2-7　实验数据与式（2-28）结果对比图

当 $\beta = 1$ 时，即跌坎型水跃，式（2 – 26）转变为

$$\eta^3 - (S + 1)^2\eta - 2Fr_0^2(\eta - 1) = 0 \tag{2 – 31}$$

即

$$Fr_0^2 = \frac{\eta\left[(S + 1)^2 - \eta^2\right]}{2(1 - \eta)} \tag{2 – 32}$$

式（2 – 32）与 Rouse 结果完全相同。

2）消能率理论计算。参照式（2 – 13）、式（2 – 14）列跌扩型水跃能量方程

$$E_0 = z_0 + \frac{\alpha_1 u_0^2}{2g} + s \tag{2 – 33}$$

$$E_4 = z_4 + \frac{\alpha_2 u_4^2}{2g} \tag{2 – 34}$$

取 $\alpha_1 = \alpha_2 = 1.0$，整理方程计算消能率得

$$K_j = \frac{E_0 - E_4}{E_0} = 1 - \left[\left(\eta + \frac{\beta^2 Fr_0^2}{2\eta^2}\right)\middle/\left(1 + S + \frac{Fr_0^2}{2}\right)\right] \tag{2 – 35}$$

式中：各符号意义同前。

针对不同 Fr_0，分别计算突跌型水跃、突扩型水跃和跌扩型水跃消能率，计算曲线如图 2 – 8 所示。

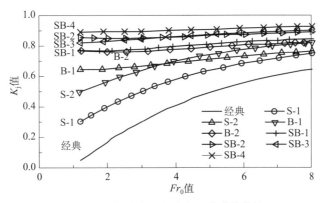

图 2 – 8　各种水跃消能率理论计算曲线

图 2 – 8 中，S-1 工况为突扩水跃，突扩比为 0.5；S-2 工况为突扩水跃，β 为 0.25；B-1 工况为突跌水跃，S 为 4.0；B-2 工况为突跌水跃，S 为 8.0；SB-1 工况为跌扩水跃，β 为 0.5，S 为 4.0；SB-2 工况为跌扩水跃，β 为 0.5，S 为 8.0；SB-3 工况为跌扩水跃，β 为 0.25，S 为 4.0；SB-4 工况为跌扩水跃，β 为 0.25，S 为 8.0。

将跌扩型水跃和仅有突扩或突跌水跃的消能率进行对比分析得出，跌扩型水跃消能率较突扩型水跃消能率提高 19%，和具有跌坎的水跃相比，其消能率则提高了 30% 之多。

（4）多层多股跌扩型淹没射流消能水深及消能率计算

上文详细分析了跌扩型水跃跃后水深及消能率等理论计算公式，本节将在上文研究基础上对多层多股跌扩型水跃水力特性指标进行理论研究，从而进一步对工程实践提高参考。

多层多股跌扩型底流消能为向家坝工程推荐实施方案，其示意图如图 2 - 9 所示。根据工程泄洪工况可分为单层多股跌扩型水跃和多层多股跌扩型水跃。李艳玲等曾对单层多股及多层多股跌扩型水跃进行过理论分析，但附加力仅考虑了跌坎对主流的影响，而忽略了突扩对主流的影响，在实际工程应用中具有一定的误差。本文将在考虑跌坎及突扩的基础上，对单层多股水跃及多层多股水跃进行理论分析。

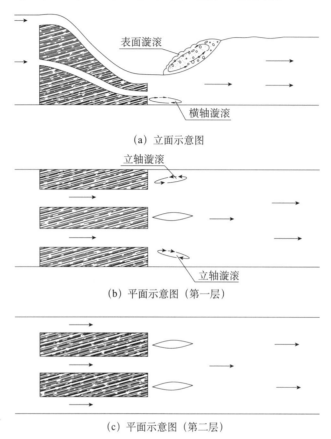

(a) 立面示意图

(b) 平面示意图（第一层）

(c) 平面示意图（第二层）

图 2 - 9　多层多股跌扩型水跃示意图

1）单层多股淹没水跃理论分析。在前文研究基础上，设主流进口数为 n，则在式 (2 - 17) 的基础上修改动量方程可得

$$\frac{n}{2}\gamma z_0^2 b + P_s - \frac{1}{2}\gamma z_4^2 B = \rho Q\left(\frac{Q}{z_4 B} - \frac{Q}{z_0 n b}\right) \tag{2-36}$$

$$P_s = P_{s1} + P_{s2} \tag{2-37}$$

$$P_{s1} = \gamma n b s\left(z_0 + \frac{s}{2}\right) \tag{2-38}$$

$$P_{s2} = \gamma(B - nb)\frac{(z_0 + s)^2}{2} \tag{2-39}$$

将式 (2 - 37) ~ 式 (2 - 39) 代入式 (2 - 36) 可得

$$\frac{n}{2}\gamma z_0^2 b + \gamma n b s\left(z_0 + \frac{s}{2}\right) + \gamma(B - nb)\frac{(z_0 + s)^2}{2} - \frac{1}{2}\gamma z_4^2 B = \rho Q\left(\frac{Q}{z_4 B} - \frac{Q}{z_0 n b}\right) \tag{2-40}$$

式中：各符号意义同前。

将 $\beta = \dfrac{b}{B}$，$S = \dfrac{s}{z_0}$，$\eta = \dfrac{z_4}{z_0}$，$Fr_0^2 = \dfrac{Q^2}{gz_0^3 b^2}$ 代入式（2－40），整理得

$$\eta = \frac{2Fr_0^2 \beta (n\eta - \beta)}{\eta^2 - (S + 1)^2} \tag{2－41}$$

在忽略突扩影响的前提下，提出单层多股跌扩型水跃共轭水深计算式为

$$\eta = \frac{2nFr_0^2 \beta (\eta - n\beta)}{\eta^2 - (S + 1)^2 + (1 - n\beta)} \tag{2－42}$$

将向家坝水电站模型 6 表孔和 5 中孔单独泄流工况试验结果代入式（2－41）进行验证，并与式（2－42）进行对比，如图 2－10 所示。式（2－41）计算结果与试验结果较为符合，其符合度明显大于式（2－42）的计算结果。由 $\{ |\eta_{cal} - \eta_{ex}| / \eta_{ex} \} \times 100\%$ 计算误差得出，误差缩小了 8%。对比结果充分证明式（2－41）的优越性。

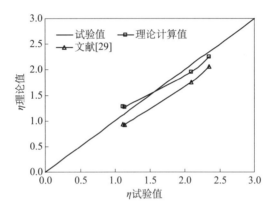

图 2－10　实验数据与式（2－42）计算对比图

当 $S = 0$ 时，多股突扩水跃 η 值计算公式为

$$\eta = \frac{2Fr_0^2 \beta (n\eta - \beta)}{\eta^2 - 1} \tag{2－43}$$

当 $\beta = 1$ 时，多股跌坎水跃 η 值计算公式为

$$\eta = \frac{2Fr_0^2 (n\eta - 1)}{\eta^2 - (S + 1)^2} \tag{2－44}$$

对于单层多股跌扩型淹没水跃消能率，根据上下游断面列能量方程得

$$E_0 = z_0 + \frac{\alpha_1 u_0^2}{2g} + s \tag{2－45}$$

$$E_4 = z_4 + \frac{\alpha_2 u_4^2}{2g} \tag{2－46}$$

取 $\alpha_1 = \alpha_2 = 1.0$，整理方程计算消能率得

$$K_j = \frac{E_0 - E_4}{E_0} = 1 - \left[\left(\eta + \frac{n^2 \beta^2 Fr_0^2}{2\eta^2} \right) \bigg/ \left(1 + S + \frac{Fr_0^2}{2} \right) \right] \tag{2－47}$$

当 $S = 0$ 时，多股突扩水跃消能率 K_j 值计算公式为

$$K_{\mathrm{j}} = \frac{E_0 - E_4}{E_0} = 1 - \left[\left(\eta + \frac{n^2 \beta^2 Fr_0^2}{2\eta^2} \right) \bigg/ \left(1 + \frac{Fr_0^2}{2} \right) \right] \qquad (2-48)$$

当 $\beta = 1$ 时，多股跌坎水跃消能率 K_{j} 计算公式为

$$K_{\mathrm{j}} = \frac{E_0 - E_4}{E_0} = 1 - \left[\left(\eta + \frac{n^2 Fr_0^2}{2\eta^2} \right) \bigg/ \left(1 + S + \frac{Fr_0^2}{2} \right) \right] \qquad (2-49)$$

2）多层多股淹没水跃理论分析。以向家坝工程为例，设主流进口分两层，第一层主流进口数为 n，跌坎高度为 s_1，宽度为 b_1，上游水深为 z_{01}，上游平均流速为 u_{01}，流量为 Q_1；第二层主流进口数为 m，跌坎高度为 s_2，宽度为 b_2，上游水深为 z_{02}，上游平均流速为 u_{02}，流量为 Q_2。根据跃前跃后断面列动量方程得

$$\frac{m}{2}\gamma z_{01}^2 b_1 + \frac{n}{2}\gamma z_{02}^2 b_2 + P_{\mathrm{s}} - \frac{1}{2}\gamma z_4^2 B = \rho \left(\frac{Q^2}{z_4 B} - \frac{Q_1^2}{z_{01} m b_1} - \frac{Q_2^2}{z_{02} n b_2} \right) \qquad (2-50)$$

$$P_{\mathrm{s}} = P_{\mathrm{s}1} + P_{\mathrm{s}2} \qquad (2-51)$$

$$P_{\mathrm{s}1} = \gamma m b_1 s_1 \left(z_{01} + \frac{s_1}{2} \right) + \gamma n b_2 s_2 \left(z_{02} + \frac{s_2}{2} \right) \qquad (2-52)$$

$$P_{\mathrm{s}2} = \gamma (B - m b_1 - n b_2) \frac{(z_{01} + s_1)^2}{2} \qquad (2-53)$$

式中：P_{s}、$P_{\mathrm{s}1}$、$P_{\mathrm{s}2}$ 符号意义同前，$z_{01} + s_1 = z_{02} + s_2$，$Q = Q_1 + Q_2$。

设 $\beta_1 = \dfrac{b_1}{B}$，$\beta_2 = \dfrac{b_2}{B}$，$\eta_1 = \dfrac{z_4}{z_{01}}$，$\eta_2 = \dfrac{z_4}{z_{02}}$，$S_1 = \dfrac{s_1}{z_{01}}$，$Fr_{01}^2 = \dfrac{Q_1^2}{g z_{01}^3 b_1^2}$，$Fr_{02}^2 = \dfrac{Q_2^2}{g z_{02}^3 b_2^2}$，$\alpha = \dfrac{z_{02}}{z_{01}}$，$\xi = \dfrac{Q_2}{Q_1}$，将式（2-51）~式（2-53）代入式（2-50），并进行无因次分析得

$$\eta_1 = \frac{2 Fr_{01}^2 m \beta_1 \left[\eta_1 - (m + 2m\xi)\beta_1 \right] + 2 Fr_{02}^2 \alpha^3 n \beta_2 \left[\eta_2 - n\beta_2 \right]}{\eta_1^2 - (S_1 + 1)^2} \qquad (2-54)$$

多层多股淹没水跃消能率计算，根据上下游断面列能量方程得

$$E_0 = \frac{1}{1 + \xi} \left(z_{01} + \frac{\alpha_1 u_{01}^2}{2g} + s_1 \right) + \frac{\xi}{1 + \xi} \left(z_{02} + \frac{\alpha_1 u_{02}^2}{2g} + s_2 \right) \qquad (2-55)$$

$$E_4 = z_4 + \frac{\alpha_2 u_4^2}{2g} \qquad (2-56)$$

取 $\alpha_1 = \alpha_2 = 1.0$，整理方程计算消能率得

$$K_{\mathrm{j}} = \frac{E_0 - E_4}{E_0}$$
$$= 1 - \frac{\eta_1 + (1 + 1/\xi)^2 m^2 \beta_1^2 Fr_{01}^2 / 2\eta_1^2}{\left[1/(1 + \xi) \right] \left[1 + S_1 + 0.5 Fr_{01}^2 \right] + \left[1/\alpha \right] \left[\xi/(1 + \xi) \right] \left[1 + S_2 + 0.5 Fr_{02}^2 \right]} \qquad (2-57)$$

或

$$K_{\mathrm{j}} = \frac{E_0 - E_4}{E_0}$$
$$= 1 - \frac{\eta_2 + (1 + \xi)^2 n^2 \beta_2^2 Fr_{02}^2 / 2\eta_2^2}{\alpha \left[\xi/(1 + \xi) \right] \left[1 + S_2 + 0.5 Fr_{02}^2 \right] + \left[1/(1 + \xi) \right] \left[1 + S_1 + 0.5 Fr_{01}^2 \right]} \qquad (2-58)$$

式（2-54）、式（2-57）、式（2-58）为多层多股跌扩型水跃跃后水深及消能率

计算关系式。上述系列计算式中，系数取不同的值分别代表不同的工况，且当 $m=1$，$n=0$，$s=0$，$\beta=1$ 时，方程均可适用于平底典型水跃计算。

2.2.2　跌扩型淹没射流消能的水力特性

对于实际工程来说，当运行方式确定后，水流弗劳德数随坎高和突扩比变化而变化，采用不同消能方式时，进入消力池的水流弗劳德数不同，因此，可以依据上述理论计算方法分别对不同消能方式进行水深和消能率计算，根据计算结果选择能够满足设计要求、结构简单的消能方式。对于重要的工程，其流态稳定性还需要通过试验进行验证。

模型试验在长 14m、宽 1.08m、高 0.80m 的有机玻璃水槽中进行，供水设备设置在水槽前端，供水能力为 200L/s，尾坎下游水位用闸门控制。水面形状采用水位测针测量，水平流速采用孔径为 1mm 的毕托管测量，压力采用测压管测量，脉动压力采用动态信号采集分析系统（HP3567A）进行测量与分析，流态稳定性采用数码摄像技术结合水面线、流速、压力测量结果，以及现场观察综合判定。

通过流场量测和试验观察发现，消力池内水流流动过程中，每一股水流均存在四个明显的漩滚区：①上部漩滚区；②下部漩滚区；③左侧漩滚区；④右侧漩滚区。上部和下部漩滚为横轴漩涡，左侧和右侧漩滚为立轴漩涡，在四个漩滚与高速主流之间存在四个强剪切层，在漩滚区之后水流逐渐平稳，紊动逐渐减弱，特别是水流垂向紊动迅速减弱，水面波动降低，水流平稳地进入下游，也没有在下游形成较大的水面波动。高速下泄水流的大多数动能主要在上游漩滚区耗掉，由于增加了漩滚区的数量和强剪切层的作用面，因此，这种布置能够显著提高消力池单位水体消能率。

图 2-11 是试验获得的三种典型流态。仅有下层射流时，消力池内形成淹没度较大的射流，水中掺气剧烈程度随出口位置高度和出口型式（有压或无压）而定，消力池前部的水面不同程度存在逆坡，此时可以清楚地观察到每股水流的四个漩滚，由于漩滚之间相互影响，水流紊动十分剧烈［图 2-11（a）］。当上、下层均有射流时，上层射流形成的水跃淹没度较小，导致水面更加破碎，表面漩滚大量掺气，由于水流漩滚个数增加，尺度减小，强度有所增加，但大多数漩滚位于水体中部远离边壁。边壁附近漩滚大小及强度可以在体型设计中根据实际要求加以控制［图 2-11（b）］。当上、下层均有射流而下游水位升高后，上层射流淹没度增大，上部漩滚变得较为清晰，水面破碎程度减轻，流态也较为稳定［图 2-11（c）］。

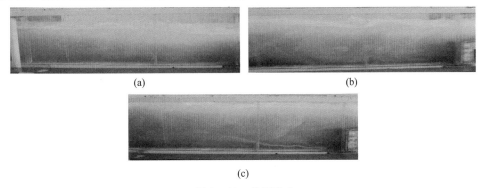

(a)　(b)

(c)

图 2-11　典型流态

由试验可知：①消力池底板上的压力梯度约为 $0.2\text{kPa}/\text{m}^2$，冲击动压小于 0.1 倍的消力池静压水头，远远低于挑流水垫塘设计规范中规定的 150kPa 的行业标准；②由于采用多股多层淹没射流，可以分散水流，增加水流稳定，为提高坎高创造了有利条件，从而使消力池内水平临底流速显著减小，可使出口 $40\text{m}/\text{s}$ 流速的水流到达消力池底板后降低到 $10\sim12\text{m}/\text{s}$，为射流出口流速的 $1/3\sim1/4$，此后，流速沿程迅速衰减；③流态稳定性容易控制，能够适应各种水位变化，若采用只有跌坎的体型，在各种工况下要获得必需的淹没水深，坎高只能达到多股多层淹没射流体型的 $3/4$ 左右，如果采用只有突扩的体型，坎高可以适当提高，但是流态稳定性难以保证；④消能效果基本一致，消能率达到 70% 左右；⑤底板上脉动压力方均根值小于 $50\text{kPa}/\text{m}$，并且没有明显的优势频率。

泄洪孔口出口断面的宽深比对流态的稳定性有较大影响，如出口相对较宽，则水舌较薄，容易上下摆动，流态不稳定；如出口相对很窄，则水流宜在平面上摆动。同时，适宜的出口宽度应结合出口高程选定。试验测试了中孔出口宽度 B（= 消力池总宽度/出口宽度）等于 1.43 和 3.36 两种无压体型，两种体型的出口断面水深相差 2.5 倍，水流弗劳德数相差近 1.58 倍，由于消力池上、下游水深之比与弗劳德数的二次方成正比，故在已知下游水位时，试验证明出口相对较宽不利于下游流态形成稳定的淹没射流。当然出口相对较宽时，可以降低跌坎高度，增加淹没深度，但并不能增加流态的稳定性。目前本文的理论分析尚不能判断流态的稳定性，因此，空间三元水跃和淹没射流的流态稳定性必须通过试验的方法获得。对于有压体型，出口宽度对流态和水力特性的影响与无压体型相似，但出口宽度可以适当放宽。

出口宽度对水力特性的影响主要表现在水面形状和压力分布规律。当出口较宽、水舌相对较薄时，水舌进入消力池后将急剧下潜，底板上的动水压力和脉动压力将增大。有时，水舌进入消力池后可急剧上扬，导致水面波动很大，但底板上的动水压力有所减小。如出口水流周期性上下波动，将会造成底板承受较大的周期性压力波动，对底板的安全稳定不利。另外，这种流态的不稳定可能需要较长距离的衰减过程，对下游的消能防冲不利。

坎高对消力池内水面形态、底板上压力梯度和临底流速都将产生重要影响，坎越高，池底压力梯度和临底流速越小，水面波动越大；反之，压力梯度和临底流速增大，水面波动相应减小。根据材料磨蚀研究成果，水流流速在 $15\text{m}/\text{s}$ 范围内，磨蚀量与流速的 $1/6$ 次方成正比。当水流流速达到 $15\text{m}/\text{s}$ 以后，磨蚀量将与流速的 $1/3$ 次方成正比。因此，降低临底流速是减轻底板冲刷破坏的有效途径之一。所以，增加坎高是降低压力梯度和临底流速的有效方法，其中应兼顾流态的稳定性要求。

设置一定的俯角，对于稳定上层水流流态很有好处，因为上层水流淹没度较小，增加一定的俯角有助于主流顺利下潜，促进表面回流漩滚的形成和稳定，从而避免出现面流等不良流态，有助于稳定流态，但俯角不宜过大，应考虑不明显增加底板上的压力梯度。

2.2.3 跌坎型淹没射流消能流态转捩及控制

上文对跌坎型淹没射流水力特性等进行了理论分析，指出了不同 Fr 下共轭水深与消能率计算关系式，并分析了消能率随坎高及 Fr 的变化规律。然而，在我国高坝工程的关键技术问题中，除了消能理论存在缺陷外，流态控制技术缺乏普适性同样是泄洪消能亟待解决的重大问题，因此，系统研究高坝消能中的流态特征等问题对解决高坝泄洪消能难题具有重要意义。部分文献中采用数值模拟方法对跌坎型底流消能工流态进行了研究，考虑了跌坎高度及入池流速的影响，但并未考虑下游水深对流态的影响。然而，在工程实际运行过程中，消力池内水流通常表现为淹没水跃，且试验研究表明，下游水深对流态特征影响显著。鉴于此，本节将以某实际工程为背景（ Fr_0 为 5 ~ 6，坎高与入池水深比为 2 ~ 3），对跌坎型底流消能工流态特征进行分析探讨，以更好地指导工程实践。

（1）跌坎型消力池内水位波动分析

图 2 – 12 所示为试验得出不同水位工况下，跌坎型底流消力池内水位相对波动沿程变化情况。图中分别示出了跌坎高度为 0m、5m、7m 和 10m 时水位相对波动情况，其中相对波动即无量纲水位波幅，为池内水位波动幅度与池内水深的比值，而池内水深为下游水位与消力池底板高程的差值。下文中，定义消力池底板高程为 0.00m，消力池首部跌坎断面为桩号 0 + 0.00，图示值均为相对值。

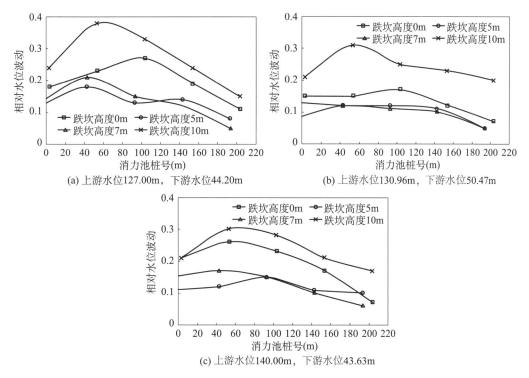

图 2 – 12　不同水位时消力池内相对波动沿程变化

试验结果表明，在不同跌坎高度下，消力池内前半部分水位波动较大，而后半部分则趋于平稳。不同跌坎高度下，消力池内水位波动最大值均发生在跌坎下游 50 ~ 100m 范围内，跌坎下游 100m 以后，消力池内水位波动均有所降低，该规律受上下游水位变化影响较小。由此可见，跌坎型底流消力池前半部分水流紊动剧烈，为下泄水体主要消能区域，对消力池底板的稳定极为不利，因此需要进行突出设计与防护。

对比不同跌坎高度下消力池内波动情况可知，在跌坎高度为5m和7m的情况下，消力池内水位波动规律基本一致，波动幅度均小于跌坎高度为0m时消力池内水位波动。由前文跌坎型底流消能工消能机理分析可知，消力池内存在表面漩滚区和下方回流区，紊动强度较大。由图2-12可知，跌坎型底流消能工虽然消能效率得到提高，然而消力池内水位波动却相比常规底流消能工下降，水面更趋于平稳。当跌坎高度为10m时，消力池内水位波幅较跌坎高度为7m时大幅增加，波动幅度均达到下游水位的30%以上。这是由于当跌坎高度上升到10m时，消力池内流态发生变化，由原来的底流流动特征演变为类似面流流动特征，消力池内水面紊动剧烈。

（2）跌坎型消力池内流态演变分析

表2-1为各工况下跌坎型消力池内水流流态结果。通过对不同跌坎高度下消力池内流态研究表明，跌坎型消力池内水流流态具有二元特性，跌坎高度为决定跌坎型消力池内流态的最主要因素。随着跌坎高度的不同，消力池内表现出三种不同的水流流态：当跌坎高度小于7m时，在各种运行水位下，消力池内均形成底流流态，水流主体出坎后下潜，在跌坎下游一定距离处临底，流态平稳，水面波动较小；当跌坎高度大于10m时，各种运行水位下，消力池内均表现出类似面流的流动特征，消力池内水流主体不再临底，水流主体上方和下方均形成两个大的漩滚，消力池内水面波动较大，临底流速由原来的20m/s左右降至10m/s左右；当跌坎高度位于7m至10m之间时，跌坎型消力池内水流表现出类似混合流的流动特征，在不同的运行水位工况下，消力池内水流在底流与面流之间发生转变。由此可知，在研究水位下，当跌坎高度小于7m时，跌坎型消力池内水流为底流流态特征，当跌坎高度大于7m时，跌坎型消力池内水流流态不稳定，即在等宽体型下，跌坎高度为7m时是跌坎消力池内发生底流流态的临界值。

表2-1 不同工况下消力池内水流流态

工况	上游水位（m）	下游水位（m）	跌坎高度（m）	收缩长度（m）	收缩比	流态
1	127.00	44.20	0	0	0	底流
2	127.00	44.20	5	0	0	底流
3	127.00	44.20	7	0	0	底流
4	127.00	44.20	10	0	0	面流
5	130.96	50.47	0	0	0	底流
6	130.96	50.47	5	0	0	底流
7	130.96	50.47	7	0	0	底流
8	130.96	50.47	10	0	0	面流
9	140.00	43.63	0	0	0	底流
10	140.00	43.63	5	0	0	底流
11	140.00	43.63	7	0	0	底流
12	140.00	43.63	10	0	0	面流
13	135.00	40.40	10	0	0	面流
14	135.00	40.40	10	15	1:30	底流

工况	上游水位（m）	下游水位（m）	跌坎高度（m）	收缩长度（m）	收缩比	流态
15	135.00	40.40	11	15	1:30	混合流
16	135.00	40.40	12	15	1:30	混合流
17	135.00	40.40	13	15	1:30	面流

前文研究可知，研究水位下，形成底流流态的跌坎高度临界值为 7m，即当跌坎高度大于 7m 时，下游需要更高的水位满足淹没射流。然而，由于地形条件影响，下游水位调整受限，因此为突破该限制，本文采用收缩式消能工的消能理念，将跌坎型消力池内的二元水跃转变为三元水跃，从而尝试实现改善消力池内水流流态的目的。由前文理论分析可知，当采用收缩断面后，收缩比小于 1，跌坎型消能工消能效果可以提高 30% 左右。为此，本节对跌坎高度为 10 ～ 13m 工况入池断面进行了收缩优化，研究跌坎型消力池内水流特性演变情况。

研究结果表明，当跌坎出口断面以 1:30 收缩比两侧各收缩 0.5m 时，跌坎高度 10m 条件下，主流在消力池内重新附底形成底流流态，该工况下虽然主流淹没度有所减小，但消力池内仍可以形成完整水跃，且临底流速较坎高 7m 等体型工况明显减小。随着坎高的增加，消力池内底流流态不再明显，水流呈现类似混合流流态特征，水跃跃尾后移；当坎高增加到 13m 时，主流已处于水体中上部，表现出类似面流流动特征，主流下方形成许多小的漩滚。为此，本节进一步调整了断面收缩比和收缩度，但当跌坎高度大于 10m 后，消力池内流态变化不明显。由此可见，在研究水位下，当跌坎断面采用收缩体型时，消力池内形成底流流态的跌坎高度可由等宽体型下的 7m 提升至 10m。当跌坎高度大于 13m 时，消力池内水流表现出类似面流流态特征，水面波动较大。当跌坎高度介于两者时，随着下游水位的不同，消力池内表现出不同的水流流态，流态在底流和面流之间变化。

综上所述，当上游相对水位为 120.0 ～ 140.0m，下游相对水位为 40.0 ～ 50.0m 时，跌坎断面在等宽体型下，坎高 7m 为跌坎型消力池内发生底流流态的临界值；当跌坎断面采用收缩体型后，可在不设置任何人工造型物的条件下，使下泄主流在出跌坎前先进行收缩，而在出跌坎后进行紊动扩散，消力池内水流特征由原来的二元特性演变为三元特性，极大地加强了消力池内水体的紊动剪切和掺混作用，跌坎高度可提升至 10m，在保障消力池内水流流态稳定和消能效率的前提条件下，有效地改善了消力池内临底水力学指标。

2.2.4　跌扩型淹没射流消能的漩涡结构

图 2 - 13 所示为表孔单独泄洪运行方式下间隔 1m 剖面横轴漩涡的分布情况，Y 是纵剖面到消力池边墙的距离。由图 2 - 13 可知，在距离消力池边墙 0.2m 剖面上，漩涡范围不明显；在距离边墙 1 ～ 7m 范围内，即在主射流下方有明显的椭圆形状的横轴漩涡；在距离消力池边墙 8 ～ 15m 的范围内横轴漩涡不明显。主射流下方的横轴漩涡在距离跌坎 0 ～ 60m，负向临底流速最大值小于 10m/s，涡心到跌坎和底板的距离分别为 30m 和 10m，基本上在一条直线上。由距离消力池边墙不同距离的剖面可以看出，

主射流下方以外区域横轴漩涡不规则且具有明显的随机性，其范围和强度均较小，这些漩涡有分裂和合并的现象，即由一个较大的漩涡分裂为两个较小的漩涡，然后又逐渐合并为一个漩涡，在主射流下方以外区域，水流紊动混掺剧烈，没有形成稳定的横轴漩涡。

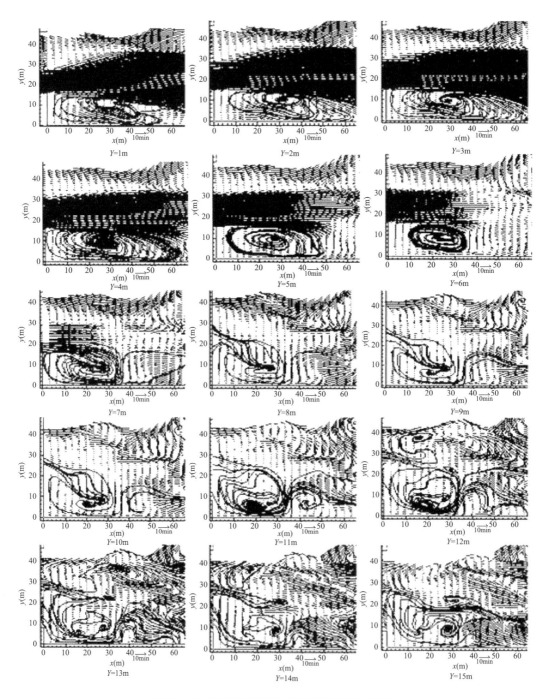

图 2-13　表孔单独泄洪时横轴漩涡的分布情况

　　图 2-14 所示为表孔单独泄洪运行方式下，距离消力池底板间隔 1m 剖面立轴漩涡的分布情况，其中 H 为水平剖面到消力池底板的距离。由图 2-14 可知，在距离消力池底板 17m 的位置开始形成明显的立轴漩涡，两股高速射流之间的立轴漩涡向消力池底板传递，在距离消力池底板 2m 时，漩涡强度已经很弱。立轴漩涡在形成初期，范围较小，随着高程的降低，漩涡范围逐渐增大，达到最大后又逐渐减小，在消力池底板 0.1m 剖面上具有涡团结构，说明立轴漩涡已经临底。同时，立轴漩涡在传递过程中不断分解产生附属漩涡并逐渐移向下游，在临底的过程中强度逐渐减小。

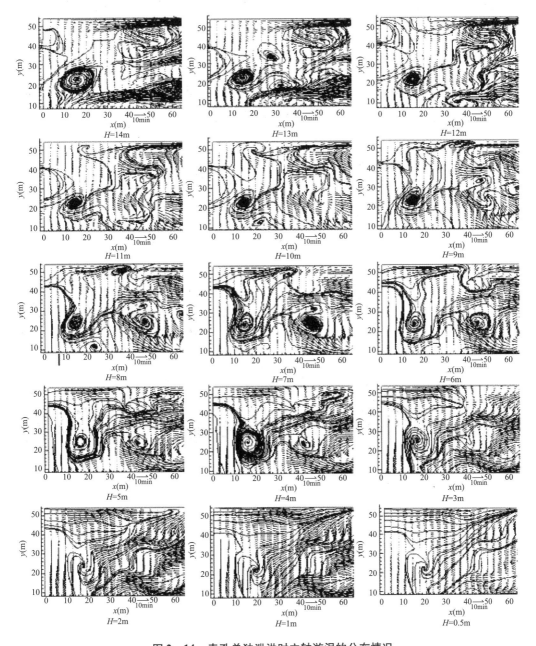

图 2-14　表孔单独泄洪时立轴漩涡的分布情况

图 2-15 所示为中孔单独泄洪运行方式下间隔 1m 剖面横轴漩涡分布情况。由图 2-15 可知，在距离消力池边墙 1m 剖面上，在距离消力池底板 20m 处，即在表孔出口位置有一明显漩涡。

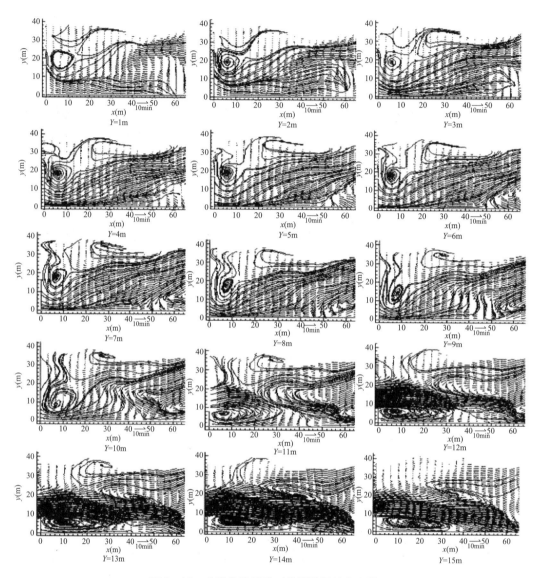

图 2-15　中孔单独泄洪时横轴漩涡的分布情况

在距离边墙 11m 范围内，间隔 1m 的剖面上可以看出这个漩涡中心距离消力池底板的距离逐渐减小，在距离边墙 11m 位置剖面上，横轴漩涡涡心位置已经在中孔跌坎高度以下。在中孔主射流下方形成了稳定的椭圆形状漩涡，漩滚范围在距离跌坎 0~30m，主射流下方消力池底板临底流速较小，为 10m/s 以下。这表明中孔之间的横轴漩涡由中孔下方横轴漩涡沿横向传递产生，传递过程中其范围和强度均不断衰减。

图 2-16 所示为中孔单独泄洪运行方式下，间隔 1m 剖面立轴漩涡的分布情况。在中孔射流主流和消力池边墙之间形成了明显的椭圆形漩涡，随着高程的降低漩涡范围和

强度逐渐减小，没有到达消力池底板。两股主射流之间形成一个强度较小的漩涡，该立
轴漩涡在距离消力池底板 7m 位置消失。在距离消力池底板 4m 的剖面上可以看出两股
主射流下方形成一个立轴漩涡，该立轴漩涡向消力池底板发展，最终临底，在消力池底
板上，临底流速较小，漩涡强度较弱。这一点与表孔单独泄流相似。对比表孔单独泄流
漩涡传递过程，表明随主流距底板高度不同，漩涡强度和分化程度不同，跌坎越高，漩
涡分化越明显，强度越低。

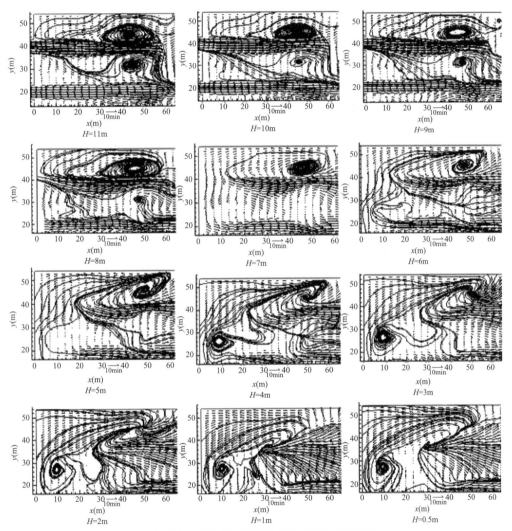

图 2 - 16　中孔单独泄洪时立轴漩涡的分布情况

　　图 2 - 17 所示为表中孔联合泄洪运行，间隔 1m 剖面横轴漩涡的分布情况。由图
2 - 17 可知，在表孔主射流下方距离消力池边墙 3m 范围内，没有形成明显的横轴漩涡。
在距离消力池边墙 3 ~ 7m 范围内主流下方形成明显的呈三角形的横轴漩涡，但是漩涡
范围较小，距离消力池跌坎 0 ~ 20m。表中孔之间 7 ~ 11m 范围内在消力池底板附近形成
了横轴漩涡，范围较小。中孔主射流下形成了稳定的呈椭圆形横轴漩涡，漩滚的范围为
距离跌坎 0 ~ 25m。随着剖面到达消力池边墙距离的增加，在大约 20m 处的剖面上横轴

漩涡消失。

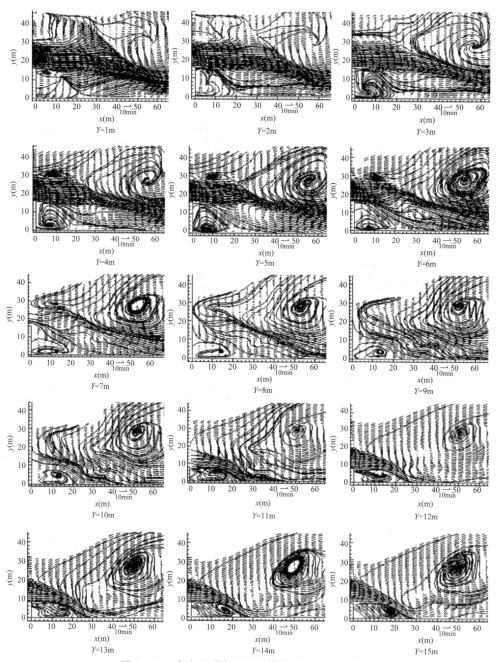

图 2 - 17　表中孔联合泄洪时横轴漩涡的分布情况

图 2 - 18 所示为表中孔联合泄洪运行，间隔 1m 剖面立轴漩涡分布情况。由图 2 - 18 可见，在距离消力池底板 18m 剖面上形成漩涡，向下传递至距离消力池底板 9m 位置剖面消失。在距离消力池底板 6m 位置表中孔之间形成立轴漩涡，并逐渐向底板传递，最后到达消力池底板，这种立轴漩涡的强度较小，对消力池底板稳定性影响较小。同时，表中孔联合泄流时漩涡的随机性和游离性进一步加剧。

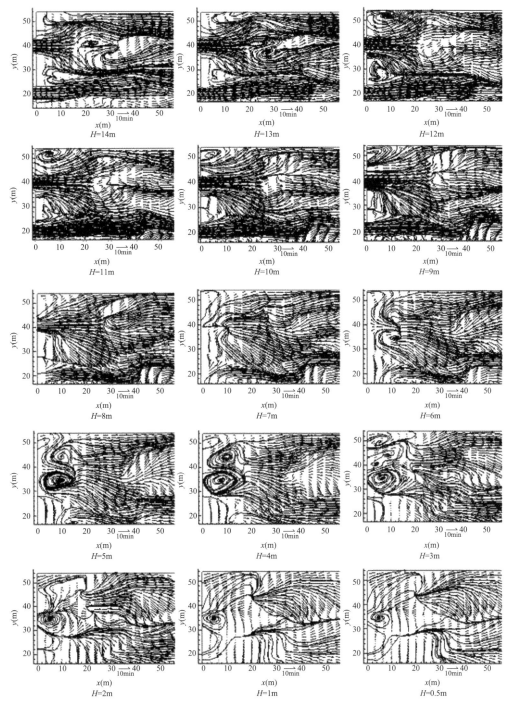

图 2-18　表中孔联合泄洪时立轴漩涡的分布情况

由三种典型运行条件下立轴和横轴漩涡分布特性可知，在表孔单独泄洪条件下消力池内横轴漩涡范围较大，约为 20m×7m，呈椭圆形状，横轴漩涡最大切线速度梯度为 0.27l/s；在中孔单独泄洪和表孔中孔联合泄洪条件下横轴漩涡范围分别为 9m×7m 和 11m×13m，横轴漩涡的形状近似圆形，联合泄洪时横轴漩涡切线速度梯度最大为 0.63l/s。

表孔单独泄洪和中孔单独泄洪条件下立轴漩涡最大范围分别为 9m×8m 和 7m×10m，均呈圆形，而在联合泄洪时立轴漩涡较小，范围约为 8m×4m。立轴漩涡最大切线速度梯度为 0.92l/s，出现在表孔和中孔联合泄洪运行时。消力池边墙主要以横轴漩涡为主，主要分布在距离底板 0～15m 范围，其漩涡尺度略大于消力池底板处的立轴漩涡。高速射流进入消力池后，形成形状各异的横轴和立轴漩涡，其漩涡强度均很小，并且消力池底板立轴漩涡中心具有 180kPa 以上的正压，消力池底板不会发生空化空蚀破坏。由 VOF 模型和混合模型计算得到的消力池漩涡特性对比可知，两种模型得到的漩涡范围和速度梯度保持基本一致。

多股多层水平淹没射流这种新型消能工将下泄的高速水流沿横向分成多股，垂向分成多层射流进入消能水体的中间，由于流速梯度的存在和流动边界有限，在固壁的约束下，在消能时往往形成范围和强度大小不同的漩涡结构。漩涡结构空间尺度越小，掺混越剧烈，消能效果就越好。通过分析比较同一时刻不同高程剖面的流场剖面和同一高程不同时刻的流场剖面发现，在消力池底板附近存在贯穿的立轴漩涡，但是这种漩涡的大小、强度、位置等并不固定，消力池底板出现不稳定的立轴漩涡主要受边界条件及水流流态的影响。多股多层水平淹没射流消力池内水流紊动剧烈，各种类型的漩涡结构交织，消力池底板，跌坎以及边墙附近区域仅出现游移性、漩涡强度很小的立轴漩涡和横轴漩涡。这种水流结构有利于水体的消能，同时有利于分散消力池底板、边墙以及跌坎等结构受到的水流荷载，减轻水流对消力池固壁的冲刷。由上述研究可知：

1）表孔、中孔单独泄洪条件下在主射流下方形成了稳定的横轴漩涡，而横轴漩涡在两股主射流之间并没有完全贯通，并且横轴漩涡的强度较小。

2）表孔单独泄洪时在两股主射流之间有立轴漩涡生成，漩涡向下传递未完全到达消力池底板位置，在距离消力池底板 2m 时强度已经很弱；中孔单独泄洪时两股主射流之间有立轴漩涡生成，但是没有传递到消力池底板，而在中孔主射流下方形成的立轴漩涡向下传递到消力池底板部位。无论是表孔单独泄洪还是中孔单独泄洪产生的这些立轴漩涡在传递到消力池底板位置时漩涡强度均较小。

3）表中孔联合泄洪条件下由于两层水流之间的相互影响，主射流下方的横轴漩涡并不稳定。主射流之间产生的立轴漩涡并没有传递到消力池底板位置，而是在消力池水体中间消失，在主射流下方水体中形成的立轴漩涡向下传递到消力池底板部位，强度均较小。

4）水流进入消力池后在消力池前部形成形状各异、大小不一的立轴漩涡和横轴漩涡，消力池底板、边墙以及跌坎部位漩涡尺度和强度均较小，漩涡结构对消力池底板、边墙以及跌坎的稳定性影响较小。

2.3 洞塞消能技术研究

2.3.1 不同体型洞塞的消能特性实验研究

试验装置主要由供水池、圆形有机玻璃管、出水池以及量水堰等组成，由管尾的闸阀调节流量及管内流速。试验流量范围为 29.21～102.8L/s，管内流速为 0.59～2.09m/s，圆管直径为 25cm，水平放置，主洞塞直径 D_1 为 11cm、14cm、16cm 和 18cm，面积收缩比分别为 0.19、0.31、0.41 和 0.52。试验针对顺直洞塞、台阶洞塞、双洞塞等进行。在洞塞前布置 3 根测压管，间距为 50cm，为观察水流突扩后压强恢复情况，在洞塞后布置 20 根测压管，间距 5cm，在辅洞塞及主洞塞进口 5cm 范围内布置间距为 0.5cm 的测压管，以测量该处的最低压力，主、辅洞塞其余的测压管间距为 2cm，另在距离主洞塞进口 3cm 处的侧部及底部各布置一根测压管，连同顶部的测压管，可以测出该断面的压力变化情况。试验装置示意图如图 2-19 所示。

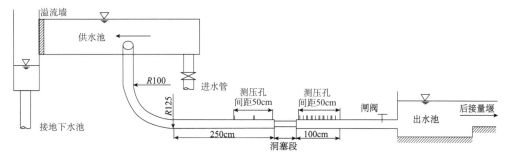

图 2-19　试验装置示意图

试验实测了不同出口面积收缩比（$A_1/A_0 = 0.19 \sim 0.52$）下，顺直洞塞、台阶洞塞和组合洞塞在不同流量下的壁面压强分布，顺直洞塞、台阶洞塞、组合洞塞和收缩洞塞示意图分别如图 2-20 ~ 图 2-23 所示，典型的压强沿程分布如图 2-24 ~ 图 2-26 所示。从图中可以看出，在不同的流量下，洞壁无量纲压强基本重合，即在试验范围内，雷诺数对无量纲压强影响不大，这表明，洞塞体型一旦确定，洞塞的水头损失系数和消能率也就确定了。

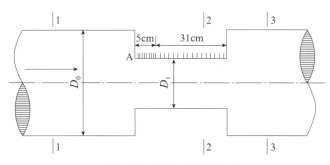

图 2-20　顺直洞塞示意图

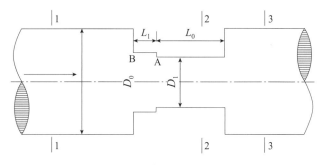

图 2-21　台阶洞塞示意图

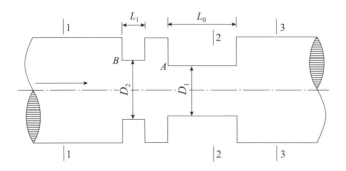

图 2-22　组合洞塞示意图

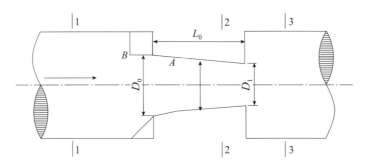

图 2-23　收缩洞塞示意图

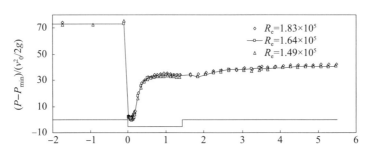

图 2-24　顺直洞塞典型壁面压强分布图

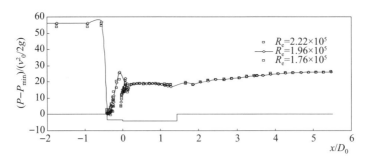

图 2-25　台阶洞塞典型壁面压强分布图

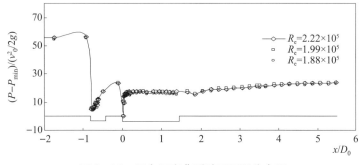

图 2 – 26　组合洞塞典型壁面压强分布图

壁面压强在洞塞进口处骤降，后逐渐上升，直至恢复稳定，并在洞塞后部形成一压强平台，在洞塞以后，壁面压强逐渐上升，又恢复至稳定，从壁面压强分布图可以看出洞塞内及洞塞后压强恢复稳定所需要的长度。从洞塞内和洞塞后的压强恢复长度可以看出，对于顺直洞塞，洞塞内的压强恢复长度为 $(0.63 \sim 1.05)D_0$，洞塞后的压强恢复长度为 $(2.02 \sim 2.84)D_0$，面积收缩比越小，压强恢复长度越大；对于阶梯洞塞和双洞塞，压力在洞塞进口后 $(0.24 \sim 0.32)$ 倍 D_0 左右恢复稳定，洞塞后的压强恢复长度为 $1.62 \sim 2.84 D_0$，如图 2 – 27 所示。

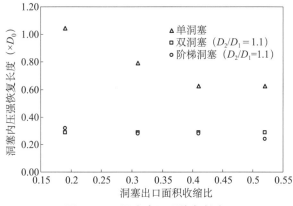

图 2 – 27　洞塞内压强恢复长度

设 1—1 断面的流速为 v_1，压强为 p_1，2—2 断面的流速为 v_2，压强为 p_2，3—3 断面的流速为 v_3，压强为 p_3，则 $v_1 = v_3$，设主洞塞内的最小压强为 $p_{\min}$，1—1 断面和 3—3 断面的压力水头差为 ΔH，则洞塞的水头损失系数为

$$\xi = \Delta H / (v_1^2 / 2g) \tag{2-59}$$

则 ξ 的大小反映了洞塞消能工消能的效率，ξ 越大，消能率越高，反之则越小。对顺直洞塞，面积收缩比 A_1/A_0 和水头损失系数 ξ 的关系可表示为

$$\xi = 0.558(A_1/A_0)^{-2.5} \tag{2-60}$$

台阶洞塞的水头损失系数 ξ 可表示为

$$\xi = 0.515(A_1/A_0)^{-2.5} \tag{2-61}$$

洞塞段总水头损失系数 ξ 可分为突缩水头损失系数 ξ_c 和突扩水头损失系数 ξ_e，对于顺直洞塞，突缩水头损失大于突扩水头损失。结果表明，与单纯的突扩消能相比，顺直洞塞的消能效率要大 50% 以上。顺直洞塞总水头损失系数如图 2 – 28 所示，顺直洞塞

突缩和突扩水头损失系数如图 2 - 29 所示。

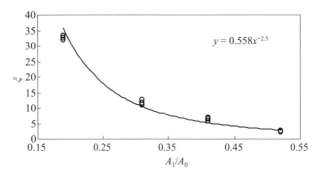

图 2 - 28　顺直洞塞总水头损失系数

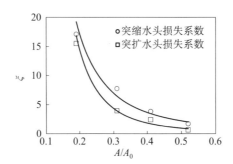

图 2 - 29　顺直洞塞突缩和突扩水头损失系数

定义主洞塞内的最小压力系数

$$C_p = \frac{(p_3 - p_{\min})/\gamma}{v_2^2/(2g)} \qquad (2 - 62)$$

式中：C_p 为最小压强系数；p_3 为洞塞后水流均匀段的压强；$p_{\min}$ 为洞塞内的最小压强，一般位于洞塞进口处；γ 为水的容重；v_2 为洞塞内的断面平均流速；g 为重力加速度。

C_p 越小，洞塞内的最小压强与 2—2 断面的平均压强之差越小，洞塞越不易空化。因此，C_p 的大小在一定程度上反映了洞塞抵抗空蚀破坏的能力，当然，洞塞的空化特性应由初生空化数来反映，这里用 C_p 初步判断不同体型洞塞的空化性能的好坏。对实验数据进行拟合，顺直洞塞的最小压强系数和洞塞面积收缩比的关系可表示为

$$C_p = 0.0635(A/A_0)^{-1.92} \qquad (2 - 63)$$

其他体型洞塞的 ξ 和 C_p 见表 2 - 2。

表 2 - 2　不同体型洞塞 ξ 和 C_p 列表

收缩比	体型	D_2/D_1	平均 ξ	平均 C_p	ξ 增减（%）	C_p 增减（%）
0.19	单洞塞	—	32.63	1.51	—	—
	双洞塞	1.1	31.84	0.88	- 2.42	- 41.72
		1.2	32.48	1.05	- 0.46	- 30.46
		1.3	27.86	1.17	- 14.62	- 22.52
	阶梯洞塞	1.1	30.00	0.91	- 8.06	- 39.74
		1.2	27.76	0.83	- 14.92	- 45.03
		1.3	24.75	1.03	- 24.15	- 31.79

续表

收缩比	体型	L_1/D_0	平均 ξ	平均 C_p	ξ 增减（％）	C_p 增减（％）
0.31	单洞塞	—	11.71	0.64	—	—
	双洞塞	1.1	11.46	0.29	− 2.13	− 54.69
		1.2	10.34	0.50	− 11.70	− 21.88
		1.3	10.32	0.60	− 11.87	− 6.25
	阶梯洞塞	1.1	9.72	0.36	− 16.99	− 43.75
		1.2	9.18	0.38	− 21.61	− 40.63
		1.3	10.02	0.57	− 14.43	− 10.94
0.41	单洞塞	—	6.26	0.35	—	—
	双洞塞	1.1	6.44	0.24	2.88	− 31.43
		1.2	5.93	0.32	− 5.27	− 8.57
		1.05	7.40	0.22	18.21	− 37.14
	阶梯洞塞	1.1	5.16	0.18	− 17.57	− 48.57
		1.2	5.18	0.29	− 17.25	− 17.14
		1.05	5.50	0.25	− 12.14	− 28.57
0.52	单洞塞	—	2.39	0.22	—	—
	双洞塞	1.1	2.82	0.17	17.99	− 20.55
		1.067	2.82	0.15	17.99	− 33.79
	阶梯洞塞	1.1	2.36	0.20	− 1.26	− 6.85
		1.067	2.15	0.13	− 10.04	− 40.64
0.41	单洞塞	0	6.26	0.35	—	—
	双洞塞	0.24	7.01	0.23	11.96	− 35.53
		0.4	6.44	0.24	2.79	− 31.81
		0.56	5.59	10.19	− 10.70	− 44.70
	阶梯洞塞	0.12	3.92	0.28	− 37.42	− 19.77
		0.24	4.80	0.17	− 23.37	− 52.15
		0.4	5.16	0.19	− 17.64	− 46.99
		0.56	5.33	0.28	− 14.85	− 20.92

　　表 2 − 2 列出了面积收缩比 A_1/A_0 为 0.19 ~ 0.52、辅助洞塞和主洞塞直径比 D_2/D_1 为 1.05 ~ 1.3、辅助洞塞长度为 0.12 ~ 0.56D_0 时不同体型洞塞的 ξ 和 C_p，从表中可以看出：D_2/D_1 在 1.05 ~ 1.1 范围内均能大幅度降低最小压力系数（与单洞塞相比），降低幅度达 28.57％ ~ 54.69％，对于同一收缩比，台阶洞塞与组合洞塞体型在降低压力系数方面差异不大。与单洞塞体型相比，采用双洞塞体型不会明显降低水头损失系数（最多降低 2.42％），甚至可以提高水头损失系数，而采用阶梯洞塞，水头损失系数将降低 8.06％ ~ 17.57％。无论阶梯洞塞或双洞塞，辅助洞塞长度取 0.4D_0 较合适，若缩短长度，则会显著降低消能率；若延长长度，则降级压力系数的作用不明显，故取 $L_1 = 0.4D_0$ 最优。对于双洞塞，缩短辅助洞塞长度或缩短主、辅助洞塞间距会明显地降低压力系数，但水头损失系数也降低较多，主、辅助洞塞间距取 0.4D_0 为佳。

2.3.2 不同体型洞塞的流速场特性

本试验采用的激光测速仪为丹麦 DANTEC 公司生产的二维光导纤维多普勒激光测速仪（2 Dimensions Optical Fiber Laser Doppler Anemometer）。其配套的信号处理器为猝发频谱分析仪（Burst Spectrum Analyzer，BSA），位移支架为三维（自控/手动）高精度位移系统（位移最小分辨率小于 0.1mm）。由于激光测速为非接触测量，不干扰流场，能对各测量点完成高精度的流场量测。其根据散射光的多普勒频移原理，两束激光相交区域形成明暗相间的干涉场，当微小粒子通过干涉场时，发生明暗交替的散射光，单位时间内质点穿过明亮条纹的数目即为多普勒频率 f_D，此频率的大小正比于质点运动速度，即流体速度 V，f_D 与 V 的关系为：$f_D = f_s - f_i = \dfrac{1}{\lambda_D} V(e_s - e_i)$，式中，$f_s$、$f_i$ 分别为散射光和入射光的频率，λ_D 为入射光波长，e_s、e_i 分别为散射光和入射光方向的单位矢量。测出频差 f_D 就可得到流体中质点的速度即该点的流体速度。

试验先后测量了顺直洞塞、台阶洞塞和收缩洞塞的流场如图 2-30~图 2-33 所示，管道直径为 15cm，洞塞出口直径为 7.4cm 和 9.2cm，试验管道流速为 1.0m/s（顺直洞塞）和 1.45m/s（台阶和收缩洞塞），测量断面从洞塞前 15cm（$1D$）至洞塞后 60cm（$4D$）。

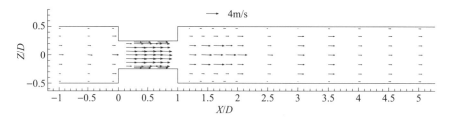

图 2-30　顺直洞塞流场图（收缩比 0.243）

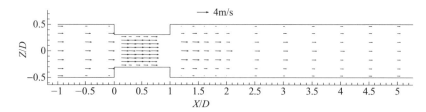

图 2-31　顺直洞塞流场图（收缩比 0.376）

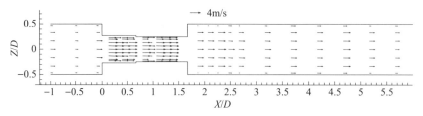

图 2-32　台阶洞塞流场图（收缩比 0.243）

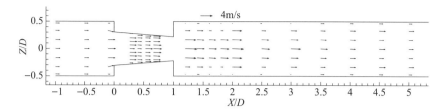

图 2 – 33　收缩洞塞流场图（收缩比 0.243）

从实测的数据可得以下结论：洞塞进口 0.133D 以后的时均流速分布较均匀（前端因接头影响无法测量），水流突扩后，形成射流边界层，轴线流速大，轴线两侧形成回流区，后逐渐恢复均匀，在射流边界层内，轴线最大流速比断面时均流速大 1.5～3 倍，面积收缩比越小，分布越不均匀，回流区最大回流流速约为断面平均流速的 0.5 倍，主流在附着点位于洞塞出口后 1D～2D，洞塞出口 3D 后的断面流速分布均匀，总体而言，在回流区以外，径向流速均较小，约为轴向流速的 10% 。

四种体型洞塞的轴向脉动流速方均根分布图如图 2 – 34～图 2 – 37 所示，脉动流速大小为时均流速的 10%～30%，在洞塞段及扩散段较大，最大值位于时均流速梯度较大的剪切层附近，洞塞出口 1.5D 后的断面脉动流速一般为时均流速的 10% 左右，对同一断面而言，轴线上的脉动流速要小于两侧的脉动流速。

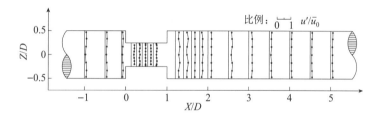

图 2 – 34　顺直洞塞轴向脉动流速方均根分布图（收缩比 0.243）

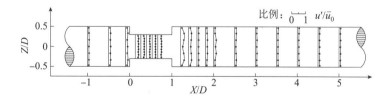

图 2 – 35　顺直洞塞轴向脉动流速方均根分布图（收缩比 0.376）

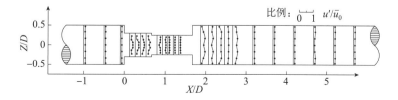

图 2 – 36　台阶洞塞轴向脉动流速方均根分布图（收缩比 0.243）

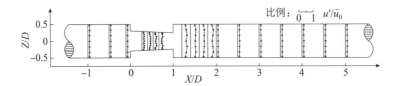

图 2 - 37　收缩洞塞轴向脉动流速方均根分布图（收缩比 0.243）

2.3.3　洞塞消能率的理论分析及消能机理

突缩和突扩水头损失系数可由动量积分方程推导，突缩控制体为 1—1 断面到 c—c 断面，突扩控制体为 2—2 断面到 3—3 断面，如图 2 - 38 所示。

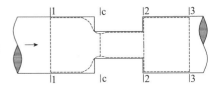

图 2 - 38　顺直洞塞控制体示意图

流体运动动量方程的积分形式在 x 方向的分量可表示为

$$\left[\iiint_{\tau}\rho F \mathrm{d}\tau\right]_x + \left[\oiint_A P_n \mathrm{d}A\right]_x - \left[\oiint_A \rho(Vn)V\mathrm{d}A\right]_x = \left[\iiint_{\tau}\frac{\partial}{\partial t}(\rho V)\mathrm{d}\tau\right]_x \qquad (2-64)$$

由于流动是恒定的，因此

$$\iiint_{\tau}\frac{\partial}{\partial t}(\rho V)\mathrm{d}\tau = 0$$

由于是在重力场中，体力为重力加速度，即 $F = g$，因此

$$\left[\iiint_{\tau}\rho F \mathrm{d}\tau\right]_x = 0$$

则有

$$\left[\oiint_A P_n \mathrm{d}A\right]_x = \left[\oiint_A \rho(Vn)V\mathrm{d}A\right]_x \qquad (2-65)$$

定义断面动量分布不均匀系数

$$\beta_i = \frac{1}{A_i V_{iaver}^2}\iint_{A_i} V_i^2 \mathrm{d}A \qquad (i\ 为断面号) \qquad (2-66)$$

对于突扩段，有

$$P_3 A_3 - P_2 A_3 = \beta_2 \rho V_2^2 A_2 - \beta_3 \rho V_3^2 A_3 \qquad (2-67)$$

定义洞塞面积收缩系数 $C = A_2/A_1$，则有

$$\frac{P_3}{\gamma} - \frac{P_2}{\gamma} = \left(\frac{2\beta_2}{C} - 2\beta_3\right)\frac{V_3^2}{2g} \qquad (2-68)$$

则 2—2、3—3 断面总的水头损失为

$$\Delta H = \left(\frac{V_2^2}{2g} - \frac{V_3^2}{2g}\right) - \left(\frac{P_3}{\gamma} - \frac{P_2}{\gamma}\right) = \left[\frac{(2\beta_3 - 1)C^2 - 2\beta_2 C + 1}{C^2}\right]\frac{V_3^2}{2g} \qquad (2-69)$$

则突扩段的水头损失系数

$$\xi_e = \frac{(2\beta_3 - 1)C^2 - 2\beta_2 C + 1}{C^2} \qquad (2-70)$$

对于突缩段，水头损失可以分成两部分，1—1 断面到 c—c 断面及 c—c 断面到 2—

2 断面，对以上两断面采用相同的推导过程可以得出突缩段的水头损失系数为

$$\xi_c = \frac{(2\beta_1 - 1)C^2 C_c^2 - 2\beta_c CC_c + 1}{C^2 C_c^2} + \frac{(2\beta_2 - 1)C_c^2 - 2\beta_c C_c + 1}{C_c^2} \qquad (2-71)$$

式（2-71）中的 $C_c = A_c / A_2$，本文中的 C_c 及 β_i 均通过数值方法求得。收缩洞塞的推导过程与顺直洞塞相同，台阶洞塞可近似地看成两级顺直洞塞，从而推导出相应的水头损失系数。

图 2-39 所示为顺直洞塞总水头损失系数的理论值与试验值比较图，从图中可以看出，理论值与试验值吻合得较好。

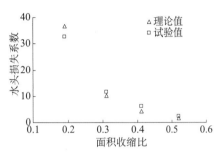

图 2-39　水头损失系数理论值与试验值比较

洞塞的水头损失主要由两部分组成，即突缩段和突扩段，在洞塞突缩段，受断面收缩的影响，流速迅速增加，在洞塞进口前形成较大的流速梯度，流层之间的摩擦力随即增加，流层之间的剪切作用构成突缩水头损失的来源之一。进一步的研究发现，水流流经洞塞时，在洞塞进口角隅附近形成一逆时针漩涡，该漩涡的存在构成突缩水头损失的另一来源；漩涡中心压强很低，漩涡上游压强较高，在这一压强差的作用下，在漩涡上游附近产生一高流速带，其流速大小比洞塞轴线流速大 10%～20%，其方向大致为漩涡边缘的切线方向，这股高流速带以类似于射流的形式冲击环境流体，与环境流体摩擦、混掺，产生能量耗散，从而构成突缩水头损失的主要来源。图 2-40～图 2-42 分别所示为顺直、台阶洞塞和收缩洞塞进口附近的流场及紊动能分布图，从图中可以清楚地看到洞塞进口附近的高流速带及其产生的紊动能突出区。

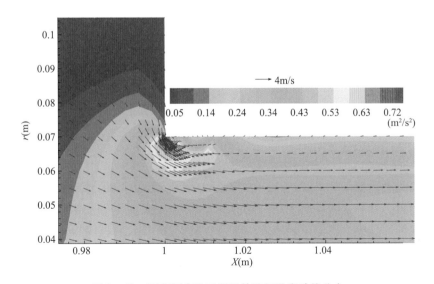

图 2-40　顺直洞塞进口附近的流场及紊动能分布

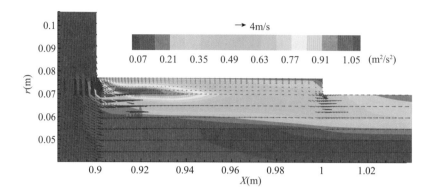

图 2 – 41　台阶洞塞进口附近的流场及紊动能分布

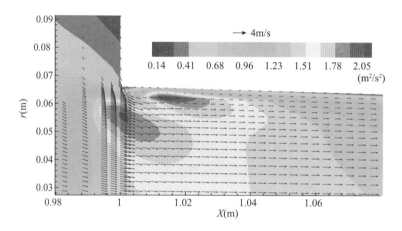

图 2 – 42　收缩洞塞进口附近的流场及紊动能分布

关于突扩段的消能机理，前人已研究较多，归纳前人的成果，洞塞突扩段的消能机理可以描述如下：在洞塞出口处，水流以射流的形式进入下游管道，中心的流速高，周围的流速低，在出口周围形成射流边界层。在管道边壁形成漩涡区，由于与周围流体进行动量交换，射流中心流速不断降低，沿管道轴线形成了压强梯度，又由于漩涡区的流速相对较低，其动能不足以克服压力梯度，这样就形成了稳定的回流区，洞塞突扩消能就发生在强紊动、强剪切的射流内部、射流边界层及漩涡区。

2.3.4　不同体型洞塞的脉动压强特性

脉动压强方均根沿管道壁面的分布表明：四种体型的洞塞的脉动压强最大点均位于洞塞进口附近，在洞塞内逐渐变小，水流突扩后，脉动压强有所增加，后逐渐恢复稳定；面积收缩比越小，脉动压强越大；对同一面积收缩比，顺直洞塞的脉动压强最大，台阶洞塞次之，收缩洞塞最小。顺直一 5 号、顺直二 5 号、台阶洞塞 5 号、收缩洞塞 4 号测点脉动压强方均根沿壁面分布分别如图 2 – 43 ~ 图 2 – 46 所示。图 2 – 47 ~ 图 2 – 50 分别所示为四种体型洞塞脉动压强最大点的压强时域过程线，从图中也可以大致看出脉动压强的强度。

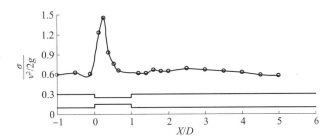

图 2 – 43　顺直一 5 号测点脉动压强方均根沿壁面的分布

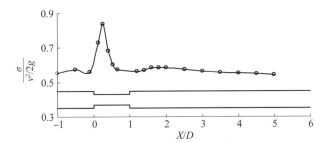

图 2 – 44　顺直二 5 号测点脉动压强方均根沿壁面的分布

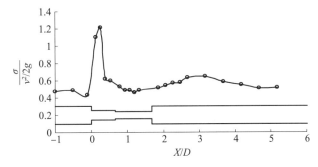

图 2 – 45　台阶洞塞 5 号测点脉动压强方均根沿壁面的分布

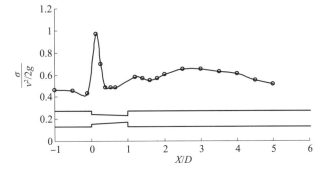

图 2 – 46　收缩洞塞 4 号测点脉动压强方均根沿壁面的分布

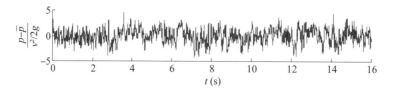

图 2 - 47　顺直一 5 号测点压强时域过程线

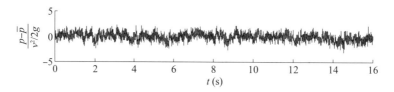

图 2 - 48　顺直二 5 号测点压强时域过程线

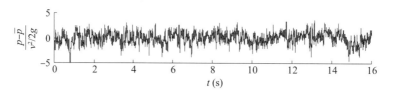

图 2 - 49　台阶洞塞 5 号测点压强时域过程线

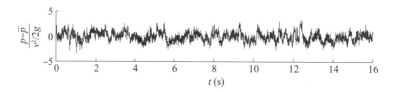

图 2 - 50　收缩洞塞 4 号测点压强时域过程线

图 2 - 51 ~ 图 2 - 54 分别所示为四种体型洞塞脉动压强最大点的压强概率密度分布图。图 2 - 55 ~ 图 2 - 58 分别所示为四种体型洞塞脉动压强功率谱。偏态系数为 $-0.34 ~ 0.43$，峰态系数为 $2.73 ~ 3.16$，当脉动压强概率密度函数为正态分布时，$C_S = 0$，$C_E = 3$，洞塞进口附近的脉动压强虽然不完全按正态分布，但其偏离程度也不大。

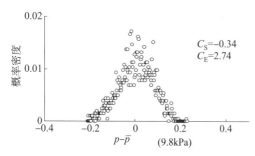

图 2 - 51　顺直一 5 号测点压强概率密度分布

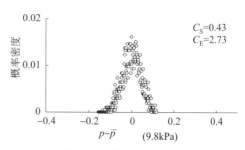

图 2 - 52　顺直二 5 号测点压强概率密度分布

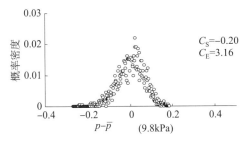

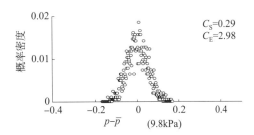

图 2-53　台阶洞塞 5 号测点压强概率密度分布　　图 2-54　收缩洞塞 4 号测点压强概率密度分布

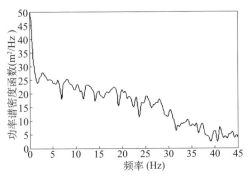

图 2-55　顺直一 5 号测点脉动压强功率谱

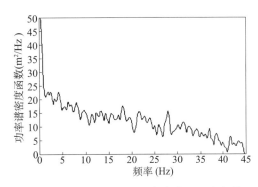

图 2-56　顺直二 5 号测点脉动压强功率谱

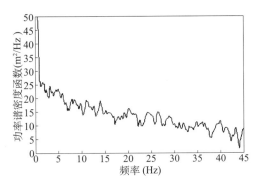

图 2-57　台阶洞塞 5 号测点脉动压强功率谱

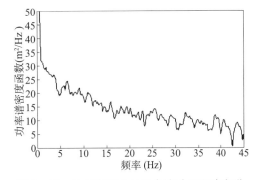

图 2-58　收缩洞塞 4 号测点脉动压强功率谱

2.3.5　不同体型洞塞的空化特性

试验在减压箱中进行，减压箱箱体长 20m，宽 1m。自下游箱体底板起算，下游箱体高 2.8m，上游箱体高 4m，进水塔顶部高出上游箱体顶部 1.2m。最大流量为 $0.75m^3/s$，最大相对真空度可达约 98%。运行操作在中心控制室进行，可同时检测流量、水温及实验室大气压等试验条件，观察、操作方便。压力采用测压管进行测量或通过压力巡检仪测量。噪声采用丹麦 B&K 公司制造的 8103 型水听器、2635 型电荷放大器、2636 型测量放大器和成都纵横公司制造的 JV5200 动态信号分析系统进行测量。噪声频谱曲线分为单样本和 50 次采样曲线的历史平均值两种，分析区间为 35~160kHz。噪声能量曲线通过噪声频谱曲线计算而得。

（1）顺直洞塞的初生空化数

顺直洞塞体型如图 2－59 所示。试验流量为 138.33L/s，减压箱内的水温为

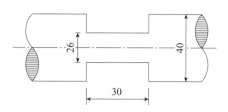

19.8℃，该温度下水的饱和蒸汽压为 0.235m 水柱，试验时减压箱外的大气压为 94.3kPa，减压箱真空度为 72～91kPa，减压箱内的实际气压为大气压减去减压箱真空度。在洞塞进口前 1m 处布置测压管，所测得的压强作为计算水流空化数的参考压强，试验得到初生空化数为 4.69。

图 2－59　顺直洞塞体型图（单位：cm）

（2）台阶洞塞的初生空化数

试验实测了两种体型的台阶洞塞的空化噪声，台阶洞塞的断面为圆形，试验段尺寸如图 2－60 所示。试验流量 135.99L/s，减压箱内的水温为 10.5℃，该温度下水的饱和蒸汽压为 0.1295m 水柱，试验时减压箱外的大气压为 98.25kPa，减压箱真空度为 65～93.7kPa，减压箱内的实际气压为大气压减去减压箱真空度。水流空化数计算方法与顺直洞塞同。

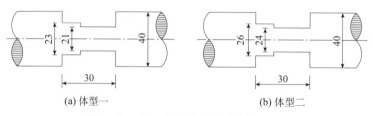

(a) 体型一　　　　　　　　　　　　(b) 体型二

图 2－60　台阶洞塞示意图（单位：cm）

图 2－61 所示为台阶洞塞体型一在低真空压力（高水流空化数）下的空化噪声频谱曲线（图例中括号内的数值为相应的水流空化数），可以看出，两者在空化发生范围（35～140kHz）内基本没有差异。试验现场观察也表明，此时的空化云早已消失，因此，真空压力 65kPa（对应水流空化数 5.90）时的频谱曲线可以作为背景噪声（即不发生空化时的噪声）。

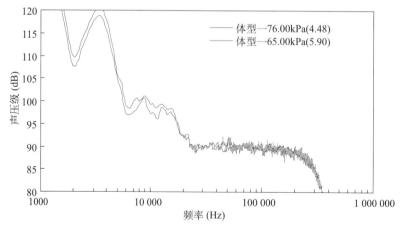

图 2－61　台阶洞塞体型一在低真空压力下空化噪声频谱曲线

图 2-62 所示为台阶洞塞体型一在不同真空压力（水流空化数）下的空化噪声频谱曲线，可以看出，在真空压力 88kPa（对应水流空化数 2.92）以上，频谱曲线与背景噪声相比，声压级差最大值均在 5dB 以上，同时，试验现场可看到明显的空化云，并在箱外听到清脆的噼啪声，表明试验中，洞塞发生了强烈空化。观测还表明，空化发生在洞塞进口至二级台阶前的部位，洞塞段内未观测到明显的空化云。试验现场观测和进一步的频谱分析表明，台阶洞塞体型一的初生空化数位于真空压力 88kPa 附近，即约为 2.92。

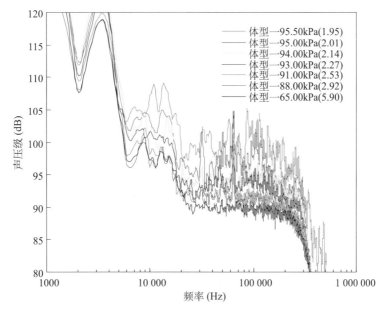

图 2-62　台阶洞塞体型一在不同真空压力下空化噪声频谱曲线

通过类似的分析，可得到台阶洞塞体型二的初生空化数约为 2.97。

（3）收缩洞塞的初生空化数

收缩洞塞试验段尺寸如图 2-63 所示，试验流量为 148.64L/s，减压箱内的水温为 18.8℃，该温度下水的饱和蒸汽压为 0.2211m 水柱，试验时减压箱外的大气压为 95.5kPa，减压箱真空度为 70～92.7kPa。不同空化数的空化噪声频谱曲线如图 2-64 和图 2-65 所示。从图中可以看出，体型一在空化数为 2.09、体型二在空化数为 2.04 时的噪声频谱曲线比背景噪声曲线高约 5dB，同时观察到洞塞进口处有空泡偶发，每分钟约为 1～3 次，因此认为体型一、二的初生空化数分别为 2.09 和 2.04。

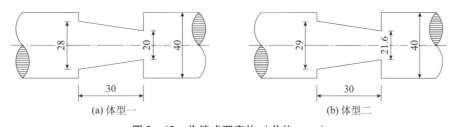

(a) 体型一　　　　　　　　　　　　　　(b) 体型二

图 2-63　收缩式洞塞体（单位：cm）

图 2 - 64 和图 2 - 65 分别所示为体型一和体型二的相对能量图，从图中也可以看到，当空化数为 2 左右时，相对能量曲线开始增加，这与通过空化噪声判断得出的结论也基本一致。

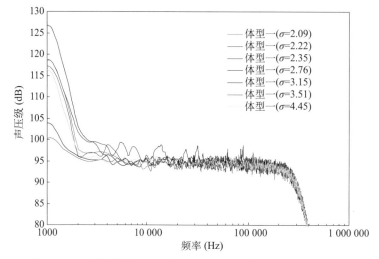

图 2 - 64　收缩洞塞体型一在不同空化数下的空化噪声频谱曲线

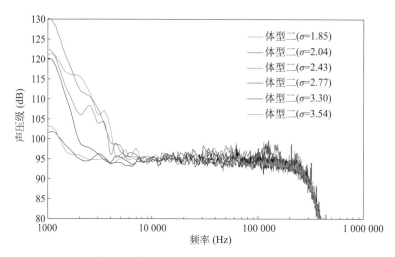

图 2 - 65　收缩洞塞体型二在不同空化数下的空化噪声频谱曲线

2.4　高坝挑跌流水垫塘消能研究

对水垫塘流场的研究是解决水垫塘消能问题的基础。可是，长期以来，对水垫塘内的水流特性的认识仍显不足。强烈的紊动和掺气使得水垫塘流场的测量非常困难，这里采用五孔毕托球作为速度测量仪器，它可以同时测出三个方向的速度分量，同时，采用紊流数值模拟技术进行三维紊流场的数值模拟。图 2 - 66 ~ 图 2 - 68 分别所示为水垫塘速度矢量场的纵剖面、横剖面和水平剖面图，其中左边为计算结果，右边为实测结果。测量是在一个实体模型上进行的，底板宽度为 70cm，二道坝高度为 35cm，边坡坡度比为1:1.1。图中流量为 68.5L/s，塘内水深 42.3cm。五股水舌的入水角为 65°～69°。由于对称性，计算和测量均针对水垫塘的一半进行，绘图时对称绘出整个流场。根据计算和测量结果，可以获得水垫塘三维流动的典型流态特征。

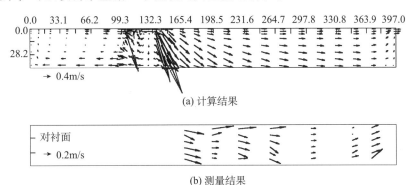

图 2－66　水垫塘流场纵剖面图

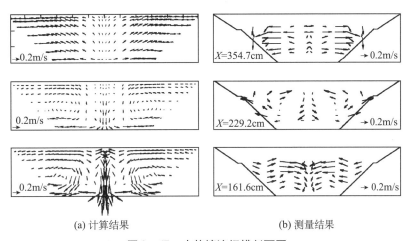

图 2－67　水垫塘流场横剖面图

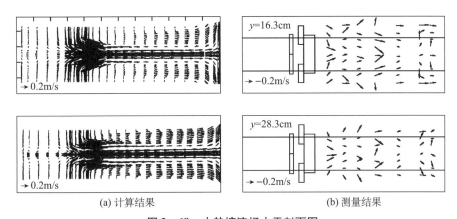

图 2－68　水垫塘流场水平剖面图

水舌入水点上游和冲击区的速度难以测量，在所测量的区域内未测到回流。可是，计算结果显示，在入水点附近有一个小的回流。该回流的范围与入射角有关，它随着入射角的减小而减小，直至消失。在入射点的上游区域，计算结果显示有一个大的漩滚。从模拟结果还可以看到，高速射流在底板附近突然变向，这与计算和测量的底板动水压力结果相一致，底板压力在冲击点附近陡增，而在底板的其他部分则相对平缓。

从计算和实测结果均可见，横剖面上有两个对称的横向环流。这意味着水垫塘中的流动是对称的。但是，如果水舌宽度与水面宽度接近，则没有横向空间供环流形成，在此条件下，横向环流将不存在。在部分横剖面上，接近水面处还有两个较小的次生环流。在靠近二道坝的区域，横剖面上的速度矢量呈放射状分布。

在水平剖面速度分布中，可以看到纵向流速的横向分布有几个峰值。峰值的位置与水舌入水点相对应。

根据计算和实测结果，水垫塘三维流场的典型流态可绘成图 2 - 69 所示的情况。

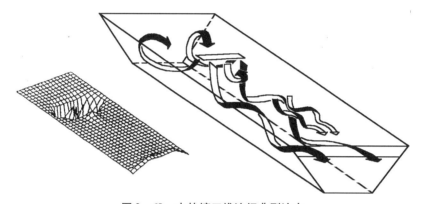

图 2 - 69　水垫塘三维流场典型流态

射流在水垫塘中的能量损失，首先是将时均动能转换成紊动能，然后由于流体黏性而被耗散为热能。所谓消能实际上是能量的传递和转换过程。紊动能和紊动能耗散率正是反映能量传递和转换的重要参数。

图 2 - 70 和图 2 - 71 分别绘出了水平面上的紊动能和紊动能耗散率的分布（拉西瓦水垫塘的两个代表性工况）。由图中可见，紊动能，特别是紊动能耗散率主要集中在射流轴线附近。表 2 - 3 列出了射流轴线附近紊动能和紊动能耗散率占塘内总的紊动能和紊动能耗散率的百分比（图 2 - 72 显示了射流轴线附近计算紊动能和紊动能耗散率的区域，其中 L 为水垫塘长度，α 为表中的水体体积百分比）。表 2 - 3 中的结果再次表明，能量转换主要发生在射流轴线附近区域，水垫塘中只有少量的水体参与了消能。这揭示了射流越集中，消能越困难的原因之一。另外，由紊动能和紊动能耗散率的分布还可见，紊动能和紊动能耗散率的最大值出现在靠近水面的位置。上述特征与水流流态一起，反映出在水垫深度足够的条件下，水流剪切是水垫塘中的主要消能方式（水深越小，剪切消能越弱）。在水流剪切最显著的入射点附近，大量的时均动能被耗散。然后，在塘底冲击区，通过射流撞击使能量再次消耗。到达二道坝之前，由于水流的紊动混掺使能量第三次被消耗。根据这些特点，整个水垫塘内的水体可以被分为三个消能区域，即剪切消能区、撞击消能区和混掺消能区，如图 2 - 73 所示。水垫塘和坝身泄水孔口优化的原则应该为：扩大剪切消能区的范围（例如分散水舌），减轻撞击消能区的撞击强度（例如形成动水垫），以及尽可能利用混掺消能区的水体。

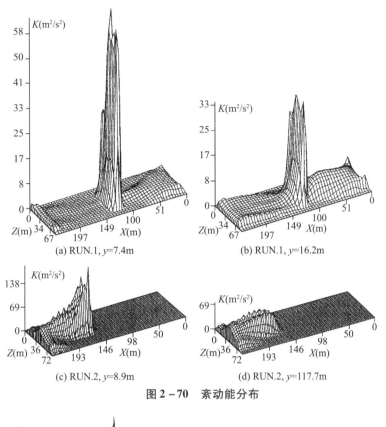

图 2-70　紊动能分布

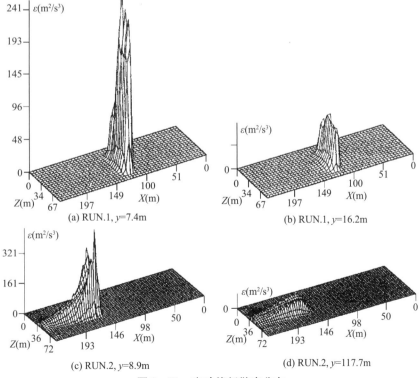

图 2-71　紊动能耗散率分布

表 2 - 3　射流轴线附近紊动能和紊动能耗散率的百分比

工况序号	1	2	3	4	5	6
水体体积百分比（%）	23	22	23	23	23	23
紊动能百分比（%）	43	38	49	50	47	43
紊动能耗散率百分比（%）	90	65	89	88	85	88

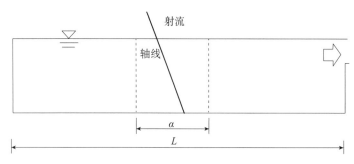

图 2 - 72　紊动能和紊动能耗散率统计区域示意图

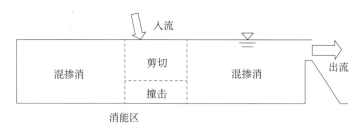

图 2 - 73　水垫塘的消能分区

应该注意到，在水垫塘的设计中，不仅应该限制底板最大压力，而且也应限制压力分布的梯度。过大的压力梯度意味着剪切消能不够充分，撞击动能过于集中。同时，过大的压力梯度在某些情况下也可能对底板构成很大的附加上举力。

2.5　高拱坝表深孔无碰撞泄洪消能研究

高拱坝表深孔水流空中碰撞消能使泄洪雾化增强，显然如可实现高拱坝表深孔水流无碰撞消能，则可解决上述问题。实现高拱坝表深孔水舌空中无碰撞有两种方式：一种是表深孔仍采用常规出口体型，在平面布置上横向各孔间相互尽量拉开，但受工程所处河谷狭窄限制而很难实现；另一种方式则是高拱坝表深孔采用收缩式消能工，如宽尾墩、窄缝挑坎，利用收缩式消能工收缩水流的特性，使表深孔下泄水流横向收缩，竖向及纵向扩散和拉长，各股水舌从相互间空隙穿插下落，从而实现高拱坝表深孔水舌的空中无碰撞消能。但高拱坝表深孔采用收缩式消能工，其泄流流态如何，是否会形成纵向充分扩散的窄长水流而实现表深孔水舌的穿插下落，与水舌空中碰撞消能相比，其泄流能力是否会降低，其水垫塘底板冲击动压特性如何，这都是必须解决的技术性问题。

2.5.1　试验模型及方案

试验模型坝身泄洪为 4 个表孔和 5 个深孔。表孔为开敞式溢洪道，WES 实用堰，设计水头 $H_d = 11.07\text{m}$（不计行进流速）。每孔堰顶宽度为 $B = 11.0\text{m}$，堰顶高程为 1868.00m，相邻孔口用 12.24m 闸墩隔开，溢流前缘总宽 93.0m。

试验中表孔出口采用连续坎或宽尾墩，具体体型参数及平面布置如图 2−74 所示，图中参数值详见表 2−4，宽尾墩出口为矩形。为解决拱坝曲率造成的水流径向集中问题及控制表孔水舌落点，两边表孔采用非对称宽尾墩。

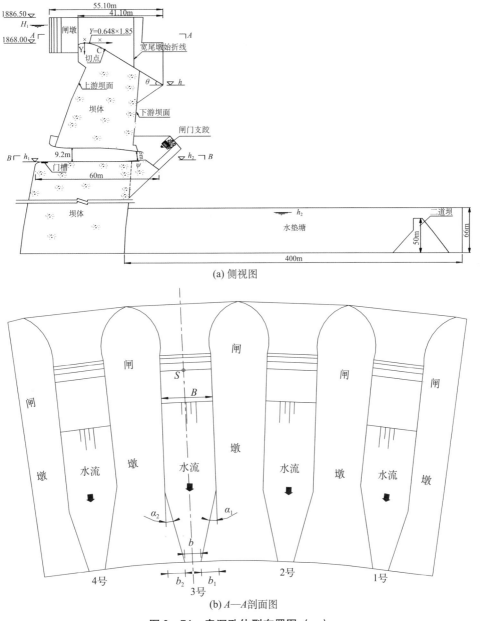

(a) 侧视图

(b) A—A 剖面图

图 2−74　表深孔体型布置图（一）

53

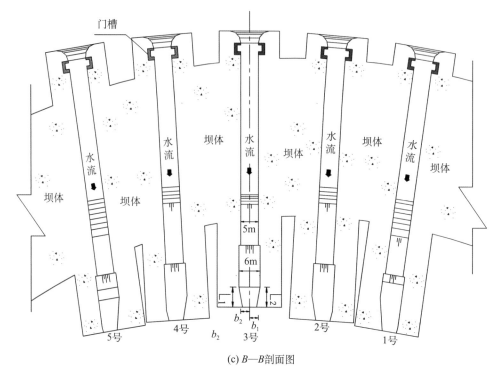

(c) B—B剖面图

图 2 – 74　表深孔体型布置图（二）

表 2 – 4　坝身表孔体型参数

表孔体型方案		出口高程 h(m)	出口角度 θ(°)	左侧墙收缩角 α_1(°)	右侧墙收缩角 α_2(°)	左侧墩尾扩宽 b_1(m)	右侧墩尾扩宽 b_2(m)	出口宽度 b(m)
连续坎	1 号	1850.34	−30	0	−3	0	−1.48	12.48
	2 号	1857.00	0	−3	−3	−1.48	−1.48	13.96
	3 号	1852.50	15	−3	−3	−1.48	−1.48	13.96
	4 号	1850.34	−30	−3	0	−1.48	0	12.48
宽尾墩	1 号	1847.40	−30	14	16	3.00	4.50	3.48
	2 号	1839.93	−40	15	15	3.76	3.76	3.48
	3 号	1839.93	−40	15	15	3.76	3.76	3.48
	4 号	1847.40	−30	14	16	4.50	4.00	3.48

注：收缩角正值代表收缩，负值代表扩散，墩尾扩宽正值代表扩宽，负值代表缩窄。

深孔与表孔间隔布置，并布置在表孔闸墩内。为达到表深孔水舌无碰撞或碰撞的目的，试验中深孔出口采用两种体型：常规挑坎及窄缝挑坎。为了保证深孔弧形工作闸门的正常运行，避免深孔采用窄缝挑坎时出射水流冲击闸门支铰而造成其冲刷破坏，窄缝收缩起点设置在弧形工作闸门突扩门槽之后并位于闸门支铰的下方，两侧墙较常规挑坎延长4m，出口底板高程及位置不变，仍为大坡度底板（45°）；同时为解决拱坝曲率所造成的深孔水舌径向集中问题并控制其在下游水垫塘的入水点及水股间间距从而为表孔水舌从中穿插而过创造条件，实现表深孔水舌空中无碰撞消能的目的，1 号、2 号、4 号、5 号深孔窄缝挑坎采用非对称设计，具体深孔体型及平面布置如图 2 – 74 所示，图中各体型参数值见表 2-5。

表 2-5　坝身深孔体型参数

深孔体型方案		进口高程 h_1(m)	出口高程 h_2(m)	出口挑角 θ(°)	出口宽度 b(m)	出口宽度 b_1(m)	出口宽度 b_2(m)	左侧收缩段长 L_1(m)	右侧收缩段长 L_2(m)
常规挑坎	1 号	1792.00	1789.00	-12	6.0	3.0	3.0	0	0
	2 号	1790.50	1789.00	-5	6.0	3.0	3.0	0	0
	3 号	1789.00	1790.00	5	6.0	3.0	3.0	0	0
	4 号	1790.50	1789.00	-5	6.0	3.0	3.0	0	0
	5 号	1792.00	1789.00	-12	6.0	3.0	3.0	0	0
窄缝挑坎	1 号	1792.00	1789.00	-12	4.0	2.80	1.20	1.40	8.00
	2 号	1790.50	1789.00	-5	4.0	2.40	1.60	2.60	6.00
	3 号	1789.00	1790.00	5	4.0	2.00	2.00	4.00	4.00
	4 号	1790.50	1789.00	-5	4.0	1.60	2.40	6.00	2.60
	5 号	1792.00	1789.00	-12	4.0	1.20	2.80	8.00	1.40

注：出口挑角为正，俯角为负。

下游水垫塘长 400m，为复式梯形断面，水垫塘末端设二道坝，坝高 50m。水垫塘采用有机玻璃板制作，可方便观察泄洪时水垫塘中的水流流态。在水垫塘右半部布置测压孔，并局部范围内加密，共计 540 个测压孔。

为了研究高拱坝表深孔水舌空中无碰撞或部分碰撞消能的效果，分别对表 2-4 及表 2-5 中两种表孔体型及两种深孔体型进行了组合试验，共 3 种方案，具体见表 2-6。同时为了方便比较分析，不同试验方案采用统一的运行工况，共 5 个运行工况。本文以工况 1 即在上游库水位 H_1 = 1882.60m、下游河道水位 H_2 = 1658.69m 时，坝身 4 个表孔、5 个深孔全部参与泄洪时的试验结果进行比较分析。

表 2-6　试验方案

试验方案	表孔体型	深孔体型
方案 1	连续坎	常规挑坎
方案 2	宽尾墩	常规挑坎
方案 3	宽尾墩	窄缝挑坎

试验中水垫塘底板时均冲击压强的测量采用测压管测量，采用如下公式计算

$$\Delta \overline{P}_{\max} = (P_{\max} + P_{\min})/2 - \gamma h_t$$

式中：$\Delta \overline{P}_{\max}$ 为水垫塘最大时均冲击动压，kPa；$P_{\max}$ 为测量最大瞬时冲击动压，kPa；$P_{\min}$ 为测量最小瞬时冲击动压，kPa；h_t 为水舌入水区上游净水区水深，m；γ 为水的容重，γ = 9.80kN/m³。

水流冲击区压力脉动采用脉动压强传感仪测量，采样时间为 1min。

2.5.2　泄洪流态及泄流能力

方案 1 时，表孔采用连续坎，深孔采用常规挑坎。由于表孔出口存在 3°横向扩散角，故表孔水舌存在一定的横向扩散，但水舌入水厚度仍然较大，2 号、3 号表孔水舌

相互间存在一定程度的相互搭接，水流发生集中下落现象。深孔水舌则由于深孔出口高程和角度的不同，在纵向上存在明显的分层，在横向上存在明显自然扩散，在下落过程中需穿过表孔水舌所组成的水幕，因而与之在空中发生较强烈的碰撞，水流空中碰撞后发生散裂而成许多水股或水滴下落，水垫塘两侧溅水较大。但2号、3号表孔水舌与2号、3号、4号深孔水舌空中碰撞后，虽存在较大的水流散裂，但仍然形成一定的水流集中入水。此时，表深孔联合泄洪消能时，其水舌运动轨迹如图2-75（a）所示。

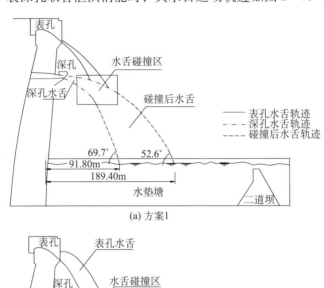

(a) 方案1

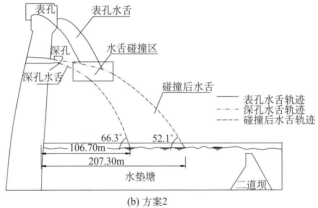

(b) 方案2

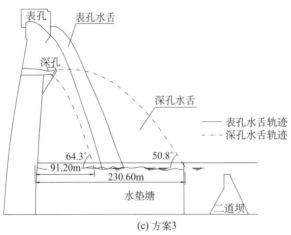

(c) 方案3

图2-75 表深孔水舌运动轨迹

　　方案 2 时，表孔采用宽尾墩而深孔仍然采用常规挑坎。由于表孔闸墩尾部的横向扩宽而使其水流流道横向缩窄，受此边界条件变化的影响，表孔水舌发生横向收缩，而在竖向扩散及纵向拉长方面影响明显，下泄水流呈窄而高且长的状态，水舌间互不搭接，在空中呈"Ⅰ"字形，以较大间距近似平行下落。深孔仍为常规挑坎，其出流状态同方案 1，水舌间横向不存在足够的空隙而让表孔水舌穿插下落，故表深孔下泄水流在空中仍然发生碰撞，但由于表孔水舌的纵向拉长且从两相邻深孔水流间下落，从而使其与深孔水舌碰撞时接触面积减小，故碰撞的强度有所减小，水舌碰撞后的散裂程度也有所降低，水垫塘两侧溅水也自然减小。此时，表深孔联合泄洪时的水舌运动轨迹如图 2 - 75（b）所示。

　　方案 3 时，表孔采用宽尾墩，深孔采用窄缝挑坎。对于表孔下泄水流而言，其空中流态同方案 2 保持一致。由于深孔出口采用窄缝挑坎收缩式消能工，其出射水舌同样受出口横向收缩作用而垂向扩散及纵向拉长效果明显，水流呈窄而高且长的"Ⅰ"字形形态下落，各孔水舌间存在较大的空隙。表深孔孔口在坝体平面上相间布置，且深孔布置在表孔闸墩内，因而表深孔水舌在下泄过程中从相互间空隙穿插而过，没有发生碰撞，落入水垫塘。然而，此泄洪消能方式，表深孔泄洪水流没有因空中碰撞而发生散裂，因而由此引起的泄洪雾化得以减免，有助于降低泄洪雾化的强度，同时也没有发生因水流空中碰撞而产生的集中入水现象。

　　试验中还测量了不同方案时表深孔联合泄洪消能的水流特性，其结果列入表 2 - 7 中。

表 2 - 7　表深孔联合泄洪水流特性及水垫塘底板冲击动压

水流特性	方案 1		方案 2		方案 3	
水舌内缘挑距 L_1（m）	91.80		106.70		91.20	
水舌内缘挑距 L_2（m）	189.40		207.30		230.60	
水流纵向分散长度 L（m）	97.60		100.60		139.40	
入水宽度（m）	63.80		55.20		55.20	
水流入水面积 $\times 10^3$（m^2）	6.23		5.55		7.69	
水舌内缘入水角度（°）	52.6		52.1		50.8	
水舌内缘入水角度（°）	69.6		66.3		64.3	
水垫塘最大时均冲击动压 $\Delta \bar{P}_{max}$（kPa）	X	205	X	195	X	180
	Y	10	Y	0	Y	19
	值	109.0	值	93	值	60
脉动压力方均差 σ	X	210	X	195	X	180
	Y	10	Y	0	Y	19
	值	6.32	值	6.04	值	5.31

注：表中水舌内外缘挑距为水舌内外缘在水垫塘中入水点距表深孔出口的水平距离，$L = L_2 - L_1$。

　　由表 2 - 7 可知，方案 3 时，由于表深孔水流的纵向拉长及空中无碰撞，水流在水垫塘中的纵向分散长度 L 达到了 139.40m，远高于其他两种泄洪消能方式时的水流纵向分散长度 L 值，入水面积为 7.69×10^3m^2，远大于其他两个方案的水舌入水面积，同样水舌内外缘入水角也小于其他两个方案。不同方案泄流量见表 2 - 8。

表2-8　不同方案泄流量

方案	泄流量（m³/s）				
	工况1	工况2	工况3	工况4	工况5
1	14 008	13 516	9323	7402	7388
2	14 045	13 507	9372	7477	7492
3	14 026	13 543	9242	7424	7454

由表2-8可以看出，3个方案不同工况时的泄流量基本一致，说明方案3表深孔分别采用宽尾墩和窄缝挑坎，不仅实现了表深孔水舌空中无碰撞消能，而且没有影响其泄流能力。

2.5.3　水垫塘底板冲击动压特性

高拱坝坝身泄洪水流对水垫塘底板的冲击动压和脉动压强是引起水垫塘底板失稳破坏的重要因素，是水垫塘稳定性的重要控制指标，因此有必要对不同方案时水垫塘底板冲击动压特性进行研究。

（1）水垫塘底板时均冲击动压

试验中对3个方案的水垫塘底板时均冲击动压进行了测量，水垫塘最大时均冲击动压结果列入表2-7，水垫塘底板时均冲击动压分布等值线图如图2-76所示。

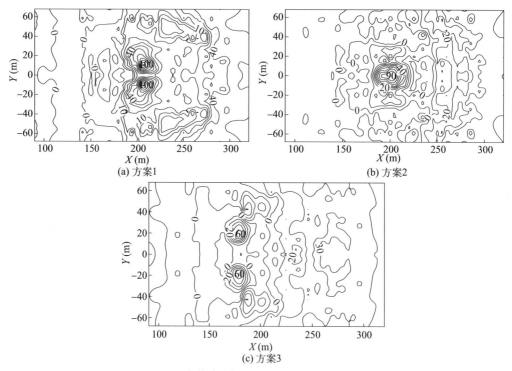

图2-76　水垫塘底板时均冲击动压分布等值线图

高拱坝表深孔联合泄洪消能时，表深孔水流进入水垫塘中的射流实际上为多股斜向淹没冲击射流的流态，其对水垫塘底板所造成的冲击动压显然与下泄水流在水垫塘单位面积上的入水量和水流在水垫塘的入水角度有关，水垫塘单位面积入水量越大，水流入水角度越大，则水流对水垫塘底板所造成的冲击动压也就越大。在相同工况时，3 个方案的泄流量基本相同，因而表深孔水流在水垫塘中的入水面积越大，则水垫塘单位面积上的入水量也就越小，水流分散程度也就越大，下泄水流对水垫塘底板所造成的冲击动压也就越小；水流入水角越小，相应水垫塘底板冲击动压也就越小。从表 2-7 可知，3 个方案表深孔水流在水垫塘中的内外缘入水角度相差不大，而方案 3 时泄洪水流在水垫塘中的入水面积为 7.69m×103m，大于方案 1 和方案 2 的水流入水面积，因而方案 3 表深孔下泄水流对水垫塘底板所造成的冲击动压最小，为 60.0kPa，而方案 2 时水垫塘底板最大时均冲击动压值则为 93.0kPa，方案 1 时为 109.0kPa。

从图 2-76 可知，对于方案 1 而言，表深孔水舌空中碰撞后出现两股集中水流，因而水垫塘底板冲击动压相应出现两个峰值区。方案 2 表孔水流因宽尾墩的横向收缩作用呈窄而高且长的水流状态，其与深孔常规体型出射水流发生不完全碰撞，水流碰撞后集中成一股，因而水垫塘底板冲击动压出现一个峰值区，且最大值有所减小。而方案 3 时，表深孔水流都因出口缩窄呈窄而高且长的流态下落，各股水流平面近似平行，相互穿插而在空中没有发生碰撞，而水垫塘底板冲击动压出现两个峰值区，并分别对应 1 号、4 号表孔水舌在水垫塘中的入水点，说明方案 3 水垫塘底板冲击动压峰值区的出现是由 1 号、4 号表孔下泄水流冲击而产生的。深孔水舌则由于深孔采用窄缝挑坎而纵向扩散及拉长效果显著，对水垫塘底板没有形成有效冲击，此分析同表孔或深孔单独全开泄洪时的试验结果是一致的。

同时由图 2-76 还可以看出，表深孔水流的空中碰撞使水流对水垫塘底板的冲击动压最大点向水垫塘下游偏移，而方案 3 则因实现了表深孔水流空中无碰撞，其对水垫塘底板造成的冲击动压最大点最靠近上游。

（2）水垫塘底板的脉动压强

试验中还测量了水垫塘水流冲击区的脉动压强，测量结果也列入表 2-6，冲击区脉动压强（方均根）的分布如图 2-77 所示。

由表 2-7 及图 2-77 并对照图 2-76 可知，方案 3 水垫塘底板最大脉动压力方均根值为 5.31，小于相对应工况时方案 1 和方案 2 的 σ 值，并且 3 种方案水垫塘底板脉动压力方均根 σ 的最大值同水垫塘最大时均冲击动压值的出现位置基本一致，其分布也同水垫塘底板时均冲击动压的分布基本一致。

另外根据对脉动压强方均根最大值点的脉动压强振幅概率密度分布及脉动压强频谱特性分析可知，3 种方案水垫塘底板射流冲击区的脉动压强基本呈正态分布，其频率主要集中在 0～10Hz 的低频范围内。

模型试验结果表明，高拱坝表孔采用宽尾墩，深孔采用窄缝挑坎，下泄水舌呈窄而高且长的流态，在空中相互穿插而过，不发生碰撞，可以达到表深孔水舌无碰撞泄洪消能的目的，有助于降低泄洪雾化的强度。

水垫塘底板时均冲击动压测量结果显示，方案 3 不仅实现了表深孔水舌空中无碰撞消能的目的，而且水垫塘底板最大时均冲击动压也大大减小，仅为 60kPa，而方案 1 水舌强碰撞消能的水垫塘底板最大时均冲击动压为 109.0kPa，方案 2 弱碰撞消能的水垫塘底板最大时均冲击动压为 93.0kPa。

水垫塘底板脉动压强测量结果表明，方案 3 水垫塘最大时均冲击动压点的脉动压强

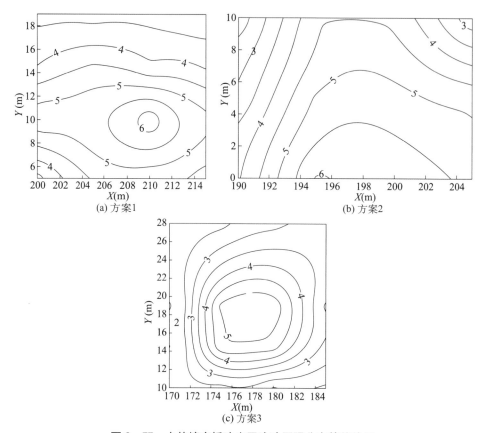

图 2 −77　水垫塘底板冲击区脉动压强分布等值线图

方均根也最小，为 5.31，而方案 1 为 6.32，方案 2 为 6.04。脉动压强分布与时均冲击动压分布基本一致，压强脉动振幅分布也基本为正态分布，频谱分析表明压力脉动主要集中在 0 ～10Hz 的低频部分。

　　高拱坝表孔宽尾墩 + 深孔窄缝挑坎联合泄洪消能时，下泄水舌横向收缩、垂向扩散和纵向拉长效果显著，可以充分利用下游河道的纵向空间，特别适合于狭窄河谷中的高拱坝工程坝身泄洪的应用。

2.6　泄水建筑物下游冲刷坑的数值模拟

2.6.1　基本方程与计算方法

　　这里的泄洪冲刷模拟基于紊流代数应力模型，其基本方程组如下。
　　连续方程：

$$\frac{\partial U_i}{\partial x_i} = 0 \tag{2−72}$$

　　动量守恒方程：

$$\frac{\mathrm{d}U_i}{\mathrm{d}t} = g_i - \frac{1}{\rho}\frac{\partial \overline{P}}{\partial x_i} + \nu\frac{\partial^2 U_i}{\partial x_j \partial x_j} - \frac{\partial(\overline{u_i' u_j'})}{\partial x_j} \tag{2−73}$$

ε 方程：

$$\frac{\mathrm{d}\varepsilon}{\mathrm{d}t} = \frac{\partial}{\partial x_j}\left(C_\varepsilon \frac{k}{\varepsilon} \overline{u_i' u_j'} \frac{\partial \varepsilon}{\partial x_i} + \nu \frac{\partial \varepsilon}{\partial x_j}\right) - \overline{u_i' u_j'} \frac{\partial U_i}{\partial x_j} C_{\varepsilon 1} \frac{\varepsilon}{k} - C_{\varepsilon 2} \frac{\varepsilon^2}{k} \qquad (2-74)$$

雷诺应力输运的代数表达式：

$$\frac{\overline{u_i' u_j'}}{k} = \frac{2}{3}\delta_{ij} + \frac{(1 - C_2)\left(P_{ij} - \frac{2}{3}\delta_{ij}P\right) + \Phi_{ij,1}' + \Phi_{ij,2}'}{P - \varepsilon + C_1\varepsilon} \qquad (2-75)$$

由于需要计算的对象——基岩冲刷坑——的几何形状很不规则，对于这个不规则几何空间内的流动问题，虽然可以采用几何边界的正交坐标系加上用相当大的扩散系数值将基岩部分封锁起来的办法来处理，但是这样将浪费大量不必要的计算机存贮量，并且耗费大量的计算时间，最重要的是很难准确沿壁面垂直方向布置非常密的网格，以适应可能发生的薄边界层问题。对于这类问题最好的处理方法是采用贴体的曲线坐标体系。近年来，除了已广泛采用的有限元方法外，在有限差分方法方面讨论用贴体曲线坐标体系求解不规则几何形状空间内的流动与传热问题的文章很多。这里采用由帕坦卡小组研发的以控制容积法为基础的贴体非正交曲线坐标方法。

在计算中，要想选取一个合适的参数，用以适时地控制基岩的冲刷，最后给出冲刷稳定时的计算结果是很难的，也不便于对程序的监控。为了解决这一难题，我们在计算中采用分步进行法，具体操作为：首先取未发生冲刷时的下游水垫进行计算，计算收敛后，根据所选定的参数来判断此时是否会发生冲刷，并依据此参数的大小来选取一冲刷深度，给定冲刷坑形态，重新划定计算区域、划分网格，再重新计算，如此反复循环，直至冲刷坑稳定为止。

对于这里实验所用基岩冲料，选取控制参数为临近底部的结点处的压强（压力水头值）与结点处水深的差值，再与结点处垂直于底面方向的速度分量的 0.9 倍（转化为等效水头）相加，即

$$\frac{\overline{P}_{\mathrm{niml}}}{\gamma} - h_{\mathrm{niml}} + 0.9 \frac{U_{\mathrm{niml}}^2}{2g} \frac{|U_{\mathrm{niml}}|}{U_{\mathrm{niml}}} \qquad (2-76)$$

对于冲刷坑形态，则根据实验数据，在本实验采用基岩冲料条件下，冲刷坑的形态近似为抛物线，可近似地表示为

$$0.02(x - a)^2 + y + T = 0 \qquad (2-77)$$

式中：a 为冲刷坑最深处的结点横坐标值；T 为冲刷坑深度。

2.6.2 计算结果及分析

图 2 – 78 和图 2 – 79 分别所示为下游水垫深度 $T = 45\mathrm{cm}$、射流入射流速 $V_0 = 2.052\mathrm{m/s}$，以及 $C_a = 12\%$ 时，基岩冲刷模拟计算过程中，几个典型不同冲刷深度时的冲刷坑形态及水垫塘流态（计算值），其中图 2 – 78（d）和图 2 – 79（d）为冲刷稳定时的计算结果。

图 2 – 80 和图 2 – 81 分别所示为不同射流条件下，基岩冲刷数值模拟过程中，不同时刻冲刷坑形态与实验稳定冲刷坑的比较，其中图 2 – 80 为纯水射流，图 2 – 81 为掺气射流。

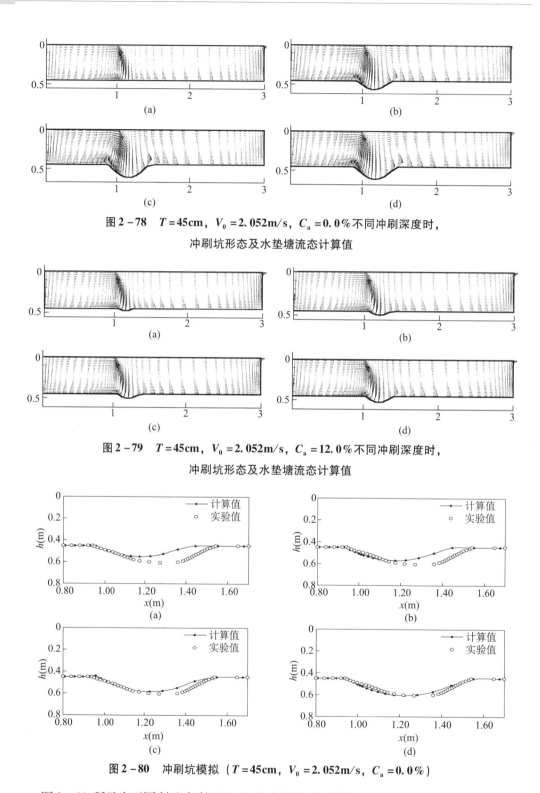

图 2-78　$T=45cm$，$V_0=2.052m/s$，$C_a=0.0\%$ 不同冲刷深度时，
冲刷坑形态及水垫塘流态计算值

图 2-79　$T=45cm$，$V_0=2.052m/s$，$C_a=12.0\%$ 不同冲刷深度时，
冲刷坑形态及水垫塘流态计算值

图 2-80　冲刷坑模拟（$T=45cm$，$V_0=2.052m/s$，$C_a=0.0\%$）

　　图 2-82 所示为不同射流条件下，基岩冲刷紊流数值模拟计算结果与实验结果的比较，从图中可看到，计算结果与实验结果符合很好，只是对于个别情况，由于计算网格的划分不够细，因此冲刷坑最深点位置与实验值有些差异，在冲刷坑边缘也显得符合得不够好。

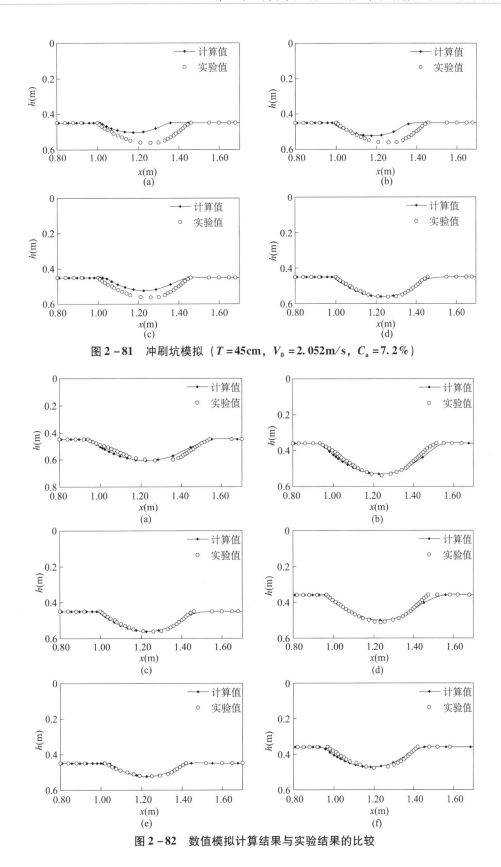

图 2 - 81　冲刷坑模拟（$T = 45\text{cm}$，$V_0 = 2.052\text{m/s}$，$C_a = 7.2\%$）

图 2 - 82　数值模拟计算结果与实验结果的比较

表 2 - 9 为冲刷坑最重要的参数（深度）的计算值与实测值的比较（冲刷坑的其他形态参数，如冲刷坑长度，上、下游边坡坡度等，与基岩冲刷材料有关，是根据实验资料来确定的，因此不具备可比性）。从表中可看到，计算值与实验值符合得很好，最大误差还不到 8%，这说明在对基岩特性有了充分的了解后，用紊流数值方法来模拟基岩的冲刷过程及估算冲刷深度是可行的。

表 2 - 9 冲刷坑深度的计算值与实测值比较

射流条件	$T = 45cm$，$V_0 = 2.052m/s$			$T = 36cm$，$V = 1.766m/s$		
	$C_a = 0.0\%$	$C_a = 7.2\%$	$C_a = 7.2\%$	$C_a = 0.0\%$	$C_a = 7.4\%$	$C_a = 7.5\%$
实测坑深（cm）	15.6	11.2	7.3	18	15.3	11.8
计算坑深（cm）	15.6	11.1	7.2	17.1	14.1	11.2
相对误差（%）	0.00	0.89	1.37	5.00	7.84	5.08

2.7 泄洪洞出口燕尾形挑坎研究

对于河道狭窄的地方，泄洪洞出口采用横向扩散式挑坎受到一定的限制，此时纵向扩散性挑坎就成为大多数工程泄洪消能方式的首选。在水流纵向扩散消能工中，窄缝消能工不失为一种较好的消能工。由于窄缝挑坎的纵向拉伸水舌是由两侧边墙的约束作用下强迫形成的，因此水流会对边墙造成强大的冲击作用，边墙受力较大。

燕尾挑坎是在常规连续挑坎基础上，在挑坎出口段反弧底板上中间开口，缺口前端开口宽度小，挑坎末端处开口宽度大，使挑坎平面上成"燕尾"形状，故取名为燕尾挑坎。燕尾挑坎的出挑水流首先从缺口前端射出，缺口两侧底板上的没有出射的水流沿着挑坎底板继续向前流动。缺口前端处水流射出后，对两侧的水流而言在中间形成临空面，因此两侧水流在前进过程中，不断从缺口处射出，从而形成与窄缝挑坎类似的纵向拉伸片状水舌，大大加大水流的纵向扩散度，提高效能率，降低单位面积的入水量，降低水舌的冲刷能力。燕尾挑坎主要有三个方面的优点：第一，由于燕尾挑坎的纵向水舌是两侧水流往中间临空面射出，因此挑坎两侧边墙基本不受高速水流的冲击作用，边墙受到的压力较小。这也是燕尾挑坎较窄缝挑坎优越的地方。第二，燕尾挑坎由于内部缺口靠近挑坎最低点，挑坎的起挑流量较低，因此燕尾挑坎的起挑流量较小。第三，燕尾挑坎的纵向拉伸片状水舌形成位置在挑坎轴向位置，只要下游河道主河槽宽度能略大于挑坎宽度，就能保证水舌不会冲击岸坡，以保障河道岸坡的安全问题。

燕尾挑坎在锦屏一级泄洪洞挑流消能以及南椰溢洪道挑流消能中得到过有益尝试，其优势已得到初步展现。使用中对燕尾挑坎在促使水流纵向扩散方面的效果有一定的认识，但没有系统地对燕尾挑坎的体型特性与水舌形态进行研究。燕尾挑坎该如何设计才合理，挑坎缺口的前后开口宽度、挑坎纵向曲率、缺口的开度对水舌的纵向扩散宽度有什么影响，都需要进一步地加以了解和掌握。

2.7.1 试验模型及方案

对称燕尾挑坎是在基本连续挑坎基础上，通过在挑坎中部开一个梯形缺口而使体型呈一个燕尾的形状，其挑坎两侧类似于燕子的尾部，其结构示意图如图 2 - 83 所示。挑

坎主要参数有 θ_1 （缺口前端挑角）， θ_2 （缺口末端挑角）， B_1 （缺口前端开口宽度）， B_2 （缺口末端开口宽度）， B （泄洪洞宽度）， R （挑坎反弧半径）， L （缺口弧长）。在本实验中由于是在原泄洪洞出口体型上安置对称燕尾挑坎，所以挑坎宽度 B 取泄洪洞出口宽度 12m。本文实验中设计了多种体型。

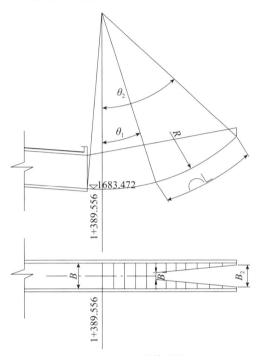

图 2 – 83　实验体型图

表 2 – 10　实验工况表

挑坎反弧半径 R =90m										
$\theta_2=45°$	θ_1	45°	40°	35°	30°	25°	20°	15°	10°	5°	0°
	$B=12$		$A=4$	$A=5$	$A=6$	$A=6$	$A=6$ $A=7$ $A=8$	$A=6$ $A=7$	$A=6$ $A=5.2$	$A=5.2$ $A=4.4$	$A=4.4$ $A=3.6$

$\theta_1=0°$	θ_2	40°		35°	
	$A=4.4$	$B=12$		$B=12$	
	$A=5.2$	$B=12$		$B=12$	

挑坎反弧半径 R =70m					
$\theta_2=45°$	θ_1	25°	20°	15°	10°	5°
	$B=12$	$A=6$	$A=7$ $A=8$	$A=7$	$A=7$	$A=6.4$

$\theta_1=5°$	θ_2	40°		35°	
	$A=6.4$	$B=12$		$B=12$	

挑坎反弧半径 R =50m						
$\theta_2=45°$	θ_1	25°	20°	15°	10°	5°	0°
	$B=12$	$A=6$	$A=7$	$A=6$ $A=7$ $A=8$	$A=7.2$	$A=6.6$	$A=6$

2.7.2 θ_1 与水舌扩散度的关系

挑坎缺口前端挑角 θ_1 基本上要小于等于20°才能形成与窄缝挑坎类似的扫帚状水舌形态，即缺口前后挑角差 $\Delta\theta$ 要大于等于25°才能使出挑水舌在空中的扩散较好。

随着挑坎缺口挑角 θ_1 的减小，水舌空中扩散度逐渐变好，水舌入水长度 S 也不断增大，水舌最远挑距和最近挑距不断减小。水位1880m时，体型 $\theta_1=20°$、$B_1=6$、$B_2=12$ 时最远挑距为187.2m，最近挑距为142.6m，入水长度为78.2m，而到体型 $\theta_1=0°$、$B_1=4.4$、$B_2=12$ 时，最远挑距为139.5m，最近挑距为83.5m，入水长度为119.8m。

对称燕尾挑坎在低水位时，要形成纵向扩散的扫帚状水舌形态，挑坎缺口前端挑角 θ_1 应比高水位时更小，如水位在1865m和1855m时 θ_1 基本要达到15°，而水位在1845m时 θ_1 基本要达到10°。这是因为挑坎的某一体型的开口区域只适合于一定流量的扩散，当流量减小时，相应所需的缺口开口面积要缩小才能使水舌水量均匀拉伸。减小缺口前端挑角 θ_1，能使小流量出挑的有效面积减小并向挑坎前端靠近，因此能有效拉伸水舌。例如在体型 $\theta_1=15°$、$B_1=6$、$B_2=12$ 时，水位1880m和1865m时水舌的扩散性较好，但到1855m和1845m时，水舌较集中，无法形成纵向扩散较好的水舌形态。

在同一挑坎体型下，水舌最远挑距随着水位、流量的减小而减小，但最近挑距在高水位、大流量和低水位、小流量时的差别不是很大，几乎相近。

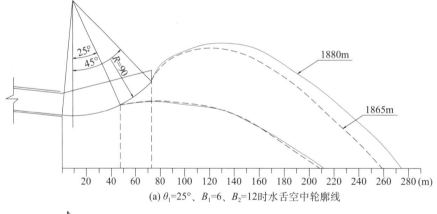

(a) $\theta_1=25°$、$B_1=6$、$B_2=12$时水舌空中轮廓线

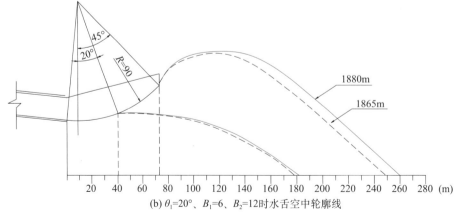

(b) $\theta_1=20°$、$B_1=6$、$B_2=12$时水舌空中轮廓线

图 2-84　θ_1 不同时，空中水舌形态比较（一）

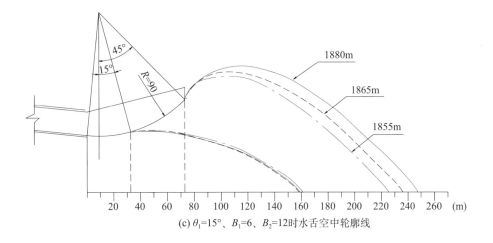

(c) $\theta_1=15°$、$B_1=6$、$B_2=12$时水舌空中轮廓线

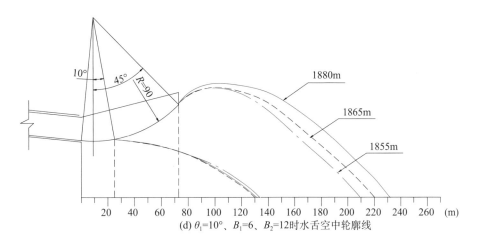

(d) $\theta_1=10°$、$B_1=6$、$B_2=12$时水舌空中轮廓线

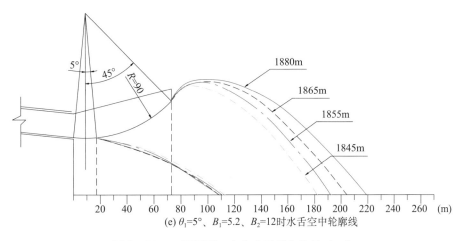

(e) $\theta_1=5°$、$B_1=5.2$、$B_2=12$时水舌空中轮廓线

图 2 - 84　θ_1 不同时，空中水舌形态比较（二）

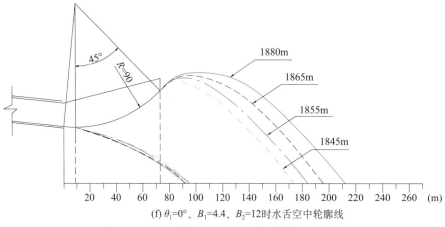

(f) $\theta_1=0°$、$B_1=4.4$、$B_2=12$时水舌空中轮廓线

图 2-84 θ_1 不同时,空中水舌形态比较（三）

2.7.3 缺口前端开口宽度 B_1 对水舌的影响

图 2-85 所示为挑坎体型在不同 B_1 值下的水舌流态和轮廓线对比图。为实验比较效果的有效性,实验水位统一取 1880m（$Q=3123.5\mathrm{m}^3/\mathrm{s}$）。表 2-11 为各工况下的水舌挑距、入水长度及流态分析表。

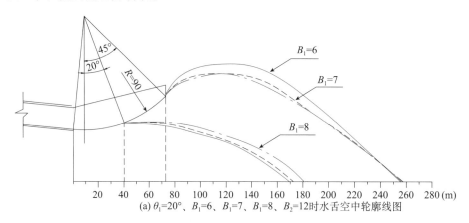

(a) $\theta_1=20°$、$B_1=6$、$B_1=7$、$B_1=8$、$B_2=12$时水舌空中轮廓线图

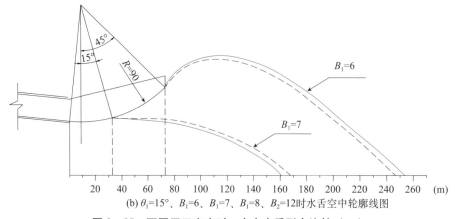

(b) $\theta_1=15°$、$B_1=6$、$B_1=7$、$B_1=8$、$B_2=12$时水舌空中轮廓线图

图 2-85 不同开口宽度时,空中水舌形态比较（一）

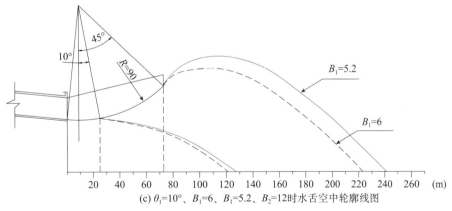

(c) $\theta_1=10°$、$B_1=6$、$B_1=5.2$、$B_2=12$时水舌空中轮廓线图

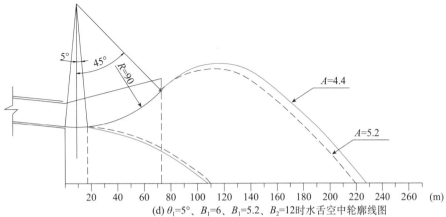

(d) $\theta_1=5°$、$B_1=6$、$B_1=5.2$、$B_2=12$时水舌空中轮廓线图

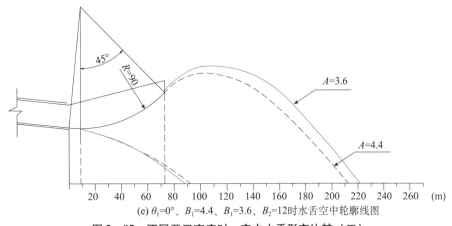

(e) $\theta_1=0°$、$B_1=4.4$、$B_1=3.6$、$B_2=12$时水舌空中轮廓线图

图 2-85　不同开口宽度时，空中水舌形态比较（二）

表 2-11　各体型水舌参数对比

θ_1	B_1（m）	最远挑距（m）	最近挑距（m）	入水长度（m）
20°	6	182.8	129.2	86.3
	7	184.2	99.6	83.2
	8	183.5	141.1	75.2
15°	6	181.2	128.2	92.9
	7	173.7	135.2	78.9

续表

θ_1	B_1（m）	最远挑距（m）	最近挑距（m）	入水长度（m）
10°	5.2	168.7	102.6	114.1
	6	159.5	106.9	100.3
5°	4.4	155.2	90.9	119.9
	5.2	146.5	91.7	110.4
0°	3.6	148.8	81.2	132.1
	4.4	139.5	83.5	119.8

根据试验，在 $\theta_2 = 45°$，θ_1 不断减小的情况下，随着 θ_1 的减小挑坎缺口前端开口宽度 B_1 的适宜取值也应不断减小。如果 B_1 值太大，从缺口两侧挑坎底板上出流的水量就较少，从而导致挑坎末端出挑水量很小，甚至没有。这样就会影响水舌的前端拉伸效果，从而使水舌的扩散性受到影响。

在适宜的取值范围时，B_1 值越小，水舌入水区前端水量越容易集中，水舌最近挑距也较小，此时水舌入水长度 S 相对长一些；B_1 值较大时，水舌入水区水量分布相对较均匀，同时入水长度 S 较小。如表中体型 $\theta_1 = 20°$ $B_1 = 6$、7、8 时，入水长度 S 分别为 86.3m、83.2m、75.2m。因此在选择缺口前端开口宽度 B_1 的值时，一方面要考虑水舌入水长度，另一方面要考虑水舌入水的均匀性，选择适宜的 B_1 值使水舌入水的单宽流量相对较小为宜。

2.7.4 缺口挑角差 $\Delta\theta$ 相同时水舌变化规律

在实际工程中对称燕尾挑坎末端挑角 θ_2 不一定取 45°，大部分考虑施工会取小于 45°，为挑坎应用于工程的需要，在本实验中对挑坎缺口末端挑角 θ_2 的值进行变化。实验体型为 $\theta_1 = 0°$、$\theta_2 = 40°$、$B_1 = 4.4$、$B_2 = 12$；$\theta_1 = 0°$、$\theta_2 = 35°$、$B_1 = 4.4$、$B_2 = 12$ 和 $\theta_1 = 0°$、$\theta_2 = 35°$、$B_1 = 6$、$B_2 = 12$。在此体型实验中水位采用了 1880m（$Q = 3123.5\text{m}^3/\text{s}$）。

为研究缺口挑角差 $\Delta\theta$ 相同时水舌变化规律，在 B_1 值和 B_2 值都相同的条件下，将体型 $\theta_1 = 0°$、$\theta_2 = 40°$、$B_1 = 4.4$、$B_2 = 12$ 与体型 $\theta_1 = 5°$、$\theta_2 = 45°$、$B_1 = 4.4$、$B_2 = 12$ 进行比较，两者缺口挑角差都为 $\Delta\theta = 40°$，再将 $\theta_1 = 0°$、$\theta_2 = 35°$、$B_1 = 6$、$B_2 = 12$ 和 $\theta_1 = 10°$、$\theta_2 = 45°$、$B_1 = 6$、$B_2 = 12$ 进行流态比较，此时两者缺口挑角差 $\Delta\theta = 35°$。图 2-86 和图 2-87 分别所示为 $\Delta\theta = 40°$ 和 $\Delta\theta = 35°$ 的水舌流态和轮廓线比较图。表 2-12 为 $\Delta\theta$ 相同的体型挑距、入水长度、流态分析表。

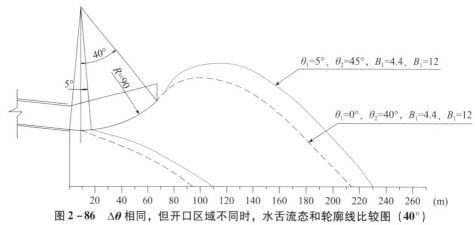

图 2-86 $\Delta\theta$ 相同，但开口区域不同时，水舌流态和轮廓线比较图（40°）

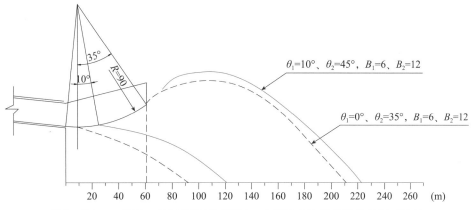

图 2 - 87　$\Delta \theta$ 相同，但开口区域不同时，水舌流态和轮廓线比较图（35°）

表 2 - 12　$\Delta \theta$ 相同时水舌比较分析表

$\Delta \theta = \theta_2 - \theta_1$	体型	最远挑距（m）	最近挑距（m）	入水长度 S(m)	流态分析
40°	$\theta_1 = 0°$、$\theta_2 = 40°$，$B_1 = 4.4$、$B_2 = 12$	146.8	85.3	119.6	体型 $\theta_1 = 0°$、$\theta_2 = 40°$，$B_1 = 4.4$、$B_2 = 12$ 水舌出流整个流态较稳定，与 $\theta_1 = 5°$、$\theta_2 = 45°$、$B_1 = 4.4$、$B_2 = 12$ 体型相比较而言水量分布更均匀，两者入水长度基本相等，但体型 $\theta_1 = 0°$、$\theta_2 = 40°$，$B_1 = 4.4$、$B_2 = 12$ 的水舌整个轮廓线更靠近挑坎
	$\theta_1 = 5°$、$\theta_2 = 45°$，$B_1 = 4.4$、$B_2 = 12$	155.2	90.9	119.9	
35°	$\theta_1 = 0°$、$\theta_2 = 35°$，$B_1 = 6$、$B_2 = 12$	150.3	83.3	118.9	与上两比较体型类似，体型 $\theta_1 = 0°$、$\theta_2 = 35°$，$B_1 = 6$、$B_2 = 12$ 的水量分布较均匀，并且水舌入水范围及入水长度比体型 $\theta_1 = 10°$、$\theta_2 = 45°$，$B_1 = 6$、$B_2 = 12$ 时更大
	$\theta_1 = 10°$、$\theta_2 = 45°$，$B_1 = 6$、$B_2 = 12$	159.5	106.9	100.3	

　　由水舌流态及轮廓线比较图（图 2 - 86 和图 2 - 87）和分析表 2 - 12 可看出，在挑坎其他体型参数相同的情况下，缺口前端开口宽度 B_1 值相同、缺口末端开口宽度 B_2 相同、挑坎反弧半径 R 相同。当缺口挑角差 $\Delta \theta$ 相同时，从水舌水量分布的均匀性和入水长度角度而言，缺口前端挑角 θ_1 越小越好，即挑坎开口区域靠近挑坎前端优于后端。与此同时，θ_1 越小，水舌整个落水点更靠近挑坎端，θ_1 较小时水舌抛射最高点低于 θ_1 较大时的水舌。

　　由水舌流态及轮廓线比较图可以看出，在挑坎反弧半径 R 相同，缺口开度 B_1 和 B_2 相同时，当缺口前端挑角 $\theta_1 = 0°$ 时，适当改变缺口末端挑角 θ_2 的值对水舌的扩散性和入水长度 S 的值影响都不大，并且这个变化范围可以达 10°。因此当 $\theta_1 = 0°$ 时缺口末端挑角 θ_2 可以取 35°，此时水舌的扩散性就能达到 θ_2 取 45° 时的效果，能大大节约工程量和减小工程施工难度。

2.8 新型旋流环形堰竖井泄洪消能技术研究

我国西南聚集了大批水电工程，如金沙江、澜沧江、雅鲁藏布江水电基地和大渡河水电梯级开发等。这些工程多位于高山峡谷地区，水头高、泄量大，地质条件复杂，技术难度突出，消能和防蚀便是其中关键难题之一。作为枢纽泄水建筑物的重要组成部分，高坝大库的泄洪消能布置往往受场地限制，仅靠坝身泄洪很难满足设计要求，常利用其他泄洪设施来宣泄洪水。寻求新的消能途径就成为当前复杂条件下高坝水力研究设计要解决的重要问题和难题之一。

常见的泄洪洞消能形式主要包括斜井式和内消能式。由于这种传统的泄洪洞消能率不高，出口流速大，雾化严重，要想满足基本的泄量要求和保证自身安全，而且兼顾防止空蚀、雾化和生态环境，必须彻底改变消能方式，换句话说，要从生态环境友好的思路上来研究现代泄水建筑物消能工的性能设计。考虑到目前水电工程对生态环境的影响已成为衡量工程可行性的制约指标，一种趋势是把泄水建筑物的消能任务从洞外转移到洞内，好处是这种新型泄洪洞通常在导流洞上开挖竖井，在竖井内完成消能，工程量小，施工容易；另外一洞多用省去了出口挑流消能工，从而大大节省工程投资，防止出口冲刷雾化对生态环境造成破坏。于是生态环境友好型的内消能工成为当前泄洪消能领域一个重要的研究热点和趋势。

国内外的研究表明，生态环境友好型的内消能工在泄洪消能领域具有很大的研究和实用价值，旋流内消能工的试验、原型观测和数值模型研究也已经取得很大进展。但旋流竖井早期经典的螺旋形涡室更像水轮机蜗壳（无导叶板），结构复杂、尺寸大，不经济，很难在大中型水电工程中应用。竖井水平旋流对地质条件要求高，且需在起旋室设置通气井，施工困难。常规环形堰竖井式泄洪洞水流从四周沿喇叭口径向流入，在淹没流时易产生漩涡，出现不稳定涡袋引起的结构物振动。此外，为了防止竖井空蚀，在溢流堰下设突扩掺气坎，或在竖井内设置环形掺气坎，或将竖井沿轴向收缩提高井壁压力。当设置掺气坎时，由于掺气保护长度有限，不能保证竖井全长不发生空蚀；同时，设掺气装置使竖井直径增大，而且要额外布置通气管道系统，而将竖井渐变收缩，可能形成完全淹没流，会降低泄流能力，使施工难度增大。

为克服上述难题，专家研究出了新型的旋流环形堰竖井泄洪洞，其进水口结构体型发生了重大改变，它利用水库中的开敞地形，不设引水道和涡室，在新型环形堰进口外缘轴对称地布置若干个一定高度的起旋墩（或潜水起旋墩）。起旋墩同环形堰外缘的切线成一定角度连接，期望利用它产生旋转流运动，形成稳定的带有空腔掺气的旋转流，利用离心力消减壁面负压，再结合出水洞洞内高效自掺气消能工消能，提高泄洪洞的总消能率（图 2-88）。相比一般蜗壳型、螺旋形涡室，新体型进水口结构简单，也避免了高次曲线的复杂结构设计和适应大型化的问题。该新型旋流环形堰体型改变了传统溢洪道防漩、消涡的观念，变涡害为涡利，是典型的生态环境友好的洞内新型旋流消能工。

目前国内外尚没有在环形堰外缘布置起旋墩的竖井泄洪洞工程，更没有采用自调节潜水起旋墩的环形堰竖井泄洪工程。作为一种新型的旋流布置体型，目前已有的研究缺乏系统性，本节将系统介绍新型环形堰泄洪消能技术的机理、设计方法和应用实例。

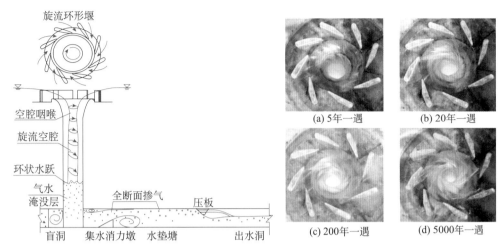

(a) 5年一遇　　(b) 20年一遇

(c) 200年一遇　　(d) 5000年一遇

图 2 - 88　新型旋流竖井布置、示意流态和不同流量环形堰进口流态

2.8.1　结构组成及水力学机理

旋流环形堰竖井泄洪洞主要由进口起旋墩、环形堰，竖井和洞内压力消能工组成。它采用了自调节起旋墩泄洪防蚀消能新技术，该技术根据旋流增压和掺气的原理，在环形堰外缘轴对称地布置若干个起旋墩，使溢流堰和竖井产生带有空腔的旋转流运动，利用离心力消减负压防止竖井空蚀和利用自动掺气防止洞内消力墩空蚀同时提高消能率。虽然旋流泄洪洞的竖井直径较大，但是同带有掺气设施常规泄洪洞的竖井直径比较要小一些（如我国攀枝花和大石门水电站泄洪洞流量分别为 $80m^3/s$ 和 $152m^3/s$，竖井高度分别为 80m 和 48m，竖井直径都是 5m，而采用旋流竖井的直径分别为 3.8m 和 4.8m）。旋流环形堰竖井泄洪洞不需要附加掺气设施，施工简单比较经济。

由于环形堰无闸门控制，洪水位一超过堰顶就溢流。为了在低水位能产生旋转流，起旋墩必须与喇叭口外缘的切线成小角度（≤15°）连接。起旋墩数越多、连接角越小，水流的旋转力度越大，易消除竖井的负压，但泄流能力降低；反之墩数越少和夹角越大，泄量越大，但旋转力度小。因此，同数量的起旋墩，要想在小水深也能产生较好的旋流效果，其连接角必须小，但是这样做不能满足最大设计流量的要求。为了解决这个问题，专家研究出一种潜水起旋墩，既能在堰顶低水位时产生有效的旋转流，又能在高水位时形成强力的旋转流和增大泄流能力。

水流进入潜水起旋墩的流动机理：当堰上水深较浅时水流沿着墩壁进入竖井，产生旋转流运动，当水深超过墩顶时，在惯性力的作用下水流自动调节入流角度增大泄流量，在底层旋转流的拖曳下同步旋转，并且增加了旋转力度。此种起旋墩结构简单、尺寸小，便于推广应用。旋流环形堰竖井的基本结构如图 2 - 89 所示。

旋流环形堰进水口与竖井同轴连接，此种进水口水流从四周全方位进入环形堰。为了使入堰水流平稳起旋，在进水口设有若干个形状、大小相同的起旋墩，沿环形堰对称布置。起旋墩是流线型导流墩，为了在堰顶低水位下能产生有效的旋转流，同时又能在高水位时满足最大泄流能力的要求，要求起旋墩的小头直线一边与环形堰外圆的切线成小角度连接，并且起旋墩的墩顶应低于最高洪水位，故定义为自调节潜水起旋墩。作为

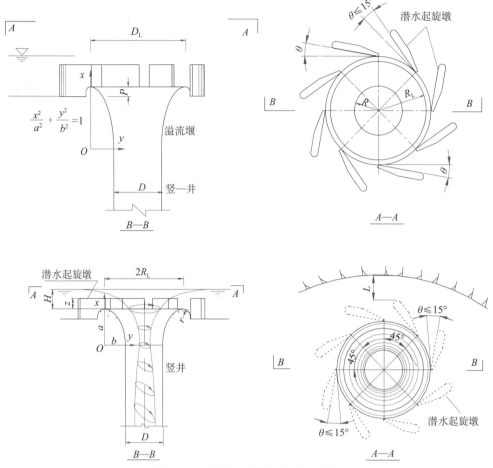

图 2 - 89　旋流环形堰竖井基本结构

土石坝水库的非常泄洪洞，环形堰顶不设控制闸门，考虑到水库综合利用效益，一般堰上水头不大于 5m，因此环形堰适用于中小流量。但是，布置潜水起旋墩的环形堰，若地形条件宽敞，也能用于大型泄水建筑物，其泄流量可以达到 3000m³/s 以上，使旋流环形竖井泄洪洞有了广泛的应用前景。

　　旋流环形堰利用起旋墩使入堰水流产生旋流，水流绕环形堰和竖井轴产生稳定的空腔螺旋流运动。螺旋水流紧贴竖井壁，在环形堰和竖井中心形成一条上下贯通的稳定气核。此气核与大气接通，起到通气平压的作用，所以旋流环形堰不需要另设掺气坎及其配套的通气管路系统。竖井中螺旋流的离心力能消减堰井壁面的负压，同时洞内利用来自竖井的掺气水流供给埋有掺气管的消力墩也可以避免消力墩空蚀，并提高消能率，变涡害为涡利。竖井直径同传统泄洪洞设掺气坎的竖井直径比较略小一些，并且不用另设掺气装置和消力井（坑），工程量小，投资省，结构简单，施工方便。因此，只要潜水起旋墩的数量和墩高及其与环形堰的连接角度设计合理，旋流环形堰和竖井直径计算正确，就能满足最大泄量的要求，在任何洪水工况下竖井都不会发生壅水、反向气爆、空蚀和振动现象。特别是由于洞内消能率高、流速低，大大减轻出口冲刷和雾化现象，保护生态植被。

　　潜水起旋墩的水力学机理：当水库水位高于堰顶开始溢流时，在小连接角起旋墩的导引下产生旋转流运动。但水库水位较低，低于起旋墩墩顶高程（起旋墩未淹没）时，对应下泄流量较小（略大于设计的要求），小连接角起旋墩能在小流量条件下将入堰水流充分起旋；水库水位上升到高于起旋墩墩顶高程时，过堰水流可由起旋墩墩顶平面分为上下两部分，下层水流从起旋墩间流过，在起旋墩的引导下起旋；上层水流在下层旋转流的拖曳下做同步强力的旋转运动。由于上层水流不受起旋墩的制约，阻力减小，流量系数增大；同时，入流角度也因不受起旋墩的制约自动调节扩大，使得整个旋流环形溢流堰在高水位条件下的泄流能力大大提高。

2.8.2　新型旋流环形堰竖井泄洪洞设计理论方法

（1）旋流竖井直径确定

对于给定的最大设计泄流量 Q，试验并计算竖井的虚拟弗劳德数 Fr_x 值

$$Fr_x = \frac{Q}{\sqrt{gD^5}} \tag{2-78}$$

式中：Fr_x 为竖井虚拟弗劳德数；Q 为给定的最大设计流量，m^3/s；D 为竖井直径，m；g 为重力加速度，m/s^2。

如果 $Fr_x > 1$，竖井与涡室的连接处会出现壅水现象，使实际最大安全下泄流量小于设计值，说明竖井直径偏小；如果 $Fr_x < 1$，则竖井的泄流能力超过设计值，说明竖井直径偏大。只有虚拟弗劳德数等于 1 时才是竖井最佳的直径选择，恰好满足给定最大设计流量的要求。

令上式 $Fr_x = 1$，可直接得出竖井直径的经验计算公式

$$D = \left(\frac{Q^2}{g}\right)^{1/5} \tag{2-79}$$

式（2-79）适用于有引水道连接的任何涡室体型。在实际确定竖井直径时要乘以略大于 1 的安全系数 k 值，即

$$D = k\left(\frac{Q^2}{g}\right)^{0.2} \tag{2-80}$$

安全系数 k 与进水口下游行进流的弗劳德数 Fr_x 有一定关系，但随 Fr 的增加很缓慢，根据中国水利水电科学研究院对许多工程的试验研究经验，建议按式（2-81）计算 k 值

$$k = (Fr + 1)^{0.035} \tag{2-81}$$

式（2-81）中 Fr 为引水道弗劳德数，可按工作闸门处孔口尺寸宽（B）×高（h）计算，即

$$Fr = \frac{Q}{\sqrt{gB^2h^3}} \tag{2-82}$$

一般而言，对于有压流引水道，$1.0 < k < 1.05$；对于无引水道的平面旋流环形堰进水口，$k = 1$。

（2）旋流环形堰半径确定

旋流环形堰同竖井连接时，进水口的泄流量按堰流流量公式计算，式中溢流堰弧线长度 $B = 2\pi R_L$ 即堰顶圆周长，则旋流环形堰流量公式

$$Q = m \times 2 \times \pi R_L \sqrt{2g} H^{3/2} \tag{2-83}$$

流量系数 m 受潜水起旋墩的数量 n、墩与环堰外缘切线的夹角 θ、相对堰顶水头 H/R_L、起旋墩的相对净高 z/H（z 为从堰顶算起的起旋墩的高度）、相对堰高 P/H、相对墩长 L/R_L、相对墩宽 W/H 以及环形堰断面曲线形式等影响。流量系数 m 随着起旋墩与堰的切线夹角减小、墩的数量、堰顶相对水头、墩的相对净高的增加而减小；随着堰顶相对水头、墩的相对净高的减小、墩与堰的切线夹角、相对堰高的增加而增大。由于流量系数影响因素很多，因此很难确定。考虑到 H/R_L 对流量系数影响很大，如果将 n、θ、z/H、P/H、L/R_L、W/H 和断面曲线等分别做出统一的规定值，则视流量系数主要与相对堰顶水头 H/R_L 有关。为了便于计算，式（2-83）可整理为

$$R_L = \left[\frac{1}{m \times 2 \times \pi \sqrt{2} \times (H/R_L)^{\frac{3}{2}}}\right]^{\frac{2}{5}} \left(\frac{Q}{\sqrt{g}}\right)^{\frac{2}{5}} = KD \tag{2-84}$$

其中 $K = \dfrac{0.417}{m^{\frac{2}{5}} \times (H/R_L)^{\frac{3}{5}}}$。

式中：$D = \left(\dfrac{Q^2}{G}\right)^{1/5}$ 为竖井直径；H 为堰顶最大设计水头；R_L 为环形堰平面半径；m 为流量系数。

从式（2-84）可看出，环形堰平面半径可以表示为旋流竖井直径的函数

$$R_L = KD \tag{2-85}$$

应该指出，因为环形堰的堰顶高程即水库正常蓄水位，无闸门控制，所以必须考虑水库的利用效益。堰上水头 H 的选值是受限制的，因为堰顶水头增高，通过堰顶的弃水量增多，降低水库利用率或发电效益，所以堰顶水深 H 通常控制在 $H \leqslant 5\text{m}$。还有，若 H 或 H/R_L 取得太大，堰上水头很高，则环形堰进口可能出现完全淹没流流态，不能形成稳定的空腔通气的螺旋流，对消能、防蚀和运行的稳定性都不利；若 H 或 H/R_L 值选小了，要想满足最大泄流量的要求，则必须增大环形堰的直径，开挖量大，增加工程投资。因此堰顶相对水头通常控制在 $0.22 < H/R_L \leqslant 0.7$。

（3）旋流环形堰断面曲线

因为旋流环形堰不会产生负压，断面曲线可采用 1/4 椭圆曲线取代传统复杂的高次曲线同竖井连接。椭圆曲线长半轴 a 的顶点即环形堰的堰顶，再用半径 $r = 0.1D$ 的 1/4 小圆弧同堰顶相切连接，小圆弧的另一切线与地面垂直连接，成为环形堰的外缘。

（4）旋流环形堰流量系数的确定

初步设计规定：环形堰外圆对称地布置 8 个潜水起旋墩；起旋墩与环形堰的外圆切线呈 10° 的夹角连接；相对堰高 $P/H = 0.3$。优化后的潜水起旋墩结构尺寸：起旋墩的长度 $l \approx R_L$；宽度 $w \approx 0.35H$；潜水起旋墩从堰顶算起的净高 $z \approx 0.75H$。其中，H 为最大堰上水深。

按上述规定设计的潜水起旋墩环形堰的流量系数 m 的经验计算公式为

$$m = 0.19 + 0.035 \times (H/R_L)^{-1.5} e^{-1.5H/R_L} \tag{2-86}$$

为了便于对应各种泄流量条件下的环堰半径都能按上述公式计算，通过系统试验研究给出表 2-13 供环形溢流堰设计参考。

表 2 - 13　相应各种流量下环形溢流堰的设计参数

最大设计流量 $Q(\mathrm{m}^3/\mathrm{s})$	堰上相对水头 H/R_L	流量系数 m	R_L 的计算系数 K
3000	0.23	0.415	1.432
2500	0.25	0.382	1.407
2000	0.28	0.345	1.370
1500	0.31	0.317	1.333
1000	0.39	0.270	1.239
550	0.58	0.223	1.054
400	0.65	0.215	0.999
300	0.70	0.211	0.962

有必要指出，表中与 Q 对应的 H/R_L 值不是严格不变的，而是根据地形条件，与开挖的工程量和堰上水头 H 的选取有关，需要通过经济比较来确定。由于流量系数的计算公式都是根据试验资料分析得出的，可能同实际值有一些偏差。若按上述公式计算和设计的环形堰，通过模型试验结果，泄流能力同最大设计要求值有些差异，则通过调节潜水起旋墩的高度很容易满足要求。调节起旋墩的原则：若试验流量偏小就略增加墩高，反之略降低墩高。

（5）竖井与出水洞（原导流洞）的连接及附加消能工设计

由于出水洞（原导流洞）的断尺寸大小不同，竖井与出水洞的连接方式不同，例如，竖井直接同洞顶相贯连接，以及出水洞与竖井边壁相切连接，或相贯连接等。当洞、井采用相贯连接时，应对衔接的棱角进行倒角，以减小脉动负压的尖峰值。为了增加总体泄洪洞的消能率，在竖井与导流洞连接的上游段留有短的盲洞，下游一段长的洞内浇筑各种消力墩，构建压力消能工（水垫塘），如图 2 - 90 所示。根据出水洞不同的断面尺寸，在压力消能工内浇筑各种形体的消力墩。因溢流堰顶无控制闸门，库水位一超过堰顶就溢流，这时竖井下部无水垫层，在低水位运行时降落的水流易冲蚀竖井底板。为了防止水流冲蚀竖井底板，在出水洞进口段设置一道集水消力墩，在其下游再设置边墩、组合墩或顶压板等自掺气消力墩。设置消力墩的种类和数量因出水洞断面尺寸而

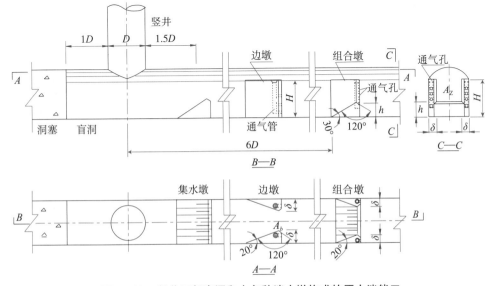

图 2 - 90　竖井下部盲洞和由各种消力墩构成的压力消能工

定，除设一道集水墩外，还可以设边墩和组合墩，如图2-91所示；若出水洞断面较小，洞内只能设一道边墩或顶压板。顶压板和各种消力墩都是自掺气，即通过在顶压板内和消力墩内埋设通气管和水平支管，向墩（坎）的背水面掺气，以防止墩（坎后）发生空蚀，空气来自洞顶的水气混合体，因为在压力消能工的洞顶内的掺气浓度可达50%。

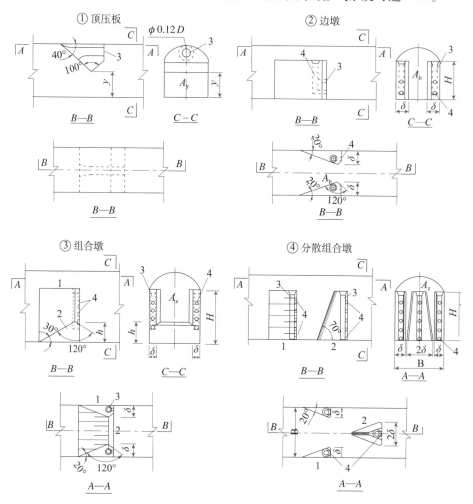

图2-91 压力消能工中的顶压板、边墩、组合墩和分散组合墩

1—边墩；2—中墩；3—通气管；4—掺气孔

（6）设计总剖面和流态

旋流环形堰竖井泄洪洞由自调节潜水起旋墩、环形堰、竖井、洞内压力消能工（由集水消力墩，边墩、组合消力墩或顶压板构成）、出水洞和出口底流消能工组成，如图2-92所示。洞内各种消能工均为自掺气型，可避免消力墩自身或洞内空蚀。应特别指出，为了保持竖井形成稳定的空腔螺旋流运动，同时产生环状水跃，以保证通过最大设计流量和增加消能率，要求洞内各消力墩收缩孔的过流面积不能太小。

2.8.3 水力特性数值模拟研究

模拟模型体型对应的清远下库泄洪洞原型设计环形堰半径为8m，竖井直径为8m，

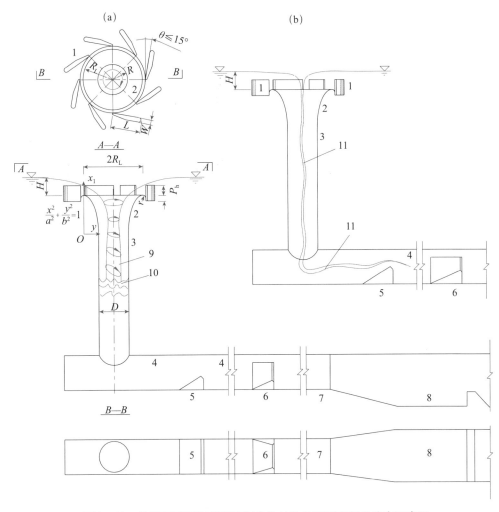

图 2 - 92　旋流环形堰竖井泄流洞总体结构及环形堰竖井流态示意图

1—潜水起旋墩；2—环形溢流堰；3—竖井；4—压力消能工；5—集水消力墩；6—组合消力墩；

7—出水洞；8—消力池（或其他消能设施）；9—旋流空腔；10—环状水跃；11—空腔变异现象

堰顶至竖井底总高度约 58.5m，出水平洞长 247m，设计最大洪水流量为 534.2m³/s（5000 年一遇），对应堰上水头 4.75m。模型比例为 1∶32，数模计算域按模型尺寸考虑。采用有限体积法隐格式迭代求解，速度压力耦合采用 PISO 算法。水流入口采用速度入口边界。对于 5000 年一遇洪水工况，在最高库水位 142.45m 时，模型试验所测得的对应流量为 521.77m³/s，由此可知水流入口处的法向速度为 1.035m/s。空气入口采用压力入口边界条件，其上压力为大气压力值。出口水流为自由出流，设置为压力出口边界。自由水面采用 VOF 方法追踪。计算时坐标原点位置设在竖井与导流洞相交断面中心往下 10m 高程处，桩号 0 + 175.007m，X 轴取为沿出水洞方向，Z 轴取为沿竖井方向，且沿竖井向上为负向。部分区域采用非结构网格来剖分，对重点部位进行加密处理，并采用不同网格数进行计算对比。

不同数学模拟对比如图 2 - 93 所示。对于同一工况，采用不同的湍流模型计算所得的水流流态和水面线之间差别不明显，但 RNG $k - \varepsilon$ 湍流模型计算的出水洞内水面更为平稳。整体而言，二者均能较好地模拟和再现模型试验的水流现象，同时均能较为直观地描述出竖井内旋流空腔的水流流态。总体来看，RNG $k-\varepsilon$ 模型能够较好地模拟新型旋流环形堰竖井泄洪洞水流的运动，结果比标准 $k-\varepsilon$ 模型稍好。

(a) 标准 k-ε 模型模拟的典型纵剖面水气交界面 　　(b) RNG k-ε 模型模拟的典型纵剖面水气交界面

图 2 - 93　计算的典型工况流态图（图中红色为水，蓝色为空气，绿色为水气交界面，下同）

这里选择 5000 年一遇洪水工况的模拟和试验进行对比分析。试验的相对堰顶水头 $H/R_L = 0.59$，其中 H 为堰顶最大设计水头，R_L 为环形堰平面半径，环形堰上起旋墩处于淹没状态，为淹没堰流。环形堰潜水起旋墩、旋流空腔、竖井不同剖面的流态对比图分别如图 2 - 94 ~ 图 2 - 97 所示。其中，图中剖面是通过竖井圆心切出四个面将竖井等分所得，1—1 剖面与进水口来流方向相同，其他依次逆时针旋转 45°。由图可知，水流经潜水起旋墩后在惯性力的作用下自动调节入流角度加大泄流量，在底层旋转流的拖曳下同步旋转，并在竖井中形成旋流空腔，且形成的螺旋流从上到下保持贯通，直到出现环状水跃为止，最后进入下部的水气淹没垫层，模拟结果再现了这一流动过程。竖井中水体贴壁流动，未出现脱壁现象，流态较好，且旋流运动是轴对称的，旋流空腔基本位于竖井中心，漩涡不存在偏心。空腔先收缩后扩大，空腔咽喉（最小空腔断面）出现在 136m 高程处，图 2 - 95 的对比清晰地给出了模拟和试验结果，空腔咽喉轮廓与实际观测轮廓非常接近。计算的咽喉直径约大于竖井直径的 1/3，这与模型试验中观测到的咽喉直径 $0.4D < d < 0.5D$ 一致，在最大泄流量工况下，竖井仍能保证较好的流态，也没有出现"呛水"现象，说明基于本章设计理论方法确定的竖井直径是合适的。随着水流进一步旋转下泄，在经过一段距离后，竖井壁面水深分布基本均匀，在竖井的中下部出现环状水跃，环状水跃的高程（气水交界）为 107 ~ 110m，这与模型试验实测高程 110.2m 较接近。

 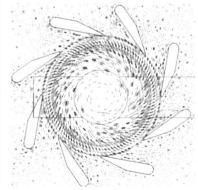

(a) 试验照片　　　　　　　　　　　　(b) 模拟结果

图 2 - 94　环形堰进口流态对比

图 2 – 97 给出的是顶压板后的平洞水面线对比，由图可知，在最大下泄流量下，数模和物模均显示出较大的洞顶余幅（余幅高大于 20% 洞高）。总体来说，泄洪洞整体的流态和水面线的趋势跟实际一致性较好，数模计算基本能够反映出新体型水流的运动特性，同时也表明新型旋流环形堰竖井泄洪洞的流态同传统的泄洪洞差异较大。

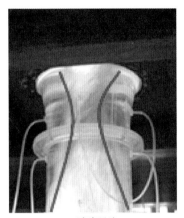

（a）试验照片　　　　　　　（b）模拟结果

图 2 – 95　旋流空腔咽喉流态对比

1—1 剖面　　　　　2—2 剖面　　　　　3—3 剖面　　　　　4—4 剖面

图 2 – 96　竖井剖面流态

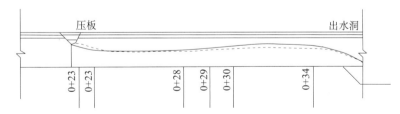

图 2 – 97　水面线对比（实线为试验值，虚线为模拟值）

以下进行竖井水层合成速度和厚度解析计算。

图 2 – 98 给出了竖井合成速度理论计算示意图，把螺旋流合成速度 v 分解成轴向速度 V_z 和切向速度，若已知进口截面的合成速度 V_0 及夹角，便可逐段计算竖井下各断面的合成速度。

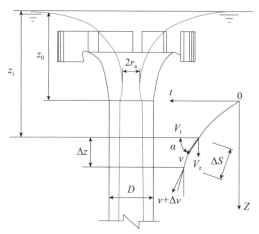

图 2 - 98　竖井合成速度理论计算示意图

（1）竖井各断面合成速度

如图 2 - 98 所示，建立 ΔZ 上下两个断面的伯努利方程

$$\frac{v^2}{2g} + \mathrm{d}Z = \frac{(v + \Delta v)^2}{2g} + \frac{\lambda \mathrm{d}S}{4\chi} \frac{v^2}{2g} \tag{2 - 87}$$

忽略 Δv^2 项，并考虑到水力半径 χ 和水流迹线长 $\mathrm{d}S$ 分别为

$$\chi = \frac{Q}{\pi D v \sin\alpha} \quad \mathrm{d}S = \frac{\mathrm{d}Z}{\sin\alpha} \tag{2 - 88}$$

代入得

$$\mathrm{d}\left(\frac{v^2}{2g}\right) = \left[1 - \frac{\lambda \pi D}{4Q} \sqrt{2g} \left(\frac{v^2}{2g}\right)^{3/2}\right] \mathrm{d}Z \tag{2 - 89}$$

令

$$\frac{\lambda \pi D}{4Q} \sqrt{2g} \left(\frac{v^2}{2g}\right)^{3/2} = F^{3/2}$$

有

$$F = C \frac{v^2}{2g}, \quad C = \left(\frac{\lambda \pi D}{4Q} \sqrt{2g}\right)^{2/3} \tag{2 - 90}$$

整理得

$$\mathrm{d}\left(\frac{v^2}{2g}\right) = \frac{\mathrm{d}F}{C} \tag{2 - 91}$$

式中：D 为竖井直径；C 为系数；Q 为过流量。

联立并积分得

$$C\int_0^Z \mathrm{d}Z = \int_{F_0}^F \frac{\mathrm{d}F}{1 - F^{3/2}} = \int_0^F \frac{\mathrm{d}F}{1 - F^{3/2}} - \int_0^{F_0} \frac{\mathrm{d}F}{1 - F^{3/2}} \tag{2 - 92}$$

即

$$I(F) = I(F_0) + CZ \tag{2 - 93}$$

其中，$Z = i\Delta Z$，表示从竖井进口算起向下至第 N 个 ΔZ 断面，下标 0 表示初始值。不妨设 $F = t^2$ 代入积分，整理得到

$$I(F) = \frac{1}{3}\left[2\ln\frac{1}{1 - \sqrt{F}} + \ln(1 + F + \sqrt{F}) - 2\sqrt{3}\arctan\frac{1 + 2\sqrt{F}}{\sqrt{3}} + 2\sqrt{3}\arctan\frac{1}{\sqrt{3}}\right]$$

$$\tag{2 - 94}$$

编写程序计算 F 值，合成速度 v 亦可求得。于是，竖井合成速度的计算过程可以是：

1）计算 $Z_0 = 0$ 时，C_0 和 F_0；

2）代入计算 $I(F_0)$；

3）再将 $I(F_0)$ 值代入计算 $Z_1 = Z_0 + \Delta Z$ 时的 $I(F_1)$，相应的 F_1 值反算求出；

4）将 F_1 代入即可得到 Z_1 时的合成速度 v_1；

5）其他断面依次进行。

其中，初始合成速度 V_0 在不计进口行进流速影响下利用式 $V_0 = \sqrt{2gH_0}$ 确定，H_0 为初始断面作用水头，ΔZ 一般取不大于竖井长度的十分之一为宜。

（2）竖井空腔水层厚度

竖井水层厚度为

$$d = R - r_a \tag{2-95}$$

式中：R 为竖井半径；r_a 为竖井计算断面空腔半径。

由下式确定

$$Q = V\sin\alpha\pi(R^2 - r_a^2), \quad r_a^2 = R^2 - \frac{Q}{V\pi\sin\alpha} \tag{2-96}$$

于是得

$$d = R - r_a = R - \sqrt{R^2 - \frac{Q}{V\pi\sin\alpha}} \tag{2-97}$$

当计算出 F 后，可计算相应的合成速度矢量与水平的夹角，最后解析出竖井的水层厚度。

为了验证上述解析公式，图 2-99 给出了清远下库泄洪洞 5000 年一遇洪水工况下竖井各高程理论合成速度解析值、水层厚度解析值与数值模拟的对比。由图可知，合成速度理论解析值与模拟计算值变化规律呈现较好的一致性，吻合度较高。数值模拟计算水层厚度大于理论计算值，但两者相差不大，且两者变化规律相似。可能的原因是，数值模拟的水层厚度是通过估算获得，存在一定偏差。此外，数值模拟中掺气并不一定与实际相符，导致数值上有些差别。总体来看，解析计算结果和数模结果一致性较高，建立的竖井内水流合成速度和水层解析计算方法可供设计参考。

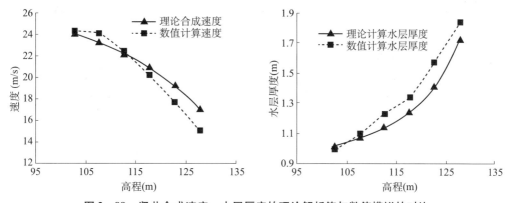

图 2-99　竖井合成速度、水层厚度的理论解析值与数值模拟的对比

2.8.4 应用例：广东清远抽水蓄能电站下水库新型旋流泄洪洞

广东清远抽水蓄能电站装机容量为1280MW，枢纽建筑物由上、下水库，泄洪洞和地下厂房等组成。上水库总库容为1179.8万 m^3，有效库容为1054.46万 m^3，水库水位最大消落深度为25.5m，相应的设计正常蓄水位为612.5m，死水位为587.0m。下水库总库容为1495.32万 m^3，有效库容为1058.08万 m^3。挡水坝为黏土心墙堆石（渣）坝，上游坡比为1:2.75，下游坡比为1:2.5，坝顶高程为144.5m，最大坝高为75.9m，坝顶长度为275m。竖井泄洪洞位于大坝右坝头，是唯一的泄洪建筑物，进水口采用环形溢流堰，堰顶高程137.7m与正常蓄水位相同，堰上水头为4.75m，最大泄量为534.2 m^3/s，竖井下连接施工导流洞（高8m、宽6m城门洞断面），隧洞出口连接宽6m、深3m、长50m的消力池，下游布置混凝土海漫与原河道平顺连接。与泄洪洞并排设有放水孔，同竖井共用一个消力池。

考虑本工程泄洪洞的重要性和创新性，同时针对可研阶段审查意见，最终采用了本文提出的新型环形堰竖井泄洪理论和技术。

上、下水库新型旋流泄洪洞物理模型试验照片如图2-100所示。物理模型试验研究结果表明：所监测和关注的各项水力学指标较优，解决了清远泄洪洞在各种库水位运行时，水流不冲蚀竖井底板、不引起结构物空蚀、出口消能率高和减小对河床冲刷等诸多工程重大问题。除此之外，省去了掺气防蚀和进口防涡的设施，从而大大节省工程投资。2016年、2017年，新型旋流环形堰竖井泄洪洞建成并经过原型泄洪放水，经受了实践的检验，各项监测结果显示良好。现场照片如图2-101所示。

图 2-100　上、下水库新型旋流泄洪洞物理模型照片

图 2-101　清远电站新型旋流泄洪洞泄洪现场照片

2.8.5　应用例：安徽桐城抽水蓄能电站下水库新型旋流泄洪洞

桐城抽水蓄能电站位于安徽省桐城市境内的挂车河上游支流南冲河上，距桐城市公路里程约 31km。电站枢纽由上水库、下水库、输水系统、地下厂房等建筑物组成。桐城抽水蓄能电站推荐装机容量为 1280MW，为一等大（1）型工程。上水库大坝、下水库大坝、旋流泄洪洞、泄放洞为 1 级建筑物。安徽桐城抽水蓄能电站与清远抽水蓄能电站的泄洪设施在形式、规模上接近，设计应用了本节提出的新型旋流环形堰竖井泄洪洞技术方案。

下水库旋流泄洪洞和泄放洞物理模型比例为 1:30。试验总体照片如图 2-102 所示，相关流态如图 2-103、图 2-104 所示。总体来看，各工况条件下旋流泄洪洞和泄放洞泄量实测值和设计值吻合度较高，各种水力学监测指标具有较好的水力特性。

图 2-102　新型旋流泄洪洞和泄放洞物理模型照片

(a) Q_1　　　　　　(b) Q_2　　　　　　(c) Q_3

(d) Q_4　　　　　　(e) Q_5　　　　　　(f) Q_6

图 2-103　桐城新型旋流竖井泄洪洞不同洪水流量工况下旋流进口流态（流量从 5 年到 5000 年一遇）

图 2-104　桐城新型旋流竖井泄洪洞典型洪水流量工况下竖井和平洞流态

第 3 章　高水头大流量泄洪洞掺气减蚀新技术研究

3.1　高水头大流量泄洪洞水力特性及空蚀原因分析

3.1.1　反弧段水力特性分析

高水头大流量泄洪洞按照渥奇曲线的位置一般可分为"龙抬头"和"龙落尾"两种型式，无论是采用"龙抬头"式的布置型式，还是采用"龙落尾"式的布置型式，在两段不同底坡的泄洪洞之间一般利用适当长度的反弧连接段顺畅过渡。反弧连接段的水流流向不断变化，水流离心力的作用使压力、流速重新分布，流态复杂。实际工程运行经验表明，对于反弧段流速大于 35m/s 的高水头大流量泄洪洞，其高速水流引起的空化空蚀问题十分突出。如美国的胡佛泄洪洞、格兰峡泄洪洞、黄尾坝泄洪洞，中国的刘家峡泄洪洞、二滩 1 号泄洪洞等都因高速水流在反弧连接段附近产生过严重的空蚀破坏。因此，泄洪洞反弧段的水力特性及空化空蚀一直是工程界普遍关注的关键问题之一。

基于依托工程锦屏一级水电站泄洪洞体型布置和水流条件等基本参数，以商用软件 FLUENT6.3 为平台，结合 $k-\varepsilon$ 模型和 VOF 方法，对流速 50m/s 量级的泄洪洞反弧连接段高速水流进行了三维数值模拟，详细研究了反弧连接段主要水力要素如水面线、流速、底板与边墙压力、空化数、剪应力等的变化规律，分析了不同的反弧半径（$R=$ 100m、200m、300m、400m、500m）和圆心角（15°、23.4°、30°、37.5°和 45°）对水力参数的影响。

由于边壁效应靠边墙附近的水流流速相对较小，中间主流区流速大，因此，反弧段内两侧边墙附近的水流离心力小于断面中间的水流离心力，形成横向压力梯度，导致中间主流向两边排挤，引起水流压力的重新分布，伴生二次流动。边墙水面随之升高以适应压力的变化，在反弧段断面中间主流的水深沿程逐渐减小，而紧邻边墙的水面则沿程逐渐雍高，图 3-1 显示了反弧半径为 300m、圆心角为 23.4°时典型断面的水面线形态的变化。在反弧起点断面水面线基本平齐，在反弧中间断面边墙水面有雍高现象，在终点断面雍高现象更加明显。

在反弧段起点断面，横向流速非常小，水流横向流动效应基本可以忽略；在反弧中心断面，横向流速增大，出现二次流动现象（图 3-2）；在反弧末端，二次流更加明

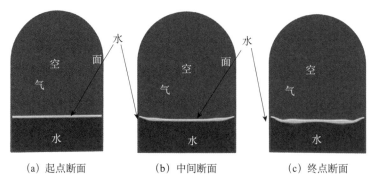

(a) 起点断面　　　　　　　(b) 中间断面　　　　　　　(c) 终点断面

图 3-1　反弧段水面线形态示意图

显。在两侧边墙附近，可以观察到明显的对称涡流。这种由离心力作用伴生的二次流现象是反弧水流的一个特点，它不仅影响流场的流速分布和压力分布，而且在两侧边墙附近形成对称涡流，使反弧段水流的水力特性更加复杂。

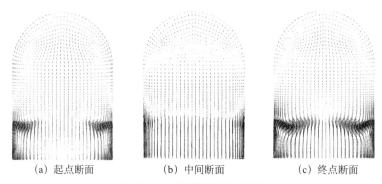

(a) 起点断面　　　　　　　(b) 中间断面　　　　　　　(c) 终点断面

图 3-2　反弧横断面矢量图

由于离心力的作用，反弧段底板的动水压力明显增大，在反弧段起点形成逆压梯度，而在反弧终点附近形成顺压梯度，如图 3-3 所示。反弧段内的最大动水压力及压力梯度都随反弧半径减小而增大，且在流速为 50m/s 量级的条件下，反弧半径小于 300m 时，最大动水压力和压力梯度均随半径减小迅速增大，反弧半径大于 300m 时，其

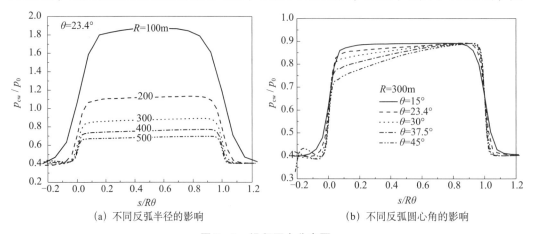

(a) 不同反弧半径的影响　　　　　　　　　　(b) 不同反弧圆心角的影响

图 3-3　沿程压力分布图

变化比较缓慢。在研究的范围内反弧圆心角对反弧内最大动水压强影响弱小，但圆心角越大，反弧末端的顺压梯度越大。反弧末端的主流流速主要取决于上游的有效水头，反弧半径和圆心角对流速大小及分布形态没有明显影响。

不同体型的底板剪应力均沿反弧段逐渐增大，并在反弧末端附近达到最大（图 3-4）。受压力梯度的影响，剪应力在反弧首末端有局部突变现象，说明沿流向的压力梯度促使边界层内流速进行调整。反弧末端的剪应力极大值随反弧半径增大而减小，且反弧半径小于 300m 时这种变化明显，反弧半径大于 300m 时，这种变化微弱；反弧末端底部壁面剪应力随反弧圆心角的增大而增大，但影响并不显著。因此，采用大半径和小圆心角的反弧体型可以改善剪应力分布。反弧末端及下游各断面边墙的剪壁面应力分布与底板剪应力的变化趋势有明显区别，在水深的中间位置，边墙剪应力最大，靠近水面和底板的地方剪应力逐渐减小（图 3-5）。反弧末端边墙中部的最大剪应力不仅大于底板剪应力，而且在反弧后一定的范围内沿程继续增大。与底板相比，反弧末端边墙中部及其下游附近位置的压强较小，水流空化数小，剪应力更大，在边界扰动时容易引发空化水流，为可能发生空化空蚀的高危险区域。

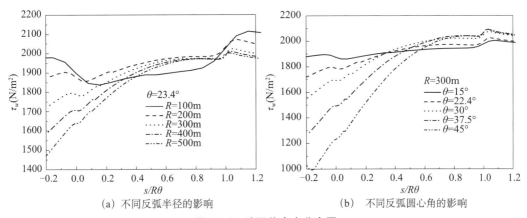

（a）不同反弧半径的影响　　　　（b）不同反弧圆心角的影响

图 3-4　壁面剪应力分布图

综上所述，反弧段水流主要受重力和离心力的双重作用。在重力作用下，主流流速沿程增大；在离心力作用下，反弧段压力明显升高，引起反弧起点和终点附近压力剧烈变化，压力梯度大。主流流速的变化和沿流向的压力梯度共同影响边界层内的速度分布，增大壁面剪应力，从而恶化了水流的空化特性。在反弧末端上游作用水头一定的条件下，增大反弧半径和减小反弧连接段的圆心角，不仅可以降低反弧段首末端的压力梯度，还可减小反

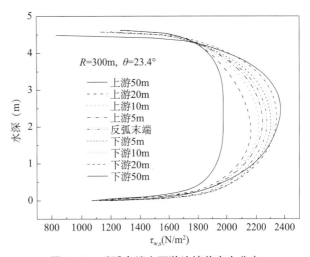

图 3-5　反弧末端上下游边墙剪应力分布

弧末端的壁面剪应力，改善压力分布和剪应力分布特性，且增大反弧半径的作用比减小圆心角的作用更加明显。因此，在地形地质条件允许的条件下，泄洪洞反弧连接段应尽可能选择大半径和小圆心角，且对于流速达 50m/s 量级的反弧连接段其反弧半径选择300m 比较经济合理。

3.1.2 反弧末端设底掺气坎对水力特性的影响

借助商用软件 FLUENT6.3 平台建立通过三维数值模型研究反弧末端设底掺气坎布置型式的水力特性，重点分析了泄洪洞反弧连接段采用连续底板型式与末端设置掺气坎的非连续底板型式在流态、流速、动水压力及壁面剪应力等水力要素的不同变化规律，论述了反弧末端因设置掺气坎形成底掺气空腔后对水力特性和水流空化特性的影响，并比较分析了突跌掺气坎和挑跌组合掺气坎两种不同体型对水力特性和水流空化特性的影响的差异。

反弧末端设置突跌掺气坎除坎后形成掺气低空墙外，其主流流态与连续底板型相近（图 3－6），但底空腔段形成水气界面发生掺气现象。

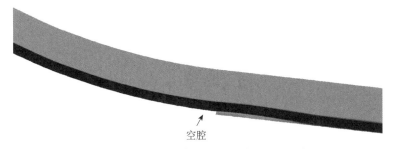

空腔

图 3－6　跌坎附近中心对称面的水面线形态

突跌掺气坎前后水流流速的分布没有明显的变化（图 3－7），反弧段形成的横向涡及二次流现象在掺气坎下游仍然存在，断面横向流动形态基本一致（图 3－8）。

图 3－7　跌坎附近速度矢量图

突跌掺气坎后的空腔区动水压力急剧减小，甚至出现负压，由于水舌下缘脱开底板与空气相接，所以空腔区压力不再呈现上小下大的分布特点，而是整个水深方向均较小，且主流中间部位的动水压力略大于对应断面上、下部位的压力；在空腔末端，受水流跌落的冲击作用，动水压力迅速增大（图 3－9）。挑跌组合掺气坎后边墙上的动水压力分布规律（图 3－10）与突跌掺气坎后边墙上动水压力分布规律相同，突跌掺气体

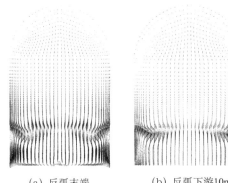

(a) 反弧末端　　　　　(b) 反弧下游10m　　　　　(c) 反弧下游25m

图 3-8　反弧断面矢量图

型，反弧末端压力沿程逐渐递减；而挑跌组合掺气坎的体型，由于挑坎的壅水作用，在挑坎前压力局部增大，随后迅速减小。

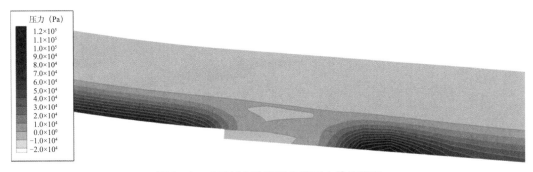

图 3-9　突跌掺气坎附近边墙压力等值线图

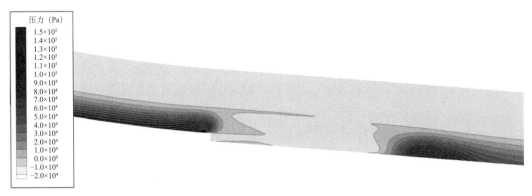

图 3-10　反弧末端掺气设施附近边墙压力等值线图

　　无论是反弧末端设置突跌掺气坎，还是设置挑跌组合掺气坎，其边墙上的剪应力分布规律基本一致，最大剪应力值位于水深的中间部位，这一特点与连续底板体型的相同（图 3-11）。在坎后底空腔段边墙上的剪应力仍呈增大趋势。

　　图 3-12 和图 3-13 进一步显示了水深中间部位边墙壁面压力和剪应力的沿程变化。总的来看，三种体型边墙剪应力的变化趋势基本一致，但连续底板型式的剪应力最小，且沿程变化过程也相对比较平顺。

（a）突跌掺气坎体型

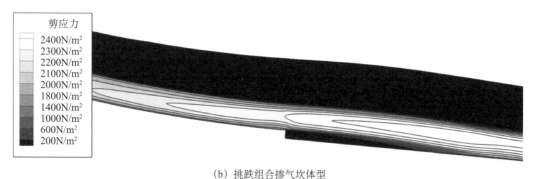

（b）挑跌组合掺气坎体型

图 3 - 11　反弧末端掺气设施附近边墙壁面剪应力分布

连续光滑底板、突跌掺气坎和挑跌组合掺气坎等三种体型比较而言，挑跌组合掺气坎体型反弧末端附近的边墙上压力梯度最大，沿程压力变化剧烈，其低压区范围最长；突跌掺气坎体型次之；连续光滑底板型压力梯度最小，沿程压力变化相对平缓（图 3 - 12）。反弧末端附近水流流速分布及边墙上的剪应力分布没有本质区别。但是，反弧末端设置掺气坎使边墙上的壁面剪应力也有所增大，局部区域有突变现象（图 3 - 13）。动水压力小，梯度大及壁面剪应力局部增大等因素都在不同程度上有促使产生空化水流的作用，故在反弧末端设置底部掺气设施其下游附近的水流更加容易发生空化现象。

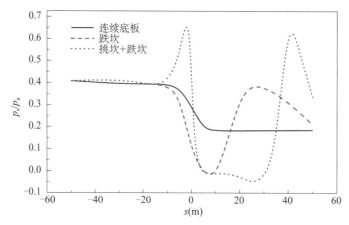

图 3 - 12　中间水深部位压力的沿程变化

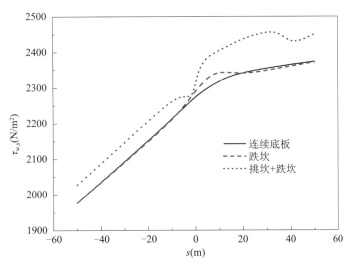

图 3 - 13　中间水深部位边墙壁面剪应力的沿程变化

在反弧末端设置底掺气坎能够对底板起到掺气减蚀保护作用，防止反弧下游底板发生空蚀破坏，这是工程上常用的防空蚀措施之一。但是，反弧末端设置底掺气坎会引起坎后底空腔区动水压力急剧降低，局部区域出现负压，不仅反弧末端顺压梯度大，而且在空腔末端存在逆压梯度，压力变化明显剧烈。同时，掺气坎附近边墙壁面剪应力局部增大且有波动。与连续底板体型相比，这种设置底部掺气坎的体型更容易诱发空化水流。因此，在反弧末端设置底部掺气设施应视来流的掺气状况和水深等因素而定，在来流掺气效果欠佳，水深较大时要特别关注反弧末端及其下游附近边墙的空化空蚀问题。特别在高水头、大流量、低弗劳德数的水流条件下，由于水深大，水流表面和底部掺气水流向中间扩散发展需经历一段较长的距离，水流中沿边墙形成一定范围的清水核心区不受掺气减蚀保护，这种情形下两侧边墙便成为容易发生空化空蚀的危险区域。

3.2　水流侧面掺气设施研究及应用

高水头、大流量泄洪洞具有流速高、水深大的特点，水流底部掺气和表面掺气在水流的紊动和气泡上浮作用下向主流扩散是一个逐渐发展的过程，在洞内水深大时掺气坎后较长的距离内气泡不能扩散至整个过水断面，形成一定的掺气盲区，掺气盲区的边墙不受掺气水流保护，成为容易发生空蚀的敏感部位。特别是反弧连接段水深大、流速高时这种现象更加明显，如图 3 - 14 所示。

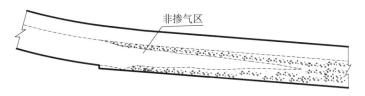

图 3 - 14　水流掺气发展过程示意图

在分析反弧段高速水流水力特性的基础上，通过模型试验分别对反弧连接段前后设置侧掺气设施进行研究，设计出了楔形掺气坎与掺气槽相结合的侧掺气设施。适当选择楔形侧坎的高度、坡比以及掺气槽的尺寸，能够有效促使侧面水流掺气，消除由于水深大而出现的掺气盲区。在侧面掺气坎槽的作用下有控制地使水流掺气局部与边墙分离，形成一定形态的侧空腔，侧面水流紊动扩散，形成掺气层挟带大量气泡进入下游边墙附近的水流，证实了在反弧段前后设置三维掺气设施的可行性，只要掺气坎的体型合理，就能够从侧边墙到底部形成一个真正意义上的"U"形空腔，大大提高了侧边墙处的掺气浓度，消除二维掺气设施底部掺气比较充分，其边墙仍然不能得到有效保护缺陷。侧面水流掺气机理与底部水流掺气机理的有明显的差异，侧面水流掺气依靠水流紊动促使自由面裂散，在水气界面形成水气掺混层挟带气体进入下游水流；而底部水流掺气除水气界面裂散挟带空气外，射流冲击空腔末端漩滚形成雾状水气流促使水流掺气，同时，掺气空腔段气体上浮运行趋势对掺气也有一定的辅助作用。可见，与底部水流掺气相比，侧面水流掺气较为困难。侧面掺气效果主要与侧空腔尾部形态有关，在水深和流速不变，能够形成稳定侧空腔的条件下，侧空腔尾部水流与边墙相交的交角越小，掺气效果越好。依托工程初步形成了能够加强边墙掺气减蚀保护效果的新型三维掺气设施体型，增强了对反弧段及其下游泄洪洞边墙的保护。

本文依托溪洛渡泄洪洞和锦屏一级泄洪洞，对侧壁掺气进行了详细的试验研究，针对泄洪洞不同部位（抛物段终点、陡坡段及反弧段末端）的水流特征，分析了边墙折流掺气坎槽的水力特性，研究了不同设施体型对水流的影响及适应性，提出了侧壁掺气与底部掺气设施联合优化的新型掺气体型（图3-15）。

试验研究表明：水流流态对侧壁掺气设施体型比较敏感，一般而言，在一定的范围内适当增大侧向收缩（包括增大侧向收缩角度或侧向收缩宽度）有利于坎后形成稳定的侧空腔和增强水流侧壁的掺气效果。但是，过大的侧向收缩不仅引起不利的流态如水翅、底部回水加重等现象，而且会严重影响侧空腔下游边墙近壁水流的掺气效果，强烈的水翅一方面对泄洪洞顶部形成冲击，恶化下游水流流态，另一方面侧空腔的气流沿水翅向上飘逸，导致侧空腔后边墙附近水流掺气急剧减少。因此，合适的边墙折流掺气坎可以兼顾良好的水流流态和水流掺气效果。边墙折流掺气设施在流态良好和水流掺气均匀的情况下对边墙动水压力没有明显影响，有侧坎和无侧坎时侧壁压力的分布一致，大小接近（图3-16），侧壁沿程压力分布与底板压力一样呈现凸峰分布的特点，凸峰位置与底板一致，表明侧壁压力分布主要受底部冲击压力的影响，侧空腔后水流贴附边墙时没有明显的冲击作用，不致因设置折流掺气坎而增大边墙的动水压力。合理的边墙折流掺气坎型式与设坎位置的水力学参数及其附近的洞身几何要素有关，其中水力学要素中最主要的是水流弗劳德数的影响，洞身几何要素中最主要的因素是上下游坡度及洞身宽度是否变化。一般而言，采用垂直底板上窄下宽的梯形折流收缩掺气坎或垂直水平面均匀收缩掺气坎体型，可使侧空腔附着点在靠近水面时逐渐向上游延伸，从而能有效减小或消除侧壁水翅现象，稳定水流流态，使水流获得良好的掺气效果。锦屏泄洪洞和溪洛渡泄洪洞的掺气设施模型试验均表明，在反弧段上游，无论是垂直底板上窄下宽的梯形折流掺气坎或垂直水平面均匀收缩的折流坎体型，在适当的参数范围内都能保证明流泄洪洞段的侧壁掺气效果且流态良好，而反弧段下游由于坡度较缓，采用垂直底板均匀收缩坎，只要体型参数适当也可产生良好的掺气效果而无明显不利流态。设置边壁掺气

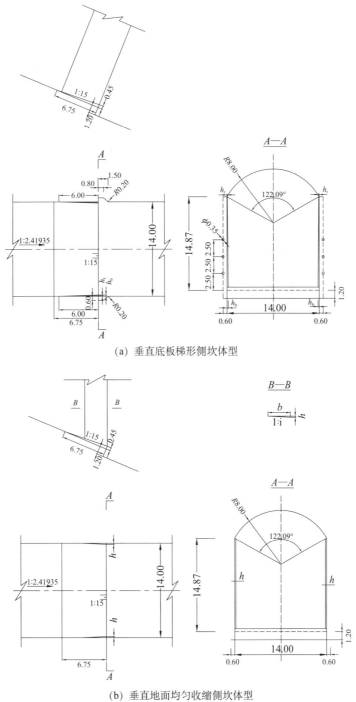

（a）垂直底板梯形侧坎体型

（b）垂直地面均匀收缩侧坎体型

图 3 - 15　三维掺气设施体型

与不设边壁掺气的边墙近壁水流掺气的效果比较见表 3 - 1，当设置侧壁掺气设施时，各坎下游实测边墙近壁最小水流掺气浓度都有明显提高，最小掺气浓度为 2%。和底部水流掺气一样，边墙近壁水流掺气也沿程衰减，反弧段衰减更为明显，以锦屏一级泄洪洞第三道掺气设施为例，其下游为反弧段，由于该段保护长度较长，水流掺气衰减明显，第三道掺气设施的边墙折流掺气坎对反弧末端边墙的掺气保护作用降低。以上现象与规律同样为溪洛渡侧壁掺气试验所证实。

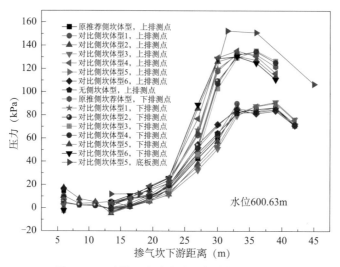

图 3-16　边墙压力分布特征与底板压力对比

表 3-1　实测掺气坎下游侧壁最小掺气浓度（库水位 1880.00m）　　（单位:%）

位置	1 号坎下游	2 号坎下游	3 号坎下游	4 号坎下游
无侧坎	0.3	0.9	1.5	1.2
有侧坎	3.5	7.0	2.1	14.2

侧壁掺气设施会对底部掺气产生影响。侧掺气设施的收缩作用，以及由此而形成的侧空腔，将改变掺气设施附近局部的流速、压力分布特征，同时影响水流及气流流场，试验观察可见底部掺气明显向两侧侧空腔飘移，底部掺气浓度随之减小，

表 3-2 列出了锦屏泄洪洞反弧末端设置侧壁掺气设施对其下游底板掺气浓度的影响。

表 3-2　反弧末端设置侧壁掺气设施时下游底板掺气浓度的变化

掺气浓度测点		C4-1	C4-2	C4-3	C4-4
库水位 1880.0m	有侧坎	41.3	4.2	3.1	2.3
	无侧坎	46.4	4.7	4.0	4.5
库水位 1865.0m	有侧坎	42.4	3.2	2.7	2.6
	无侧坎	44.3	3.6	3.0	4.1
库水位 1850.0m	有侧坎	58.2	3.7	2.7	2.25
	无侧坎	63.6	3.9	2.9	2.5

在此研究基础上，提出底部掺气设施应与侧壁掺气设施联合整体优化的观点，并进行了整体优化的试验和分析，研究了底部体型梯形挑坎配合侧向收缩坎的三维掺气新体型，锦屏和溪洛渡的试验均表明该三维掺气体型在实现侧壁掺气减蚀目的的同时，能保证底部掺气效果。

为了进一步揭示侧壁掺气设施的水力特性，采用混合模型对溪洛渡第一道掺气设施两种边墙折流掺气坎体型的掺气水流进行了三维数值计算，折流掺气坎体型分别为对比体型 2 和对比体型 3，两体型均为垂直底板均匀收缩式，侧向收缩宽度分别为 0.175m 和 0.225m，相对收缩比分别为 1:34.3 和 1:26.7。模拟显示对比体型 2 近壁无水翅（图 3-17），而对比体型 3 近壁有明显水翅（图 3-18），与试验吻合。图 3-18 近壁流场示意图反映了水翅的形成自底板冲击点开始，受压力作用，水流开始贴壁上行，形成水翅，底板冲击压力区即是速度上行点，也是水翅起点。侧空腔内气流流态比较混乱，侧空腔末端气流流向与水流主流流向不一致，顺水翅向上飘逸，削弱边墙近壁水流掺气效果。图 3-17 则显示近壁速度与主流一致，无明显上行趋势，尽管底部同样存在压力冲击区，但其侧向收缩较小，侧空腔短于底空腔（图 3-19），抑制了底部水股贴壁上窜现象，印证了对试验现象的分析。

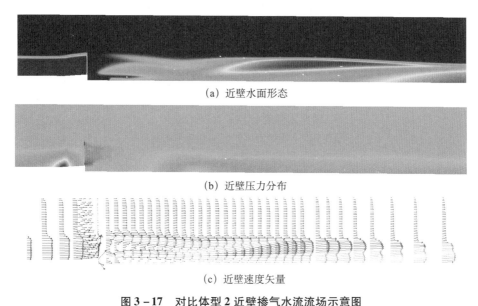

(a) 近壁水面形态

(b) 近壁压力分布

(c) 近壁速度矢量

图 3-17　对比体型 2 近壁掺气水流流场示意图

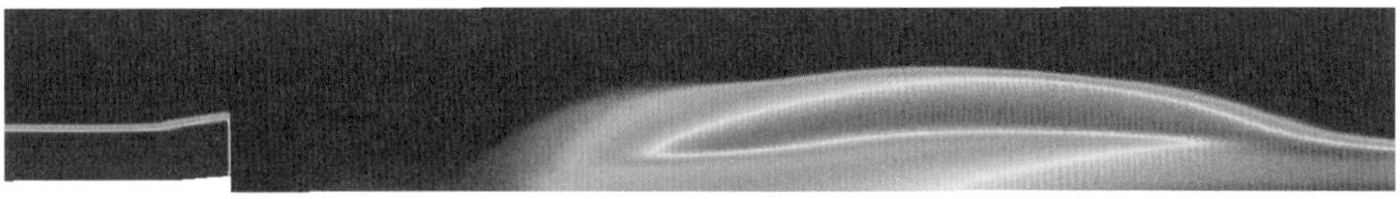

(a) 近壁水翅形态

(b) 近壁压力分布

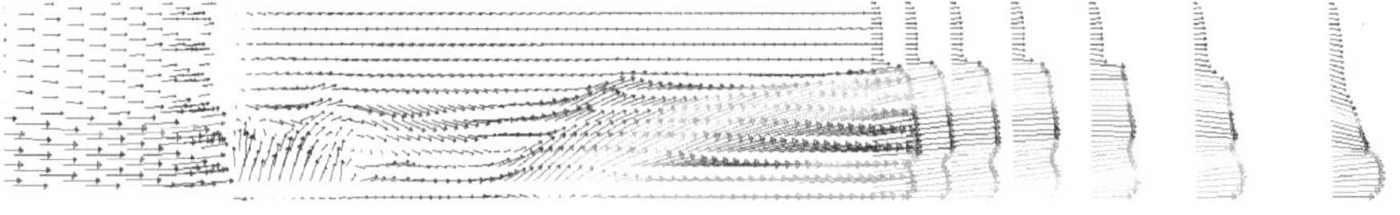

(c) 近壁速度矢量

图 3-18　对比体型 3 近壁掺气水流流场示意图

对比体型2的底空腔（对称面）

对比体型2的侧空腔（$Z=1.25$m）

对比体型3的底空腔（对称面）

对比体型3的侧空腔（$Z=1.25$m）

图3-19　两种侧坎体型的空腔形态对比

　　侧面水流掺气主要依赖水流表面气流的摩擦及紊动扩散作用在水气界面形成水气掺混层，挟带细小气泡形成掺气水流。一般情况下，外层水流裂散充分，水气掺混层越厚，水流挟带气体的能力越强。高速水流受折流掺气坎的约束，在坎末与边壁分离，随后逐渐扩散重新与边壁交汇形成侧掺气空腔。重力作用对水流横向收缩或扩散的影响较小，坎后侧空腔的长度和形态主要取决于折流坎的体型和水流流速、水深等水力要素。试验研究表明：在流速为$35\sim50$m/s，断面平均水深$6\sim8$m，水流弗劳德数为$4.0\sim6.5$的水流条件下，采用均匀收缩式折流坎型，坎末端厚$0.125\sim0.225$m，收缩比为$1:26.7\sim1:48$，坎后可以形成稳定的掺气空腔和比较均匀的掺气水流，侧空腔后水翅弱小，水流流态良好。增大折流掺气坎的侧向收缩角度和侧向收缩宽度可以增加侧空腔长度，延长水流的紊动扩散过程有利于提高水流的掺气效果。但是，高速水流侧向收缩过大可能导致主流流态不稳定，引发折冲水流和水翅等不利水流现象，强烈的水翅不仅对泄洪洞顶部形成冲击，恶化下游水流流态，而且使侧空腔内的气流沿水翅向上飘逸，妨碍水流挟带气泡，严重削弱侧空腔下游边壁近壁水流的掺气效果。研究至此，对侧面水流掺气设施的体型设计还没有成熟的计算方法，其体型尺寸主要依赖模型试验确定。合理的侧掺气设施体型满足以下条件：①在各种运行条件下坎后均能形成稳定的侧掺气空腔，靠近水面的侧空腔末端与底部侧空腔末端的过水断面位置应相近或约靠上游；②折流坎段的最小断面满足泄流余幅要求；③折流坎后水流流态稳定，避免出现折冲水流和强水翅等不利流态。

3.3　反弧段掺气衰减影响因素分析及掺气保护长度

　　本节重点应用气泡动力学理论，分析反弧段气泡运动特性及掺气浓度衰减规律及影响因素。基于气泡漂移与掺气浓度衰减为正相关关系的假设，提出反弧段掺气保护长度估算方法。

3.3.1　反弧段掺气衰减影响因素分析

掺气水流的一个重要特征是水气两相流动的非平衡性。在浮力的作用下，气泡上浮，掺气浓度衰减。下文主要研究水气两相间的动量非平衡性，可假使能量处于平衡状态。

作用在气泡上的力可分为以下几类：

1）与水流—气泡的相对运动无关的力，主要有惯性力、重力、压差力等。即使相对运动的速度和加速度为零，此力也不消失。

2）依赖于水流—气泡相对运动的、其方向沿着相对运动方向的力——纵向力，主要有阻力、附加质量力、Basset 力等。

3）依赖于水流—气泡相对运动的、其方向垂直于相对运动方向的力——纵向力，主要有升力、Magnus 力和 Saffman 力等。

通过量级比较并分析，对气泡运动起主要作用的力主要有阻力、压差力和附加质量力。考虑上述力的作用，气泡运动方程可表述为

$$\frac{1}{8}\pi C_D d^2 \rho_w |v_w - v_a|(v_w - v_a) - \frac{1}{12}\pi d^3 \rho_a \vec{a} - \frac{1}{6}\pi d^3 \frac{dp}{dr} = 0 \tag{3-1}$$

$$3C_D \rho_w |v_w - v_a|(v_w - v_a) - 2d\rho_w\left(\frac{dv_a}{dt} - \frac{dv_w}{dt}\right) - 4d\frac{dp}{dr} = 0 \tag{3-2}$$

对于反弧段流动，则

$$3C_D |v_w - v_a|(v_w - v_a) - 2d\left(\frac{dv_a}{dt} - \frac{dv_w}{dt}\right) + 4d\left(g\cos\theta + \frac{U^2}{r}\right) = 0 \tag{3-3}$$

式中：U 为来流速度；r 为反弧半径；ρ_w、ρ_a 分别为水和空气的密度；v_w、v_a 分别为水体和气泡速度的径向速度；d 为气泡直径；θ 为反弧段任意点切线方向与水平面的夹角，沿程变化。

假设水流为充分发展，可认为 v_w 为 0，则式（3-3）可简化为

$$\frac{dv_a}{dt} = 2\left(g\cos\theta + \frac{U^2}{r}\right) - \frac{3}{2}\frac{C_D}{d}v_a^2 \tag{3-4}$$

或

$$\frac{dv_a}{dt}\bigg/ g = 2\left(\cos\theta + \frac{U^2}{gr}\right) - \frac{3}{2}C_D\frac{v_a^2}{gd} \tag{3-5}$$

上述气泡运动方程可采用四结龙格库塔算法求解。

图 3-20 为反弧段气泡运动加速过程。可以看出，气泡受浮力和弯道离心力的作用，瞬间加速，之后进入缓慢加速区，速度逐渐趋近极限值，即 $v_a = \sqrt{a/b}$，其中 $a = 2(1 + U^2/gr)$，$b = 3C_D/2gd$。计算还表明，气泡初始上浮速度非零时，除初始加速阶段极短的瞬间速度略高外，其后气泡速度发展过程几乎一致。

对气泡运动而言，反弧段与斜坡段的主要区别是反弧段存在离心力，受其影响，气泡的上浮速度增大。图 3-21 反映了反弧段离心力对气泡上浮速度的影响。可见气泡滑移速度无量纲数 v_a^2/gd 与离心力无量纲数 U^2/gr 之间呈良好的线性关系，直线斜率和截

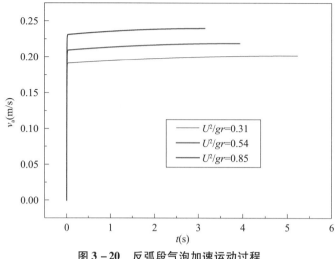

图 3 - 20　反弧段气泡加速运动过程

距随相间阻力系数不同而变化。图中同时给出了直坡的情况，此时离心力无量纲数 $U^2/gr=0$（对应各条线左端点），显而易见，受离心力影响，气泡上浮速度呈线性增大趋势，因此反弧段掺气衰减比直坡段快。离心力随反弧半径增大而减小，在来流条件不变的情况下，气泡上浮速度与反弧半径成反比增长关系。

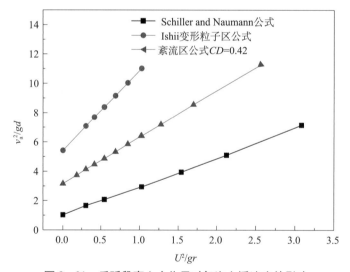

图 3 - 21　反弧段离心力作用对气泡上浮速度的影响

　　计算结果同时表明，不同阻力系数计算公式反映出了不同的气泡衰减特性（图 3 - 22）。Schiller and Naumann 公式和阻力系数为常数时，反映出气泡上浮速度随气泡直径的增大而增大，根据 Salih 的研究，这一现象适用于气泡直径小于 0.6mm 的情况，此时大气泡衰减快，小气泡衰减慢。当气泡大于 1mm 后，气泡不再为球形，大气泡多呈球冠状，气泡上浮速度随直径变化很小，此时阻力公式采用 Ishii 等人的变形区阻力公式能较好地反映这一现象。

　　本项目计算中采用的气泡直径范围为 0.5 ~ 3mm，计算气泡上浮速度随条件不同介于 0.13 ~ 0.35m/s，与 W. L. Haberman 和 R. K. Morton 等人的试验值接近。

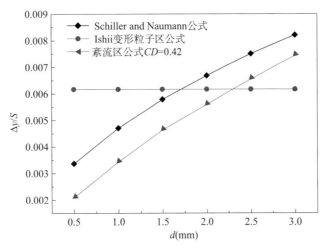

图 3－22　气泡衰减速度随直径的变化

　　来流速度对反弧段气泡运动的影响有两个方面：一方面，随来流速度增大，离心力呈平方数增大，相应地气泡上浮速度加快，因此与直坡相比，其掺气浓度的衰减总是随来流速度的增大呈加速趋势；另一方面，随来流速度的增大，水流流过反弧段的时间变短，气泡上浮距离有减小趋势。因此掺气浓度衰减速度随来流速度的变化趋势，取决于两个因素相互作用的结果。图 3－23 给出了气泡上浮距离随来流速度的变化趋势。图中纵坐标 $\Delta y/S$ 表示反弧段内气泡上浮距离与主流流动距离（即反弧段长）的比值，该参数反映了掺气浓度衰减的快慢。可以看出，在反弧半径和圆心角不变的情况下，掺气浓度的衰减速度随来流速度的增大而减缓，其原因是对气泡上浮距离而言，来流速度增大引起的水流流过反弧段时间的缩短效应，大于离心力的增大效应。

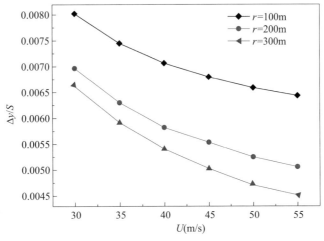

图 3－23　单气泡衰减速率随来流速度的变化趋势

　　上述针对单气泡计算所采用的简化模型适用于掺气浓度较小的情况，计算结果与Salih、W. L. Haberman 等人的试验结果基本一致。实际的掺气水流运动更为复杂，在掺气浓度比较大的情况下，气泡群运行对水流影响变得显著。此外紊流脉动使气泡破碎，并由掺气浓度大的地方向掺气浓度小的地方扩散，而浮力（压差力）形成滑移速度并有使气泡合并、聚集的趋势。

3.3.2 反弧段掺气保护长度估算方法

本节从气泡上浮距离与掺气浓度衰减演化具有正相关关系这一假设出发，推导反弧段掺气保护长度与直坡段掺气保护长度的关系，从而给出反弧段掺气保护长度计算方法。

假设在掺气起点气泡位于近底部位，对直坡段而言，从掺气设施到保护长度末端气泡上浮距离 Δy，对应地该部位底部掺气浓度为 α_c。对反弧段而言，假设掺气浓度衰减到 α_c 时，对应的气泡上浮距离 Δy 与直坡段相同，则根据反弧段气泡上浮 Δy 所需的时间 Δt 计算出该段时间内水流流过的距离，这一距离即为反弧段掺气保护长度。假设直坡段保护长度为 L_{line}。

根据图 3-21 中计算结果，反弧段气泡上浮速度无量纲数 $\dfrac{v_a^2}{gd}$ 与离心力无量纲数 $\dfrac{U^2}{gr}$ 呈线性关系，即

$$\frac{v_{a,ogoo}^2}{gd} = c_0 + c_1 \frac{U^2}{gr} \tag{3-6}$$

由式（3-4）或式（3-5）可推导出反弧段极限速度为

$$\frac{3C_D}{2} \frac{v_{limit}^2}{gd} = 2\left(1 + \frac{U^2}{gr}\right) \tag{3-7}$$

比较式（3-6）和式（3-7），可得

$$c_0 = \frac{4}{3C_D} f(\theta)$$

$$c_1 = \frac{4}{3C_D} \tag{3-8}$$

式中：$f(\theta)$ 是反弧起点切线与水平面夹角 θ 的函数，$f(\theta)$ 介于 $\cos\theta \sim 1$。

对直坡段而言，气泡上浮速度为

$$\frac{v_{a,line}^2}{gd} = \frac{4}{3C_D} \cos\theta \tag{3-9}$$

式中：θ 为直坡段与水平面夹角，等于反弧起点切线与水平面夹角。

反弧段气泡上浮速度与直坡段气泡上浮速度之比为

$$\frac{v_{a,ogoo}}{v_{a,line}} = \sqrt{a + b\frac{U^2}{gr}} \tag{3-10}$$

式中：$a = \dfrac{f(\theta)}{\cos\theta}$，$b = \dfrac{1}{\cos\theta}$。

根据前述假设可确定反弧段掺气保护长度为

$$L_{ogee} = \frac{L_{line}}{\sqrt{a + b\dfrac{U^2}{gr}}} \tag{3-11}$$

若取 $f(\theta) = \dfrac{\sin\theta}{\theta}$，则有

$$L_{\text{ogee}} = \frac{L_{\text{line}}}{\sqrt{\dfrac{\tan\theta}{\theta} + \dfrac{1}{\cos\theta} \times \dfrac{U^2}{gr}}} \qquad (3-12)$$

此结果偏于保守,当圆弧起点角 $\theta = \pi/6$ 时,估算的结果与式(3 – 11)相比最大相对误差不大于 5%。

3.4　水流掺气浓度计算方法

掺气水流是一种复杂的气液两相流动,其特点是紊动度高,两相之间相互作用强,并伴随着气泡的变形、聚合、破碎和水滴的飞溅等现象,水气两相间的相互掺混和扩散也使原本清晰的水气界面变得模糊,所有这些现象给掺气水流的研究带来了很大的困难和挑战。到目前为止,对掺气水流的研究主要采用理论分析和试验研究。由于问题的复杂性,理论研究至今没有取得突破性进展,而模型试验受几何比尺、量测手段和技术等条件的限制,研究时间长,工作量大,并且不能避免缩尺效应。应用 FLUENT 软件及其二次开发技术,采用双流体模型及混合 $k-\varepsilon$ 紊流模型对带有掺气挑坎的陡槽高速掺气水流进行了数值模拟。根据掺气水流的特点,重点对相间阻力模型进行了改进,特别在构建相间阻力本构关系式时考虑了紊流扩散的影响。VOF 模型主要适合于捕捉气液界面,不能有效地描述水气两相间的力学和运动特性,扩散模型在推导相间滑移速度本构关系式时,由于采用了局部动量平衡的假定,因而有很大的局限性,对掺气水流这种复杂的水气两相流不完全适用。双流体模型对各相分别考虑,模型的建立采用的假设最少,理论上更为严格,适用范围也更广,构建合理的相间作用本构关系是其成功模拟的关键。如果在相间作用力本构方程的构建中没有考虑紊流扩散的影响,其模拟结果表明对两相间的扩散明显估计不足。

3.4.1　双流体模型基本方程

高速掺气水流是水气两相流,流动过程中水和气体互相作用使流动非常复杂。一般情况下掺气水流可以不考虑相变。假设水气两相均不可压缩,水气界面局部静压平衡,同时忽略表面张力,则简化的双流体模型方程可表述如下。

连续方程

$$\frac{\partial}{\partial t}(\alpha_k \rho_k) + \nabla \cdot (\alpha_k \rho_k \hat{U}_k) = 0 \qquad (3-13)$$

动量方程

$$\frac{\partial}{\partial t}(\alpha_k \rho_k \hat{U}_k) + \nabla \cdot (\alpha_k \rho_k \hat{U}_k \hat{U}_k) = \alpha_k \nabla p_k + \nabla \cdot \tau_k + \alpha_k \rho_k g + M_k \qquad (3-14)$$

式中:α_k 为相 k 的体积分数;ρ_k 为相密度;$\hat{U}_k$ 为质量加权平均速度;p_k 相平均压力;τ_k 为相平均的黏性应力张量;g 为重力加速度;M_k 为相间作用力;下标 $k = w, a$ 分别表示水相和气相。

相间作用力随两相介质和两相流流型的不同而差异很大。掺气水流流型复杂,同时包括泡状流、滴状流和过渡流区,其中过渡流区以气团或水股交替出现为特征,在构建相间作用力本构关系式时需要同时考虑水相连续和气相连续的情况。在掺气水流中的相间作用力可表示为阻力和虚拟质量力的综合作用力，即

$$M_g = -M_l = F_D + F_{VM} \tag{3-15}$$

3.4.2 相间阻力

相间阻力是两相间的主要作用力，单位体积的相间阻力可表示为

$$F_D = Ku_r \tag{3-16}$$

式中：$u_r = \hat{U}_p - \hat{U}_c$，为两相相对运动速度；$K$ 为相间动量传输系数。考虑到掺气水流中同时包含水相连续和水相分散两种流型，单位体积的相间阻力可采用对称模型

$$K = -\frac{3}{8}\alpha_p C_D \rho_c \frac{r_p}{\left(\dfrac{r_{wp}+r_{ap}}{2}\right)^2} \frac{(\alpha_c\mu_c + \alpha_p\mu_p)}{\mu_p}|u_r| \tag{3-17}$$

式中：阻力系数采用 Schiller and Nauman 公式

$$\begin{cases} C_D = \dfrac{24}{Re_r}(1 + 0.15Re_r^{0.687}) & Re_r \leqslant 1000 \\ C_D = 0.44 & Re_r > 1000 \end{cases} \tag{3-18}$$

式中：$Re_r = \rho_c u_r d/\mu_c$。

对称模型尽管同时兼顾了气相连续和液相连续两种情况，但并没有说明对分散相和连续相的判别标准，这给模型的评价和应用带来了不便。另外，对称模型的阻力系数 C_D 默认采用 Schiller and Nauman 公式，该公式主要考虑了离子雷诺数的影响，实际上阻力系数还与掺气浓度、水相的紊流运动等因素有关。有必要对相间阻力公式模型进行改进。

一般可以将掺气水流分为三个流区，即泡状流区（$\alpha_a \leqslant 0.6$）、过渡流区（$0.6 < \alpha_a \leqslant 0.8$）和水滴跃移区（$\alpha_a > 0.8$）。不同流区分散相粒子与周围流体之间的相对运动特性不同，因此应该针对不同流区的特点建立相应的相间阻力本构关系式，即所谓分区阻力模型。FLUENT 软件可以通过二次接口技术自定义阻力系数，本文采用如下分区阻力模型。

相间动量交换系数按式（3-19）进行计算

$$K = -\frac{3}{8}\frac{C_D}{r}\rho_c\alpha_p|u_r| \tag{3-19}$$

对于阻力系数 C_D，泡状流区采用乳状紊流区阻力公式计算，水滴跃移区采用 Schiller and Nauman 公式计算，过渡区的流动状态最为复杂，一般为分散的水股或气团，基本不具备明确的流型，各水流参数只有统计特性，因此很难给出合适的阻力系数公式，本文采用基于掺气浓度的线性插值公式计算，即

$$\alpha_a \leqslant 0.6 \quad C_D = \frac{3}{8}(1 - \alpha_w)^2 \tag{3-20}$$

$$\alpha_a > 0.8 \quad \begin{cases} C_D = \dfrac{24}{Re_r}(1 + 0.15Re_r^{0.687}) & Re_r \leqslant 1000 \\ C_D = 0.44 & Re_r > 1000 \end{cases} \tag{3-21}$$

$$0.6 < \alpha_a \leq 0.8 \quad C_D = cf_1 + (1 - c)f_2 \tag{3-22}$$

式中：f_1 表示按式（3-20）计算的阻力系数；f_2 表示按式（3-21）计算的阻力系数；c 表示基于掺气浓度的插值系数。

3.4.3　虚拟质量力

虚拟质量力也称为附加质量力，是当离散的颗粒相对于流体加速时，颗粒附近的流体跟随颗粒加速所需的附加力，可表示为

$$F_{VM} = -c_{VM}\alpha\rho_1\left(\frac{\partial u_r}{\partial t} + u_g\frac{\partial u_r}{\partial x}\right) \tag{3-23}$$

式中：c_{VM} 为虚拟体积系数，对于球形粒子，当颗粒体积浓度 $\alpha_d \to 0$ 时，$c_{VM} = 0.5$。

3.4.4　紊流模型

掺气水流是紊流两相流。两相紊流运动比单相紊流运动复杂得多，将单相的 $k-\varepsilon$ 紊流模型拓展到两相紊流运动，其模型方程如下

$$\frac{\partial}{\partial t}(\rho_m k) + \nabla \cdot (\rho_m \hat{U}_m k) = \nabla \cdot \left(\frac{\mu_{t,m}}{\sigma_k}\nabla k\right) + G_{k,m} - \rho_m\varepsilon \tag{3-24}$$

$$\frac{\partial}{\partial t}(\rho_m\varepsilon) + \nabla \cdot (\rho_m \hat{U}_m\varepsilon) = \nabla \cdot \left(\frac{\mu_{t,m}}{\sigma_\varepsilon}\nabla\varepsilon\right) + \frac{\varepsilon}{k}(C_{1\varepsilon}G_{k,m} - C_{2\varepsilon}\rho_m\varepsilon) \tag{3-25}$$

式中：

$$\rho_m = \alpha_w\rho_w + \alpha_a\rho_a \tag{3-26}$$

$$\hat{U}_m = (\alpha_w\rho_w\hat{U}_w + \alpha_a\rho_a\hat{U}_a)/\rho_m \tag{3-27}$$

$$\mu_{t,m} = \rho_m C_\mu\frac{k^2}{\varepsilon} \tag{3-28}$$

$$G_{k,m} = \mu_{t,m}[\nabla\hat{U}_m + (\nabla\hat{U}_m)^T]:\nabla\hat{U}_m \tag{3-29}$$

现在，控制式（3-14）中的黏性应力张量可表示为

$$\tau_k = \alpha_k\mu_{t,m}[\nabla\hat{U}_m + (\nabla\hat{U}_m)^T] \tag{3-30}$$

模型常数与单相 $k-\varepsilon$ 模型的相同，近壁处理采用壁标准函数。

3.4.5　考虑紊流扩散作用的相间阻力本构式

紊流扩散对掺气浓度的分布有重要影响，进而影响到掺气水流的运动特性。由于紊流扩散引起两相的相对运动，在双流体模型控制方程中，与两相相对速度直接相关的是相间阻力，因此，在构建相间阻力的本构式中应该体现出紊流扩散的影响。考虑了紊流扩散影响后，一种简化的相间阻力可表示为

$$F_D = K(u_r - u_r^T) \tag{3-31}$$

结合 $k-\varepsilon$ 混合紊流模型，将 Tchen 理论简单地推广到紊流两相流，可得两相紊流扩散速度差的表达式

$$u_r^T = -\frac{D_{t,m}}{\sigma_D}[\nabla(\ln\alpha_p) - \nabla(\ln\alpha_c)] \tag{3-32}$$

3.4.6 典型算例分析

过水建筑物上设置掺气挑坎是一种基本掺气设施体型，也是工程中应用最普遍的一项掺气减蚀技术。越过掺气挑坎的水流具有上下两个自由面，同时包括了自掺气和强迫掺气两种掺气模式。本文对其中一典型工况进行模拟研究，掺气挑坎体型如图3-24所示，其中陡槽坡度 $\theta = 49°$，挑坎高 $\Delta = 0.015\text{m}$，挑坎坡度为1:10，上游来流流量为 $0.166\text{m}^3/\text{s}$，水深 $h_w = 0.06\text{m}$。试验槽宽为0.2m，平均流速为13.83m/s，两侧设通风井，数值模拟采用二维模型，将进气通道设置在掺气槽上游部位。

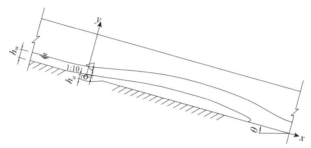

图 3-24　掺气挑坎体型示意图

离散方程的求解采用分离式隐式迭代算法，两相速度与压力的耦合采用压力修正耦合算法，各变量的离散采用QUICK格式。计算域：y轴方向从底板至顶部边界 $y = 0.3\text{m}$ 处，x轴方向从挑坎上游 $x = -2\text{m}$（进口）至挑坎下游 $x = 6\text{m}$ 处（出口）。边界条件的设置：进口 $y = 0.06\text{m}$ 以下设为速度进口条件，$y = 0.06\text{m}$ 以上为大气压力进口边界，顶部 $y = 0.3\text{m}$ 及出口 $x = 6\text{m}$ 为大气压力出口条件，通风孔进口为压力进口边界条件，其压力值参照试验资料取为 -500Pa。

图3-25显示了不同数值模型在典型横断面上掺气浓度的分布，同时给出了实体模型试验结果以资比较。可以看出，当相间阻力采用对称模型（图中的对衬模型）时，模拟的结果存在明显的水气界面，该界面附近掺气浓度的梯度很大，即使在掺气坎下游3.5m的地方，仍存在清水核心区，该区掺气浓度几乎为零。与试验数据相比，模拟结果中水流的掺气明显不足。当相间阻力采用分区模型（图中的分区模型）时，计算结果亦无明显改善，同样，模拟结果中水流的掺气明显不足。考虑紊流扩散作用其相间阻力按照式（5-14）构建，相间动量交换系数分别采用对称模型（对应图3-25中的TD+对衬模型）和分区模型（对应图3-25中的TD+分区模型）。可以看出，模型中考虑紊流扩散的影响后，模拟结果中各个断面掺气浓度沿水深的分布有了明显的改善。在掺气挑坎后 $x \leq 2.2\text{m}$ 的范围内，断面掺气浓度分布的形态与试验结果比较一致，尤其在靠近掺气坎的断面上，水流核心区掺气浓度的大小与试验值非常接近，在 $x = 0.6\text{m}$ 的位置水流已全断面掺气，不再存在清水核心区。在空腔末端及其下游断面（$x > 2.2\text{m}$），尽管掺气浓度的分布形态与试验结果相比不完全一致，但是与不考虑紊流扩散时的计算结果相比，整个断面的掺气浓度更为接近试验结果。

同时应该注意到，模拟结果仍然有一定误差。其一是在掺气空腔末端（$x = 2.37\text{m}$）上游，模拟结果存在上下两个明显的水气界面，在界面附近气相体积分数的梯度明显比试验结果偏大，初步分析认为导致这种现象的主要原因是目前的模型还不足以描述高度湍动的水流造成水滴随机向空气中飞溅的复杂的物理过程，而这一过程直接决定了水滴跃移区水滴的体积浓度，进而影响到自由界面附近两相体积分数的分布。其二是在掺气空腔末端下游，掺气浓度的分布形态与试验结果不完全一致，气相的衰减速度偏小。导致这种现象的原因是复杂的，一方面受上游来流中心掺气浓度偏小的影响（如图 3 - 25 中 $x = 2m$ 和 $x = 2.2m$ 两个断面的掺气分布所示），另一方面跌落的水舌受底板的顶托作用，同时伴随着气泡的破碎、聚合等现象，单一的气泡直径假设显然不能完整地描述这种复杂的流动情况。

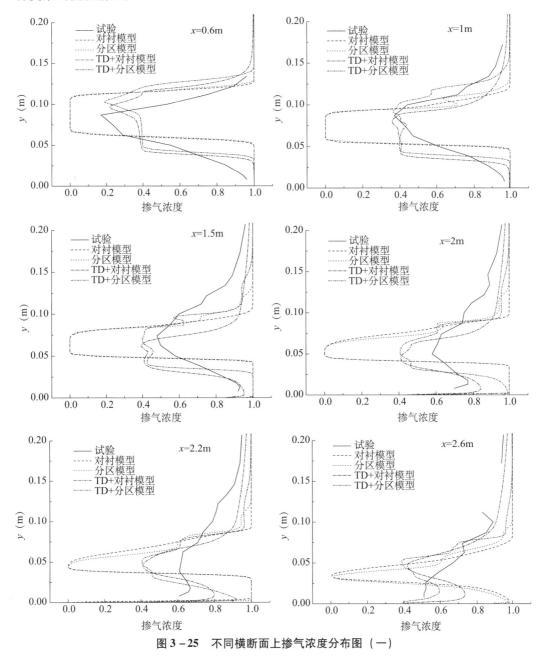

图 3 - 25　不同横断面上掺气浓度分布图（一）

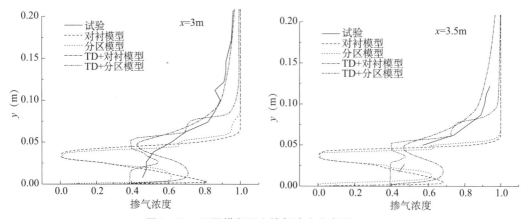

图 3-25 不同横断面上掺气浓度分布图（二）

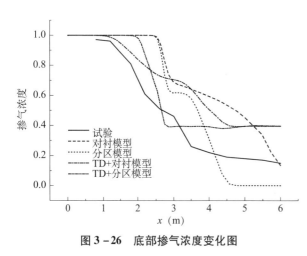

图 3-26 底部掺气浓度变化图

图 3-26 显示了近底 ($y = 0.8cm$) 水流掺气浓度的沿程变化。可以看出，无论是否考虑紊流扩散，近底水流掺气浓度的计算结果均与试验结果有较大偏差。就整体变化趋势而言，考虑紊流扩散并采用对称阻力模型的计算结果较为接近试验数据。但是，利用该阻力模型计算的近底水流掺气浓度的沿程衰减程度与试验结果相比明显偏缓，甚至远区掺气浓度的衰减趋于停滞，造成这种现象的原因有待进一步研究。

通风孔进气量通常是衡量挑坎体型是否能充分掺气的一个重要参数。表 3-3 列出了采用不同模型时计算所得进气量。当相间阻力考虑紊流扩散的影响后，模拟所得通风量更为接近试验值，而不考虑紊流扩散时计算值明显偏低，与上述模拟所得断面掺气不足的结果相一致。

表 3-3 不同模型通风孔进气量与试验值的比较

模型	对衬模型	分区模型	TD + 对衬模型	TD + 分区模型	试验
掺气量 (m^2/s)	0.21	0.19	0.44	0.46	0.38

图 3-27 显示了掺气挑坎坎附近的掺气浓度分布（TD + 对衬模型）。尽管在掺气坎下游不远处掺气贯通全断面，但紧靠掺气坎的部位仍有一小段清水核心区。

图 3-28 显示了掺气挑坎附近水气两相的速度矢量分布（TD + 对衬模型）。水气两相速度分布比较一致，说明两相的运动跟随性比较好，一方面在泡状流区，气泡紧紧跟随水相运动；另一方面在水滴跃移区，频繁跃起的水滴或水团带动附近空气运动，形成明显的水舌风。

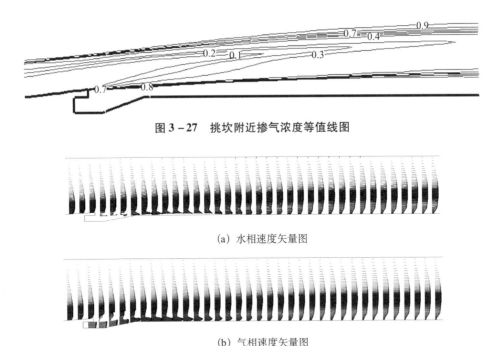

图 3－27　挑坎附近掺气浓度等值线图

(a) 水相速度矢量图

(b) 气相速度矢量图

图 3－28　挑坎附近速度矢量图

掺气水流流型复杂，相间相互作用随流型的不同而变化，因此采用双流体模型比扩散模型能更加全面地描述水气两相间复杂的相互作用。需要注意的是，在构建相间阻力本构方程时考虑了紊流扩散的影响，计算结果显示掺气坎下游掺气浓度的分布有明显改进，整体掺气量与试验数据更加符合。表明在合理构建相间相互作用力的基础上，采用双流体模型模拟掺气水流是可行的。

但是应该注意到数值模拟结果尚有一定误差，尤其对工程上关心的底部水流掺气浓度的沿程衰减和冲击压强的模拟结果不能令人满意。其原因主要有两点：一是空腔末端水流冲击底板，水流流态复杂，存在漩滚、回水，并伴有气泡的卷吸、聚合、破碎和掺混等现象，目前要完全考虑这些因素，准确模拟局部流态和掺气效果是困难的；二是关于紊流扩散的模型需要改进。从模拟结果可以看出，近壁处两相紊流扩散的作用被高估，从而使掺气浓度的衰减速度明显减缓。考虑紊流扩散的相间阻力模型还需进一步改进。

3.5　小底坡掺气减蚀设施空腔回水壅堵条件和消除措施研究

3.5.1　掺气设施射流空腔流态

掺气设施在运行中的掺气减蚀效果直接与其结构参数和运行的水力参数密切相关，结构参数主要包括底坡 $i(\alpha)$、坎角 θ、升坎高 t_r、跌坎高 t_s；水力参数主要包括水深 h、流速 v、空腔负压指数 P_N、空腔长度 L、回水长度 L_f、冲击角 β 和掺气浓度的沿程分布 $C(x, y)$ 等，如图 3－29 所示。

在以上所有的结构参数和水力参数中，从流态的角度而言，掺气空腔内回水的大小

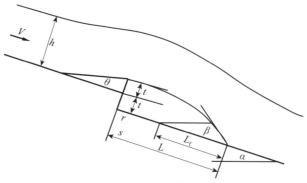

图 3 - 29　掺气设施示意图

L_f 是一个影响掺气效果（掺气浓度 C）的主要因素。根据掺气设施的不同运行状态，空腔流态可以分为以下三种状态。

第一种流态，空腔淹没：$L = L_f$ 　　　　　　　　　　　　　　　　　　　(3 - 33)

第二种流态，纯空腔：即无空腔回水，$L_f = 0$ 　　　　　　　　　　　　　(3 - 34)

第三种流态，过渡状态：即部分回水，$0 < L_f < L$ 　　　　　　　　　　　(3 - 35)

当掺气设施在运行中，其流态属于第一种状态，掺气设施的掺气效果差，几乎不能发挥掺气减蚀的效果，甚至还会成为一个空化源，这是应该避免的运行状态；当掺气设施在第二种状态运行时，理论上有最好的掺气效果；在过渡状态运行时，掺气设施的掺气效果与回水长度相关，较小的回水有较好的掺气效果。因此，对掺气设施的流态判别，对其设计和运行是重要的。本项研究针对泄洪洞工作闸门底坎掺气设施，提出了一种流态判别的方法，试验成果如图 3 - 30 所示，各种流态可以表示为

$$(L/h)_{Lower} < 10.00 - 3.842 \times Fr \tag{3 - 36}$$

属于第一种流态，而满足

$$(L/h)_{Upper} > 15.78 - 3.754 \times Fr \tag{3 - 37}$$

则属于第二种流态，介于两者的则是第三种流态，即过渡流动状态。

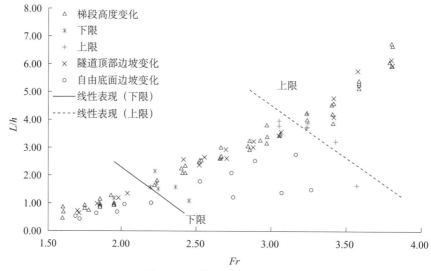

图 3 - 30　掺气设施流态判别

3.5.2　回水对掺气效果的影响

掺气空腔的回水显著地改变下游掺气浓度,本项研究在不同的掺气坎高度、不同的坎角、不同的底坡等结构参数下,通过试验对不同的水流参数进行了研究,分析了掺气空腔对下游掺气浓度的影响。试验结果表明:①在固定的射流长度条件下,断面的掺气浓度与回水有良好的相关关系,回水越大,掺气浓度越低(图 3 – 31);②在不同的坎高、坎坡和底坡条件下,断面的掺气浓度与回水大小之间也有良好的线性关系,其变化规律如图 3 – 32 ~ 图 3 – 34 所示。

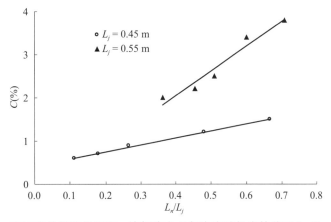

图 3 – 31　在固定的射流长度下,掺气浓度 C 与净空腔长度的关系 L_n/L_j（断面 8）

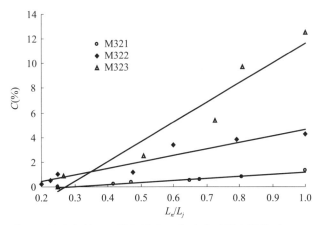

图 3 – 32　在不同坎高条件下,掺气浓度 C 与净空腔长度的关系 L_n/L_j（断面 8）

3.5.3　一种新型的防回水掺气设施结构——下游 A 型结构

小底坡低弗劳德数(Fr)条件下的掺气一直是掺气减蚀研究的一个难点,本项研究通过理论分析和试验研究,提出了一种在掺气设施下游加贴坡的结构(图 3 – 35),通过减小射流水舌与下游底板的冲击角 β(从 β_1 减小到 β_2),有效地减小空腔回水,提高过水表面的掺气浓度。技术获发明专利授权,并在龙滩工程底孔(平底)、江坪河泄洪放空洞和溢洪道设计和施工中运用。

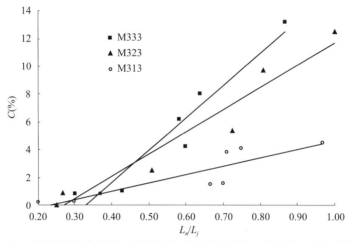

图 3 - 33　在不同坎角条件下, 掺气浓度 C 与净空腔长度的关系 L_n/L_j （断面 8）

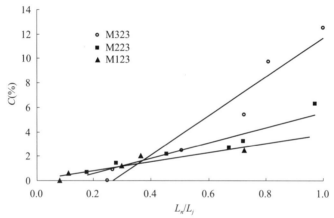

图 3 - 34　在不同底坡条件下, 掺气浓度 C 与净空腔长度的关系 L_n/L_j （断面 8）

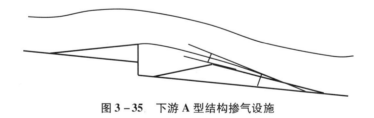

图 3 - 35　下游 A 型结构掺气设施

3.5.4　掺气方式对减蚀的效果

　　掺气方式对减蚀效果有较大的影响, 本项研究专门讨论了在相同的压力条件、不同的掺气面积, 在相同的掺气面积、不同的掺气压力情况下, 对空蚀的减免效果; 研究了在相同的压力、相同的掺气面积、不同的掺气孔数量下的减蚀特性, 结果表明: ①在相同的掺气面积下, 空蚀随掺气压力的减小而减小 （图 3 - 36 和图 3 - 37）; ②在相同的掺气压力下, 随着掺气面积的增加, 空蚀减小 （图 3 - 38 和图 3 - 39）; ③在相同的掺气面积和掺气压力下, 掺气方式对减免空蚀有较大的作用, 可以得到: 1 + 1 + 1 > 3 的结论, 即多点掺气具有更好地减免空蚀的作用 （表 3 - 4 ～ 表 3 - 6）。

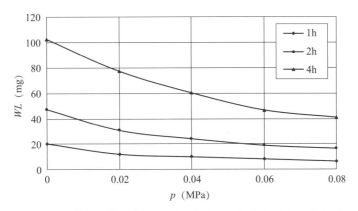

图 3 - 36　在相同的掺气面积下，空蚀 *WL* 与掺气压力 *p* 的关系

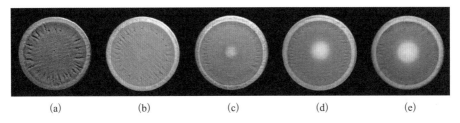

(a)　　　　　　(b)　　　　　　(c)　　　　　　(d)　　　　　　(e)

图 3 - 37　不同的掺气压力下的空蚀结果（**4h**）

（a）$p = 0.00 \text{MPa}$；（b）$p = 0.02 \text{MPa}$；（c）$p = 0.04 \text{MPa}$；（d）$p = 0.06 \text{MPa}$；（e）$p = 0.08 \text{MPa}$

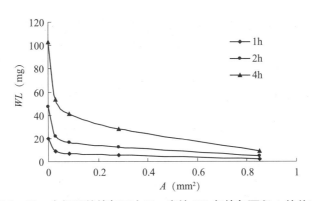

图 3 - 38　在相同的掺气压力下，空蚀 *WL* 与掺气面积 *A* 的关系

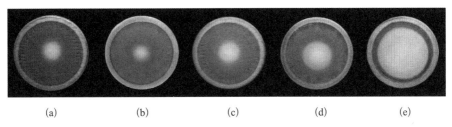

(a)　　　　　　(b)　　　　　　(c)　　　　　　(d)　　　　　　(e)

图 3 - 39　不同的掺气面积下的空蚀结果（**4h**）

（a）$A = 0.000 \text{mm}^2$；（b）$A = 0.028 \text{mm}^2$；（c）$A = 0.085 \text{mm}^2$；（d）$A = 0.283 \text{mm}^2$；（e）$A = 0.849 \text{mm}^2$

表 3 - 4　掺气面积为 0.085mm² 下的空蚀结果　　　　（单位：mg）

方案	掺气方式（mm²）	T(h)										
		0.0	0.25	0.5	0.75	1.0	1.5	2.0	2.5	3.0	3.5	4.0
1	0.085×1	0.0	0.7	1.8	4.1	6.6	11.3	16.6	22.0	27.5	34.2	40.9
2	0.028×3	0.0	0.6	1.6	3.6	5.6	9.4	13.4	18.3	23.0	28.8	34.2
$(WL_1-WL_3)/WL_1×100\%$		0	14	11	12	15	17	19	17	16	16	16

表 3 - 5　掺气面积为 0.283mm² 下的空蚀结果　　　　（单位：mg）

方案	掺气方式（mm²）	T(h)										
		0.0	0.25	0.5	0.75	1.0	1.5	2.0	2.5	3.0	3.5	4.0
1	0.283×1	0.0	0.6	1.4	3.4	5.2	8.8	12.3	15.8	19.4	23.6	28.1
2	0.053+0.085+0.145	0.0	0.5	1.2	2.5	4.1	7.6	10.8	14.1	17.1	20.3	24.0
$(WL_1-WL_3)/WL_1×100\%$		0	17	14	26	21	14	12	11	12	14	15

表 3 - 6　掺气面积为 0.849mm² 下的空蚀结果　　　　（单位：mg）

方案	掺气方式（mm²）	T(h)										
		0.0	0.25	0.5	0.75	1.0	1.5	2.0	2.5	3.0	3.5	4.0
1	0.849×1	0.0	0.3	0.8	1.8	2.4	3.6	4.5	5.6	6.6	7.7	8.8
2	0.283×3	0.0	0.2	0.7	1.3	1.9	2.8	3.7	4.8	5.9	6.9	7.9
$(WL_1-WL_3)/WL_1×100\%$		0	33	13	28	21	22	18	14	11	10	10

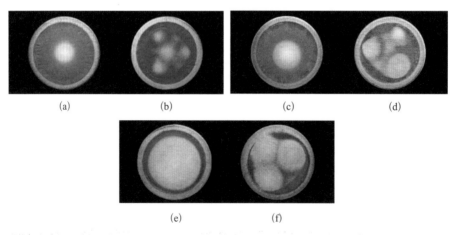

图 3 - 40　不同的掺气方式下的空蚀结果（4h）

（a）$A=0.085×1mm^2$；（b）$A=0.028×3mm^2$；（c）$A=0.283×1mm^2$；（d）$A=0.053+0.085+0.145mm^2$；
（e）$A=0.849×1mm^2$；（f）$A=0.283×3mm^2$

3.6　突扩跌坎掺气设施体型布置和设计方法研究

高坝泄水孔出口一般采用弧形门挡水，弧形闸门具有启闭力小，启闭过程中水流顺畅、不易产生流激振动等优点。但由于弧形闸门顶止水与侧止水一般不在同一曲面，在两者连接处难以严密止水，且角隅处应力集中，止水容易撕裂，从而形成缝隙高速射流，导致空化、空蚀及声振等问题。20 世纪 50 年代开始，偏心铰弧门和伸缩式水封方案开始在国内外一些工程中得到应用。两者都要求门座侧向突扩、底部突跌。此突扩跌坎体型被证明是一种既解决闸门止水问题，又考虑高速水流条件下掺气减蚀的有效方法。但突扩跌坎体型也使得流态复杂，水流冲击侧墙产生水翅可能封堵泄洪洞顶，并且部分工程在运用突扩跌坎体型中发生了空蚀破坏现象。因此结合水布压水电站泄洪洞和亭子口泄洪底孔对突扩突跌掺气设施的体型布置进行了系统研究，揭示影响突扩区水流特性的主要因素及其体型优化的途径，提出安全可靠的体型布置及设计方法。

3.6.1　突扩跌坎掺气设施的基本布置

有压出口突扩跌坎掺气设施的基本布置如图 3 – 41 所示，国内外突扩跌坎掺气设施工程应用布置实例见表 3 – 7。影响有压出口突扩跌坎掺气设施布置的主要因素包括有压出口顶压坡 i、出口尺寸（宽×高，即 $B×h$）、突扩跌坎高度 d、侧向突扩宽度 b、侧扩弧面水平长度 l、通气管尺寸及布置、明流泄槽底坡 i_1、弧门支铰位置，以及可能设置的小挑坎高度和侧向折流器等。

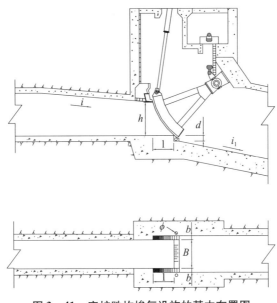

图 3 – 41　突扩跌坎掺气设施的基本布置图

3.6.2　体型参数的设计原则

1）有压出口顶压坡 i：主要影响是使得有压出口水流侧向扩散加剧，扩散角较大，向上激起水翅较大，同时侧墙冲击压力也较大，而其后的清水区压力较低。所以，对于突扩跌坎掺气设施，顶压坡宜取较缓坡度，也就是 i 取较小值为好。但压坡是控制有压段压力特性的措施，压坡较缓，有压段压力特性相对会变差。因此，有压段顶压坡应根据保证有压段压力特性良好和突扩跌坎掺气设施水流流态良好，综合选取。三峡工程泄洪深孔的试验研究成果表明，仅考虑有压段压力特性，顶压坡取 1:4 较好，而综合考虑

表3-7 国内外突扩跌坎掺气设施布置工程应用实例

工程名称	孔口尺寸（宽×高）(m)	有压出口顶压坡 i	突扩宽度 Δb(m)	跌坎高度 d(m)	挑坎高度 Δ(m)	Δb/b	d/h	泄槽底坡 i₁	折流器宽度 (m)	通气孔直径 (cm)	备注
龙羊峡底孔	5×7	1:25~1:6	0.6	2.0	0	0.12	0.29	20%接3%	无	2φ60	破坏过
龙羊峡深孔	5×7	—	0.6	2.0	0	0.12	0.29	10%接3%	无	2φ60	已建
东江放水孔	6.4×7.5	—	0.4	0.8	0.09	0.06	0.11	1:5	0~0.5	2φ80	已建
宝珠寺底孔	4×8	—	0.4	10.0	0.1	0.10	0.13	1:16.6	无	2φ80	已建
小浪底泄洪洞	4.8×5.4	1:10~1:5	0.5	1.5	0	0.10	0.28	1:13	无	2φ90	已建
天生桥放空洞	6.4×7.5	—	0.4	1.2	0	0.06	0.16	1:10	0~0.5	2φ90	已建
漫湾冲沙底孔	3.5×3.5	—	0.6	1.0	0	0.17	0.29	—	无	—	已建
水布垭泄洪放空洞	6×7	1:12	0.6	1.2	0	0.10	0.17	0.2~0.055	无	2φ100	已建
苏联克拉斯诺雅尔斯克	5×5	—	0.5	7.0	0	0.10	1.40	0	无	—	破坏过
苏联努列克	5×6	—	0.5	0.6	0	0.10	0.10	3%	无	—	已建
巴基斯坦塔贝拉	4.9×7.3	—	0.31	0.38	0	0.06	0.05	1:8	无	—	破坏过
美国德沃歇克	2.7×3.8	—	0.48	0.15	0	0.18	0.04	抛物线	无	—	破坏过

突扩处水流和压力特性，有压出口顶压坡取 1:5 较好；在有压段侧向收缩的条件下，顶压坡 1:5~1:20。

出口尺寸（宽×高，即 $B×h$）：出口尺寸主要根据对泄水建筑物泄流量要求和闸门设计要求确定。

2）突扩跌坎高度 d：设置跌坎主要是为了形成底空腔，同时满足通气孔设置和闸门止水需要。跌坎高度可按照常规的跌坎掺气设施选择，并考虑弧门安设止水要求来确定。根据表 3-7 所列已建突扩跌坎掺气设施的工程，在出口尺寸相对较大时，跌坎高度多为 $0.60~2.0m$，即 $d/h=0.1~0.3$。

3）侧向突扩宽度 b：一方面要满足弧门座布置止水的要求，另一方面要满足形成侧向空腔的要求。考虑到向上激起的水翅和侧墙压力特性等，侧扩尺寸一般不宜过大。国内外这类孔口运行较好的突扩尺寸多为 $0.4~1.0m$，即大多数都在 $b/B=0.10~0.16$ 的范围内。在孔口尺寸较小时，b/B 应选较大值；反之，选较小值。

4）侧扩弧面水平长度 l：主要由闸门布置和有压出口尺寸确定。从水力特性分析，需要形成足够大的侧空腔，并且还需要保证侧射跌落水体在弧面以外，因此其长度越短越好。

5）通气管尺寸及布置：在形成完整、稳定和贯通的侧空腔和底空腔条件下，除了通气管向底空腔通气外，侧空腔也作为一个通道向底空腔通气。通气管尺寸可根据常规的跌坎掺气设施选择。通气管布置可选择为跌坎后两侧墙上，直接向底空腔通气。但为了防止跌落水流形成的水帘封堵边墙两侧通气口，可以采用由跌坎正向向底部通气布置方式，水布垭水电站泄洪放空洞突扩跌坎掺气设施通气管的布置即采用此种型式。

6）明流泄槽底坡 i_1：明流泄槽底坡包括跌坎后水舌处底板底坡及其下游的泄槽底坡。水舌处底板底坡需要满足形成完整、稳定的底空腔的要求，其坡度一般不宜缓于 1:5。在跌坎高度相同时，坎下泄槽坡度越大，底空腔也越大，底部旋辊上溯的范围越小，因此应尽量采用较大的底坡。如果明流泄槽的设计底坡不能满足上述形成完整、稳定底空腔的要求，可采用两个不同坡度的组合布置型式，一般在 1.5 倍最长底空腔的长度范围内采用较大的底坡，后转换较小的设计明流泄槽底坡。

7）弧门支铰位置：为防止水流影响弧门支铰和封闭洞室，应合理设置支铰位置以及盖板高度，避免水翅撞击弧门支铰牛腿及其闸门室后接的盖板或泄洪洞顶。如布置原因难以避免上述现象，可设置导流板挡住水翅。

8）小挑坎高度 Δ：设置在跌坎处，主要为了保证形成完整稳定的底空腔。从现有工程实例来看，突扩突跌通气设施采用的挑坎尺寸都较小，一般采用 $10cm$ 左右的小挑坎，挑角 $\theta=5°~7°$。

9）侧向折流器：主要为了形成完整稳定的侧空腔，同时可避免跌落水体落在突扩弧面上和封堵跌坎下侧墙布置的通气孔出口。侧向折流器宜布置为从上至下逐渐增大，从已有工程实践来看，一般为 $0~0.5m$。侧向折流器的布置应通过水工模型试验优化确定。

3.6.3　突扩突跌掺气设施水力特性

突扩跌坎式掺气布置的基本流态如图 3-42 所示，水流出有压段后，沿突扩弧面侧向扩散，扩散水流撞击侧墙，向上激起形成水翅，向下跌落形成水帘；突扩后水流两边形成侧空腔，跌坎挑射水流与底板间形成底空腔。

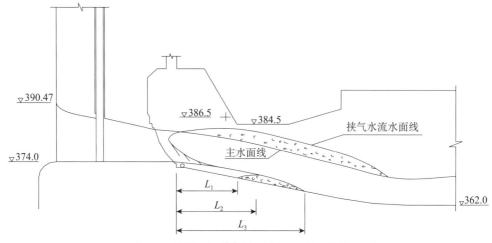

图 3-42　突扩突跌掺气坎后水流流态（单位：m）

形成完整、稳定且贯通的侧空腔和底空腔，是保证突扩跌坎掺气设施成功运行的关键之一。有压出口侧射水流撞击侧墙后，向下跌落的水流易落在突扩弧面上，并有可能封堵侧空腔，可能形成空化源，并导致底空腔通气不足。因此，必须保证跌落水体不会落在突扩弧面范围之内。

侧扩水流撞击侧墙后，并不能使其后贴近侧墙的水流掺气，观测表明贴近侧墙的水流基本呈清水状。此区域难以得到掺气保护。

多个工程的模型试验成果表明，在形成完整、稳定和贯通的侧、底空腔条件下，侧空腔和底空腔内压力和一般空腔内压力值相同，压力为负压，压力值一般大于 -10kPa。明流泄槽底板的压力特性，在水舌冲击区域及其下游的分布也与一般跌坎掺气设施的压力分布相同。而侧墙压力分布，侧射水流冲击区域压力较高，其后压力显著减低至零压附近。对于压力较低的侧墙区域，由于不能得到掺气的有效保护，是水力特性较差的区域。工程实际中，在此区域有的采用钢板衬砌保护，也有的采用抗蚀耐磨材料保护，并严格控制该掺气盲区的施工不平整度。

3.6.4　工程应用实例

水布垭放空洞采用有压洞接无压洞的布置型式，由引水渠、有压洞（含喇叭口）、事故检修闸门井、工作闸门室、无压洞、交通洞、通气洞以及出口段（含挑流鼻坎）等组成。放空洞弧形工作闸门孔口尺寸为 6m×7m，事故检修闸门孔口尺寸为 5m×11m，设计挡水水头 152.2m，闸门最大操作水头 110m，最大操作水头条件下的泄流量为 1605m³/s，此时弧形门孔口的水流流速超过 38m/s。

鉴于水布垭放空洞工作弧门的最大操作水头达 110m，如仍采用常规弧门止水方式布置，则由于弧形闸门的顶止水与侧止水不在同一弧面上，使止水难以实现严密止水的要求，且角隅处止水应力集中，易撕裂漏水，甚至产生高速缝隙射流，出现空蚀破坏及振动和噪声等。为此，在水布垭放空洞工作弧门止水设计上，结合掺气设施布置采用了在突扩跌坎门座上布置止水的型式，如图 3 – 43 所示。具体尺寸选择如下：孔口 $b \times h =$ 6.0m×7.0m；突扩宽度 $\Delta b = 0.6$m；跌坎高度 $d = 1.2$m；挑坎高度 $\Delta = 0$；$\Delta b / b = 0.10$，$d / h = 0.17$；坎后泄槽底坡为 $i_1 = 0.20$ 接 $i_2 = 0.055$，其中 i_1 段水平长度为 49.09m，i_2 段水平长度为 512.61m；有压出口段孔顶压坡为 1:12.0，底板为平底；向跌坎底部补气的两侧通气管管径为 1.0m；弧形闸门半径 $R = 14.0$m。

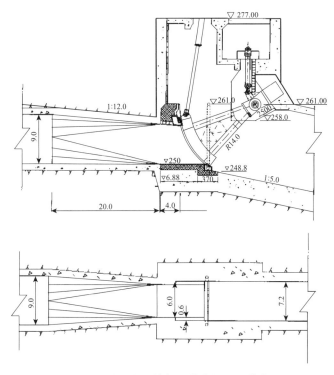

图 3 – 43　突扩跌坎及掺气设施布置图（单位：m）

（1）模型试验结果

针对水布垭放空洞运行水头高、运用水头变幅大、明流洞段长以及明流段流速近 40m/s 等特点开展放空洞工作闸门区 1:25 大比尺水工模型试验，观测分析突扩突跌段在各种运行工况下的水力学特性。主要包括：闸室区水流流态，水流掺气现象，水流冲击区时均压力与脉动压力；跌坎底空腔与突扩侧空腔的形成及封堵现象，空腔形态及特征参数；通气总管及闸门两侧通气支管风速、通气量等，论证通气系统布置的合理性；底空腔下游底部沿程掺气浓度及侧壁掺气浓度分布规律；闸门启闭过程中闸室水流流态变化特征等。研究突扩跌坎体型参数的合理性，分析明流洞掺气设施保护的可靠性。

开展放空洞工作闸门区 1:40 减压模型试验，观测并分析不同运行工况下突扩跌坎空化敏感部位的空化噪声，结合水流流态，压力分布特性及掺气浓度分布等，分析判断在各种运行工况下突扩跌坎体型产生空蚀破坏的可能性，必要时进行修改与优化。

通过模型试验研究，推荐适宜于水布垭放空洞 0～110m 大变幅运行水头条件下突扩跌坎体型参数最优组合布置型式，确保各种运行工况下突扩跌坎段及其下游泄槽均能免于空蚀破坏。

1）水流流态。由于弧门孔口突扩突跌，高速水流脱离边壁向两侧扩散冲击侧壁，向上形成水翅，向下产生水帘，各工况流态特征值见表3-8。

表3-8 各试验工况下流态特征值

闸门开度 (m)	库水位 (m)	流量 (m³/s)	孔口平均流速 (m/s)	底孔腔长 L_b(m)	侧孔腔长 L_b(m)
7.00	360	1601	38.1	44	12
7.00	330	1344	32.0	35	11
7.00	300	1030	24.5	20	10
7.00	285	829	19.7	8	8
7.00	270	564	13.4	—	—
5.25	360	1052	33.4	27	—
5.25	330	888	28.2	22	—
5.25	300	713	22.6	17	—
5.25	270	450	14.3	13	—
3.50	360	700	33.3	33	—
3.50	330	585	27.9	25	—
3.50	300	455	21.7	23	—
3.50	270	323	15.4	18	—
1.75	360	367	35.0	45	—
1.75	330	311	29.6	31	—
1.75	300	245	23.3	26	—
1.75	270	168	16.0	21	—

闸门全开时，在库水位为360m、330m、300m，水翅呈雨点状溅击明流洞渐变段洞顶；各试验工况下，未见水翅击打检修平台（▽285.0m）和门铰（▽261.0m）现象。闸门局部开启时，由于水舌撞击边壁处距跌坎较近，在 e =5.25m、库水位为360m时，有少量水翅溅击门铰；各试验工况下均有少量水翅不同程度呈雨点状溅击明流洞渐变段洞顶现象。

闸门全开工况下，在库水位为300～360m运用时，属于跌坎射流工况。水流经过突扩跌坎下泄时，四周均与边壁脱空，形成射流。射流与两侧突扩的侧壁之间形成侧空腔，跌坎下游射流的下方为底空腔。侧空腔与底空腔形态良好稳定且相互贯通，成为空气通道。射流的底部与两侧由于水流的剧烈紊动发生水气互换，从而对明流洞的底板与边墙起减蚀保护作用。底空腔尾部形成了一定厚度和长度的回水区，减小了底空腔的有效长度和高度，对水流底部掺气效果有一些不利影响。在各试验工况下，由于坎下泄槽底坡 i_1 =0.20相对较陡，回水均未到达跌坎处。

试验中还观测了明流洞内的水流流态。各试验工况下，明流洞内含气水流最大水深约为8.8m，洞顶余幅约为26%。闸门全开时，模型水流表面基本呈白色，表面掺气明显。闸门局部开启时，由于水深浅，水流流速较大，边壁紊流边界层发展较快，以致明流洞水流基本呈全断面掺气状态。

2）通气风速与空腔负压。表3-9为各试验工况下换算成原型的通气管风速及通气量，对模型闸门孔口绝对流速小于6m/s的风速风量试验成果均进行了缩尺影响修正。

表 3 － 9　设计方案通气管风速及通气量表

工况		通气总管		左侧通气支管		右侧通气支管	
		V_a (m/s)	Q_a (m³/s)	V_a (m/s)	Q_a (m³/s)	V_a (m/s)	Q_a (m³/s)
$e = 7.0$m	$H_上 = 360$m	75.0	530.0	35.0	27.5	35.0	27.5
	$H_上 = 330$m	50.0	353.0	22.0	17.3	22.0	17.3
	$H_上 = 300$m	26.0	183.7	9.0	7.1	9.0	7.1
	$H_上 = 285$m	10.0	70.7	0.8	0.63	0.8	0.63
	$H_上 = 270$m	4.8	33.9	0.6	0.47	0.6	0.47
$e = 5.25$m	$H_上 = 360$m	40.0	282.6	21.5	16.9	21.0	16.5
	$H_上 = 330$m	26.0	183.7	18.0	14.1	18.0	14.1
	$H_上 = 300$m	18.0	127.2	9.5	7.5	9.5	7.5
$e = 3.5$m	$H_上 = 360$m	47.0	332.1	25.0	19.6	25.0	19.6
	$H_上 = 330$m	31.0	219.0	20.0	15.7	20.0	15.7
	$H_上 = 300$m	21.0	148.4	10.5	8.24	11.0	8.64
$e = 1.75$m	$H_上 = 360$m	50.0	353.3	29.0	22.7	29.0	22.7
	$H_上 = 330$m	38.0	268.5	23.0	18.1	23.0	18.1
	$H_上 = 300$m	24.0	169.6	12.0	9.4	12.0	9.4

试验成果表明，空气由通气总管（ϕ3.0m）输入工作闸室后，一部分经闸室两侧竖直通气支管（ϕ1.0m）向底空腔（即跌坎处）供气，一部分经侧空腔（即突扩处）向底空腔补气，其余部分被高速水流带走（水流表面掺气及水流拖拽）。绝大部分气体的运动方向与水流流向一致。

闸门全开运用时，通气总管平均风速随库水位降低而减小，最大风速为 75m/s，出现在库水位 360m 时。通气支管风速变化规律和总管一致，左右两侧通气管风速基本相等，通气平衡，实测最大风速约为 35m/s。

从表中试验成果还可以看出，在闸门相对开度为 0.75 以下时，同一库水位的通气管风速值和进气量均与闸门开度成反比。

在闸门全开条件下，库水位为 300m 以上有完整稳定的通气底空腔形成，空腔内负压绝对值均小于 8.0kPa，并与库水位成正比，满足通气设施设计规范要求。在闸门局部开启条件下，由于突扩侧空腔被水舌封堵，使得底孔腔内的负压增大，试验观测到的负压绝对值最大达 12.8kPa，发生在高库水位 360m 条件下，略大于设计规范要求；在库水位为 300m 以下时，其底孔腔内的负压绝对值一般为 3～5kPa；因此，如限制水布垭放空洞工作闸门在高库水位局部开启泄流，则向底孔腔补气的旁侧通气支管尺寸可以满足设计规范要求。

鉴于通气管在库水位为 360m 泄洪工况下的风速达到了 75m/s，超过了设计规范的一般规定，应考虑增大通气总管的尺寸。

3）动水压力分布。在突扩跌坎下游的底板和侧壁上，分别布置了若干时均压力测点，各试验工况下的时均压力值分别见表 3 － 10 和表 3 － 11。

表 3 - 10　跌坎下游侧壁时均压力值　　　（单位：9.81kPa）

测点号	距跌坎（m）	高程（m）	$H_库 = 360m$	$H_库 = 300m$	$H_库 = 270m$
1	1.73	253.50	-0.67	-0.64	0.12
2	2.00	253.40	-0.66	0.17	1.54
3	4.00	253.00	-0.67	0.57	1.24
4	6.00	252.60	-0.66	1.35	1.12
5	9.00	252.00	1.97	1.12	1.14
6	11.00	251.60	1.99	0.20	—
7	12.00	251.40	0.32	0.42	—
8	13.00	251.20	1.09	0.74	0.97
9	15.00	250.80	0.25	0.77	0.79
10	18.00	250.00	0.24	1.34	0.39
11	20.00	249.80	-0.79	1.47	0.12
12	22.00	249.40	-0.59	1.49	1.26
13	24.00	249.00	-0.39	1.92	—

表 3 - 11　跌坎下游底板时均压力值　　　（单位：9.81kPa）

测点号	距跌坎（m）	高程（m）	$H_0 = 110m$	$H_0 = 50m$	$H_0 = 20m$
1	2.00	248.40	-0.76	-0.56	2.24
2	10.00	246.80	-0.76	-0.51	6.64
3	15.00	245.80	-0.71	1.44	5.52
4	20.00	244.80	-0.69	9.89	4.79
5	22.00	244.40	-0.71	10.61	4.27
6	26.00	243.60	-0.61	7.74	4.27
7	32.00	242.40	-0.61	6.09	4.49
8	35.00	241.80	-0.64	5.72	4.37
9	40.00	240.80	0.59	5.39	4.24
10	45.00	239.80	4.37	6.07	4.44
11	49.00	238.98	14.46	9.19	5.94
12	56.00	238.09	18.50	8.85	5.63
13	61.00	237.80	9.32	5.24	3.99
14	81.00	236.70	5.42	4.89	3.12
15	106.00	235.33	5.19	4.64	3.59

突扩侧壁时均压力成果表明：随库水位降低，侧扩散水流冲击区上移，水流冲击侧壁后，不同程度地存在逆压力梯度分布，水头越高，逆压力梯度分布越大，在库水位为360m 时，冲击区后最大逆压力梯度值为 $0.8 \times 9.81kPa/m$，下游侧壁的最大负压绝对值仅为 $0.8 \times 9.81kPa$，侧扩冲击区后压力特性尚好。

在跌坎下游底板中心线上，库水位为360m 时的沿程压力呈单峰状分布，这是由于冲击区与底坡上的反弧段基本重合，冲击区后没有明显的逆压分布现象，此压力特性对抑制空化发展有利；随着库水位降低，水舌冲击区逐步向上游方向移动，底板沿程压力呈双峰状分布，说明水舌冲击范围与反弧段错位，冲击区后不同程度地存在逆压分布现象，但实测逆压梯度均较小。

4）突扩跌坎区的空化特性。利用 1:40 比尺减压模型，对突扩跌坎工作门区局部范围（包括跌坎自身、射流冲击区及底冲击区）进行空化特性试验研究。

减压试验成果表明，跌坎自身体型无任何空化发生，而射流侧冲击区和底冲击区不同程度地反映有空化特征的噪声信息，其成果见表 3-12。

表 3-12　射流冲击区空化噪声谱级差　　　　　（单位：dB）

库水位 （m）	侧冲击区		底冲击区	
	80kHz 以下频率 ΔSPL_{max} 值	80～200kHz 频率 ΔSPL_{max} 值	80kHz 以下频率 ΔSPL_{max} 值	80～200kHz 频率 ΔSPL_{max} 值
360	9	10	6	9
330	8	9	6	8
300	7	8	7	8
285	4	7	4	5
270	3	5	1	5

由表 3-12 成果可知，对蒸汽型空化而言，射流侧冲击区在库水位为 270m 时空化初生，而底冲击区在库水位为 285m 时空化初生，随着库水位上升，侧、底两冲击区的空化噪声谱级差 ΔSPL 值均增加较缓慢，在库水位为 300～360m 时，空化强度仍仅限于初生阶段（$\Delta SPL_{max} \approx 8 \sim 10dB$）。

射流侧冲击区和底冲击区均有空化发生，从空化噪声谱级分布的频率特征来看，频带较宽，是含气型空化和蒸汽型空化兼而有之，且量级（ΔSPL 值）差别不大，随工作水头增加，强度发展较慢，这些都是剪切空化常见的特征。由压力分布成果分析知，射流冲击区后并未引起明显不良的水力特性，且上述区段是水流强掺气区，发生空化蚀损的可能性较小。

闸门全开运用、库水位降低至 270m 及以下时，跌坎上水流为面流流态，掺气设施的掺气功能基本消失，但减压模型试验成果表明，该工况下突扩跌坎区的蒸汽型空化强度仅处于初生状态，因而无空蚀之忧。

5）水流掺气特性及保护范围。在各试验工况下，分别观测了突扩跌坎下游底板和侧壁水流的掺气浓度，试验成果见表 3-13。

表 3-13　水流掺气浓度表　　　　　（单位:%）

测点			e=7.0m（闸门全开）					e=5.25m			e=3.5m			e=1.75m		
编号	距坎 （m）	高程 （m）	库水位（m）					库水位（m）			库水位（m）			库水位（m）		
			360	330	300	285	270	360	330	300	360	330	300	360	330	300
1	8	247.2	64	62	0.6	0.3	0.1	41	47	35	60	70	60	71	75	85
2	24	244.0	62	58	4.9	1.1	0.2	27	17	4.5	33	24	7.1	44	28	13
3	47	239.4	16	3.1	1.2	0.4	0.2	5.6	2.5	1.0	4.9	2.8	1.2	13	6.8	3.5
4	60	237.9	3.5	0.9	0.6	0.3	0.1	2.3	1.2	0.6	2.5	1.7	0.8	5.4	4.0	1.1
5	80	236.8	1.5	0.6	0.4	0.3	0.1	1.5	0.5	0.3	1.5	1.0	0.4	4.0	2.9	0.9
6	8	253.0	40	35	4.8	3.4	—	24	24	31	—	—	—	—	—	—
7	47	242.0	3.0	2.4	1.2	0.5	0.2	0.5	0.7	—	—	—	—	—	—	—

注：表中"—"表示测点已露出水面，无法测得水中掺气浓度值。

在库水位为300~360m范围、闸门全开条件下，底板射流冲击区的掺气浓度一般均在5%以上，然后沿程衰减；库水位为360m时，在距跌坎80m处测得掺气浓度为1.5%；库水位为300m时，跌坎后80m部位的掺气浓度约为0.4%。在坎后50m长度的侧壁范围内，水流的掺气浓度为40%~1.2%。当闸门在较小开度泄洪时，由于射流水体相对较薄，泄槽水深相对较浅，射流冲击区后的泄槽底板沿程掺气浓度衰减相对较小，可能与紊动水流表面掺气有关。

（2）工程运行状态

水布垭水电站导流洞于2006年10月下闸封堵，2006年10月31日，水库水位上升至高程250m，水库来水经水库调蓄后由放空洞下泄，放空洞于2007年4月21日关闭工作闸门开始蓄水，弧形工作闸门下闸水位为258.66m。

2007年6月19日，水布垭水库超过350m，放空洞开闸泄洪。由于清江流域连降暴雨，库水位上涨很快，6月21日，库水位超过放空洞设计运行水位360m，按设计要求，必须立即关闸停止泄洪，但水布垭库区存在较大规模的滑坡，水位不能上涨过快，根据上级要求，决定放空洞不关闸，继续泄洪。

2007年6月23日，库水位达368.66m，超过放空洞设计运行水位8.66m，放空洞下泄流量为1672m³/s，至28日，库水位下降至359.52m，此次放空洞连续超过水头运行8d。2007年7月2日，库水位下降至350.04m，放空洞关闭工作闸门。此后放空洞在库水位350~360m间断开启泄洪数次，至2007年7月24日放空洞关闭工作闸门，以后放空洞未再泄洪。

放空洞建成后，总计过水时间超过7个月，其中库水位350m以上高水头泄洪26d，超过设计运行水位360m泄洪8d，最高运行水位为368.66m。放空洞泄洪出口流态如图3-44所示。

图3-44 放空洞泄洪出口流态图

在水布垭放空洞处于最高运行水头阶段的观测结果表明，最大风速为80m/s左右；另外，连接闸门启闭机室的交通廊道也成了补气廊道，最大风速约为15m/s。综合两处通气道的进气量，初步估算最大进气量约为500m³/s，即水布垭放空洞明流段在最高运行水位条件下的气水比达到了30%，说明明流段的水流紊动强烈、表面挟气能力强，水流掺气充分。

放空洞建成后，总过水时间超过 7 个月，其中库水位 350m 以上高水头泄洪 26d，超过最高设计运行水位 360m 泄洪 8d，最高运行水位达到 368.66m。放空洞停止泄洪后，对放空洞洞身及挑流鼻坎等进行了全面检查，如图 3-45 所示，放空洞洞身及鼻坎段均无空蚀现象。

(a) 放空洞无压洞段　　　　　　　　　(b) 放空洞突扩突跌

图 3-45　泄洪后检查照片

3.7　溪洛渡 50m/s 级高速水流空化空蚀措施研究

溪洛渡水电站位于四川省雷波县和云南省永善县相接壤的溪洛渡峡谷段，距下游宜宾市河道里程 184km，距三峡水利枢纽、武汉市和上海市的直线距离分别为 770km、1065km 和 1780km，是一座以发电为主，兼有拦沙、防洪和改善下游河道航运条件等综合利用效益的巨型水电站。

该水电站的装机容量为 13 860MW，年发电量为 573.5 亿 kW·h。水库正常蓄水位为 600.00m，死水位为 540.00m，水库总库容为 126.7 亿 m³，调节库容为 64.6 亿 m³，可进行不完全年调节。枢纽主要建筑物由混凝土双曲拱坝、泄洪建筑物和地下引水发电系统组成。混凝土双曲拱坝坝高 285.50m；引水发电系统采用"地下式、库区厂房"布置，在左、右岸分别布置 9 台 770MW 的发电机组，单机引用流量为 423.8m³/s。

溪洛渡水电站泄洪功率大，近 100 000MW，泄洪功率为二滩水电站的 2.5 倍，堪称世界拱坝枢纽之最。电站枢纽位于深山峡谷区，岸坡陡峻、河床狭窄，枯水期河面宽度仅 100 余米，泄洪消能难度大。泄洪建筑物采取"分散泄洪、分区消能"的布置原则，在坝身布设 7 个表孔、8 个深孔，两岸布置 4 条泄洪洞。溪洛渡水电站枢纽平面布置示意图如图 3-46 所示。

溪洛渡水电站泄洪功率、工程规模和技术难度均位居世界前列，具有高水头、高流速、大泄量的特点。一是泄洪水头高，在设计和校核两种工况下上、下游水位差均超过 190m，极端工况下达 205m，由此带来的高速水流问题非常突出。二是超高流速，龙落尾段的最高流速约为 50m/s，远超出国家规范的 40m/s。三是单洞泄洪能力和泄洪洞群总泄量大，单洞泄流量约为 4200m³/s，四条泄洪洞总泄量约为 16 700m³/s，约占整个溪洛渡水

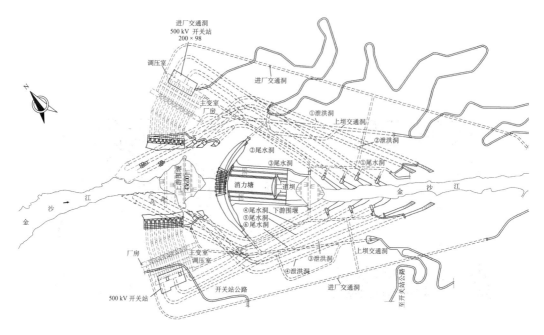

图 3 - 46　溪洛渡水电站枢纽平面布置示意图

电站枢纽总泄量的三分之一。工程建设在泄洪消能方面存在的主要难点和特点如下：

1）大泄量消能问题：溪洛渡泄洪洞泄洪功率近 34 000MW，出口河谷狭窄，能量集中，消能防冲突出，已建工程最大泄洪功率不及溪洛渡泄洪洞一半。

2）掺气结构问题：溪洛渡泄洪洞具有流速高、单宽流量大、洞线长等特点，采取底掺气设施尚无解决 50m/s 级高流速水流防空蚀的成功先例，溪洛渡泄洪洞侧墙部位存在"清水区"，还需解决侧墙防空蚀问题。

通过技术研究，在溪洛渡工程中提出特高水头、超大泄量泄洪洞"洞内龙落尾、全断面立体掺气、出口挑流水下对冲消能"新技术，成功地解决了顺直河道泄洪洞群布置、50m/s 级高速水流空化空蚀和河道消能防冲等难题。

3.7.1　溪洛渡泄洪洞总体布置

溪洛渡工程泄洪洞采用有压接无压、洞内"龙落尾"的布置型式，将 70% 左右的总水头差集中在占全洞长度为 25% 的尾部，无压上平段至"龙落尾"段进口流速为25m/s，至反弧段末端流速近 50m/s，这种布置方式减少了高流速段的范围和掺气减蚀的难度，有利于对高速水流问题进行集中处理。左右两岸 1～4 号泄洪洞均由进口闸室、有压隧洞段、工作闸门室、无压隧洞段、龙落尾段和出口明渠及挑坎段等组成（图 3 - 47）。4 条泄洪洞均利用有压段进行平面转弯，进口置于大坝与厂房进水口之间，出口位于厂房尾水洞出口下游，左右岸基本对称布置。

1）隧洞轴线布置：左岸 1 号、2 号泄洪隧洞轴线平行布置，有压段中心间距为52.27m，无压段中心间距为 49.69m，进口轴线方位角为 NE86.19°，转弯半径为 200m，转弯角度为 62°，出口轴线方位角为 NW31.81°，泄洪隧洞全长分别为 1845.00m、1618.30m。右岸 3 号、4 号泄洪隧洞轴线同样平行布置，有压段中心间距为 51.14m，

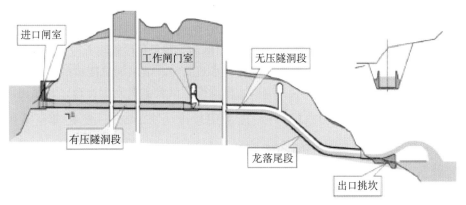

图 3 - 47　泄洪洞纵剖面图

无压段中心间距为 54.30m，进口轴线方位角为 NW9.12°，转弯半径为 200m，转弯角度为 61.98°，出口轴线方位角为 NW71.10°，泄洪隧洞全长分别为 1625.67m、1868.44m。

2）进口闸室布置：溪洛渡坝址区两岸山体雄厚，谷坡陡峻，但在坝轴线上游 250.0～550.0m 范围内，地形在 535.0～640.0m 高程之间，左右岸均存在中等缓坡台地，坡度为 35°～50°，水平宽度为 100～150m。泄洪洞进水塔的布置充分利用了该范围的缓坡台地。进水塔顶高程均为 610.0m，基础建基面高程为 540.0m。基岩由二叠系上统峨眉山玄武岩（$P_2\beta_{12}$）组成，进水塔前缘与河道流向形成一迎水流向夹角，使进口水流顺畅，利于洞内水流流态。采用深水岸塔式进口，顺水流向底长 30.0m，底宽 28.0m，塔高 70.0m。塔体内设事故闸门和通气孔，事故闸门尺寸为 12m×15m（宽×高），底板高程为 545.00m。

3）有压隧洞段布置：泄洪洞有压段位于泄洪洞进口塔和工作闸门室之间，有压段起始断面为 12.0m×15.0m（宽×高）方形洞连接泄洪洞进口，经 25.0m 长的连接段渐变为 $D = 15.0$m 圆形隧洞；渐变段末端为起坡点。由于电站枢纽布置于顺直河道段，泄洪洞在该段作平面转弯，转弯半径为 200m；与工作闸门室连接段为圆变方压坡连接段，连接段长 25.0m，渐变为 14m×12m（宽×高）方形洞紧接工作闸门室。

4）工作闸门室布置：左岸 1 号、2 号泄洪洞工作闸门室集中布置，右岸 3 号、4 号泄洪洞工作闸门室集中布置。工作闸门室紧接有压段，分为上、下两室。上室连通为控制室，洞室净空为 16m×65.29m（顺水流向×横水流向），上室底高程为 578.00m，布置有弧形工作闸门启闭设备、检修平台及 1 台 300kN 的桥机，桥机轨道高程为 594.00m。下室底板高程 540.00m，顺水流向长 36.0m，布置有弧形工作闸门，闸门孔口尺寸 14.0m×12.0m（宽×高），弧形工作闸门的支铰梁固定于闸门室后壁岩体。工作闸门室下室不连通，工作闸门室上室端头设有交通洞与上坝公路连接。

5）工作闸门室通气洞：由于弧形工作闸门工作和明流段水流条件需要，须布置通气洞，通过方案比较及考虑避免坝区泄洪雾化影响，通气洞进气口设在 595.00 高程。左右两岸均采用一条通气主洞分两条支洞进入两条泄洪洞工作闸门室下室的布置方式。通气主洞断面型式采用圆拱直墙式。底部净宽 9.0m，直墙段高 4.5m，顶拱半径 5.3m，圆心角 116.22°，拱高 2.5m。参考类似工程洞内校核工况下风速不超过 30m/s，满足正常工作要求。通气支洞采用 5.0m×7.0m 矩形断面。

6）无压隧洞上平段布置：无压上平段隧洞紧接弧形工作闸门之后至龙落尾起始处，为 14.0m×19.0m（宽×高）城门洞型，纵坡 $i = 0.023$，左岸 1 号、2 号泄洪隧洞无压上平段轴线方位角为 NE31.81°；右岸 3 号、4 号泄洪隧洞无压上平段轴线方位角为 NW71.10°。

7）"龙落尾"段布置："龙落尾"段高速水流集中，泄洪洞总能量的 70% 左右集中在此处，洞内流速也由 25m/s 增至 45m/s。根据模型试验多次分析比选，龙落尾渥奇段抛线方程采用 $Z = \dfrac{X^2}{400} + 0.023X$，斜坡段采用坡度为 22.457°，反弧半径采用 $R = 300.0m$，断面采用 14.0m×19.0m（宽×高）城门洞型。

8）补气洞布置：为避免泄洪洞泄流时洞内产生负压，对泄洪洞过流面产生空蚀破坏，在 1~4 号泄洪洞龙落尾段各设置一条补气洞，对应编号为 1~4 号泄洪洞补气洞。

补气洞水平段近垂直于泄洪洞轴线，位于龙落尾顶部约 50m，通过补气竖井与泄洪洞顶部连通。1~4 号泄洪洞龙落尾段补气洞竖井轴线桩号分别为 1 号泄 1+490.230，2 号泄 1+263.304，3 号泄 1+049.565m，4 号泄 1+303.607m。

泄洪洞补气洞水平段开挖断面尺寸为 7.00m×8.7m（宽×高），为城门洞型；竖井段开挖为 $R = 3.45m$，内径 $R = 3.00m$。

9）掺气设施布置：1 号、2 号泄洪洞各设 3 道掺气坎；3 号、4 号泄洪洞各设 4 道掺气坎，洞内 3 道，出口明渠段 1 道。

10）明渠段布置：根据出口挑坎高程并同时考虑与上游段流态衔接良好，4 条泄洪洞底板纵坡均取为 0.08，明渠断面为矩形，底宽 14m，边墙高度为 17m。

11）泄洪洞出口挑坎布置：根据水力学模型试验成果，综合考虑下游河道消能区地形、地质条件、水舌落点及下游水流归槽等因素，左岸 1 号、2 号泄洪洞的挑坎起挑点高程为 415.00m，右岸 3 号、4 号泄洪洞挑坎起挑点高程为 412.00m。采用扭曲斜切式挑坎，左岸 1 号、2 号挑坎外侧边墙为直线型式，从反弧点起算边墙长度 90m，内侧边墙为圆弧曲线，平面转弯半径 $R_L = 220m$，平面偏转角 15.82°，纵向投影长度 60m。使挑坎内、外侧边墙纵向错距加大到 30m。右岸 3 号、4 号挑坎外侧边墙为圆弧型式，转弯半径 700m，平面偏转角 7.39°，水平投影长度 90m，内侧边墙同 1 号、2 号泄洪洞，内、外侧边墙纵向错距 30m。左、右岸射流入水点均落入河道，偏向本岸，对称运行时在水下发生碰撞，归槽条件良好。经过多种方案比较，挑坎底板线型为椭圆曲线，挑坎外侧末端高程为 435m，出口最大挑角为 35°，挑坎内侧末端高程为 418m，出口挑角为 25°。

3.7.2 "龙落尾"段掺气减蚀措施研究

（1）水流速度

1）有压隧洞段。有压隧洞段在满流状态时，在转弯段前，流速分布全断面都比较均匀，校核洪水位下断面最大平均流速为 23.3m/s，转弯段后泄洪洞外侧流速逐渐增大，但断面流速调整很快，在有压段末，校核洪水位下外侧流速比内侧大 2~4m/s。

2）无压隧洞上平段。无压隧洞工作闸门到渥奇段起点，在校核洪水位工况下，流速在 25m/s 以内。

3）"龙落尾"段。"龙落尾"段高速水流集中，泄洪洞总能量的 70% 左右集中在此处，洞内流速也由 25m/s 增至 45m/s，反弧段水流最大流速接近 50m/s。

（2）水流空化数

工作闸门到渥奇段起点，泄洪洞的水流空化数随库水位的降低而增加，校核洪水位工况下，明流段上平段的水流空化数在 0.66 ~ 0.71 范围内变化，该段不会发生空蚀空化。

在库水位高于 580.00m 时，渥奇段水流空化数大部分已降到 0.3 以下，设计水位时其最小水流空化数为 0.20，校核水位时其最小水流空化数仅为 0.16。

由于洞内龙落尾水流流速由 25m/s 增至 50m/s，水流空化数大部分已降到 0.3 以下，校核水位时其最小水流空化数仅为 0.16，空化空蚀问题极为突出。必须采取掺气减蚀措施，采用多级全断面立体掺气设施，可有效解决空化空蚀难题。根据工程经验，设置掺气坎是较好的掺气减蚀措施。掺气挑坎设计的基本原则：在保证泄洪洞洞顶余幅的前提下，尽可能提高掺气设施的掺气效果（形成稳定、清晰的空腔），同时掺气挑坎应结构简单，易于施工。经大量物理模型试验和数值分析研究取得成果如下：

1）左岸泄洪洞布置三道掺气坎，右岸泄洪洞布置四道掺气坎，每道坎间距 85 ~ 150m 不等，形成多级连续掺气减蚀；左岸前两道、右岸前三道掺气设施采用底坎掺气 + 侧墙掺气的掺气结构，形成全断面立体掺气减蚀。

2）掌握全断面立体掺气结构掺气效果及对水流影响规律；侧坎宽度应适度，过小不易形成侧掺气空腔，过大水流稳定性差；侧坎宜采用上窄下宽或上下等宽，避免上宽下窄；侧掺气底掺气相互影响，需整体考虑。

（3）掺气挑坎的体型

泄洪洞能否顺利掺气，掺气挑坎体型至关重要。鉴于溪洛渡泄洪洞数量较多，左右两岸的长度及水力条件有一定差异，右岸设置四道底部掺气，前三道设置侧掺气；左岸设置三道底部掺气，前二道设侧掺气。表 3 - 14 和表 3 - 15 分别为右岸和左岸泄洪洞掺气体型详细布置参数。

表 3 - 14 右岸泄洪洞底板掺气体型 （单位：m）

掺气坎	体型	跌坎		连续跌坎		梯形挑坎				
		高度	长度	坎高	坡度	长度	起挑始端宽度	起挑末端底宽	起挑末端顶宽	坎高
第一道	跌坎 + 连续挑坎 + 梯形挑坎	1.5	3.0	0.25	1:12	3.0	5.0	12.4	7.0	0.625
第二道	跌坎 + 连续挑坎	1.2	6.0	0.45	1:15	6.0	—	—	—	—
第三道	跌坎 + 连续挑坎 + 梯形挑坎	1.579	6.21	0.62	1:10	6.21	6.5	11.0	7.5	0.92
第四道	跌坎 + 连续挑坎	1.5	2.4	0.3	1:8	—	—	—	—	—

表 3 – 15　　左岸泄洪洞底板掺气体型　　　　　　　（单位：m）

掺气坎	体型	跌坎	连续跌坎		
		高度	长度	坎高	坡度
第一道	挑坎 + 连续挑坎	1.5	7.0	0.7	1:10
第二道	挑坎 + 连续挑坎	1.2	3.5	0.7	1:10
第三道	挑坎 + 连续挑坎	1.579	8.41	1.2	水平

（4）补气方式

通过直接从大气供气和洞顶余幅供气两种方式对掺气设施进行比较，与从洞顶余幅供气相比，直接从大气供气时通风井的风速和通气量都有明显增加，其中第一道掺气设施相对增幅最大达 30.2%，最小增幅达 5.9%，大部分增幅达 15% 以上；第二道掺气设施相对增幅最大达 29.8%，最小增幅达 8.3%，大部分增幅达 15% 以上；第三道掺气设施相对增幅最大达 18.6%，最小增幅达 8.0%。显然，采用通气井直接从大气供气的方式，水流的挟气量明显增大，可以在一定程度上改善水流的掺气效果。另外，原型中泄洪洞内水流流速高达 40m/s 以上，洞内水气没有明显的分界面，余幅气流实际为水气混合体。掺气设施从洞顶余幅供气时，通过通气井供给的并不是纯空气，而是水气混合物，有时水的体积比还可能较大，对水流的掺气效果也会有一定影响。因此，采用直接从大气供气的方式有利于改善水流掺气效果，其弊端是加大工程量，增加工程投资。

因此，与洞顶余幅供气相比，掺气设施采用从大气直接供气的方式可明显增加通气井的风速和通气量，对改善水流掺气效果是有效的。在施工条件许可且不过多增加工程量的情况下，建议掺气设施的供气采用直接从大气直接供气的方式。

溪洛渡工程实际挑流水舌流态及落水点如图 3 – 48 所示。

图 3 – 48　溪洛渡工程实际挑流水舌流态及落水点

第 4 章　泄洪雾化影响预测方法及防护措施研究

4.1　泄洪雾化的水力学影响因素分析

4.1.1　泄洪雾化的水力学影响因素

泄洪雾化的影响因素可归结为水力学因素、地形因素以及气象因素。其中，水力学因素包括上下游水位差、泄洪流量、水舌入水角度、孔口挑坎形式、下游水垫深度、水舌空中流程以及水舌掺气特性等；气象因素主要指坝区自然气候特征，如风力、风向、气温、日照、日平均蒸发量等。

从原型观测结果可以总结出泄洪雾化的如下规律：

1）随流量、落差的增加，降雨强度增加，雾化范围扩大。

2）表中孔对撞引起的泄洪雾化更为严重。

3）雾化降雨有随机性的一面，即使在相同泄水条件下，同一点的降雨强度也会随时间而改变。

4）当冲沟发育，而水舌入水激溅的范围又在冲沟附近时，水雾沿冲沟爬行而上，形成较强的雾化降雨。

5）下游河谷顺直与否也是影响因素之一，若河道存在平面转弯，则在弯道下游可能因气雾飘散而形成局部降雨。

6）当自然风与水舌风同向时，雾化更严重一些。

可见，影响泄洪雾化的因素众多，影响机制也十分复杂，在研究中应当抓住主要影响因素，进行简化处理。

鉴于水力学因素是泄洪雾化的最根本、最重要的影响因素，地形条件与气象因素的影响应是第二位的。因此，可暂不考虑地形条件与气象因素的影响，利用现有的原型观测资料，首先建立泄洪雾化与水力学因素之间的定量关系并用之于泄洪雾化预测，再根据具体工程的地形条件与气象特性对预测结果进行修正。由于地形与气象条件对泄洪雾化的影响均具有不确定性，当原观数据足够多时，根据原型观测资料所建立的定量关系将能够充分反映水力学因素对泄洪雾化的影响程度。

4.1.2 理论分析

泄洪雾化的量化指标包括降雨强度分布与雾化边界。从目前所收集到的原型观测资料看，由于观测难度比较大，泄洪雾化降雨区内降雨强度分布的完整资料比较少见，相对而言，纵向雾化区边界的原型观测数据相对而言更容易得到，因此数据较为完备。

本节通过量纲分析方法研究并建立雾化纵向边界 L 与水力学因素之间的定量关系，并以此为突破点，进一步研究泄洪雾化的影响因素。雾化纵向边界 L 是指雾化降雨区在降雨强度接近于零的位置距水舌入水点（区域）的水平距离。

从雾化形成机理看，泄洪雾化一方面源于水舌在空中的裂散，另一方面源于水舌入水时所产生的一系列物理现象。根据原型观测资料及前文的分析可见，水舌入水时的运动特性为主要的雾化源，故泄洪雾化的主要水力学影响因素可归纳为水舌入水速度、入水角度、泄流量以及下游水垫深度等几个参数。

从原型观测成果以及水舌入水引起激溅反弹的机理分析：上下游水位差与泄流量越大，下游水垫越浅，泄洪雾化就越严重。考虑到在水工设计中，一般都对水垫塘深度进行了优化设计以便将塘底所承受的冲击压力控制在一定范围内，水垫塘的水深一般都比较大，因此水垫深度可不作为影响泄洪雾化的主要因素。

泄洪雾化纵向边界 L 的估算公式可由 Rayleigh 量纲分析方法得到：假定泄洪雾化纵向边界 L 与水舌入水速度 V_c、入水角度 θ 的余弦函数、流量 Q、重力加速度 g，以及水的密度 ρ 有关，并设

$$L = C\rho^{k_1} g^{k_2} Q^{k_3} V_c^{k_4} (\cos\theta)^{k_5} \qquad (4-1)$$

选定 ［M，L，T］ 为 3 个基本尺度，则有

$$[L] = [ML^{-3}]^{k_1} [LT^{-2}]^{k_2} [L^3 T^{-1}]^{k_3} [LT^{-1}]^{k_4}$$

根据尺度和谐，要求

$$k_1 = 0$$
$$-3k_1 + k_2 + 3k_3 + k_4 = 1$$
$$-2k_2 - k_3 - k_4 = 0$$

因此，有

$$k_1 = 0$$
$$k_3 = \frac{1+k_2}{2}$$
$$k_4 = -\frac{1+5k_2}{2}$$

所以，式（4-1）可表达为

$$L = Cg^{k_2} Q^{\frac{1+k_2}{2}} V_c^{-\frac{1+5k_2}{2}} (\cos\theta)^{k_5} = C\left(\frac{Q}{V_c}\right)^{\frac{1}{2}} (Q^{\frac{1}{2}} V_c^{-\frac{5}{2}} g)^{k_2} (\cos\theta)^{k_5} \qquad (4-2)$$

因 $Q^{\frac{1}{2}} V_c^{-\frac{5}{2}} g = \frac{1}{2}\left(\frac{Q}{V_c}\right)^{\frac{1}{2}}\left(\frac{V_c^2}{2g}\right)^{-1}$，式（4-2）可进一步改写为

$$L = C'\left(\frac{V_c^2}{2g}\right)^{\frac{1}{2}(1+k_2)}\left(\frac{Q}{V_c}\right)^{-k_2}(\cos\theta)^{k_5} \qquad (4-3)$$

式中：C'、k_2、k_5 为待定的经验常数。

式（4-3）表明，影响泄洪雾化的主要水力学因素可概括为挑流水舌的入水流速水头、入水面积，以及入水角度。

4.1.3　基于原型观测资料的泄洪雾化纵向边界估算

式（4-2）中，水舌入水距离、入水速度与入水角度，可直接采用原型观测结果，或通过计算获得。

首先确定泄水道出口断面出射流速。设泄洪孔口出口底高程、出射角度、出口宽度、泄流量、孔口流速系数、上游水位、下游水位分别为 H_0，α，B，Q，ϕ，H_1，H_2，则泄水道出口断面水深 h_0 可由式（4-4）试算或迭代求解

$$h_0 = \frac{Q}{\phi B \sqrt{2g(H_1 - H_0 - h_0\cos\alpha)}} \tag{4-4}$$

流速系数 ϕ 可根据式（4-5）计算

$$\phi = \sqrt{1 - 0.21 \frac{s^{3/8}(H_1 - H_0)^{1/4}g^{1/4}k_s^{1/8}}{q^{1/2}}} \tag{4-5}$$

式中：k_s 为水流边壁绝对粗糙度，对混凝土坝面 $k_s = 0.00061\,\mathrm{m}$；$s$ 为泄水建筑物泄水边界流程长度；q 为鼻坎断面单宽流量；g 为重力加速度。

由式（4-4）、式（4-5）求出 h_0 后，即可求出出口流速 u_0

$$u_0 = \frac{Q}{Bh_0} = \phi\sqrt{2g(H_1 - H_0 - h_0\cos\alpha)} \tag{4-6}$$

根据刚体抛射理论可得到忽略空气阻力条件下的水舌挑距 L_b 与入水角度 θ

$$L_b = \frac{u_0\cos\alpha}{g}\left[u_0\sin\alpha + \sqrt{u_0^2\sin^2\alpha + 2g\left(H_0 - H_2 + \frac{h_0}{2}\cos\alpha\right)}\right] \tag{4-7}$$

$$\tan\theta = -\sqrt{\tan^2\alpha + \frac{2g}{u_0^2\cos^2\alpha}\left(H_0 - H_2 + \frac{h_0}{2}\cos\alpha\right)} \tag{4-8}$$

考虑到高坝挑流水舌在空中的运动轨迹较长，在计算入水速度 V_c 时应考虑空气阻力的影响，这里按照式（4-9）计算

$$V_c = \phi_a\sqrt{u_0^2 + 2g\left(H_0 - H_2 + \frac{h_0}{2}\cos\alpha\right)} \tag{4-9}$$

其中 ϕ_a 为空中流速系数，与水舌抛射运动的弧长 S 有关

$$\phi_a = 1 - 0.0021\frac{s}{h_0} \tag{4-10}$$

$$s = \frac{(u_0^2\cos\alpha)^2}{2g}\left[t\sqrt{1 + t^2} + Ln\left|2t + 2\sqrt{1 + t^2}\right|\,\right]\Big|_{t(0)}^{t(l_b)} \tag{4-11}$$

$$t(x) = \frac{gx}{(u_0^2\cos\alpha)^2} - \tan\alpha \tag{4-12}$$

从上述计算公式可见，孔口出射角 α 的大小对水舌入水角度 θ 的影响较大，对于窄缝挑坎或扭曲鼻坎，由于出射角度较难确定，情况要复杂得多，在这种情况下，最好根据原型观测数据或模型试验结果直接确定入水角度与水舌挑距。如无相关资料，则暂按

下述方法确定出射角度：①对扭曲鼻坎，采用溢流出口断面中心线上的坝面出口挑角进行计算；②对窄缝挑坎，设已知收缩比为 β、收缩段长度为 L'、出口断面宽度为 b、出射流速为 u_0、出口断面挑角或俯角为 α，根据水流连续方程不难导出泄流量为 Q 时，水舌外缘出射角度 θ 应满足

$$\theta = \alpha + \arctan\left[\frac{Q(1 - \beta)}{u_0 bL'}\right] \tag{4-13}$$

根据式（4-13）可计算出水舌外缘出射角度。研究认为，水舌外缘纵向拉开的控制角以小于或等于 35° 为宜，因此，在资料不全的情况下，可取水舌外缘出射角度 θ 为 30°。

根据凤滩、白山、东江、二滩、葡萄、东风等工程的泄洪雾化原型观测资料，并由式（4-4）~式（4-13）计算出式（4-2）中各相关变量的数值，见表4-1。

表4-1　泄洪雾化原型观测资料整理表

工程	泄洪工况	上游水位（m）	下游水位（m）	流量 Q（m³/s）	入水流速 V_c（m/s）	入水角 θ（°）	水舌挑距 L_b（m）	雾雨边界 L（m）
白山	3 深孔联合	369.7	292.1	1668	35.8	68.4	54	304
	1 号高孔	416.5	291.6	830	37.6	41.2	143	400
	18 号高孔	412.5	292.1	484	33.7	38.8	114	415
李家峡	右中孔	2145.0	2049.0	100	31.9	61.0	86	224
	右中孔	2145.0	2049.0	300	31.9	61.0	86	394
	右中孔	2145.0	2049.0	466	32.6	60.2	95	405
	左底孔	2145.5	2049.0	400	31.5	36.2	83	297
东江	左滑	282.0	147.1	555	33.9	52.0	124	300
	右左滑	282.0	149.9	767	36.6	59.0	99	240
	右右滑	282.0	150.3	1043	38.8	63.0	102	320
东风	右中孔	968.9	842.5	999	41.9	39.4	120	480
	中中孔	968.0	840.9	522	38.2	42.2	131	369
	左中孔	967.4	840.0	989	42.1	40.5	121	364
	泄洪洞	967.7	844.7	1926	42.4	62.5	112	388
二滩	6 中孔联合	1199.7	1022.9	6856	50.1	51.9	180	728
	7 表孔联合	1199.7	1021.5	6024	49.0	71.1	114	669
	1 号泄洪洞	1199.8	1017.7	3688	44.7	41.5	194	566
	2 号泄洪洞	1199.9	1017.8	3692	43.5	44.9	185	685
鲁布格	左泄洪洞	1124.0	1050.0	1727	28.4	32.2	60	300
	左泄洪洞	1127.7	1050.0	1800	29.1	31.5	63	277
	左溢洪道	1127.5	1050.0	1700	31.2	38.0	75	305
葡萄	溢流堰	92.9	63.4	559	19.3	39.9	39	150

根据表4-1的结果，对式（4-2）进行最小二乘法拟合，得到 $C = 6.041$、$k_2 = -0.7651$、$k_5 = 0.06217$，回归系数为 0.777。因此式（4-14）成立

$$L = 6.041\left(\frac{Q}{V_c}\right)^{\frac{1}{2}}\left(Q^{\frac{1}{2}} V_c^{-\frac{5}{2}} g\right)^{-0.7651}(\cos\theta)^{0.06217} \tag{4-14}$$

因 $Q^{\frac{1}{2}} V_c^{-\frac{5}{2}} g = \frac{1}{2}\left(\frac{Q}{V_c}\right)^{\frac{1}{2}}\left(\frac{V_c^2}{2g}\right)^{-1}$，式（4-12）可进一步改写为

$$L = 10.267 \times \left(\frac{V_c^2}{2g}\right)^{0.7651}\left(\frac{Q}{V_c}\right)^{0.11745}(\cos\theta)^{0.06217} \qquad (4-15)$$

式（4-15）即为基于 Rayleigh 量纲分析方法而建立的可用于估算泄洪雾化纵向边界的经验关系式。该式的适用范围为：$6856\text{m}^3/\text{s} > Q > 100\text{m}^3/\text{s}$，$50.0\text{m}/\text{s} > V_c > 19.3\text{m}/\text{s}$，$71.0 > \theta > 31.5$。

应当指出，式（4-15）是根据目前所掌握的有限的原型观测资料得到的，随着原型观测资料的积累，式中各个常数的具体数值可能会有一定的变化。在式（4-15）中，令

$$\xi = \left(\frac{V_c^2}{2g}\right)^{0.7651}\left(\frac{Q}{V_c}\right)^{0.11745}(\cos\theta)^{0.06217} \qquad (4-16)$$

则有

$$L = 10.267\xi \qquad (4-17)$$

从式（4-16）的物理意义看，参数 ξ 是一个具有长度量刚的物理量，它表征的是当水舌入水激溅产生雾化时，水舌的各项水力学指标，如入水流速水头、入水面积及入水角度对泄洪雾化纵向范围的综合影响。从综合因子 ξ 的构造形式可以看出，入水时的流速水头对泄洪雾化的影响最为显著，入水面积次之，而入水角度的影响则相对较小。

将拟合结果与原型观测资料的对应关系点绘在图4-1、图4-2中。从点线关系看，综合水力因子 ξ 的引入是适当的，基本上能够反映出水力学条件对泄洪雾化纵向范围的影响程度，在实际工程雾化预报中可采用式（4-16）对雾化纵向边界进行估算。

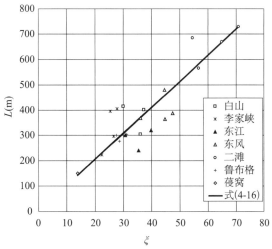

图4-1　拟合关系式（4-17）与原型观测资料的对应关系

4.1.4　水舌碰撞泄洪工况下雾化纵向边界的计算方法

前面主要探讨的是泄洪水舌从出口直接落入下游水位的工况，其主要雾化源为水舌入水引起的激溅作用，雾化范围的大小主要取决于水舌入水时的水流流速、入水角度以及泄流流量的大小。然而，在有水舌碰撞的泄洪工况下，如风滩高低坎联合泄洪、二滩

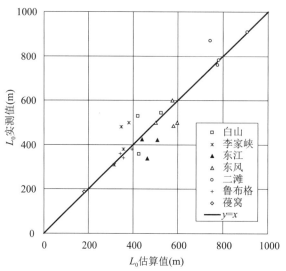

图 4 - 2　根据式（4 - 17）计算的 L_0 值与原型结果的对比

中表孔联合泄洪情况下，引起泄洪雾化的源项除了水舌进入下游水面引起的激溅作用之外，水舌的碰撞也是另一个重要的雾化源。

由凤滩与二滩泄洪雾化的原型观测结果可以看出，在有水舌碰撞的泄洪工况下，其雾化降雨的强度与范围都要增大许多，可见两股水舌的碰撞是不可忽视的雾化源项之一。由于目前相关的原型观测资料较少，尚不足以弄清楚水舌碰撞条件下泄洪雾化的分布规律。为简单起见，假定碰撞工况下泄洪雾化的纵向距离为两个雾化源项对应结果的线形叠加，即有

$$L_0 = L_1 + kL_2 + L_b = 10.267 \times (\xi_1 + k\xi_2) + L_b \qquad (4-18)$$

式中：L_b 为水舌挑距；k 为待求常数；L_1、L_2 分别代表总水舌进入下游水面以及两股水舌碰撞所引起的泄洪雾化纵向边界与各自源点的距离；ξ_1、ξ_2 分别代表两个相应源项的综合影响因子，由式（4 - 16）求得。令 Q_1、V_{c1}、θ_1 分别为总水舌进入下游水垫时总的流量、入水流速、入水角度；Q_2、V_{c2}、θ_2 分别为碰撞点处上层水舌的流量、流速与碰撞角度，则有

$$\xi_1 = \left(\frac{V_{c1}^2}{2g}\right)^{0.7651} \left(\frac{Q_1}{V_{c1}}\right)^{0.11745} (\cos\theta_1)^{0.06217} \qquad (4-19)$$

$$\xi_2 = \left(\frac{V_{c2}^2}{2g}\right)^{0.7651} \left(\frac{Q_2}{V_{c2}}\right)^{0.11745} (\cos\theta_2)^{0.06217} \qquad (4-20)$$

根据二滩水电站中表孔联合泄洪工况下的泄洪雾化原型观测结果，由表 4 - 2 计算出 k 值约等于 1.13，表 4 - 2 中 L 为自中孔入水点计起的泄洪雾化纵向边界距离，根据雾化边界实测值与中孔水舌挑距计算值求得。

表 4 - 2　二滩水电站中表孔联合泄洪工况下泄洪雾化纵向边界估算

联合泄洪工况	ξ_1 (m)	L_1 (m)	ξ_2 (m)	L_2 (m)	L (m)	k
1、2、6、7 表孔 +1、2、5、6 中孔	70.97	729	34.69	356	1132	1.132
2、3、4、5、6 表孔 +3、4、5 中孔	71.89	738	35.69	366	1154	1.135

因而，对中表孔联合泄洪工况，其泄洪雾化的纵向边界可由式（4-21）确定

$$L_0 = 10.267(\xi_1 + 1.13\xi_2) + L_b \qquad (4-21)$$

凤滩高低坎联合泄洪时的雾化降雨原型观测资料也表明，式（4-21）所表达的物理规律是基本正确的。表 4-3 为凤滩水电站泄洪雾化原型观测结果，表中 L_5 表示以 5mm/h 雨强为边界的雾化纵向距离。根据表 4-3 提供的上下游水位、泄流量同样可计算出两个雾化源所产生的雾化边界纵向距离，见表 4-4。

表 4-3　凤滩水电站泄洪雾化原型观测结果　　（单位：m）

闸门开启数	7 低坎	2 低坎	2 高坎 + 2 低坎	2 高坎 + 4 低坎
总泄量	2940	1451	3673	5779
上游水位	199.53	201.61	201.38	203.42
下游水位	119.70	119.29	119.68	119.82
水舌挑距	94.0	105.0	105.0	110.0
水舌挑高	11.0	12.0	12.0	13.0
强暴雨区长度	370.0	350.0	400.0	420.0
强暴雨区宽度	190.0	175.0	220.0	250.0
雾流降雨区长度*	550.0	490.0	750.0	780.0
雾流降雨区宽度	400.0	325.0	420.0	420.0

* 表中的雾流降雨区所指范围以 5mm/h 雨强为边界。

表 4-4　凤滩水电站高低坎联合泄洪工况下泄洪雾化纵向边界估算　　（单位：m）

联合泄洪工况	ξ_1 (m)	L_1 (m)	ξ_2 (m)	L_2 (m)	L_b (m)	$L_1 + L_2 + L_b$ (m)	L_5 (m)
2 高坎 + 2 低坎	39.90	410	25.82	265	95	770	750
2 高坎 + 4 低坎	42.66	438	26.65	274	97	809	780

从计算结果看，尽管缺乏实际的雾化边界纵向距离，但与 5mm/h 雨强的纵向边界相对比，估算的雾化边界纵向距离应当是比较合理的。

4.1.5　泄洪雾化降雨强度的纵向分布规律

从目前收集到的泄洪雾化原型观测资料看，由于受观测手段与现场条件的制约，大多数观测的测量范围比较小，难以表征泄洪雾化降雨量在整个影响区域内的分布情况，仅有李家峡水电站 1997 年与二滩水电站 1999 年的泄洪雾化原型观测资料比较完整。从上述两个工程的雾化降雨量等值线图可以初步了解雾化降雨量沿纵向的分布规律。

根据李家峡水电站与二滩水电站的原型观测泄洪雾化等值线图，沿出流中心线方向可以提取各等值线 $P(\text{mm/h})$ 与其距水舌入水点的距离 $L_p(\text{m})$，两者之间的点据关系如图 4-3 与图 4-4 所示。

由图可见，尽管不同工况下 $P(\text{mm/h})$ 与 $L_p(\text{m})$ 的关系曲线相差不小，但各条线的分布规律仍有相似之处。

水舌入水喷溅的试验研究成果表明，沿出流中心线上降雨强度 P 与纵向距离 l 满足如下关系：

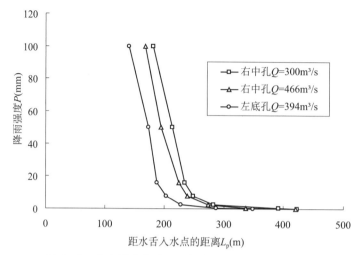

图 4-3　李家峡水电站泄洪雾化降雨强度的纵向分布

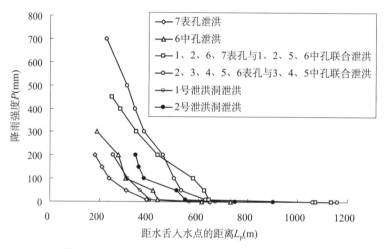

图 4-4　二滩水电站泄洪雾化降雨强度的纵向分布

$$P = cP_\mathrm{m}\left(\frac{x}{L_\mathrm{m}}\right)^a \exp\left(b\,\frac{x}{L_\mathrm{m}}\right) \tag{4-22}$$

式中：P_m 为降雨强度峰值，从量纲分析角度分析，该值主要与入水流速及其入水角度有关；L_m 为雾化降雨的纵向范围，采用式（4-17）与式（4-21）；无量纲系数 c 与 b 的变化主要受入水条件的影响而与流量无关；指数 a 的取值不受溅水出射条件的影响，在不同的鼻坎体型、流量、落差与测试高度等条件下，该系数均为 1。

假定降雨强度峰值 P_m 满足 $P_\mathrm{m} \propto V\cos\theta$，其中，$V$ 为入水流速，θ 为入水角度。因此式（4-23）成立

$$P = CV\cos\theta\left(\frac{x}{L_\mathrm{m}}\right)^a \exp\left(b\,\frac{x}{L_\mathrm{m}}\right) \tag{4-23}$$

式中：$a=1$，C、b 为待定系数。

表 4-5 与表 4-6 分别为李家峡水电站与二滩水电站泄洪条件与降雨强度纵向分布数据。

表 4-5　李家峡水电站泄洪工况与雾化降雨纵向分布数据

	右中孔				左底孔	
泄洪工况	流量：$Q=466m^3/s$		流量：$Q=300m^3/s$		流量：$Q=394m^3/s$	
	入水流速：$V=32.6m/s$		入水流速：$V=31.9m/s$		入水流速：$V=31.5m/s$	
	入水角度：$\theta=60.2°$		入水角度：$\theta=61.0°$		入水角度：$\theta=36.2°$	
	雾化范围：$L_m=405m$		雾化范围：$L_m=394m$		雾化范围：$L_m=297m$	
雨强纵向分布数据	降雨强度	纵向距离	降雨强度	纵向距离	降雨强度	纵向距离
	100.00	181.29	100.00	168.18	100.00	139.99
	50.00	212.82	50.00	194.46	50.00	173.28
	16.00	233.85	16.00	224.25	16.00	187.29
	8.00	247.86	8.00	238.26	8.00	203.06
	2.50	282.90	2.50	273.30	2.50	227.59
	0.50	391.52	0.50	336.37	0.50	287.15
	0.00	423.05	0.00	420.46	0.00	348.47

表 4-6　二滩水电站泄洪工况与雾化降雨纵向分布数据

	7 表孔泄洪		6 中孔泄洪		1、2、6、7 表孔 +1、2、5、6 中孔泄洪	
泄洪工况	流量：$Q=6024m^3/s$		流量：$Q=6856m^3/s$		流量：$Q=7757m^3/s$	
	入水流速：$V=49.0m/s$		入水流速：$V=50.1m/s$		入水流速：$V=50.0m/s$	
	入水角度：$\theta=71.1°$		入水角度：$\theta=51.9°$		入水角度：$\theta=52.0°$	
	雾化范围：$L_m=669m$		雾化范围：$L_m=728m$		雾化范围：$L_m=1132m$	
雨强纵向分布数据	降雨强度	纵向距离	降雨强度	纵向距离	降雨强度	纵向距离
	200.00	181.63	300.00	191.00	450.00	251.00
	150.00	211.59	200.00	278.00	400.00	286.00
	100.00	241.56	100.00	306.00	300.00	349.00
	50.00	308.97	50.00	418.00	200.00	438.00
	10.00	391.37	10.00	437.00	100.00	581.00
	0.50	646.06	0.50	614.00	50.00	624.00
	0.00	650.00	0.00	731.00	10.00	644.00
	—	—	—	—	0.50	1074.00
	—	—	—	—	0.00	1137.00
	2、3、4、5、6 表孔 +3、4、5 中孔泄洪		1 号泄洪洞泄洪		2 号泄洪洞泄洪	
泄洪工况	流量：$Q=7748m^3/s$		流量：$Q=3688m^3/s$		流量：$Q=3692m^3/s$	
	入水流速：$V=50.0m/s$		入水流速：$V=44.7m/s$		入水流速：$V=43.5m/s$	
	入水角度：$\theta=52.0°$		入水角度：$\theta=41.5°$		入水角度：$\theta=44.9°$	
	雾化范围：$L_m=1154m$		雾化范围：$L_m=566m$		雾化范围：$L_m=685m$	
雨强纵向分布数据	降雨强度	纵向距离	降雨强度	纵向距离	降雨强度	纵向距离
	700.00	230.59	200.00	258.10	200.00	347.80
	500.00	313.71	100.00	315.00	150.00	360.60
	400.00	343.93	50.00	366.35	100.00	381.80
	300.00	381.71	10.00	404.56	50.00	514.60
	200.00	457.28	0.50	563.75	10.00	549.00
	100.00	502.61	0.00	671.51	0.50	750.00
	50.00	532.84	—	—	0.00	902.60
	10.00	631.07	—	—	—	—
	0.50	1061.77	—	—	—	—
	0.00	1160.00	—	—	—	—

运用式（4-23）对上述原型观测数据及溅水试验数据进行拟合，结果如图4-5所示。图中，纵坐标为 $P/(V\cos\theta)$，横坐标为 x/L_m，均为无量纲变量，拟合公式的系数为：$a=1$，$C=670$，$b=-9.5$。从现有的雾化实测数据来看，雾化降雨纵向分布可用如下经验公式来表示

$$P = 670 V\cos\theta\left(\frac{x}{L_m}\right)\exp\left(-9.5\frac{x}{L_m}\right) \qquad (4-24)$$

随着雾化纵向分布数据的不断积累，上述系数的取值将趋于合理。

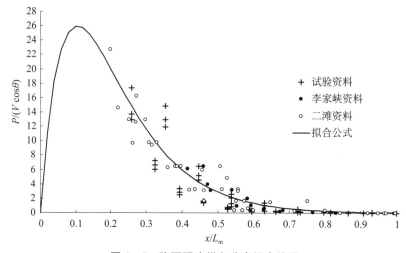

图4-5 降雨强度纵向分布拟合结果

对于实际工程中出现的中表联合泄洪工况，由于水舌发生碰撞，上式中的流速应当采用一个综合考虑空中碰撞与入水的当量流速，具体计算方法如下。

对于碰撞情况下纵向分布范围的计算，可将水舌入水与碰撞分别作为两个雾化源加以考虑，两者对应的综合影响因子分别为 ξ_1 与 ξ_2，则雾化边界距离入水点的距离为 $L_0 = 10.267(\xi_1 + 1.13\xi_2)$。这里，可令

$$\xi = \left(\frac{V^2}{2g}\right)^{0.7651}\left(\frac{Q_1 + Q_2}{V}\right)^{0.11745}(\cos\theta_1)^{0.06217} = \xi_1 + 1.13\xi_2 \qquad (4-25)$$

式中：V 为当量流速；ξ_1 与 ξ_2 的表达式分别为式（4-19）与式（4-20）；其余变量同前。

由此可知，对于联合泄洪工况，可采用当量流速 V 与水舌入水角 θ_1，代入式（4-24）计算泄洪雾雨的纵向分布。

4.2 挑流掺气水舌的数学模型

挑流水舌的掺气与扩散，主要与水舌表面的紊动特性有关，水流脱离固壁后，其自由表面即为紊动边界层，气泡通过紊动能的传递向水舌内部扩散，最终达到全断面掺气。因此，从理论上讲，掺气水舌运动过程的计算，应当采用由表及里的方法，通过水舌内外各层间的水气边界耦合，由水舌外表面开始计算，直至水舌内核。然而，该方法的计算工作量较大，且水舌内部各层之间的相互作用及气泡扩散等问题尚未得到完全解

决，故无法应用。

在工程实践中，人们所关心的往往是水舌外部轮廓及含水浓度分布的计算，以便为溅水雾化及其他数学模型提供入流边界条件，同时水舌表面掺气水团间的黏滞作用大大降低。因此，作为简化，可根据水舌的出口断面形态，直接选取外边界掺气微元进行计算。对每个微元的速度与含水浓度，则采用拉格朗日方法进行模拟。

基于上述思想，通过对水舌表面微元的运动机理进行分析，运用掺混区内的气泡扩散理论，建立反映水舌表面掺气运动特性的数学模型。该模型除了考虑重力、空气阻力、浮力等因素的影响外，还需要考虑水舌表层掺气所引起的体积膨胀。

4.2.1 自由面掺混层内气泡的扩散速度

关于水气两相流的掺气机理有多种不同的理论，如表面波破碎理论——对水气界面的紊动速度和紊动尺度进行研究，并将界面失稳时的时均流速作为临界掺气条件；涡体动力平衡理论——当自由表面部分涡体所受的紊动应力大于表面张力与内外压差时将脱离水体，同时卷入部分空气。本章将以上述理论为出发点，对于水舌自由表面的气泡掺混速度进行研究。

对水流掺混层外边界的单个气泡进 v' 行受力分析可知，水气界面发生掺气的临界条件可表达为

$$F_e \geqslant F_s + F_p \tag{4-26}$$

式中：F_e 为气泡所受的平均紊动应力，$F_e = 0.5\rho_w(\sqrt{v'^2})^2$；$F_s$ 为表面张力，$F_s = 4\sigma/d$；F_p 为气泡所受的压差，$F_p = \dfrac{\partial p}{\partial n}d$。由于相对负压的存在，水气界面的压力梯度为负，对于一般的自由面，该项接近于 0；d 为理论意义上的气泡直径，该值实际为表面涡体的平均尺度，σ 为表面张力，v 为紊动流速。

由此可知，发生掺气所需的最小紊动流速 v_{nc} 为

$$v_{nc} = \sqrt{v'^2} = \sqrt{\frac{8\sigma}{\rho_w d} + \frac{2}{\rho_w}\frac{\partial p}{\partial n}d} \tag{4-27}$$

对于水流实际的平均紊动流速 $\sqrt{v'^2}$，Glazov 与 Falvey 以及罗铭等人，通过水槽试验与原型观测，证明在紊流边界层附近，其值近似等于摩阻流速，即有

$$\sqrt{v'^2} \approx V_* = \sqrt{\frac{\tau}{\rho_w}} \tag{4-28}$$

式中：V_* 为摩阻流速；τ 为边壁剪切力；ρ_w 为水的密度。

Falvey 等人的研究表明，自由表面掺气时，气泡直径的大小与紊动导致的表面凹陷程度有关。对此，Hino 与 Rao 等人通过陡槽掺气试验，得出了紊动尺度的表达式

$$d = \eta\sqrt{\frac{\nu R}{V_*}} \tag{4-29}$$

式中：η 为系数，可取 25；ν 为水的运动黏滞系数；R 为水力半径；V_* 为摩阻流速。

在水舌表面掺混层取一法向微面，则气泡穿过该微面的平均运动速度可表示为

$$v_i = \sqrt{v'^2} - v_{nc} \tag{4-30}$$

式中：$\sqrt{v'^2}$ 为气泡获得的当地平均紊动速度；v_{nc} 为由于表面张力或压差的阻滞作用，而对气泡产生的一个阻滞速度，其值可由式（4－27）得到。

对于水舌表面掺混层，气泡获得的平均紊动速度 $\sqrt{v'^2}$ 仍近似等于水气界面处的摩阻流速，即 $\sqrt{v'^2} \approx V_* = \sqrt{\tau/\rho_w}$，其中 τ 为空气阻力，$\tau = 0.5C_f\rho_a u^2$，ρ_w 为水的密度；气泡所受的阻滞流速 v_{nc} 仍可沿用式（4－27）。另外，掺混层内压力梯度项近似为 0，因此右端第二项略去不计。这样，水舌表面气泡的扩散速度可以表示为

$$v_i = \sqrt{v'^2} - v_{nc} \approx u\sqrt{\frac{0.5C_f\rho_a}{\rho_w}} - \sqrt{\frac{8\sigma}{\rho_w d}} = k_1 u - k_2 u \qquad (4-31)$$

式中，k_1 称为紊动掺气系数，主要与空气摩阻系数有关；k_2 为表面张力阻滞系数，主要与紊动尺度有关；u 为表面时均流速，该值是射流初速 u_0、掺气浓度 C 和空间位置 $[x, y, z]$ 的函数；C_f 为空气摩阻系数，尽管连续水面与空气间的摩擦系数仅为 0.001 ~ 0.0025，但由于水舌表面的紊动与裂散，该值可达 0.01 ~ 0.05，由此可导出紊动掺气系数 k_1 为 0.002 ~ 0.005。

表 4－7 为不同水力条件下，水舌出口断面紊动掺气系数与阻滞系数的计算结果。

表 4－7　水舌出口不同水力条件下紊动掺气系数、阻滞系数与卷吸系数的变化

水力半径 R（m）	出口流速 U（m/s）	紊动掺气系数 k_1	紊动尺度 d（m）	阻滞速度 v_{nc}（m/s）	阻滞系数 k_2	卷吸系数 α
1	20	0.002	0.1256	0.0217	0.0011	0.0009
1	30	0.002	0.1026	0.0241	0.0008	0.0012
1	50	0.002	0.0795	0.0273	0.0005	0.0015
5	20	0.002	0.2809	0.0145	0.0007	0.0013
5	30	0.002	0.2294	0.0161	0.0005	0.0015
5	50	0.002	0.1777	0.0183	0.0004	0.0016
10	50	0.002	0.2512	0.0154	0.0003	0.0017
1	20	0.005	0.0795	0.0273	0.0014	0.0036
1	30	0.005	0.0649	0.0303	0.0010	0.0040
1	50	0.005	0.0502	0.0344	0.0007	0.0043
5	20	0.005	0.1777	0.0183	0.0009	0.0041
5	30	0.005	0.1451	0.0202	0.0007	0.0043
5	50	0.005	0.1124	0.0230	0.0005	0.0045
10	50	0.005	0.1589	0.0193	0.0004	0.0046

当水舌出口的水力半径 R 为 1m，出口速度为 30m/s，紊动掺气系数 k_1 取 0.002 ~ 0.005 时，由式（4－29）求得空中水舌表面紊动尺度 d 为 0.06 ~ 0.10m。由此得到阻滞速度为 0.024 ~ 0.030m/s，相应的阻滞系数 k_2 为 0.0008 ~ 0.001。因此，紊动尺度的大小同出口流速、空气阻力成反比，与水力半径成正比；阻滞系数大小同出口流速、水力半径均成反比，与空气阻力成正比。

将式（4 - 31）中两系数合并，进一步改写为

$$v_i = (k_1 - k_2)u = \alpha u \tag{4-32}$$

式中：α 为卷吸系数，根据表 4 - 7 可知，其取值范围一般为 0.001 ~ 0.005，卷吸系数与出口流速、水力半径、空气阻力系数均成正比。

式（4 - 32）的表达形式可用于反映水舌表面掺气速度的沿程变化。

4.2.2　掺气水舌运动的微分方程

通过理论分析，可以建立恒定水舌表层微元的厚度、外湿周、含水浓度以及运动速度等，沿流线方向变化的微分方程，该方程组可描述水舌表面局部掺气到充分掺气、裂散的全过程。

（1）水量守恒方程

在水舌表面，沿流线方向任取一微元 e，则进出微元的水量满足下面的守恒方程

$$\frac{\mathrm{d}}{\mathrm{d}s}(\rho_w u \beta A) = 0 \tag{4-33}$$

式中：s 为沿流线方向的自然坐标；ρ_w 为水的密度；u 为微元的时均流速；β 为断面体积含水浓度；A 为微元的横断面面积，$A = \chi h$，χ 为微元外湿周，h 为厚度。

由于 ρ_w 为常数，故有

$$\frac{\mathrm{d}}{\mathrm{d}s}(u \beta A) = 0 \tag{4-34}$$

由式（4 - 34）可知，沿流线方向，任一断面上均有 $u\beta A \equiv u_0 \beta_0 A_0$，其中，$\beta_0$、$u_0$、$A_0$ 分别为微元初始位置的值。

（2）水气连续方程

水舌表面掺混层中，单位时间单位面积上从外表面进入微元 e 的气泡质量为 $m_1 = \rho_a C_1 v_1$，ρ_a 为空气密度，C_1 为微元外边界上的含气浓度，可以认为 $C_1 \approx 1$，v_1 为外边界处气泡的扩散速度，可由式（4 - 32）表示；自内边界上流出的气体质量为 $m_2 = \rho_a C_2 v_2$，C_2 与 v_2 分别为微元内边界处的含气浓度和运动速度，$C_2 < C_1$。

假定微元上下表面的气泡扩散速度基本相等，即有 $v_1 \approx v_2 \approx v_c$，$v_c$ 称为微元的平均卷吸速度，则单位时间、单位面积上，微元内的气体增量为

$$m = m_1 - m_2 = \rho_a v_c (1 - C_2) \approx \alpha \rho_a u \beta \tag{4-35}$$

式中：α 为微元的平均卷吸系数；β 为微元的体积含水浓度。

根据质量守恒定理，单位时间内，沿流线方向进出微元的水气总质量的变化量等于自侧向边界进出微元的气体增量。因此有 $\mathrm{d}(\rho u A) = m \chi \mathrm{d}s$，$\chi$ 为微元外湿周。将式（4 - 35）代入，得到

$$\mathrm{d}(\rho u A) = \alpha \beta \rho_a \chi u \mathrm{d}s \tag{4-36}$$

其中 $\rho = \beta \rho_w + (1 - \beta)\rho_a$，将式（4 - 36）展开，并利用式（4 - 34），最后化简得到

$$\frac{\mathrm{d}\beta}{\mathrm{d}s} = \frac{-\alpha \beta^3 u \chi}{\beta_0 u_0 A_0} \tag{4-37}$$

式（4 - 37）即为表面微元含水浓度变化的微分方程。

（3）x 方向动量方程

设 x 为运动水舌自然坐标 s 在水平面上的投影，则该方向上的速度可表示为 $u_x = u\cos\theta$，其中 θ 为微元运动方向与平面的夹角。水舌表层微元所受的空气阻力在 x 方向上的分量可表示为，$F_x = -\dfrac{1}{2}C_f\rho_a u u_x$，重力分量为 0。由此可建立 x 方向的动量方程

$$\int_s \frac{\mathrm{d}}{\mathrm{d}t}(\rho u_x A)\mathrm{d}s = \int_s \chi F_x \mathrm{d}s \tag{4-38}$$

式中：ρ 为微元密度，$\rho = \beta\rho_w + (1-\beta)\rho_a$；$A$ 为微元横断面面积；χ 为微元外湿周；s 为微元长度；F_x 为表面力在 x 方向上的分量，即空气阻力分量。

对于恒定水舌的表面微元，在自然坐标下，全导数项 $\dfrac{\mathrm{d}}{\mathrm{d}t}(\rho u_x A) \approx u\dfrac{\mathrm{d}}{\mathrm{d}s}(\rho u_x A)$。其中，$u$ 为沿流线方向的速度，法线方向的流速近似为 0。故式（4-38）可表示为

$$u\frac{\mathrm{d}(\rho u_x A)}{\mathrm{d}s} = -\frac{1}{2}C_f\rho_a \chi u u_x \tag{4-39}$$

将上式展开，并利用式（4-34）和式（4-36），最后化简得到

$$\frac{\mathrm{d}u_x}{\mathrm{d}s} = -\frac{(2\alpha\beta + C_f)\rho_a \chi u_x}{2\rho A} \tag{4-40}$$

（4）y 方向动量方程

设 y 为运动水舌自然坐标 s 的垂向投影，并且以向上为正，则该方向上流速为 $u_y = u\sin\theta$；水舌微元所受空气阻力的垂向分量为 $F_y = -\dfrac{1}{2}C_f\rho_a u u_y$；重力和浮力分力为 $(\rho_a - \rho)gA$。同样可建立 y 方向的动量方程

$$u\frac{\mathrm{d}(\rho u_y A)}{\mathrm{d}s} = (\rho_a - \rho)gA - \frac{1}{2}C_f\rho_a \chi u u_y \tag{4-41}$$

将式（4-41）展开，并代入式（4-34）和式（4-36），最后化简得到

$$\frac{\mathrm{d}u_y}{\mathrm{d}s} = \frac{2(\rho_a - \rho)gA - (2\alpha\beta + C_f)\rho_a u \chi u_y}{2\rho u A} \tag{4-42}$$

对于任一微元，恒有 $u = \sqrt{u_x^2 + u_y^2}$ 成立。

（5）三维空间坐标变化的求解方法

上述方程中，未知变量均为自然坐标 s 的函数，同时以水舌纵向为 x 正向、垂线向上为 y 正向，定义两个速度分量。上述坐标与笛卡儿坐标系的关系如图 4-6 所示。φ 为水舌出射的平面偏转角，计算中假定水舌运动中平面偏转角 φ 保持不变。θ 为水舌挑角，逆时针为正。因此，对于任意位置 (X_0, Y_0, Z_0) 处的微元，已知其 u_x、u_y、$\mathrm{d}s$、θ 和 φ，则其在下一步长的空间位置 $[X, Y, Z]$ 可以采用下面方法求得

$$\begin{cases} X = X_0 + \mathrm{d}X \\ Y = Y_0 + \mathrm{d}Y, \\ Z = Z_0 + \mathrm{d}Z \end{cases} \begin{cases} \theta = \arctan(u_y \wedge u_x) \\ \mathrm{d}X = \cos\theta\cos\varphi \mathrm{d}s \\ \mathrm{d}Y = \sin\theta \mathrm{d}s \\ \mathrm{d}Z = \cos\theta\sin\varphi \mathrm{d}s \end{cases} \tag{4-43}$$

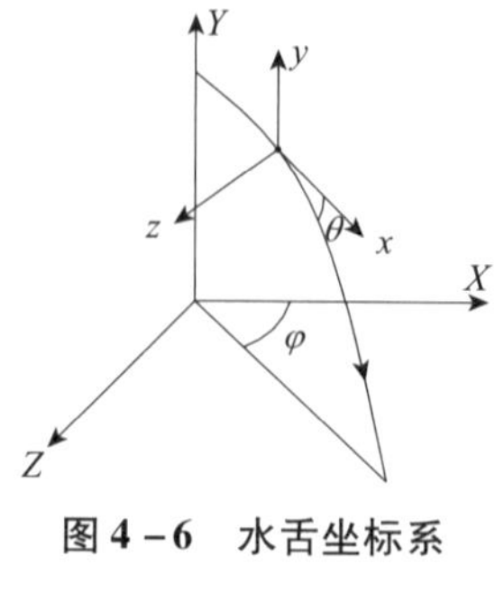

图 4-6　水舌坐标系

4.2.3　水舌断面的沿程掺气与扩散

图 4-7 为水舌表层掺气扩散示意图，由于水舌沿程掺气，水舌表面掺混层产生膨胀，因此，对于边界微元 e，除了自身膨胀外，由于气泡穿过其下边界向水舌内部运动，使其在 ds 距离后产生一个膨胀偏移量 dh。

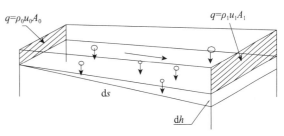

图 4-7　水舌表层掺气扩散示意图

从前面的分析可知，单位时间内通过微元进入水舌内部的气泡体积为 $dV \approx \alpha u(1-\beta)\chi_0 ds$，$\chi_0$ 为微元进口湿周，u 为微元平均流速。

由于微元的外法向偏移量 dh 满足 $dV = u_1\chi_1 dh$，其中，χ_1 为微元出口湿周，u_1 为出口处的流速。因此，式（4-44）成立。

$$dh = \frac{\alpha k_m(1-\beta)uds}{u_1} \qquad (4-44)$$

式中：k_m 为湿周扩展系数，$k_m = \chi_0/\chi_1$；微元平均流速 u 可取 $u = (u_0+u_1)/2$，u_0 与 u_1 为微元前后的断面平均流速。

对于位移量的方向，可根据该微元的流速矢量及相邻微元的位置矢量来确定，如图 4-8 所示。假设 a、b、c 为水舌表面相邻的三个微元，则过微元 b 的水舌表面切向矢量 $\boldsymbol{r}_b$ 可表示为，$\boldsymbol{r}_b \approx \boldsymbol{r}_c - \boldsymbol{r}_a$，其中，$\boldsymbol{r}_a$、$\boldsymbol{r}_c$ 为微元 a、c 的位置矢量。设微元 b 的速度矢量为 $\boldsymbol{u}_b$，则其外法向单位矢量为，$\boldsymbol{n}_b = \boldsymbol{r}_b \times \boldsymbol{u}_b / |\boldsymbol{r}_b \times \boldsymbol{u}_b|$，上述矢量运算满足右手定则。

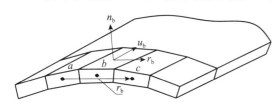

图 4-8　微元外法向示意图

由此可知，微元 b 的掺气扩散空间偏移矢量 $\mathrm{d}\boldsymbol{h}_b$ 可表示为

$$\mathrm{d}\boldsymbol{h}_b = \mathrm{d}h_b \boldsymbol{n}_b \qquad (4-45)$$

式中：$\mathrm{d}h_b$ 为微元 b 的位移长度，通过式（4-44）计算得到，由此可以计算出微元下游断面的新位置。

4.2.4　数学模型的计算步骤

综上所述，求解水舌表面每个微元的位置、速度及含水浓度的沿程变化的具体步骤为：

（1）根据出口体型，确定微元的初始变量值 u_0、β_0、θ_0、h_0、χ_0、φ_0、X_0、Y_0、Z_0，设定自然步长 ds 与计算终止条件（下游水位对应的 Y 值）Y_d；

（2）运用式（4-40）、式（4-42），采用 4 阶 Runge-Kutta 法求解出 u_x、u_y 及 $u = \sqrt{u_x^2 + u_y^2}$；

（3）利用 u 和上一步长的 χ，运用式（4-37）求出新的 β 值（Runge-Kutta 法）；

（4）将 β、u、A_0、u_0 与 β_0 值代入式（4-34），求出 A、χ 值（假定 $\chi = \chi_0\sqrt{A/A_0}$）；

（5）由 $\tan\theta = \dfrac{u_y}{u_x}$，求出 θ，并由式（4-43）求出 ds 步长后的断面中心位置 (X, Y, Z)；

（6）运用式（4-44）、式（4-45），求出水舌表面各点的掺气扩散位移矢量，并对微元的位置进行修正，同时得到新的 φ 值与 θ 值。

（7）判别，若 $|Y - Y_d| < \varepsilon$，则停止计算；否则，返回步骤（2），继续计算。

上述步骤中，每个微元的初始速度 u_0 与含水浓度 β_0 应根据模型试验或实测资料确定，也可采用数值模型计算成果。当含水浓度未知时，可取 $\beta_0 = 1.0$。

4.3 溅水区的随机喷溅数学模型

雾化的强度与规模主要取决于雾源量的大小，其中水舌入水激溅占据主导地位，由此产生的溅水雾化构成了雾化降雨的主体。与一般工农业生产中的喷射雾化不同，泄洪雾化的溅水规模巨大，且水相喷射特性变化复杂，基于欧拉方法的喷射计算模型无法胜任。目前，国内对此主要采用水滴随机喷溅模型求解，该模型将水滴喷溅作为随机喷射条件，采用拉格朗日方法，对于每个水滴在空气中的运动进行计算，然后通过统计方法求得溅水区内下垫面上的降雨强度分布。在水舌入水激溅过程中，其内部水体并不参与喷溅，加之水舌前部的阻挡，使得溅水主要集中于入水前缘，因此在溅水计算模型中对于水舌前缘形态应当有所考虑。另外，水舌喷溅过程、地形及风场等因素对于溅水分布也有明显影响。

4.3.1 随机溅水模型的基本理论

（1）溅水模型的基本原理

随机溅水模型的基本思想：将水滴溅射作为一种随机现象，并以此作为初始条件，求解每个水滴的运动微分方程。然后运用蒙特卡罗方法，对随机抽样得出的计算结果进行统计分析，从而得出空间水量的分布规律。其主要步骤如下：

1）假定水滴的出射角 θ、偏转角 φ、出射速度 u、水滴直径 d 等符合某种概率分布，可生成一组随机样本 $[\theta, \varphi, u, d, \cdots]_n$，其中，$n$ 为样本数，设单位时间内的水滴出射量为 N，则样本数 $n = N/k_p$，k_p 为比例系数。

2）设喷射历时为 T，则 T 时间内有 nT 个水滴出射，若将时段 T 分为 m 个时间步长 $dt = T/m$，则每个时间步长内出射的水滴数为 $n_i = nT/m$。运用水滴运动微分方程，连续计算 m 组 n_i 个水滴的飞行轨迹，直至时段末结束。

3）将溅水空间进行离散，根据每个水滴的位置、速度、直径等特征量，统计 T 时刻末，每个控制体内通过与滞留的水滴数量与体积，从而计算出整个空间的含水浓度与通量的分布。

4）重复上述计算 M 次，得到每个控制体内含水浓度与通量分布的数学期望值，然后乘以比例系数 k_p，即可得到溅水空间内实际含水浓度和雾雨通量的分布。

（2）水滴运动的微分方程

水滴在运动过程中受到重力、浮力和空气阻力的共同作用。由于在溅水区存在水舌

风场与自然风场，水滴所受的空气阻力（或拖曳力）同其与风场间的相对速度有关，因此空气阻力 F 可以表示为

$$F_x = -C_f \rho_a \frac{\pi d^2}{8} |U - U_f| (u - u_f)$$

$$F_y = -C_f \rho_a \frac{\pi d^2}{8} |U - U_f| (v - v_f)$$

$$F_z = -C_f \rho_a \frac{\pi d^2}{8} |U - U_f| (w - w_f)$$

上三式中：u、v、w 为水滴的运动速度，u_f、v_f、w_f 为水滴附近风速；C_f 为阻力系数；$|U - U_f| = \sqrt{(u - u_f)^2 + (v - v_f)^2 + (w - w_f)^2}$，$\rho_a$ 为空气密度。

由牛顿第二定律 $F = ma$，可以建立水滴运动的力学微分方程

$$\frac{dx}{dt} = u$$

$$\frac{dy}{dt} = v$$

$$\frac{dz}{dt} = w$$

$$\frac{du}{dt} = -C_f \frac{3\rho_a}{4d\rho_w} (u - u_f) \sqrt{(u - u_f)^2 + (v - v_f)^2 + (w - w_f)^2}$$

$$\frac{dv}{dt} = -C_f \frac{3\rho_a}{4d\rho_w} (v - v_f) \sqrt{(u - u_f)^2 + (v - v_f)^2 + (w - w_f)^2}$$

$$\frac{dw}{dt} = -C_f \frac{3\rho_a}{4d\rho_w} (w - w_f) \sqrt{(u - u_f)^2 + (v - v_f)^2 + (w - w_f)^2} + \frac{\rho_a - \rho_w}{\rho_w} g$$

$$(4-46)$$

式中：ρ_w 为水的密度，上述方程组可采用 4 阶 Runge-Kutta 法进行数值求解。

（3）水滴随机出射假定

1）水滴直径的概率密度满足伽马函数分布

$$f(d) = \frac{1}{\lambda^\alpha \Gamma(\alpha)} d^{\alpha-1} \exp\left(-\frac{d}{\lambda}\right) \tag{4-47}$$

式中：α 为常数；$\lambda = k_1 \bar{d}$，$\bar{d}$ 为喷射粒径众值。溅水水滴的粒径分布同水舌的裂散形态及入水流速等因素有关，其特征参数还需要根据试验或实测结果进行率定。

2）水滴初始抛射速度。溅水试验观察表明，水滴的出射速度与粒径之间存在一定的相关性。大粒径水滴所需的入射冲量较大，故出射速度较小，溅射范围相对较小；粒径较小的水滴出射速度大，溅射范围广，但随着粒径的减小，飞行过程中所受的空气阻力迅速增大，因此不会出现超高速情况。对此，作者认为，同一粒径 $\bar{d}$ 的水滴，其对应的溅水出射速度 u_m 亦为随机变量，并且其概率密度分布仍然符合伽马函数形式

$$f(u_m) = \frac{1}{\lambda^\beta \Gamma(\beta)} u_m^{\beta-1} \exp\left(-\frac{u_m}{\lambda}\right) \tag{4-48}$$

式中：β 为常数；$\lambda = k_2 \bar{u}$，$\bar{u}$ 为喷射速度众值，k_2 为常数。

对于任意粒径 d 的水滴，其出射速度值 u 需做如下修正：

$$\frac{u}{u_{\mathrm{m}}} = a\exp\left[\,b(\bar{d} - d)\,\right] \tag{4-49}$$

式中：a、b 为经验系数。

3）水滴出射角 θ_0 的概率密度服从伽马函数分布

$$f(\tan\theta) = \frac{1}{\lambda^{\varepsilon}\varGamma(\varepsilon)}(\tan\theta)^{\varepsilon-1}\exp\left(-\frac{\tan\theta}{\lambda}\right) \tag{4-50}$$

式中：系数 ε 为常数；系数 $\lambda = k_3\tan\bar{\theta}$，$\bar{\theta}$ 为出射角众值，k_3 的取值原则是使概率密度函数的峰值同确定性描述中的众值相对应。

4）水滴的偏转角 φ 的概率密度满足正态分布

$$f(\tan\varphi) = \frac{1}{\tan\sigma\sqrt{2\pi}}\exp\left[-\frac{(\tan\varphi - \tan\mu)^2}{2(\tan\sigma)^2}\right] \tag{4-51}$$

式中：μ 与 σ 分别为偏转角众值与均方差。

4.3.2 喷溅众值变量与时均条件

（1）水滴喷射速度众值

1996 年，梁在潮通过在水平方向建立动量方程，并假定碰撞水团与激溅水团之间体积相等，推出了溅水水滴的反弹抛射初速度公式

$$u_{\mathrm{o}} = \frac{1 + e}{2}\frac{\cos\beta}{\cos\gamma}u_{\mathrm{i}} \tag{4-52}$$

式中：u_{i} 与 β 为入射速度与入射角；u_{o} 与 γ 为反射速度与反射角；e 为反映水团与下游水面碰撞非弹性效应的耗散系数。通过物理模型试验，给出 $e = 0.55$，$\gamma = 136 - 2\beta$，后者的适用范围为 $\beta < 60°$，$\gamma > 30°$，若 $\beta > 60°$，则 $\gamma = \beta$。然而，对于垂直入射的溅水速度，未给出处理方法。

刘士和等人认为，水滴与水面的碰撞过程中，除了动量守恒外，能量也应基本守恒，同时忽略表面张力的影响，导出了垂直碰撞与斜碰撞条件下的溅水出射速度公式。

垂直碰撞

$$\frac{u_{\mathrm{s}}}{u_{\mathrm{r}}} = 0.4722 - 1.7883Fr_{\mathrm{p}}^{-2} \quad (4.28 \leqslant Fr_{\mathrm{p}} \leqslant 15.9) \tag{4-53}$$

斜碰撞

$$\frac{u_{\mathrm{s}}}{u_{\mathrm{r}}} = 0.5545 + 343.17Fr_{\mathrm{p}}^{-2} \quad (17.6 \leqslant Fr_{\mathrm{p}} \leqslant 193.6)$$

$$\theta_{\mathrm{s}} = 98.347 - 1.216\theta_{\mathrm{r}} \quad (37.5° \leqslant \theta_{\mathrm{r}} \leqslant 55.9°) \tag{4-54}$$

上两式中：u_{r} 与 θ_{r} 为入射速度与角度；u_{s} 与 θ_{s} 为出射速度与角度；Fr_{p} 碰撞前水滴的佛劳德数，$Fr_{\mathrm{p}} = \dfrac{u_{\mathrm{r}}}{\sqrt{gd_{\mathrm{p}}}}$，$d_{\mathrm{p}}$ 为水滴直径。

刘士和的研究结果表明，水滴的反弹速度取决于入射水滴的速度与直径，同时还给出了垂直入射条件下的反弹速度，因此更具合理性。

刘宣烈等人通过物理模型试验，对于入射角为 15°~60°，入射流速为 37~59m/s 条件下的溅水现象进行模拟。根据溅水区降雨强度的分布，得到了溅水出射速度的众值表

达式

$$u_o = 20 + 0.495u_i - 0.1\alpha - 0.0008\alpha^2$$
$$\beta = 44 + 0.32u_i - 0.07\alpha$$

$$(4-55)$$

式中：u_i、α 为入射速度和入射角的众值；u_o、β 为出射速度和出射角众值。

刘宣烈的研究结果表明，出射速度与入射速度及入射角有关，当入射角较大时，喷溅速度与反弹角度均减小；溅水区的纵向长度与半宽皆随入射速度的增加而增加。由于溅水本身为一随机现象，上述反弹速度与反射角分别对应模型溅水分布的众值，因此该公式具有明确的统计意义。

数值模型试验计算结果表明，对于高速射流（大于 37m/s）的溅水抛射速度，采用刘宣烈的公式计算较为合理；在溅水模型试验中，由于入水一般在 10m/s 量级，对于激溅速度的求解宜采用刘士和的公式，溅水分布形态更具合理性；对于反弹抛射角度，上述公式均表明，反弹角度随着入射角度的增大而减小，上述规律还有待进一步分析与验证。

（2）喷射水滴的直径众值与颗粒流量

一般地，自然降雨的雨滴直径为 0.1~6mm。溅水水滴直径的众值与入水流速、角度、流量以及入水形态有关，一般取 3~6mm。

对于水滴喷射流量，张华等人认为，水舌入水的喷射源主要位于水舌外缘，其喷溅流量可由式（4-56）和式（4-57）表示

$$q = \frac{1}{2}kcu_z dlh$$

$$(4-56)$$

$$N = \frac{6q}{\pi d_m^3}$$

$$(4-57)$$

式（4-56）和式（4-57）中：喷溅系数 $k = \dfrac{2d\delta}{h}$，δ 为边缘溅水区的厚度，根据实测资料，$k = 0.0002~0.03$，一般地可取 0.003；c 为水舌外缘的含水浓度；u_z 为时均喷溅速度，可参考式（4-55）中的溅水出射速度众值的表达式；l 为水舌前缘宽度；h 为水舌厚度；d_m 为水滴平均粒径；N 为单位时间内的水滴喷溅数量。

对于水舌断面任意点的含水浓度 C，则采用吴持恭提出的断面含水浓度的自模性分布假定

$$\frac{c}{c_m} = \exp\left\{ -\pi\left[\left(\frac{2\varepsilon}{h}\right)^2 + \left(\frac{2\eta}{b}\right)^2 \right] \right\}$$
$$c_m = \frac{\bar{c}}{0.494}$$

$$(4-58)$$

式中：c、c_m 与 $\bar{c}$ 分别表示水舌断面任意点的含水浓度、断面最大含水浓度与断面平均含水浓度；ε 与 η 为断面厚度与宽度方向的坐标。

任意断面的平均含水浓度与该断面未掺气水舌的弗劳德数之间存在如下关系

$$\bar{c} = \alpha Fr^{-n} = \alpha \frac{(qg)^{0.5n}}{v^{0.5n}}$$

$$(4-59)$$

式中：q 为水舌单宽流量，$q = vh$，v 为水舌流速，h 为水舌厚度；g 为重力加速度；α 与 n 为经验系数，$n = 5/3$，$\alpha = 3.80Fr_0 - 4.75$；Fr_0 为出射断面的弗劳德数。

因此，若要求解水舌溅水流量，则需要先采用式（4-59）求出入水时的断面平均含水浓度，然后由式（4-58）求出水舌外缘指定位置的含水浓度，再根据式（4-55）求出溅水出射速度的众值，最后运用式（4-56）与式（4-57）得到溅水流量。

在确定溅水流量 q 的前提下，出射水滴的数量 N 可采用式（4-57）求得，但平均粒径 d_m 未知，故暂以众值粒径 $\bar{d}$ 代替。为保证溅水总量的守恒，计算中先以众值颗粒流量 $\bar{n} = \dfrac{6q}{\pi \bar{d}^3}$ 作为初值，根据水滴粒径的伽马分布假定，随机生成 $\bar{n}$ 个水滴；然后统计出射流量 $\bar{q} = \dfrac{1}{6} \displaystyle\sum_i \pi d_i^3$。最后将颗粒流量修正为：$N = q\bar{n} / \bar{q}$。

（3）溅水源区的处理方法

当水舌入水较为集中时，出射源可作为点源，喷溅系数与含水浓度可视为一个常量，上述理论方法较为合理。然而，实际工程中水舌充分扩散，入水外缘形成一个较宽的溅水源区，其入水位置、入水速度与角度、含水浓度等均非常量，采用式（4-55）、式（4-58）与式（4-59）将无法得出溅水出射速度以及含水浓度的准确分布。为此，在本书模型中，根据水舌前缘形态，将溅水出射源作为线源，然后将其划分为多段点源的组合，每段喷射源的厚度（与水舌表面紊动尺度有关）、入水速度、含水浓度、相对位置均可由掺气水舌计算模型求得，然后再由式（4-56）与式（4-57）分别求解各段的溅水流量分布。

4.3.3 溅水模型的数值计算方法

（1）喷射时间的离散

首先，应按照水滴喷射速度的众值与落差，估算水滴自由抛射后在空中的停留时间 t，恒定喷射计算历 T 时一般不应小于该时段的 2 倍。

假设在喷射时间 T 内，总的喷射水滴量为 $N = Tn$，n 为喷射样本数。将计算时间离散为 m 个时间步长 dt，每个步长内的水滴喷射量为 $N_i = N/m$。对于每个时刻喷射出的 N_i 个水滴，运用 4 阶 Runge-Kutta 法求解其运动过程，每个水滴的最大可能飞行历时为 $t_i = T(m-i)/m$，$i = 1 \sim m$。

（2）喷溅空间的离散

为统计喷溅空间内含水浓度与雨通量的分布，须将三维喷溅空间离散为控制体单元，但该方法的计算存储量过大。在工程实际中，更为关注的是下垫面上的降雨强度分布，为此采取如下处理方法：

1）在溅水空间取一个地形曲面（或平面），并离散为单位尺度的网格。每次计算只考虑该曲面上的浓度与降雨强度分布，这样模型计算存储量大大减小。如此，对于不同高程的曲面则需要分别进行计算。

2）程序共进行 M 次喷射计算，每次喷射过程又分为 m 个时间段，在每一个时间段内，计算 N_i 个喷射水滴的飞行轨迹。同时，对每个水滴的位置进行判断，若其在 $n-1$ 时刻位于计算平面以上，而 n 时刻位于该平面以下，则表明水滴已穿过该平面。根据其平面坐标，将其计入相应的平面网格，同时该水滴的飞行将终止。

3）当所有 M 次喷射过程计算完成后，统计每个网格内穿过的总水量，再除以喷溅

历时 T、网格水平投影面积与试验次数 M，即可得到该平面上的时均降雨强度分布。

另外，在计算降雨强度的同时，也可根据时段末水滴在平面上下的位置，统计得到网格形心处的水滴体积浓度分布。

一般地，上述喷射过程的计算次数 M 不应小于 100。

（3）水滴运动过程中风速与地形的影响

已有的物理模型试验与原型观测资料表明，掺气水舌在入水时，对水面附近的空气产生拖曳与挤压作用，在入水点下游形成巨大的水舌风。

清华大学郝文璟等人通过对直径 6mm 水滴的垂直降落试验，研究了空气阻力对水滴运动速度的影响，实测结果见表 4-8。

表 4-8　直径 6mm 雨滴垂直降落末速度实测结果

降落高度（m）	降落时间（s）	降落速度（m/s）	与极限末速度的百分比（%）
3	0.70	6.23	68.4
3.6	0.98	7.69	84.4
6	1.08	8.56	93.9
10	1.77	8.82	96.8
∞	∞	9.11	100

研究表明，水滴在空气中的加速（或减速）时间较为短暂，在距离地面 3m 时，落地时速度即可达到极限值的 70%，在 2s 内即可接近极限速度。由此可以推论，在水舌风的作用下，水滴将改变其飞行轨迹，最终导致降雨强度的分布形态发生改变。

练继建、刘昉等人分别就环境风与地形因素对溅水分布的影响进行了研究。研究中将环境风简化为均匀风场，进行随机喷溅计算。同时，通过改变下游两岸地形高程，调整雨滴的飞行终止条件，使降雨强度的平面投影发生改变。上述方法的前提是风场与地形可采用概化函数来表达。然而，在实际工程中，常常需要求解复杂风场与自然地形下的溅水分布，对此可采用如下计算方法：

1）对于环境风的影响，可近似将其视为均匀风场，在水滴动力学方程中加以考虑；对于水舌风的影响，由于其空间变化较为复杂，水滴在运动过程中所受风阻的大小与方向非常数。为此，需引入一个通用神经网络计算模块，该模块可根据水滴所处的空间位置，实时计算当地风速，并以此求解动力学方程。具体步骤如下：

a）首先通过数值计算或模型试验方法，得到喷溅范围内的三维风速场。

b）运用通用 RBF 神经网络学习模块对风速场进行学习，得到风速场的关系矩阵。

c）溅水模型在每个时间步长内，调用神经网络输出模块及风场关系矩阵，根据水滴的空间位置，计算出当地风速。

d）将该风速值代入水滴运动微分方程，求解该步长内的水滴飞行速度与轨迹。

该神经网络模块的输入矢量为水滴的空间位置 $[X,Y,Z]_N$，输出矢量为对应的风速 $[U,V,W]_N$，N 为每个步长内的喷射水滴数量。

2）对于自然地形的影响，同样通过调用该神经网络计算模块及地形关系矩阵，实时计算水滴平面坐标对应的地面高程，以判别是否结束飞行。网络的输入矢量为水滴的平面位置 $[X,Y]_N$，输出矢量为对应的地面高程 $[Z]_N$。

（4）计算中的数值振荡问题

喷射水滴的粒径为一随机变量，其值无下限。由水滴运动微分方程得知，水滴所受的空气阻力（拖曳）加速度与直径成反比。因此，无论时间步长取多小，当水滴粒径小于某一值时，水滴运动的计算都会发生数值振荡。因此，在采用 Runge-Kutta 法计算过程中，在每个时间步长内，需对水滴在三维方向上所受的阻力加速度进行判断，若其值在任一方向上发生逆转，表明水滴运动速度在该方向上已经与风场达到同步（加速度为0），下一时间步长内，该方向运动分量应按初始加速度为零计算。

4.4 雨雾输运与扩散的数学模型

在雾化溅雨区外围，风速场的影响已不容忽视，甚至开始占据主导作用。雾化研究对象转化为风场作用下的雨雾输移沉降问题。目前，基于气象学理论的大尺度计算模型，在浓度计算上限与分辨率上，无法完全满足水利工程实际的要求，因此，需要开发更为合理的三维雾雨输运的数值计算模型，用于雾化中远区的雾雨分布研究。同时，通过建立雾雨浓度与降雨强度的转换关系，解决该模型与雾化近区数学模型——包括随机溅水模型与人工神经网络预报模型的边界衔接问题。

4.4.1 水雾输运扩散的基本方程及定解条件

在泄洪过程中，雾雨区的含水浓度大大超过了大气运动的挟带能力，形成附加的降雨和雾流扩散。一般地，对泄洪形成的雾雨输运扩散过程可以做如下简化。

1）泄洪形成的雾流主要由液态水组成，可忽略气象条件对雨雾浓度的影响。

2）由于雾化区域相对大气环境来说，范围较小，故暂不考虑温度、密度的时空变化，同时忽略科氏力的影响。

3）采用 Boussinesq 模式对气流、液态水的紊动扩散进行描述。

基于上述简化假定，可得到雾流输运的数学方程。

大气运动方程（包括由泄洪诱发风场和自然风场）

$$\frac{\partial u_i}{\partial t} + u_j \frac{\partial u_i}{\partial x_j} = -\frac{1}{\rho_a}\frac{\partial p}{\partial x_i} + \frac{\partial}{\partial x_j}\left(\nu_t \frac{\partial u_i}{\partial x_j}\right) \tag{4-60}$$

大气连续方程

$$\frac{\partial u_j}{\partial x_j} = 0 \tag{4-61}$$

液态水含水浓度运动方程（水雾对流扩散方程）

$$\frac{\partial C}{\partial t} + u_j \frac{\partial C}{\partial x_j} = \frac{\partial}{\partial x_j}\left(\nu_t \frac{\partial C}{\partial x_j}\right) + \omega \frac{\partial C}{\partial x_3} + kC \tag{4-62}$$

式（4-60）~式（4-62）中：u_j 为大气风速（m/s），$j = 1 \sim 3$；C 为含水浓度（g/m^3）；ν_t 为大气紊动扩散系数，一般取 $0.1 \sim 10\text{m}^2/\text{s}$；$\omega$ 为雨滴沉降速度（m/s），k 为衰减系数（s^{-1}），若需考虑水汽相变对雾区的影响，则该系数不为零，故予以保留。

上述方程采用如下定解条件：

1）流速条件：水舌表面为恒定流速边界，即有 $U_i(x,y,z,t)\big|_n = U_i(x,y,z,0)$，$n$

为水舌表面，i 为水舌表面节点编号。在初始时刻，求解域内流速为 0，即有 $U(x, y, z, 0) = 0$。

2）浓度条件：对雾化源区给定恒定浓度值，故有 $C_i(x, y, z, t)\big|_p = C_i(x, y, z, 0)$，$p$ 为浓度扩散源区，i 为源区节点编号，雾源区范围可由溅水模型等计算得到。在初始时刻，求解域内含水浓度为 0，即有 $C(x, y, z, 0) = 0$。

3）出流边界与固壁边界：求解域的上、下游和顶部边界均为开边界，流动充分发展，流速的径向变化率为 0，即有 $\dfrac{\partial U}{\partial L}\Big|_b = 0$，$L$ 为流速径向矢量，b 为开边界；下垫面则采用滑动边界，即有 $U_n\big|_w = 0$，n 为边界法向矢量，w 为固壁边界；由于降雨入渗，浓度在流出上述边界时均不予限制。

作为简化，计算中将风场与浓度场进行外部耦合。其中，风场可直接采用大型流体力学软件 Fluent 求解；而对于强对流条件下的雾雨输运与沉降，应着重考虑浓度与降雨强度间的实时转换，保证含水浓度的非负性与时间单调性，开发专门的计算模型。

4.4.2　水雾对流扩散方程的数值方法

（1）水雾对流扩散方程的离散

为适应复杂地形与浓度分布，计算采用非结构化网格，同时为避免不同单元间计算通量的偏斜误差，采用有限元方法对水雾扩散方程进行离散。为此，将式（4-62）改写为

$$\frac{\partial C}{\partial t} = F(t, C) = -\left[u\frac{\partial C}{\partial x} + v\frac{\partial C}{\partial y} + (w - \omega)\frac{\partial C}{\partial z} \right] +$$
$$\varepsilon\left[\frac{\partial^2 C}{\partial x^2} + \frac{\partial^2 C}{\partial y^2} + \frac{\partial^2 C}{\partial z^2} \right] - kC \tag{4-63}$$

式中：右端项依次为对流项、扩散项与衰减项。

对于整个计算域 Ω，有

$$\int_\Omega \boldsymbol{\Phi}^{\mathrm{T}} \frac{\partial C}{\partial t} \mathrm{d}V = \int_\Omega \boldsymbol{\Phi}^{\mathrm{T}} F(t, C)\mathrm{d}V \tag{4-64}$$

式中：$\boldsymbol{\Phi}$ 为权函数。

将式（4-64）展开为 Galerkin 弱解积分表达式，则对于每一个单元 e，有

$$\int_e \boldsymbol{\Phi}^{\mathrm{T}}\boldsymbol{\Phi}\frac{\partial C}{\partial t}\mathrm{d}V = -\int_e \left\{ \boldsymbol{\Phi}^{\mathrm{T}}\boldsymbol{\Phi}u\boldsymbol{\Phi}\frac{\partial C}{\partial x} + \boldsymbol{\Phi}^{\mathrm{T}}\boldsymbol{\Phi}v\boldsymbol{\Phi}\frac{\partial C}{\partial y} + \boldsymbol{\Phi}^{\mathrm{T}}\boldsymbol{\Phi}[w - \omega]\boldsymbol{\Phi}\frac{\partial C}{\partial z} \right\}\mathrm{d}V -$$
$$\varepsilon\int_e \left\{ \frac{\partial \boldsymbol{\Phi}^{\mathrm{T}}}{\partial x}\boldsymbol{\Phi}\frac{\partial C}{\partial x} + \frac{\partial \boldsymbol{\Phi}^{\mathrm{T}}}{\partial y}\boldsymbol{\Phi}\frac{\partial C}{\partial y} + \frac{\partial \boldsymbol{\Phi}^{\mathrm{T}}}{\partial z}\boldsymbol{\Phi}\frac{\partial C}{\partial z} \right\}\mathrm{d}V +$$
$$\varepsilon\int_S \left\{ \boldsymbol{\Phi}^{\mathrm{T}}\boldsymbol{\Phi}\frac{\partial C}{\partial x}\cos\theta_x + \boldsymbol{\Phi}^{\mathrm{T}}\boldsymbol{\Phi}\frac{\partial C}{\partial y}\cos\theta_y + \boldsymbol{\Phi}^{\mathrm{T}}\boldsymbol{\Phi}\frac{\partial C}{\partial z}\cos\theta_z \right\}\mathrm{d}S -$$
$$\int_e \boldsymbol{\Phi}^{\mathrm{T}}\boldsymbol{\Phi}k\boldsymbol{\Phi}C\mathrm{d}V \tag{4-65}$$

式中：积分下标 S 表示四面体单元 e 的外边界，$S = S_1 + S_2 + S_3 + S_4$；$\cos\theta_i$ 表示单元表面外法向与 x 轴、y 轴、z 轴夹角；插值函数 $\boldsymbol{\Phi} = [\varepsilon, \eta, \xi, \gamma]$；浓度向量 $\boldsymbol{C} = [C_1, C_2, C_3, C_4]$；$\boldsymbol{u}$、$\boldsymbol{v}$、$\boldsymbol{w}$ 与 $\boldsymbol{\omega}$ 为速度向量，如 $\boldsymbol{u} = [u_1, u_2, u_3, u_4]$，下标代表单元 4 个节点的

序号。

式（4-65）可以表示为

$$A \frac{\partial C}{\partial t} = (B_x + C_x + D_x) \frac{\partial C}{\partial x} + (B_y + C_y + D_y) \frac{\partial C}{\partial y} +$$

$$(B_z + C_z + D_z) \frac{\partial C}{\partial z} + E_k C \tag{4-66}$$

上述各项分别为时间导数项、对流项、单元内部耗散项、表面扩散项及衰减项的系数矩阵。除衰减项外，方程中未知函数均为浓度的时间导数与空间导数。

单元内未知函数采用一阶插值近似，并采用等参单元，即权函数与插值函数相同。这样，可直接导出式（4-66）中各项系数的表达式。具体形式如下。

1）系数 A：

$$A = \int_e \boldsymbol{\Phi}^T \boldsymbol{\Phi} \mathrm{d}V = V \begin{bmatrix} 1/10 & 1/20 & 1/20 & 1/20 \\ 1/20 & 1/10 & 1/20 & 1/20 \\ 1/20 & 1/20 & 1/10 & 1/20 \\ 1/20 & 1/20 & 1/20 & 1/10 \end{bmatrix}, \quad V = \frac{1}{6} \begin{vmatrix} x_2 - x_1 & y_2 - y_1 & z_2 - z_1 \\ x_3 - x_1 & y_3 - y_1 & z_3 - z_1 \\ x_4 - x_1 & y_4 - y_1 & z_4 - z_1 \end{vmatrix}$$

$$\tag{4-67}$$

式中：V 的绝对值等于单元 e 的体积；x_i、y_i 与 z_i 为单元节点的坐标。

2）系数 B_x、B_y 与 B_z：

$$B_x = - \int_e \boldsymbol{\Phi}^T \boldsymbol{\Phi} u \boldsymbol{\Phi} \mathrm{d}V$$

$$= -V \begin{bmatrix} \dfrac{3u_1+u_2+u_3+u_4}{60} & \dfrac{2u_1+2u_2+u_3+u_4}{120} & \dfrac{2u_1+u_2+2u_3+u_4}{120} & \dfrac{2u_1+u_2+u_3+2u_4}{120} \\[2mm] \dfrac{2u_1+2u_2+u_3+u_4}{120} & \dfrac{u_1+3u_2+u_3+u_4}{60} & \dfrac{u_1+2u_2+2u_3+u_4}{120} & \dfrac{u_1+2u_2+u_3+2u_4}{120} \\[2mm] \dfrac{2u_1+u_2+2u_3+u_4}{120} & \dfrac{u_1+2u_2+2u_3+u_4}{120} & \dfrac{u_1+u_2+3u_3+u_4}{60} & \dfrac{u_1+u_2+2u_3+2u_4}{120} \\[2mm] \dfrac{2u_1+u_2+u_3+2u_4}{120} & \dfrac{u_1+2u_2+u_3+2u_4}{120} & \dfrac{u_1+u_2+2u_3+2u_4}{120} & \dfrac{u_1+u_2+u_3+3u_4}{60} \end{bmatrix}$$

$$\tag{4-68}$$

同样地，将 y 方向与 z 方向流速 v、$w-\omega$ 代替上式中的 u，可以得到 B_y 与 B_z 的表达式，V 的定义同式（4-67）。

3）系数 C_x、C_y 与 C_z：

$$C_x = - \varepsilon \int_e \frac{\partial \boldsymbol{\Phi}^T}{\partial x} \boldsymbol{\Phi} \mathrm{d}V = - \varepsilon \frac{V}{4} \begin{bmatrix} \partial \varepsilon/\partial x & \partial \varepsilon/\partial x & \partial \varepsilon/\partial x & \partial \varepsilon/\partial x \\ \partial \eta/\partial x & \partial \eta/\partial x & \partial \eta/\partial x & \partial \eta/\partial x \\ \partial \xi/\partial x & \partial \xi/\partial x & \partial \xi/\partial x & \partial \xi/\partial x \\ \partial \gamma/\partial x & \partial \gamma/\partial x & \partial \gamma/\partial x & \partial \gamma/\partial x \end{bmatrix} \tag{4-69}$$

$$C_y = - \varepsilon \int_e \frac{\partial \boldsymbol{\Phi}^T}{\partial y} \boldsymbol{\Phi} \mathrm{d}V = - \varepsilon \frac{V}{4} \begin{bmatrix} \partial \varepsilon/\partial y & \partial \varepsilon/\partial y & \partial \varepsilon/\partial y & \partial \varepsilon/\partial y \\ \partial \eta/\partial y & \partial \eta/\partial y & \partial \eta/\partial y & \partial \eta/\partial y \\ \partial \xi/\partial y & \partial \xi/\partial y & \partial \xi/\partial y & \partial \xi/\partial y \\ \partial \gamma/\partial y & \partial \gamma/\partial y & \partial \gamma/\partial y & \partial \gamma/\partial y \end{bmatrix} \tag{4-70}$$

$$C_z = -\varepsilon \int_e \frac{\partial \boldsymbol{\Phi}^{\mathrm{T}}}{\partial z} \boldsymbol{\Phi} \mathrm{d}V = -\varepsilon \frac{V}{4} \begin{bmatrix} \partial\varepsilon/\partial z & \partial\varepsilon/\partial z & \partial\varepsilon/\partial z & \partial\varepsilon/\partial z \\ \partial\eta/\partial z & \partial\eta/\partial z & \partial\eta/\partial z & \partial\eta/\partial z \\ \partial\xi/\partial z & \partial\xi/\partial z & \partial\xi/\partial z & \partial\xi/\partial z \\ \partial\gamma/\partial z & \partial\gamma/\partial z & \partial\gamma/\partial z & \partial\gamma/\partial z \end{bmatrix} \quad (4-71)$$

式（4-71）中：V 为四面体单元的体积，$V \geqslant 0$；右端项为插值函数的偏导数，其表达式如下

$$\left. \begin{aligned} \frac{\partial \varepsilon}{\partial x} &= [y_2 z_4 + y_3 z_2 + y_4 z_3 - y_4 z_2 - y_2 z_3 - y_3 z_4]/V_\varepsilon \\ \frac{\partial \varepsilon}{\partial y} &= [z_2 x_4 + z_3 x_2 + z_4 x_3 - z_4 x_2 - z_2 x_3 - z_3 x_4]/V_\varepsilon \\ \frac{\partial \varepsilon}{\partial z} &= [x_2 y_4 + x_3 y_2 + x_4 y_3 - x_4 y_2 - x_2 y_3 - x_3 y_4]/V_\varepsilon \end{aligned} \right\} V_\varepsilon = \begin{vmatrix} x_2 - x_1 & y_2 - y_1 & z_2 - z_1 \\ x_3 - x_1 & y_3 - y_1 & z_3 - z_1 \\ x_4 - x_1 & y_4 - y_1 & z_4 - z_1 \end{vmatrix}$$

$$\left. \begin{aligned} \frac{\partial \eta}{\partial x} &= [y_1 z_4 + y_3 z_1 + y_4 z_3 - y_4 z_1 - y_1 z_3 - y_3 z_4]/V_\eta \\ \frac{\partial \eta}{\partial y} &= [z_1 x_4 + z_3 x_1 + z_4 x_3 - z_4 x_1 - z_1 x_3 - z_3 x_4]/V_\eta \\ \frac{\partial \eta}{\partial z} &= [x_1 y_4 + x_3 y_1 + x_4 y_3 - x_4 y_1 - x_1 y_3 - x_3 y_4]/V_\eta \end{aligned} \right\} V_\eta = \begin{vmatrix} x_1 - x_2 & y_1 - y_2 & z_1 - z_2 \\ x_3 - x_2 & y_3 - y_2 & z_3 - z_2 \\ x_4 - x_2 & y_4 - y_2 & z_4 - z_2 \end{vmatrix}$$

$$\left. \begin{aligned} \frac{\partial \xi}{\partial x} &= [y_1 z_4 + y_2 z_1 + y_4 z_2 - y_4 z_1 - y_1 z_2 - y_2 z_4]/V_\xi \\ \frac{\partial \xi}{\partial y} &= [z_1 x_4 + z_2 x_1 + z_4 x_2 - z_4 x_1 - z_1 x_2 - z_2 x_4]/V_\xi \\ \frac{\partial \xi}{\partial z} &= [x_1 y_4 + x_2 y_1 + x_4 y_2 - x_4 y_1 - x_1 y_2 - x_2 y_4]/V_\xi \end{aligned} \right\} V_\xi = \begin{vmatrix} x_1 - x_3 & y_1 - y_3 & z_1 - z_3 \\ x_2 - x_3 & y_2 - y_3 & z_2 - z_3 \\ x_4 - x_3 & y_4 - y_3 & z_4 - z_3 \end{vmatrix}$$

$$\left. \begin{aligned} \frac{\partial \gamma}{\partial x} &= [y_1 z_3 + y_2 z_1 + y_3 z_2 - y_3 z_1 - y_1 z_2 - y_2 z_3]/V_\gamma \\ \frac{\partial \gamma}{\partial y} &= [z_1 x_3 + z_2 x_1 + z_3 x_2 - z_3 x_1 - z_1 x_2 - z_2 x_3]/V_\gamma \\ \frac{\partial \gamma}{\partial z} &= [x_1 y_3 + x_2 y_1 + x_3 y_2 - x_3 y_1 - x_1 y_2 - x_2 y_3]/V_\gamma \end{aligned} \right\} V_\gamma = \begin{vmatrix} x_1 - x_4 & y_1 - y_4 & z_1 - z_4 \\ x_2 - x_4 & y_2 - y_4 & z_2 - z_4 \\ x_3 - x_4 & y_3 - y_4 & z_3 - z_4 \end{vmatrix}$$

4）系数 $\boldsymbol{D}_x$、$\boldsymbol{D}_y$ 与 $\boldsymbol{D}_z$：

$$\boldsymbol{D}_x = \varepsilon \int_S \boldsymbol{\Phi}^{\mathrm{T}} \boldsymbol{\Phi} \cos\theta_x \mathrm{d}s = \varepsilon \int_{S_1} \begin{bmatrix} 0 & 0 & 0 & 0 \\ 0 & \eta^2 & \eta\xi & \eta\gamma \\ 0 & \xi\eta & \xi^2 & \xi\gamma \\ 0 & \gamma\eta & \gamma\xi & \gamma^2 \end{bmatrix} \cos\theta_x \mathrm{d}s + \varepsilon \int_{S_2} \begin{bmatrix} \varepsilon^2 & 0 & \varepsilon\xi & \varepsilon\gamma \\ 0 & 0 & 0 & 0 \\ \xi\varepsilon & 0 & \xi^2 & \xi\gamma \\ \gamma\varepsilon & 0 & \gamma\xi & \gamma^2 \end{bmatrix} \cos\theta_x \mathrm{d}s +$$

$$\varepsilon \int_{S_3} \begin{bmatrix} \varepsilon^2 & \varepsilon\eta & 0 & \varepsilon\gamma \\ \eta\varepsilon & \eta^2 & 0 & \eta\gamma \\ 0 & 0 & 0 & 0 \\ \gamma\varepsilon & \gamma\eta & 0 & \gamma^2 \end{bmatrix} \cos\theta_x \mathrm{d}s + \varepsilon \int_{S_4} \begin{bmatrix} \varepsilon^2 & \varepsilon\eta & \varepsilon\xi & 0 \\ \eta\varepsilon & \eta^2 & \eta\xi & 0 \\ \xi\varepsilon & \xi\eta & \xi^2 & 0 \\ 0 & 0 & 0 & 0 \end{bmatrix} \cos\theta_x \mathrm{d}s$$

$$= \varepsilon \begin{bmatrix} 0 & 0 & 0 & 0 \\ 0 & 1/6 & 1/12 & 1/12 \\ 0 & 1/12 & 1/6 & 1/12 \\ 0 & 1/12 & 1/12 & 1/6 \end{bmatrix} A_1^x + \varepsilon \begin{bmatrix} 1/6 & 0 & 1/12 & 1/12 \\ 0 & 0 & 0 & 0 \\ 1/12 & 0 & 1/6 & 1/12 \\ 1/12 & 0 & 1/12 & 1/6 \end{bmatrix} A_2^x +$$

$$\varepsilon \begin{bmatrix} 1/6 & 1/12 & 0 & 1/12 \\ 1/12 & 1/6 & 0 & 1/12 \\ 0 & 0 & 0 & 0 \\ 1/12 & 1/12 & 0 & 1/6 \end{bmatrix} A_3^x + \varepsilon \begin{bmatrix} 1/6 & 1/12 & 1/12 & 0 \\ 1/12 & 1/6 & 1/12 & 0 \\ 1/12 & 1/12 & 1/6 & 0 \\ 0 & 0 & 0 & 0 \end{bmatrix} A_4^x$$

$$= \varepsilon \begin{bmatrix} (A_2^x + A_3^x + A_4^x)/6 & (A_3^x + A_4^x)/12 & (A_2^x + A_4^x)/12 & (A_2^x + A_3^x)/12 \\ (A_3^x + A_4^x)/12 & (A_1^x + A_3^x + A_4^x)/6 & (A_1^x + A_4^x)/12 & (A_1^x + A_3^x)/12 \\ (A_2^x + A_4^x)/12 & (A_1^x + A_4^x)/12 & (A_1^x + A_2^x + A_4^x)/6 & (A_1^x + A_2^x)/12 \\ (A_2^x + A_3^x)/12 & (A_1^x + A_3^x)/12 & (A_1^x + A_2^x)/12 & (A_1^x + A_2^x + A_3^x)/6 \end{bmatrix}$$

$$(4-72)$$

式中：A_1^x、A_2^x、A_3^x、A_4^x 以及后面的 A_1^y、A_2^y、A_3^y、A_4^y 与 A_1^z、A_2^z、A_3^z、A_4^z 表示单元表面 S_1、S_2、S_3、S_4 的外法向面积矢量的三轴分量，其值及其符号采用下面的方法确定：

对于计算域中任一单元 e，如图 4-9 所示，表面 S_1（即节点 1 正对的表面，由 2、3、4 节点构成）的面积矢量 $S_1 = \dfrac{1}{2}(L_{23} \times L_{24})$，将式（4-72）展开得到

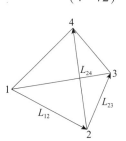

图 4-9 四面体单元示意图

$$S_1 = \frac{1}{2} \begin{vmatrix} i & j & k \\ x_3 - x_2 & y_3 - y_2 & z_3 - z_2 \\ x_4 - x_2 & y_4 - y_2 & z_4 - z_2 \end{vmatrix}$$

$$= \frac{1}{2} \begin{vmatrix} y_3 - y_2 & z_3 - z_2 \\ y_4 - y_2 & z_4 - z_2 \end{vmatrix} i + \frac{1}{2} \begin{vmatrix} x_3 - x_2 & z_3 - z_2 \\ x_4 - x_2 & z_4 - z_2 \end{vmatrix} j + \frac{1}{2} \begin{vmatrix} x_3 - x_2 & y_3 - y_2 \\ x_4 - x_2 & y_4 - y_2 \end{vmatrix} k$$

$$= A_1^x i + A_1^y j + A_1^z k$$

由于单元节点编号的随意性，S_1 的方向既可能为外法向也可能为内法向，因此采用如下判别方法。

从节点 1 到节点 2 的方向矢量为

$$L_{12} = (x_2 - x_1)i + (y_2 - y_1)j + (z_2 - z_1)k$$

当 $S_1 \cdot L_{12} = \dfrac{1}{2} L_{12} \cdot (L_{23} \times L_{24}) > 0$ 时，则 S_1 本身为外法向；否则，$A_1^x = -A_1^x$；$A_1^y = -A_1^y$；$A_1^z = -A_1^z$。

依次类推，可以分别得到其他三个表面的外法向面积矢量 S_2、S_3、S_4 的表达式。

同理，可以求得 D_y 与 D_z 的表达式

$$D_y = \varepsilon \begin{bmatrix} (A_2^y + A_3^y + A_4^y)/6 & (A_3^y + A_4^y)/12 & (A_2^y + A_4^y)/12 & (A_2^y + A_3^y)/12 \\ (A_3^y + A_4^y)/12 & (A_1^y + A_3^y + A_4^y)/6 & (A_1^y + A_4^y)/12 & (A_1^y + A_3^y)/12 \\ (A_2^y + A_4^y)/12 & (A_1^y + A_4^y)/12 & (A_1^y + A_2^y + A_4^y)/6 & (A_1^y + A_2^y)/12 \\ (A_2^y + A_3^y)/12 & (A_1^y + A_3^y)/12 & (A_1^y + A_2^y)/12 & (A_1^y + A_2^y + A_3^y)/6 \end{bmatrix}$$

$$(4-73)$$

$$D_z = \varepsilon \begin{bmatrix} (A_2^z + A_3^z + A_4^z)/6 & (A_3^z + A_4^z)/12 & (A_2^z + A_4^z)/12 & (A_2^z + A_3^z)/12 \\ (A_3^z + A_4^z)/12 & (A_1^z + A_3^z + A_4^z)/6 & (A_1^z + A_4^z)/12 & (A_1^x + A_3^z)/12 \\ (A_2^z + A_4^z)/12 & (A_1^z + A_4^z)/12 & (A_1^z + A_2^z + A_4^z)/6 & (A_1^z + A_2^z)/12 \\ (A_2^z + A_3^z)/12 & (A_1^z + A_3^z)/12 & (A_1^z + A_2^z)/12 & (A_1^z + A_2^z + A_3^z)/6 \end{bmatrix}$$

$$(4-74)$$

5）系数 E_k：

式（4-63）中衰减项的浓度衰减系数 k，考虑到在不同的区域，其值并非常数（或为浓度的函数），故对单元内浓度采用线性插值函数，并令 $k = [k_1, k_2, k_3, k_4]$，则有

$$E_k = -\int_e \boldsymbol{\Phi}^{\mathrm{T}} \boldsymbol{\Phi} k \boldsymbol{\Phi} \mathrm{d}V$$

$$= -V \begin{bmatrix} \dfrac{3k_1 + k_2 + k_3 + k_4}{60} & \dfrac{2k_1 + 2k_2 + k_3 + k_4}{120} & \dfrac{2k_1 + k_2 + 2k_3 + k_4}{120} & \dfrac{2k_1 + k_2 + k_3 + 2k_4}{120} \\ \dfrac{2k_1 + 2k_2 + k_3 + k_4}{120} & \dfrac{k_1 + 3k_2 + k_3 + k_4}{60} & \dfrac{k_1 + 2k_2 + 2k_3 + k_4}{120} & \dfrac{k_1 + 2k_2 + k_3 + 2k_4}{120} \\ \dfrac{2k_1 + k_2 + 2k_3 + k_4}{120} & \dfrac{k_1 + 2k_2 + 2k_3 + k_4}{120} & \dfrac{k_1 + k_2 + 3k_3 + k_4}{60} & \dfrac{k_1 + k_2 + 2k_3 + 2k_4}{120} \\ \dfrac{2k_1 + k_2 + k_3 + 2k_4}{120} & \dfrac{k_1 + 2k_2 + k_3 + 2k_4}{120} & \dfrac{k_1 + k_2 + 2k_3 + 2k_4}{120} & \dfrac{k_1 + k_2 + k_3 + 3k_4}{60} \end{bmatrix}$$

$$(4-75)$$

（2）总体系数矩阵的构建与浓度梯度的计算方法

对于每个单元，均可求出上述系数矩阵，然后依据连缀表，将上述系数矩阵的各个元素组合在一起，形成总体系数矩阵。对于计算域中任一节点 I_0，相邻的节点为 I_1，I_2，$\cdots$，I_n，则根据通常的带宽存储方法，其半带宽 d_h 为

$$d_h = \max\{abs(I_0 - I_1), abs(I_0 - I_2), \cdots, abs(I_0 - I_n)\} + 1 \geqslant n \quad (4-76)$$

对于三维空间的有限元计算，系数矩阵的存储将占用巨大的内存空间，为了进一步压缩存储量，同时便于隐式求解，计算模型采用如下存储方法：

首先，扫描所有节点的相邻单元与节点，确定最大存储带宽 $d = \max\{N_1, N_2, \cdots, N_i, \cdots, N_n\} + 1$，$N_i$ 为节点 i 的相邻节点数，n 为节点总数，由此定义三个指针数组：$NOP(NE, 4)$，$NDP(NP, d)$ 与 $NEP(NP, d)$。以图 4-10 所示的平面三角形网格为例，对于节点 4，上述数组分别满足 $NOP(35, 3) = 4$，$NDP(4, 1) = 2$，$\cdots$，$NDP(4, 5) = 24$，$NEP(4, 1) = 11$，$\cdots$，$NEP(4, 5) = 23$。该指针可推广至四面体网格。

其次，根据上述指针数组，将单元系数矩阵的各元素合并到总体系数矩阵中。如图 4-11 所示，左端矩阵为按照常规存储方法得到的总体系数矩阵，右端为采用指针数组后的系数存储矩阵。以节点 4 为例，作为约定，对角线元素 $a_{4,4}$ 的存储位置为 $[4, 0]$，节点 2 为其第 1 个相邻节点，故元素 $a_{4,2}$ 在右端矩阵中的存储位置为 $[4, 1]$，节点 3 为其第 2 个相邻节点，故元素 $a_{4,3}$ 的存储位置为 $[4, 2]$。依次类推，元素 $a_{4,24}$ 的存储位置为 $[4, 5]$。

按照上述方法，系数矩阵的存储带宽仅与单元剖分结构有关，而与单元节点的编号

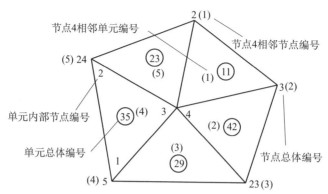

图 4-10　单元与节点编号示意图

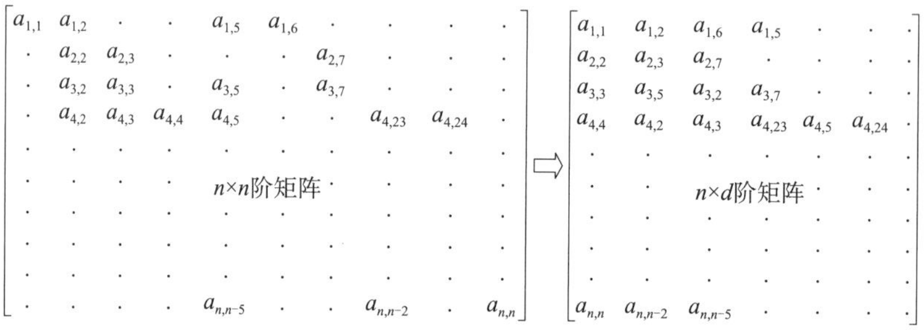

$$\begin{bmatrix} a_{1,1} & a_{1,2} & \cdot & \cdot & a_{1,5} & a_{1,6} & \cdot & \cdot & & \cdot \\ \cdot & a_{2,2} & a_{2,3} & \cdot & \cdot & a_{2,7} & & & \\ \cdot & a_{3,2} & a_{3,3} & \cdot & a_{3,5} & \cdot & a_{3,7} & & \\ \cdot & a_{4,2} & a_{4,3} & a_{4,4} & a_{4,5} & & & a_{4,23} & a_{4,24} \\ \cdot & & & & & & & & \\ & & & n \times n \text{阶矩阵} & & & & & \\ \cdot & & & & & & & & \\ \cdot & & a_{n,n-5} & & \cdot & a_{n,n-2} & \cdot & a_{n,n} \end{bmatrix} \Rightarrow \begin{bmatrix} a_{1,1} & a_{1,2} & a_{1,6} & a_{1,5} & & \\ a_{2,2} & a_{2,3} & a_{2,7} & & & \\ a_{3,3} & a_{3,5} & a_{3,2} & a_{3,7} & & \\ a_{4,4} & a_{4,2} & a_{4,3} & a_{4,23} & a_{4,5} & a_{4,24} \\ \cdot & & & & & \\ & & n \times d \text{阶矩阵} & & & \\ \cdot & & & & & \\ a_{n,n} & a_{n,n-2} & a_{n,n-5} & & & \end{bmatrix}$$

图 4-11　总体系数矩阵元素的存储位置示意图

顺序无关。由此可得到计算域的总体矩阵方程

$$A\frac{\partial C}{\partial t} = B_x\frac{\partial C}{\partial x} + B_y\frac{\partial C}{\partial y} + B_z\frac{\partial C}{\partial z} + [C_x + D_x]\frac{\partial C}{\partial x} +$$

$$[C_y + D_y]\frac{\partial C}{\partial y} + [C_z + D_z]\frac{\partial C}{\partial z} + E_k C \qquad (4-77)$$

与式（4-66）不同，式（4-77）中系数矩阵均化为 $NP \times d$ 阶矩阵，各未知变量为 NP 阶向量。

在离散方程中，对流项与扩散项的未知变量为节点的浓度梯度。一般的，该值可取相邻单元浓度梯度的平均值，但当流场的局部变化较为剧烈时，计算过程中浓度变化的时间单调性将无法保证，甚至会出现负值。为此，对流项中的浓度梯度矢量应根据节点的流速方向进行取值，而不是所有相邻单元值的叠加。上述方法的基本原理如下：

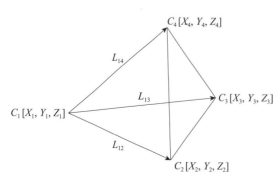

图 4-12　单元节点的坐标与浓度值

1）根据上一时刻四面体单元 4 个节点的浓度，可求出所有计算单元内的空间浓度梯度矢量。例如，对于图 4-12 所示的线性四面体单元，节点坐标为 $[X, Y, Z]$，各节点的浓度记为 $C = [C_1, C_2, C_3, C_4]$。假定单元内浓度梯度 $\left[\frac{\partial C}{\partial n}\right] = \left[\frac{\partial C}{\partial x}, \frac{\partial C}{\partial y}, \frac{\partial C}{\partial z}\right]$，则沿某一方向 $L_{12} = [x_2 - x_1, y_2 - y_1, z_2 - z_1]$，有下式成立

$$(x_2 - x_1) \frac{\partial C}{\partial x} + (y_2 - y_1) \frac{\partial C}{\partial y} + (z_2 - z_1) \frac{\partial C}{\partial z} = C_2 - C_1$$

式中：右端项为节点 1 与节点 2 之间的浓度差。

同理，可得沿 L_{13} 与 L_{14} 方向的浓度差表达式。将此三式联立，得到如下方程组

$$\begin{bmatrix} x_2 - x_1 & y_2 - y_1 & z_2 - z_1 \\ x_3 - x_1 & y_3 - y_1 & z_3 - z_1 \\ x_4 - x_1 & y_4 - y_1 & z_4 - z_1 \end{bmatrix} \begin{bmatrix} \partial C/\partial x \\ \partial C/\partial y \\ \partial C/\partial z \end{bmatrix} = \begin{bmatrix} C_2 - C_1 \\ C_3 - C_1 \\ C_4 - C_1 \end{bmatrix} \tag{4-78}$$

求解上式可得到四面体单元内的浓度梯度，其中当 $C = 0$ 时，令浓度梯度为 0，当 $C \neq 0$ 时，方程有唯一解。当单元剖分密度增大时，浓度梯度的计算精度将会进一步提高。

2）对于对流项的浓度梯度，应根据节点的指针数组 $NEP(NP, d)$ 与风速矢量，从相邻单元中找出对应的浓度梯度计算单元。其中，对于内部节点与出流边界节点，浓度梯度计算单元为上游强迎风单元，该单元内的浓度梯度即为所求节点的浓度梯度；对于入流边界节点，计算单元取下游相邻的强顺风单元；对于侧壁边界节点，浓度梯度为所有相邻迎风单元的矢量和。

3）对于扩散项与源项的浓度梯度，仍采用所有相邻单元的浓度梯度平均值。

上述各类单元的定义：已知任意节点的风速矢量，作垂直于该矢量的空间平面，则该节点的相邻单元中，该平面上游一侧的单元称为迎风单元，下游一侧的单元为顺风单元。特别地，将过该节点的风速矢量直接穿过的上、下游两个单元分别称为强迎风单元与强顺风单元。

（3）方程组的隐式迭代解法

将式（4-77）中左端系数矩阵分解为

$$\boldsymbol{A} = \begin{bmatrix} a_{10} & a_{11} & \cdots & a_{1d} \\ a_{20} & a_{21} & \cdots & a_{2d} \\ \vdots & \vdots & \vdots & \vdots \\ a_{NP0} & a_{NP1} & \cdots & a_{NPd} \end{bmatrix} = \begin{bmatrix} a_{10} & 0 & 0 & 0 \\ a_{20} & 0 & \cdots & 0 \\ \vdots & \vdots & \vdots & \vdots \\ a_{NP0} & 0 & \cdots & 0 \end{bmatrix} + \begin{bmatrix} 0 & a_{11} & \cdots & a_{1d} \\ 0 & a_{21} & \cdots & a_{2d} \\ \vdots & \vdots & \vdots & \vdots \\ 0 & a_{NP1} & \cdots & a_{NPd} \end{bmatrix}$$

$$\tag{4-79}$$

式（4-79）简写为 $\boldsymbol{A} = \boldsymbol{A}_{\text{E}} + \boldsymbol{A}_{\text{D}}$，其中，$\boldsymbol{A}_{\text{E}}$ 中非零元素仅包含第 0 列主元素。将该式代入式（4-77）并整理，得到如下的迭代公式

$$\boldsymbol{A}_{\text{E}} \Big[\frac{\partial C}{\partial t} \Big]_n = -\boldsymbol{A}_{\text{D}} \Big[\frac{\partial C}{\partial t} \Big]_{n-1} + \boldsymbol{B}_{\text{x}} \Big[\frac{\partial C}{\partial x} \Big]_{u,n-1} + \boldsymbol{B}_{\text{y}} \Big[\frac{\partial C}{\partial y} \Big]_{v,n-1} + \boldsymbol{B}_{\text{z}} \Big[\frac{\partial C}{\partial z} \Big]_{w,n-1} +$$

$$(\boldsymbol{C}_{\text{x}} + \boldsymbol{D}_{\text{x}}) \Big[\frac{\partial C}{\partial x} \Big]_{n-1} + (\boldsymbol{C}_{\text{y}} + \boldsymbol{D}_{\text{y}}) \Big[\frac{\partial C}{\partial y} \Big]_{n-1} +$$

$$(\boldsymbol{C}_{\text{z}} + \boldsymbol{D}_{\text{z}}) \Big[\frac{\partial C}{\partial z} \Big]_{n-1} + \boldsymbol{E}_{\text{k}} [C]_{n-1} \tag{4-80}$$

式中：下标 n 与 $n-1$ 分别表示迭代步数。

对于浓度的时间导数项，可假定浓度 C 随时间 t 的变化满足

$$C = C_0 + bt + ct^K$$

由此可知浓度的时间导数满足

$$\frac{\partial C}{\partial t} = K \frac{C - C_0}{\Delta t} + (1 - K) \frac{\partial C}{\partial t} \Big|_0$$

上式可化简为如下的迭代形式

$$C_n = C_0 + \frac{\Delta t}{K}\left(\left.\frac{\partial C}{\partial t}\right|_n + (K-1)\left.\frac{\partial C}{\partial t}\right|_0\right) \tag{4-81}$$

式中：下标 0 表示上一时刻末的变量值。

因此，在每个时间步长内，先利用上一时刻末的浓度梯度矢量，通过式（4-80）计算得到该步长内浓度的变化率，再由式（4-81）得到该时段末的浓度值，由式（4-78）求得新的浓度梯度矢量，将其回代到式（4-80）中，又可以计算出新的浓度变化率，如此循环，直到前后两次计算的浓度残差满足收敛条件。

另外，对于风速场与浓度变化剧烈的情况，作为选择，式（4-80）中的浓度梯度矢量亦可采用式（4-82）来表达

$$\begin{cases} \dfrac{\partial C}{\partial x} = k\left.\dfrac{\partial C}{\partial x}\right|_n + (1-k)\left.\dfrac{\partial C}{\partial x}\right|_0 \\[2mm] \dfrac{\partial C}{\partial y} = k\left.\dfrac{\partial C}{\partial y}\right|_n + (1-k)\left.\dfrac{\partial C}{\partial y}\right|_0 \\[2mm] \dfrac{\partial C}{\partial z} = k\left.\dfrac{\partial C}{\partial z}\right|_n + (1-k)\left.\dfrac{\partial C}{\partial z}\right|_0 \\[2mm] C = kC_n + (1-k)C_0 \end{cases} \tag{4-82}$$

式中：系数 k 为松弛因子，一般取 0.5；右端项中第一项为时段末第 n 次迭代值，第二项为上一时刻末的值（或称为该时段的初始值）。

实际计算表明，上述隐式迭代方法只需循环 4 次左右即可收敛。

4.5 泄洪雾化数学模型的验证与应用

4.5.1 雾化数学模型的计算结构

掺气水舌模型、随机溅水计算模型与雨雾输运计算模型，共同构成泄洪雾化数学模型，结合流体力学计算软件 Fluent，可用于泄洪雾化全程的数学模拟。其中，掺气水舌运动计算模型，既可为随机溅水模型提供入射条件，也可提供流速边界条件用以计算水舌风场；运用随机溅水模型，能够计算复杂风场与地形条件下雾化近区的降雨强度分布，并为雾雨输运模型提供边界条件；通过雾雨输运扩散模型，结合水舌风场与自然风场计算结果，可计算外围雾雨浓度与降雨分布，还可与泄洪雾化神经网络预报模型进行边界耦合计算。模型的具体计算结构如图 4-13 所示。

本章以二滩水电站与瀑布沟水电站为例，运用泄洪雾化数学模型，对泄洪洞下游的雾化降雨分布进行计算分析。

4.5.2 二滩水电站泄洪洞下游雾化计算分析

（1）工程概况与计算条件

二滩水电站泄洪洞是我国已建规模最大的泄洪洞之一，泄洪洞的最大泄洪水头达 160m，两洞泄流能力相当，在设计水位 1200m 条件下，两条泄洪洞的总泄洪能力达

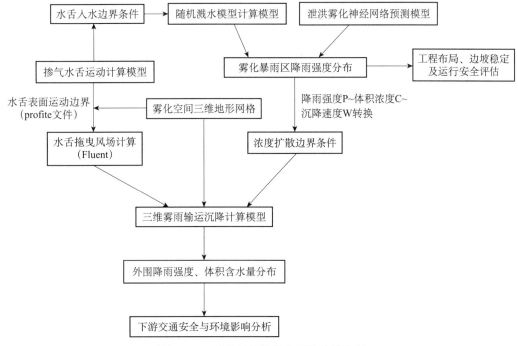

图 4 - 13　泄洪雾化数学模型的计算流程

7400m³/s。两洞呈直线平行布置，洞轴线的中心距离 40m，分别由进水口段、龙抬头段、洞身直坡段及出口挑流段组成，1 号洞全长 922m，出口采用斜切扭曲鼻坎，2 号洞全长 1269.01m，出口体型采用近似对称扩散鼻坎。两洞出口体型如图 4 - 14 所示，计算工况的具体指标见表 4 - 9。

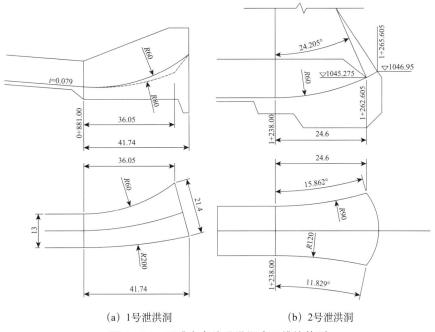

(a) 1 号泄洪洞　　　　　　　(b) 2 号泄洪洞

图 4 - 14　二滩水电站泄洪洞出口挑坎体型

表 4 - 9　二滩下游泄洪洞观测工况

工况	上游水位 H_1（m）	下游水位 H_2（m）	流量 Q（m³/s）	入水流速 V（m/s）	入水角度 $\tan\theta$（°）	水舌挑距 L（m）	风场条件*
1	1199.77	1012.40	3688	41～47	0.73～1.41	174～219	水舌风
2	1199.86	1012.90	3692	42～46	0.84～1.26	175～205	水舌风

* 由于自然风场为未知，故计算中暂不考虑。

（2）掺气水舌运动计算

通过对掺气水舌空中运动的计算，得到水舌表面形态与流速矢量场，可作为水舌拖曳风场的计算边界条件。1 号泄洪洞与 2 号泄洪洞的水舌空中形态如图 4 - 15 所示。

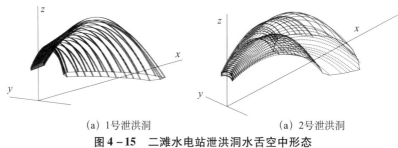

（a）1号泄洪洞　　　　　　　　（a）2号泄洪洞

图 4 - 15　二滩水电站泄洪洞水舌空中形态

根据水舌入水形态、入射速度与角度、含水浓度分布等指标，可得到水舌入水前缘各段的位置坐标与入射条件，具体数据见表 4 - 10 和表 4 - 11。

表 4 - 10　1 号泄洪洞水舌前缘各段位置与入射条件

编号	坐标位置（m） x	y	前缘长度（m）	有效厚度（m）	入水角度（°）	偏转角度（°）	入水流速（m/s）	含水浓度
1	173.85	74.71	4.58	0.26	36.28	24.00	44.11	0.31
2	177.27	71.65	4.58	0.26	36.34	22.45	44.36	0.32
3	180.68	68.60	4.58	0.26	36.40	20.90	44.61	0.32
4	184.10	65.55	4.05	0.26	36.45	19.35	44.86	0.33
5	186.31	62.76	3.56	0.26	36.75	18.57	44.94	0.33
6	188.53	59.98	3.56	0.26	37.04	17.79	45.02	0.33
7	190.75	57.20	3.60	0.26	37.34	17.00	45.10	0.33
8	192.84	54.21	3.65	0.26	37.68	16.25	45.10	0.33
9	194.93	51.22	3.65	0.26	38.02	15.50	45.09	0.33
10	197.02	48.23	3.70	0.26	38.36	14.74	45.09	0.32
11	198.98	45.02	3.76	0.26	38.72	13.96	45.09	0.32
12	200.94	41.81	3.76	0.26	39.08	13.19	45.10	0.32
13	202.90	38.59	3.79	0.26	39.44	12.41	45.11	0.32
14	204.57	35.15	3.82	0.26	39.80	11.61	45.11	0.31
15	206.24	31.71	3.82	0.26	40.15	10.81	45.11	0.31
16	207.91	28.27	3.87	0.27	40.51	10.01	45.11	0.31
17	209.41	24.65	3.91	0.27	40.87	9.18	45.12	0.31
18	210.90	21.04	3.91	0.27	41.24	8.36	45.14	0.31
19	212.39	17.42	3.95	0.27	41.60	7.54	45.16	0.31
20	213.66	13.64	3.98	0.27	42.00	6.70	45.19	0.30
21	214.93	9.87	3.98	0.27	42.40	5.86	45.23	0.30

编号	坐标位置（m）		前缘长度（m）	有效厚度（m）	入水角度（°）	偏转角度（°）	入水流速（m/s）	含水浓度
	x	y						
22	216.20	6.10	3.99	0.27	42.79	5.03	45.26	0.30
23	217.13	2.19	4.02	0.27	43.17	4.16	45.29	0.30
24	218.06	-1.71	4.02	0.27	43.55	3.30	45.33	0.30
25	218.99	-5.62	4.09	0.27	43.93	2.44	45.37	0.30
26	219.52	-9.75	4.17	0.27	44.36	1.27	45.20	0.29
27	220.06	-13.88	4.17	0.28	44.79	0.10	45.03	0.29
28	220.60	-18.02	4.32	0.28	45.22	-1.07	44.86	0.28
29	219.43	-22.50	4.64	0.29	46.10	-2.74	43.79	0.26
30	218.26	-26.99	4.64	0.30	46.98	-4.40	42.72	0.25
31	217.08	-31.48	4.64	0.31	47.86	-6.06	41.65	0.23
32	215.91	-35.96	4.22	0.32	48.74	-7.72	40.58	0.21
33	214.56	-39.54	3.82	0.31	48.25	-9.99	41.42	0.23
34	213.21	-43.11	3.82	0.30	47.77	-12.25	42.26	0.24
35	211.86	-46.68	3.82	0.29	47.28	-14.51	43.10	0.26
36	210.51	-50.25	3.82	0.28	46.79	-16.77	43.94	0.27

表 4-11　2 号泄洪洞水舌前缘各段位置与入射条件

编号	坐标位置（m）		前缘长度（m）	有效厚度（m）	入水角度（°）	偏转角度（°）	入水流速（m/s）	含水浓度
	x	y						
1	175.47	66.18	4.50	0.27	40.18	22.63	44.32	0.35
2	179.02	63.42	4.50	0.28	40.38	20.92	43.82	0.32
3	182.57	60.66	3.93	0.28	40.59	19.21	43.31	0.30
4	184.74	58.04	3.40	0.28	40.80	18.22	43.48	0.31
5	186.90	55.42	3.26	0.28	41.00	17.22	43.65	0.31
6	188.81	52.94	3.12	0.28	41.34	16.48	43.72	0.31
7	190.71	50.47	3.10	0.28	41.67	15.73	43.80	0.31
8	192.32	47.84	3.08	0.28	42.00	14.99	43.79	0.31
9	193.93	45.22	3.06	0.28	42.32	14.24	43.79	0.31
10	195.24	42.46	3.05	0.28	42.62	13.48	43.77	0.31
11	196.55	39.71	3.09	0.28	42.92	12.72	43.75	0.31
12	197.93	36.90	3.13	0.28	43.25	11.93	43.77	0.30
13	199.30	34.09	3.11	0.28	43.58	11.13	43.80	0.30
14	200.33	31.16	3.10	0.29	43.95	10.32	43.67	0.30
15	201.36	28.24	3.41	0.29	44.33	9.52	43.55	0.30
16	202.37	24.65	3.73	0.29	44.71	8.34	43.28	0.29
17	203.38	21.06	4.12	0.30	45.09	7.16	43.01	0.28
18	204.32	16.65	4.52	0.30	45.30	5.48	42.87	0.28
19	205.27	12.23	4.55	0.30	45.50	3.80	42.73	0.28
20	205.41	7.61	4.62	0.30	45.51	2.01	42.74	0.28
21	205.55	3.00	4.55	0.30	45.51	0.22	42.74	0.28
22	204.90	-1.48	4.52	0.30	45.29	-1.47	42.88	0.28
23	204.24	-5.95	4.13	0.30	45.07	-3.16	43.01	0.28
24	203.44	-9.60	3.74	0.29	44.71	-4.35	43.29	0.29
25	202.63	-13.25	3.41	0.29	44.34	-5.53	43.56	0.30

续表

编号	坐标位置（m）		前缘长度（m）	有效厚度（m）	入水角度（°）	偏转角度（°）	入水流速（m/s）	含水浓度
	x	y						
26	201.78	−16.23	3.10	0.29	43.97	−6.33	43.67	0.30
27	200.93	−19.21	3.09	0.28	43.59	−7.12	43.78	0.30
28	199.91	−22.13	3.10	0.28	43.29	−7.93	43.79	0.30
29	198.88	−25.05	3.09	0.28	42.99	−8.74	43.81	0.31
30	197.55	−27.84	3.10	0.28	42.65	−9.49	43.81	0.31
31	196.22	−30.64	3.08	0.28	42.32	−10.24	43.82	0.31
32	194.77	−33.35	3.07	0.28	42.00	−10.98	43.81	0.31
33	193.32	−36.06	3.10	0.28	41.68	−11.73	43.80	0.31
34	191.56	−38.65	3.13	0.28	41.35	−12.48	43.73	0.31
35	189.80	−41.24	3.25	0.28	41.02	−13.24	43.66	0.31
36	187.80	−43.96	3.38	0.28	40.81	−14.21	43.51	0.31
37	185.80	−46.69	3.87	0.28	40.59	−15.18	43.36	0.30
38	182.62	−49.70	4.38	0.28	40.42	−16.88	43.87	0.32
39	179.44	−52.71	4.38	0.27	40.25	−18.58	44.37	0.35

（3）水舌拖曳风场计算结果

根据掺气水舌表面流速数据设置风速边界，运用 FLUENT 软件可以计算得到挑流水舌的拖曳风场。基本步骤如下：

1）根据掺气水舌的计算结果，运用通用 RBF 网络（参见第 3 章）对水舌表面的流速矢量场进行学习，得到神经网络的风速关系矩阵。

2）以水舌表面作为流速边界，建立三维风场模型，采用四面体网格进行空间离散，并输出水舌动边界的所有节点坐标。

3）将水舌动边界的节点坐标与风速系统关系矩阵输入通用 RBF 网络，得到每个节点的流速矢量。

4）将计算得到的流速矢量场作为自定义边界条件（Profile 文件），运用 FLUENT 计算软件，求解三维风速场。

图 4-16 所示为计算域内下垫面与水舌表面的计算网格，顶部与上下游入口为大气开边界，下垫面为滑动壁面，水舌表面为流速边界。

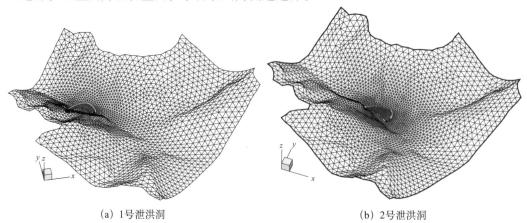

(a) 1号泄洪洞　　　　　　　　　　　　(b) 2号泄洪洞

图 4-16　二滩水电站泄洪洞风场计算域下垫面计算网格

图 4 – 17 与图 4 – 18 分别所示为地面附近水舌风场的矢量图与风速等值线图，地形等高线的高程零点为下游水位。

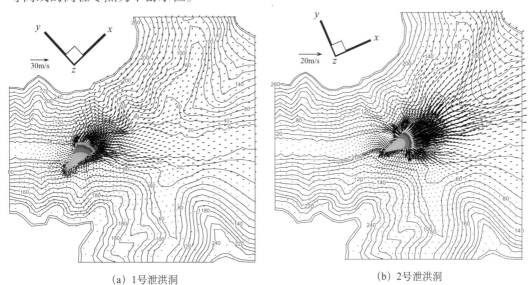

（a）1号泄洪洞　　　　　　　　　　（b）2号泄洪洞

图 4 – 17　二滩水电站下游地面附近水舌风场的矢量图（单位：mm/h）

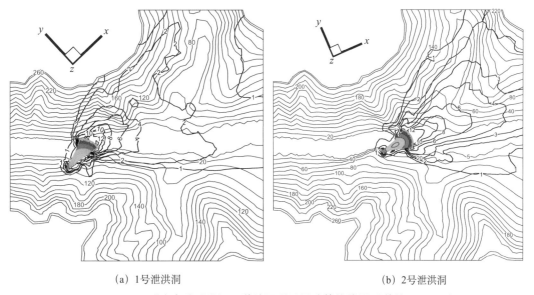

（a）1号泄洪洞　　　　　　　　　　（b）2号泄洪洞

图 4 – 18　二滩水电站泄洪洞下游地面附近风速等值线图（单位：mm/h）

（4）下游溅水分布计算结果

在本书提出的溅水雾化计算模型中，可以考虑水舌风场、自然风场与两岸地形的影响。基本步骤如下：

1）将风速场与下游地形输入通用 RBF 网络，通过学习分别得到风场与地形关系矩阵。

2）根据水舌入水形态、含水浓度分布、入水流速分布等指标，对溅水源区进行离散，确定每个单元的入射流量、入射角度，以及空间位置。

3）运用上述入射条件及风场与地形的关系矩阵，进行水舌溅水雾化预测计算。

然而，初步试算表明，溅水模型在同时打开风速与地形判别功能后，需要分别调用相应的神经网络模块，程序运算量过大。为简化计算，在本章计算中，根据水舌风场计算结果，将其概化为正态分布，溢流中心风速为 10m/s。同时，保留对自然地形高程的实时判别。

图 4－19 所示为二滩水电站 1 号泄洪洞与 2 号泄洪洞下游的溅水区降雨强度等值线图，由于山形阻挡，1 号泄洪洞下游雾化较为集中，溅水扩散范围稍小于 2 号泄洪洞。

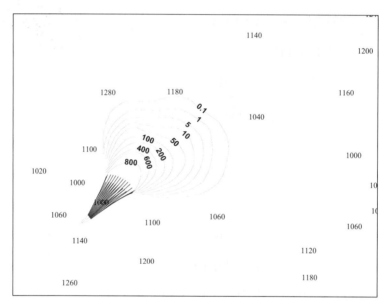

（a）1号泄洪洞

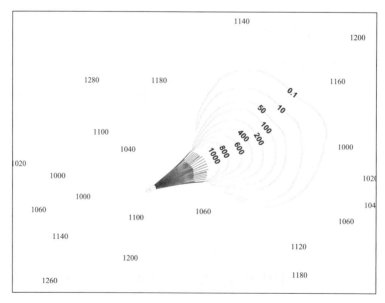

（b）2号泄洪洞

图 4－19　二滩水电站泄洪洞溅水区降雨强度等值线图（单位：mm/h）

（5）下游雾雨的输运与沉降

风场对于雾化降雨的影响主要表现为水滴所受的空气阻力。在溅水区，水滴粒径与飞行动量均较大，故以抛物运动为主；然而，在溅水区外围，水滴粒径与沉降速度均较小，故以对流输运为主（阻力加速度与粒径成反比）。为此，应在溅水计算成果的基础上，模拟外围水雾的输运与沉降，计算网格同图 4 - 16。根据第 8 章中的雨滴谱公式可知，当降雨强度为 200mm/h 时，空气中的体积含水浓度已小于 0.000012%，质量含水浓度小于 12g/m³。同时，该区域内水滴作主动抛物运动，受风场拖曳作用较小，故将其作为恒定浓度边界。

模型的基本计算步骤如下：

1）假定溅水区外围的雨滴谱参数 μ，并由此推求出 200mm/h 等值线对应的雨雾质量浓度 C_{200}。一般地，当 $\mu = 1$，$C_{200} = 6.24g/m^3$；$\mu = 0$，$C_{200} = 7.29g/m^3$；$\mu = -2$，$C_{200} = 11.9g/m^3$。

2）根据 200mm/h 等值线范围与爬升高度，确定雾雨区的节点浓度边界条件。

3）将节点浓度边界条件输入水雾输运模型，求解风场作用下水雾浓度与降雨强度的空间分布。

图 4 - 20 与图 4 - 21 中给出了水舌风作用下的溅水区外围降雨强度等值线分布，图中地形等高线的高程零点亦为下游水位。由图可知，1 号泄洪洞下游雾化范围明显小于 2 号泄洪洞。

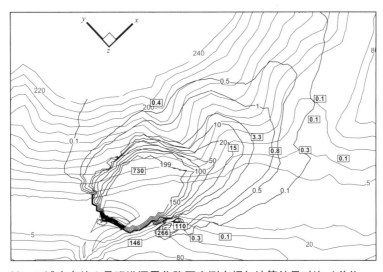

图 4 - 20　二滩水电站 1 号泄洪洞雾化降雨实测点据与计算结果对比（单位：mm/h）

（6）数学模型与原型观测成果的验证分析

中国水利水电科学研究院于 1999 年 9—12 月，针对二滩水电站坝身与泄洪洞泄洪雾化进行了原型观测，其中雾化近区采用雨量筒，远区则采用海绵盒称重法。

图 4 - 20 与图 4 - 21 中方框数据为泄洪下游雾化降雨实测值，测点坐标位置对应方框左下角。除个别区域外，雾化雨强计算值与实测数据较为一致。

研究表明，雾化区域内的地形因素、气象因素及数值离散方法，对于雨雾扩散模型的计算结果有较大影响。首先，河谷地区由于人工干预，两岸地形较原先有较大的改

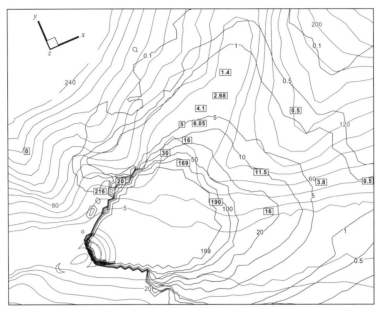

图 4 – 21　二滩水电站 2 号泄洪洞雾化降雨实测点据与计算结果对比（单位：mm/h）

变，同时地面建筑与植被的变化（底部粗糙率）也会改变当地风速；其次，原型观测过程中环境风、器具集雨方向以及湿度等因素，对于实测数据也有一定影响；再次，数学模型计算尺度较大（本次计算中，水舌表面单元尺度为 2 ~ 10m，而空间单元的尺度则为 20 ~ 50m），对局部区域雾雨分布的分辨率有所不足。

有鉴于此，在计算条件允许的情况下，应充分考虑上述因素的影响，提高雾化模型的计算精度。

4.6　泄洪雾化物理模型试验的理论与技术

4.6.1　降雨强度的量测方法与测试系统开发

本次模型降雨强度的测量和分析主要采用滴谱法，即采用专用染色滤纸收集雨滴样本，然后进行数据处理，依据取样前的雨滴斑痕的直径与空中雨滴直径之间的率定曲线，确定雨滴的实际直径，进而算出降雨强度，率定曲线如图 4 – 22 所示。

该方法主要优点是简单直观，容易测量。缺点是数据量大，所得数据基本上为图形资料，分析的难度和强度大，按传统处理方法容易出现比较明显的偶然误差。为提高数据处理精度及工作效率，开发了雾化粒度采集与分析系统。该系统主要由计算机、扫描仪、测板、滤纸、系统软件和打印机等组成，图 4 – 23 示出了测量系统的主要硬件。

雾化粒度数据采集与分析系统的处理过程：通过滤纸采集图像，经过扫描仪送到计算机里进行图像预处理（减少图像质量所引起的误差）和二值化处理（对数字化图像进行目标物与背景的分离，把颗粒独立出来），然后对图像进行分析，通过自动检测图像颗粒的个数，图像颗粒的面积及粒径等重要指标，得到每个颗粒的形态参数指标。

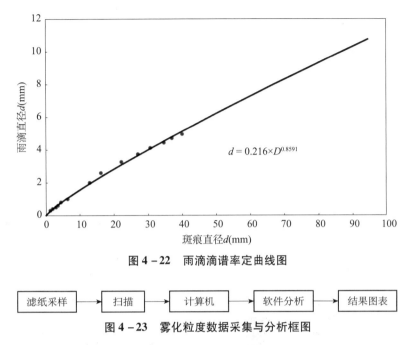

图 4 - 22　雨滴滴谱率定曲线图

$$d = 0.216 \times D^{0.8591}$$

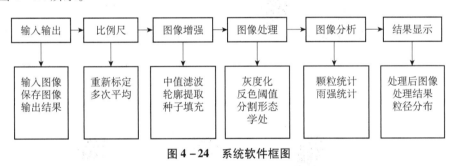

图 4 - 23　雾化粒度数据采集与分析框图

系统采用 Visual C ++6.0 编程，界面均为 WINDOWS 风格，操作简便，软件总体框图如图 4 - 24 所示。

图 4 - 24　系统软件框图

以下按系统六大功能模块简要介绍系统功能的实现方法。

（1）输入输出模块

输入输出模块包括打开图像、图像保存、系统最小化和退出四项功能。打开的图像可以是 256 色或 24 位的真彩色图像。

（2）图像处理模块

图像分析模块包括灰度化、反色、二值化、数学形态学处理四个功能。图像经过二值化后利用数学形态学处理去掉杂质并且填满空洞。

（3）图像增强模块

图像增强模块包括中值滤波、轮廓提取、种子填充三个功能。中值滤波是去除图像中的小杂质。轮廓提取是对于大的颗粒提取其轮廓，然后使用种子填充功能将其填满。

（4）图像分析模块

图像分析模块包括颗粒统计和雨强统计两个功能。颗粒统计的信息包括最大面积、平均面积、最大直径、最小直径、平均直径以及粒径分布等。雨强统计是利用颗粒统计信息和雨强计算公式来进行雨强分析。

（5）比例尺设置模块

比例尺设置模块包括重新标定、多次平均及当前比例尺输出三项功能。重新标定是用给定的标准图像来确定本系统的比例尺；多次平均是在进行多次标定后，将多次标定值取平均值；当前比例尺提供本系统目前正使用的比例尺。

（6）结果显示模块

结果显示模块包括处理结果数值显示和图形输出两项功能。图形输出有直方图和图像显示两种方式。分别以列表和直方图的形式给出雾化粒径的分布情况。图4-25～图4-28展示出了分析实例。

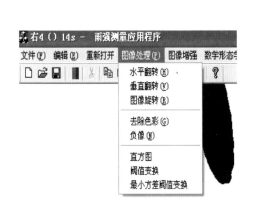

图4-25　图形处理

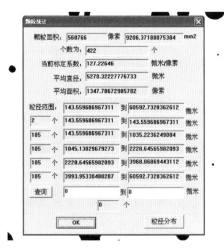

图4-26　滴径统计

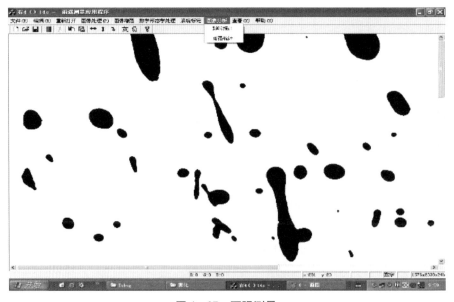

图4-27　雨强测量

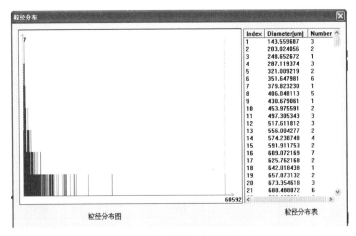

图 4 - 28　粒径统计分析

4.6.2　降雨强度的模型律研究

在泄洪雾化物理模型的研究中，模型律是最重要和基础的研究内容。鉴于理论推导的复杂性，模型试验的研究结果在本阶段具有现实意义。通过原、模型之间的雨强关系来研究模型律是较为直观和有效的手段。通过以往的研究，根据江垭大坝泄洪雾化的原型观测和模型复演得到了雨强的模型律公式，该模型律的形式已经基本得到同行专家的认可，但各部分雨强的相似律指数的准确性和适用性则需要进一步的研究和论证。因此，本文的主要研究内容是进一步论证雨强模型律公式的形式，并对雨强的相似律指数展开进一步的研究。

本阶段尚缺乏更多完备的泄洪雾化原型观测资料，于是采用了某简化原型的系列比尺的物理模型试验来研究和论证雨强的模型律。由于没有具体的原型观测数据相对应，其技术路线是通过系列比尺之间的雨强关系来论证和优化已有的雨强模型律公式，具体模型设计如下：

1）充分调查原型泄洪雾化资料，选取某一个泄洪洞或单个溢洪道（挑流鼻坎形式为二元挑坎）为主要调查对象，撷取体型参数、流量以及水流出坎流速等。

2）概化选定原型的体型参数和上、下游地形参数等，设计一个等底坡泄槽加二元挑坎的泄水建筑物，泄水流量以及出坎流速基本与原型调查对象一致，下游岸坡设计为人工开挖渠道边坡。

3）以2）中设计的泄水建筑物为原型，规划设计3个不同比尺模型，根据试验要求和场地条件等综合选定比尺为1/40、1/50、1/60。

4）分别测量每个模型的降雨强度，进行谱图分析，进一步研究降雨分布规律和雨强模型律。

主要研究内容、步骤及其相关考虑如下：

1）由于三个模型比尺出口流速为4.3～5.3m/s，流速差别较小（0.5m/s），可假定水舌散裂和碰撞产生的雨强换算到原型时遵循基本相同的模型律形式。

2）测量各比尺模型相同原型工况的降雨强度。

3）通过各比尺模型与原型的比尺关系，在假定的前提条件下，得到相应的原型雨强及模型律指数。

4）计算各比尺模型所有相同测点的原型雨强及模型律指数，校验假定的合理性，并用于指导今后的模型试验。

5）通过得到的模型律成果分析已有的江垭雾化模型降雨强度模型律成果，对前述的模型律研究成果进行论证和优化。

综合拟定三种原型运行工况，也即模型试验工况，见表4-12。根据该运行工况，进行系列比尺的模型试验，研究不同比尺模型的降雨强度分布。

表4-12 系列比尺模型试验工况表

组次	流量（m³/s）	出口流速（m/s）	上游水位（m）	下游水位（m）
1	820	34	90	12
2	635	26	75	12
3	519	21	60	12

（1）模型水流挑距

首先对各个比尺模型试验工况下挑流水舌的挑距进行了观测，成果见表4-13～表4-15。观测成果表明，不同比尺模型相同试验工况下的水流挑距的原型换算成果基本一致，误差在3%以内，即水流挑距的缩尺效应对后续的雨强研究基本不存在影响。

表4-13 挑流水舌挑距表（1/40模型）

试验组次	上游水位（m）	下游水位（m）	模型挑距（m）	换算原型挑距（m）
1	90	12	4.7～5.2	188～212
2	75	12	4.0～4.5	160～180
3	60	12	3.5～3.8	140～155

表4-14 挑流水舌挑距表（1/50模型）

试验组次	上游水位（m）	下游水位（m）	模型挑距（m）	换算原型挑距（m）
1	90	12	3.6～4.2	188～210
2	75	12	3.2～3.6	160～180
3	60	12	2.8～3.0	140～152

表4-15 挑流水舌挑距表（1/60模型）

试验组次	上游水位（m）	下游水位（m）	模型挑距（m）	换算原型挑距（m）
1	90	12	3.2～3.5	192～210
2	75	12	2.7～3.0	162～180
3	60	12	2.3～2.5	140～150

（2）雨滴空中受力研究

大坝下游泄洪雾化产生的降雨雨滴在空中运动时主要受重力、空气浮力以及空气阻力作用，如果假设空中运动的水滴均近似呈球形分布，则其作用力可按以下公式描述。

重力

$$W_{\mathrm{G}} = m_{\mathrm{w}}g = \frac{1}{6}\rho_{\mathrm{w}}\pi d^3 g \qquad (4-83)$$

空气浮力

$$W_\mathrm{G} = mg = \frac{1}{6}\rho_\mathrm{w}\pi d^3 g \qquad\qquad (4-84)$$

空气阻力

$$W_\mathrm{f} = \frac{1}{8}\rho_\mathrm{w}C_\mathrm{D}V^2\pi d^2 \qquad\qquad (4-85)$$

式（4-83）~式（4-85）中：ρ_w 和 ρ_a 分别为水和空气的密度；d 为雨滴的直径，m；C_D 为空气阻力系数，是雷诺数的函数，其关系较为复杂，具体取值可参见已有相关实验成果；V 是雨滴在空中运动的速度，m/s。

根据雨滴的受力特点，计算了不同直径雨滴受力情况，如图 4-29 和图 4-30 所示，为计算简便起见，不同直径雨滴速度均取相同值。从图中可以看出，当雨滴直径较小时（如 $d \leqslant 3\mathrm{mm}$ 时），雨滴所受空气阻力与重力之比大于 1，且该比值随着雨滴的直径增大而减小。当雨滴直径较大时（如 $d \geqslant 3\mathrm{mm}$ 时），雨滴所受空气阻力与重力之比小于 1，且该比值随着雨滴的直径增大而减小。空气浮力与阻力和重力相比很小，其与重力的比值固定为 1:773，即水的密度和空气密度之比。

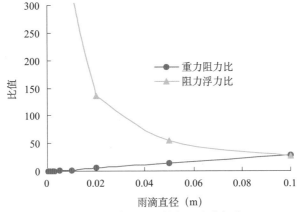

图 4-29　雨滴受力比较与雨滴直径关系

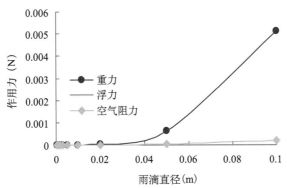

图 4-30　雨滴受力值变化与雨滴直径关系

上述雨滴受力分析表明，当雨滴直径很小时，雨滴在空中运动时所受的主要作用力为空气阻力，随着雨滴直径的增大，重力的作用成分开始增加。当雨滴直径达到 3mm 时，重力即与阻力基本相等，之后，重力的影响继续增大；当雨滴直径为 20mm 时，重力的影响已经 6 倍于空气阻力。

应该指出的是，该受力分析是建立在诸多假设之上的。首先是假定雨滴在空中的形状为球形，而实际的观测表明，实际雨滴在空中降落时，并非完全保持球形。在雨滴直径大于1.5mm时，由于下落速度较大，空气阻力增加，使其保持球形的内聚力相对减弱，雨滴的形状随着雨滴体积的增加变化很大。因而形状阻力增加，导致雨滴阻力系数与球体不同。其次是假设雾化雨滴为实体的水珠，但是根据现有原型观测资料，在水舌溅落区前后水舌与下游水体激溅形成降雨多为掺气水体。虽然如此，以上假设与实际情况的差异并不太大，在天然雨滴降落速度的研究中也常常进行这样的假设，其研究成果表明，这些基本假设是合理的。考虑该假设对雨滴受力分析结果的影响较小，可供模型律研究时参考。

（3）模型雨强分布综述

系列比尺模型水流流态和降雨分布的观测成果表明，水流入水后激溅形成的降雨仍然是泄洪雾化的主要来源，强降雨区也集中分布在水舌入水区前后，在强降雨区以外模型雨强相对较小，以组次1工况为例，模型雨强具体观测值如图4-31所示。

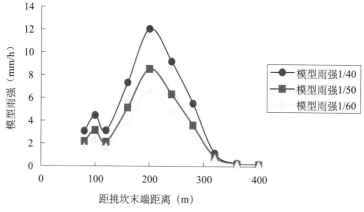

图4-31　模型雨强沿岸坡分布图（工况1）

对各测点雨强滴谱分析表明，水舌入水区附近区域雨滴滴谱的特点是雨滴直径大，斑痕形状狭长，表明雨滴在落地前有较大的动能和切向流速。在强降雨区下游一侧雨滴的直径开始急剧地减小，呈现粒径较小且雨滴的斑痕形状接近圆形的特点。而在强降雨区上游一侧则存在高速水流掺气紊动以及水滴失稳脱离水舌形成的抛洒降雨，其降雨雨滴特点是雨滴的斑痕形状基本接近圆形但粒径较大。各区的滴谱特征如图4-32～图4-34所示。

图4-32　抛洒降雨区的雨滴分布

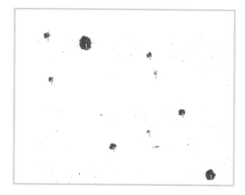

图4-33　雾流降雨区的雨滴分布

综合以往的原型观测成果以及模型研究成果，可将高坝挑流泄洪雾化引起的下游降雨在空间上沿水流运动方向上分为三个大的降雨区，即抛洒降雨区、溅水降雨区和雾流降雨区。雨滴滴谱的研究成果表明，这三个降雨区雨滴滴谱特性有所差异，抛洒降雨区雨滴斑痕形状基本接近圆形但粒径较大，溅水降雨区雨滴直径大，斑痕形状狭长，而雾流降雨区雨滴斑痕接近圆形但粒径很小。上述三区的雨滴在取样试纸上的痕迹特点反映雨滴的空间运动形式以及受力有所区别。

图 4-34　溅水区降雨的雨滴分布

（4）抛洒雨强分布及模型律研究

系列比尺的模型试验观测表明，原型挑流鼻坎下游 120m 范围内，两岸岸坡降雨基本为水舌空中抛洒降雨，且雨强类型均为优频雨强，为研究系列比尺之间的模型相似关系，先假定各比尺模型雨强与原型雨强之间存在简单的比尺指数关系，$s_{原型} = s_{模型} \times L_r^w$。由于原型雨强唯一，则各比尺模型雨强之间需满足以下方程

$$S_{40} \times 40^{\alpha} = S_{50} \times 50^{\beta} = S_{60} \times 60^{\gamma}$$
$$\alpha = \beta = \gamma = W \tag{4-86}$$

式中：S_{40}、S_{50} 和 S_{60} 为下标相应比尺模型测得的抛洒雨强，mm/h。

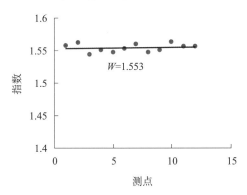

图 4-35　测点抛洒雨强的指数关系图

解上述方程即可得到该指数 W 关系，各测点计算成果汇总如图 4-35 所示。

从图中可以看出，该指数关系有较好的稳定性，基本围绕均值 1.553 上下波动，据此可认为该雨区模型律为

$$S_P = S_m \times L_r^{1.553} \tag{4-87}$$

（5）溅水区雨强分布及模型律研究

系列比尺的模型试验观测表明，原型挑流鼻坎下游 120~320m 范围内，两岸岸坡降雨基本为水舌入水后激溅形成的降雨，且雨强成分中含有优势和优频雨强两种成分。同上，为研究系列比尺之间的模型雨强相似关系，先假定各比尺模型雨强与原型雨强之间存在简单的比尺指数关系，对于该区雨强，由于含有两种降雨成分，根据已有的研究成果，可将相似关系假设为 $L_r^{\omega 1} + L_r^{\omega 2}$。由于原型雨强唯一，则各比尺模型雨强之间需满足以下方程

$$\chi_{40} \times 40^{\alpha 1} + y_{40} \times 40^{\alpha 2} = \chi_{50} \times 50^{\beta 1} + y_{50} \times 50^{\beta 2} = \chi_{60} \times 60^{\gamma 1} + y_{60} \times 60^{\gamma 2}$$
$$\alpha_1 = \beta_1 = \gamma_1 = W_1$$
$$\alpha_2 = \beta_2 = \gamma_2 = W_2 \tag{4-88}$$

式中：$\{x_{40}, y_{40}\}$、$\{x_{50}, y_{50}\}$ 和 $\{x_{60}, y_{60}\}$ 为下标相应比尺模型测得的优势和优频雨强，mm/h。

解上述方程即可得到该指数关系，各测点计算成果汇总如图 4-36 所示。

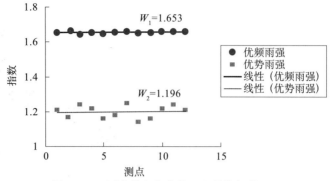

图 4－36　测点优频与优势雨强的指数关系图

从图 4－36 中可以看出，测点的 W_1 和 W_2 指数关系有较好的稳定性，基本围绕各自的均值上下小范围波动，据此可认为该雨区雨强模型律为

$$S_P = S_f \times L_r^{1.653} + S_g \times L_r^{1.196} \tag{4-89}$$

式中：S_f 为模型测点优频雨强，mm/h；S_g 为模型测点优势雨强，mm/h。

（6）雾流降雨区雨强分布及模型律研究

系列比尺的模型试验观测表明，原型挑流鼻坎下游 320～400m 范围内，两岸岸坡降雨基本为雾流降雨，且雨强类型均为优频雨强，同抛洒雨强的研究方法，各比尺模型雨强之间需满足以下方程

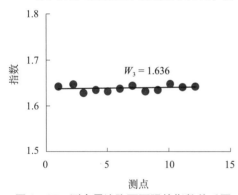

图 4－37　测点雾流降雨雨强的指数关系图

$$S_{40} \times 40^\alpha = S_{50} \times 50^\beta = S_{60} \times 60^\gamma$$
$$\alpha = \beta = \gamma = W_3 \tag{4-90}$$

解上述方程即可得到该指数关系，各测点计算成果汇总如图 4－37 所示。

从图 4－37 中可以看出，该指数关系有较好的稳定性，指数均围绕均值上下小范围波动，据此可认为该雨区雨强模型律为

$$S_P = S_m \times L_r^{1.636} \tag{4-91}$$

4.6.3　成果分析与技术讨论

系列比尺的模型试验研究和分析成果表明：泄洪雾化引起的下游降雨原则上可以分为三个区：抛洒降雨区、溅水降雨区和雾流降雨区。抛洒降雨区雨强模型律为：$S_P = S_m \times L_r^{1.553}$；溅水降雨区雨强模型律为：$S_P = S_f \times L_r^{1.653} + S_g \times L_r^{1.196}$；雾流降雨区雨强模型律为：$S_P = S_m \times L_r^{1.636}$。

上述研究成果与已有雨强模型律的研究成果对比分析表明，首先是进一步验证和复核了溅水区雨强线形模型律形式，并得到了该区的雨强模型律 $S_P = S_f \times L_r^{1.653} + S_g \times L_r^{1.196}$，与原有的模型律研究成果 $S_P = S_f \times L_r^{1.63 \sim 1.65} + S_g \times L_r^{1.0 \sim 1.2}$，本文的优势和优频雨强模型律相似关系的指数均基本在原有模型律的指数范围内，且较为接近指数的上限，再次证明泄洪雾化时大坝下游的强降雨区（即溅水区）的雨强为两大部分组成，各部分的模型雨强与原型降雨之间满足不同的相似关系。

另外，本研究在原有的研究成果基础上进一步体现了降雨分区的特点，按照不同的降雨特点和雨滴受力情况，将大坝下游的雾化范围划分为三个区，沿坝址下游方向依次为抛洒降雨区、溅水降雨区和雾流降雨区，并根据比尺模型雨强的分析成果给出了抛洒降雨区和雾流降雨区的模型律，进一步丰富了雾化雨强模型律的研究成果。

需要指出的是，本研究尚有较多假设，受多种条件的限制，模型的缩尺效应尚未充分考虑，可能限制研究成果的应用范围。在雨强模型律研究方面，由于没有相对应的原型观测资料进行对比分析，其模型律的研究精度也有待进一步验证。关于溅水区雨强模型律其相应的指数及其相关关系还有待进一步的研究，抛洒降雨区和雾流降雨区的分区原则以及相似性也需继续深入研究。

综合前述的研究成果来看，泄洪雾化产生的降雨和雾流现象中，降雨，特别是溅水引起的降雨，是影响工程安全的主要因素，也是在现阶段研究条件下的主要研究对象。

一般认为，泄洪雾化问题应采用大比尺物理模型试验进行研究，在模型比尺的选择上须满足两个要求：模型中水流韦伯数 We 大于 500 以及模型中水流流速 V 大于 6.0m/s。这两个要求的主要目的是使模型中的水流能够克服表面张力影响，基本满足水流掺气和水舌散裂现象的相似性。

大量的原型资料调查认为，泄洪雾化的主要雾源来自挑射水流入水处的水流激溅。其溅水区范围的水体喷溅形成的大粒径掺气水块，在运动过程中受到重力、浮力和空气阻力的作用。其中浮力与重力相比很小，且当掺气水块粒径较大时，重力在掺气水块的运动过程中的作用较空气阻力要大，具体分析见上节。其受力分析表明，水舌溅水区主要作用力仍然是重力，尽管泄洪雾化是一个非常复杂的水气两相流问题，模型原则上仍可按重力相似准则设计。同时，由于溅水区的降雨强度大，其雾雨强度和范围对工程布置和防护的意义也最大，是研究的重点。

在模型比尺的选择上，模型比尺应该越大越好，因为比尺越大则比尺效应越小。但是在实际的研究工作中，枢纽整体水工模型往往受到场地、试验流量等条件的制约，其比尺不可能很大。通常的枢纽水工整体模型比尺为 1:50 ~ 1:150，随着西部高坝大库的建立，其坝高以及巨大的泄流流量将进一步限制水工模型的研究比尺的选取。因此，在试验条件等的限制下，可通过较小的模型比尺来研究泄洪雾化中对工程影响最大的溅水区的降雨强度，但比尺也不宜过小。一般须保证模型水流流速大于 4m/s。

在通过物理模型模拟原型的泄洪雾化现象时，其研究重点应放在激溅水体的模拟上，该部分水体的主要作用力为重力，在受到实验室条件的限制下，可以采用较小比尺的物理模型进行研究，其模型律可参考本研究成果。但是，在研究对象的泄洪条件较为复杂（如出现空中碰撞消能等），以及河谷地形多变时，除物理模型试验外，还应开展数值计算和经验公式估算，并进行工程类比分析，以对泄洪雾化产生的雨强分布做出更为准确的预测。

4.7　溪洛渡水电站水垫塘区域雾化雨入渗分析与计算

4.7.1　雾化雨入渗数学模型及分析程序

雾化雨入渗同降雨入渗一样，是一个有地表入渗的饱和非饱和渗流过程。下面首先建立有地表入渗的裂隙岩体饱和非饱和渗流数学模型，并编制相应的计算程序，用于溪洛渡水电站水垫塘区岸坡的雾化雨入渗分析。

（1）有地表入渗的裂隙岩体渗流数学模型的建立

把裂隙岩体等效为连续介质来处理，在建立基本微分方程之前，先需定义裂隙岩体的等效水力参数。由于等效饱和渗透张量（或等效饱和渗透系数）以往讨论得较多，已有公认的定义，且成勘院已提供这方面的资料，故这里不再赘述。下面主要叙述等效非饱和水力参数的定义。

取一表征单元体（水力学性质不再有尺寸效应的最小体积；对于裂隙较发育的岩体，一般认为存在表征单元体且不是太大），其体积为 V；记表征单元体内裂隙所占的体积为 V^J（根据体积裂隙率求得），岩块所占的体积为 V^R，$V^R = V - V^J$。上标 R，J 分别表示与岩块和裂隙有关的量（下同）。假设垂直于水流方向的平面上裂隙内水头与岩块内水头相等，则可在流量等效的前提下，根据裂隙和岩块各自的非饱和水力参数及体积比重，通过均化方法来确定裂隙岩体的等效非饱和水力参数，即等效相对渗透率

$$k_r = \frac{k_r^J k_s^J V^J + k_r^R k_s^R V^R}{k_s^J V^J + k_s^R V^R}$$

式中：$k_s^J = \sqrt[3]{k_{sx}^J k_{sy}^J k_{sz}^J}$，$k_s^R = \sqrt[3]{k_{sx}^R k_{sy}^R k_{sz}^R}$，$k_{sx}^J$，$k_{sy}^J$，$k_{sz}^J$，$k_{sx}^R$，$k_{sy}^R$，$k_{sz}^R$ 分别为表征单元体内裂隙网络（等效为各向异性的连续介质）和岩块的饱和渗透张量的 3 个主值；等效比容水度 $C = \dfrac{C^J V^J + C^R V^R}{V}$；等效单位储存量 $S_s = \dfrac{S_s^J V^J + S_s^R V^R}{V}$。

把裂隙岩体等效为连续介质来处理，就可用下述方程来描述裂隙岩体饱和非饱和渗流

$$\sum_{i=1}^{3}\sum_{j=1}^{3}\frac{\partial}{\partial x_i}\Big[k_r(h)k_{ij}\frac{\partial}{\partial x_i}(h+x_3)\Big] - \Big[C(h)+\beta S_s\Big]\frac{\partial h}{\partial t} - S = 0 \qquad (4-92)$$

式中：k_r 为等效相对渗透率（假设裂隙岩体等效非饱和渗透张量的每一分量与等效饱和渗透张量的同一分量间均服从同一关系，则等效相对渗透率为一标量），它是压力水头的函数，为一变量；k_{ij} 为等效饱和渗透张量；h 为压力水头；x_i 为坐标轴，其中 x_3 为正向向上的铅直轴；C 为等效比容水度；在非饱和区 $\beta = 0$，在饱和区 $\beta = 1$；S_s 为等效单位储存量；t 为时间；S 为源（汇）项。式（4-92）为一强非线性方程。

初始条件由压力水头描述

$$(x_i,0) = h_0(x_i) \quad i = 1,2,3 \qquad (4-93)$$

式中：h_0 是 x_i 的给定函数。

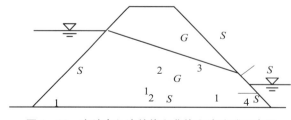

图 4-38　有地表入渗的饱和非饱和渗流域示意图

如图 4-38 所示，设有渗流区域 $G = G_1 + G_2$，G_1 和 G_2 分别表示饱和区和非饱和区。G 的边界由已知压力水头边界 S_1、已知流量边界 S_2、入渗边界 S_3 和出逸边界 S_4 组成。值得注意的是，与以往的只考虑饱和区渗流的模型不同，自由面不再是一个边界。

已知压力水头边界为

$$h(x_i,t) = h_c(x_i,t) \quad i = 1,2,3 \tag{4-94}$$

式中：h_c 是 x_i 和 t 的给定函数。

已知流量边界为

$$k_r(h) \sum_{i=1}^{3} \Big[\sum_{j=1}^{3} k_{ij} \frac{\partial h}{\partial x_j} + k_{i3} \Big] n_i = -q(x_i,t) \tag{4-95}$$

式中：n_i 为边界面法向矢量的第 i 个分量；q 为 x_i 和 t 的给定函数。

由于事先难以精确确定地表入渗边界条件，故计算时根据式（4-96）是否满足来确定地表入渗边界是作为已知水头边界还是作为已知流量边界。

$$\left| k_r(h) \sum_{i=1}^{3} \Big[\sum_{j=1}^{3} k_{ij} \frac{\partial h}{\partial x_j} + k_{i3} \Big] n_i \right| \leqslant |E_s| \tag{4-96}$$

式中：E_s 为给定的势表面通量（入渗时取降雨强度值）；k_r、k_{ij} 和 h 的意义同式（4-92）；n_i 的意义同式（4-95）。

地表入渗边界的具体处理方法叙述如下：在任一时步的第一次迭代期间，入渗边界作为流量等于给定势流量的一部分（乘以地表入渗系数）的已知流量边界。若入渗边界上某结点计算的压力水头值满足式（4-97），则该结点的流量绝对值按式（4-98）计算值增大。

$$h_L \leqslant h \leqslant 0 \tag{4-97}$$

式中：h_L 为地表最小允许压力水头。

$$\frac{|h_L|}{|h_L - h_n|} \tag{4-98}$$

式中：h_L 意义同式（4-97）；h_n 为入渗边界上结点的压力水头计算值。

若计算的压力水头值不满足式（4-97），结点 n 在随后的迭代中变成已知水头边界，压力水头值 $h_n = 0$。

任何计算阶段式（4-96）不满足，即计算流量超过给定势流量，则结点流量被给定，等于势值，并再作为已知流量边界。

出逸边界分为饱和部分和非饱和部分（开始时先假定）。每次迭代，饱和部分为零压力水头边界，非饱和部分为不透水边界。迭代中连续调整每一部分的长度，直至沿饱和部分所有结点流量计算值和沿非饱和部分所有结点压力水头计算值为负值为止。

（2）程序编制及求解步骤

根据上述基本方程和定解条件及其处理方法，编制了用于模拟泄洪雾化雨（或降雨）入渗的三维有限元计算程序。用该程序求解有地表入渗的裂隙岩体饱和非饱和渗流场的主要步骤如下：

1）离散计算域，即把计算域剖分成许多个单元。

2）对非稳定流问题还需离散时间域，即把整个求解过程离散为若干个时步，同时对雾化雨（或降雨）过程进行离散。

3）由于有限元计算格式是非线性的，故每一时步的压力水头场需通过迭代来确定。

4）根据每个时步的初始压力水头场定出每个单元的非饱和水力参数，求解有限元计算格式得到新的压力水头场，根据求得的压力水头场再调整每个单元的非饱和水力参数，继续迭代计算，直至前后两次迭代计算所得的计算域内结点压力水头的最大差值小于给定的容许值为止。

5）把上一时步的压力水头场作为下一时步的初始压力水头场，重复步骤4），直至求得最后时刻的压力水头场。

由上述计算过程可知，计算机时和工作量是很大的。

4.7.2 雾化雨入渗分析的计算模型

（1）计算域的选取

本次雾化雨入渗分析区域为水垫塘区岸坡，根据泄洪雨强分布图，取雾化雨强度较大的100m长水垫塘岸坡段（沿河流向）作为计算域。由于Ⅰ12横剖面位于该段内，故计算域的地形和地质分区情况以Ⅰ12横剖面为参考地质剖面，位于水垫塘区的其他横剖面作为复核。计算域在枢纽布置图中的位置如图4-39所示。

考虑到计算规模和计算时间的因素，以溢流中心线为分界线把计算域分成左岸和右岸两部分。根据Ⅰ12横剖面图和地形平面图，计算域侧向边界，右岸延伸至860m高程处，左岸延伸至760m高程处，理由：①本次计算分析主要考虑泄洪雾化雨的作用，而雾化雨区位于560m高程以下；②$P_2\beta_{14}$岩流层顶部有一层相对稳定连续、厚度为3~5m的古风化层（高程为700m左右）起隔水作用，使得两岸谷肩松散堆积物接受大气降水补给后，地下水在谷肩前缘多以接触下降泉的形式排泄，只有极少量的水流下渗补给玄武岩体；③再继续外延地质情况不明；④右岸860m高程处为一台地，左岸750m高程处开始地势平坦，故少量穿过古风化层的大气降水将主要以垂直下渗补给为主，对水垫塘岸坡的稳定性影响不大；⑤所截取的侧向边界在地下水位以下部分作为已知水头的补给边界，而不是不透水边界，故无须延伸至天然隔水边界。

考虑到相对隔水层$P_2\beta_n$的顶板高程为250m左右，且雾化雨入渗分析主要考虑地表入渗，不关心地下水位以下的饱和渗流场分布情况，故计算域底部取至250m高程处。

左、右岸计算域典型剖面示意图如图4-40和图4-41所示（为更清楚地表示出各类边界条件，仅给出计算域的典型剖面图，计算域轮廓图可参见有限元网格剖分图）。图4-41中高程值的点同图4-40中高程值的点。

（2）计算域渗透性分区

泄洪一般在雨季进行，故在考虑雾化雨入渗的同时，还需考虑降雨入渗。为使计算分析结果更贴近实际，在计算域中需考虑以下几种渗透介质：①两岸谷肩第四系松散堆积物；②古风化层；③峨眉山玄武岩；④层间错动带。根据玄武岩岩流层、不同的层间错动带以及风化情况，左、右岸计算域均细分为31个渗透分区。

（3）初始条件

计算域饱和区的初始压力水头场根据建坝蓄水后三维稳定饱和渗流模型的计算结果插值而得。由于缺乏实测资料，计算域非饱和区的初始压力水头先依据结点高程值假定，再用上述饱和非饱和渗流程序迭代计算无地表入渗情况下的饱和非饱和渗流场，直至24h内渗流场无明显变化为止（表明已达相对稳定状态），该时刻的饱和非饱和渗流场作为雾化雨入渗分析的初始压力水头场。左、右岸计算域的初始压力水头场如图4-42和图4-43所示。

图 4－39　计算域在枢纽布置图中的位置

（4）边界条件

如图4－40和图4－41所示，本次计算分析左、右岸计算域的边界条件相同，即：2—3边界和1—10边界为定水头边界，其中1—10边界已知水头取设计工况下水垫塘水位（407m）；2—3边界已知水头为455m。1—2边界、3—4边界和9—10边界为不透水边界（水垫塘边坡有衬砌，假设为不透水）。8—9边界为出逸边界。4—5边界、5—6边界、6—7边界和7—8边界为入渗边界，其中4—5边界自然降雨入渗边界（第④区），5—6边界、6—7边界和7—8边界分别为第③、第②和第①雾化雨区入渗边界。

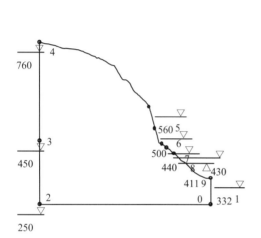

图4－40 左岸计算域典型剖面示意图

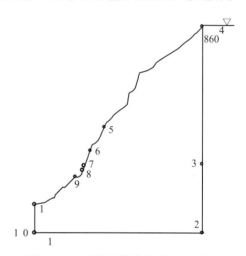

图4－41 右岸计算域典型剖面示意图

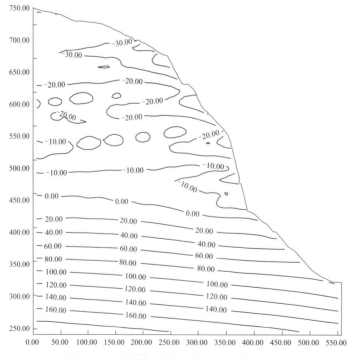

图4－42 左岸初始压力水头场（单位：m）

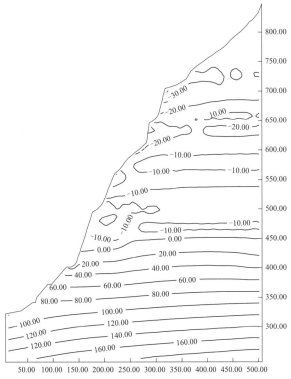

图 4 - 43　右岸初始压力水头场（单位：m）

（5）计算模型规模

左、右岸计算域有限元网格剖分图如图 4 - 44 和图 4 - 45 所示。其中左岸结点总数为 6556，单元总数为 5810；右岸结点总数为 5500，单元总数为 4840。

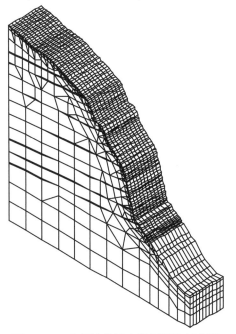

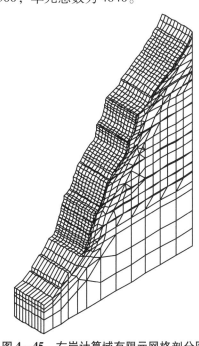

图 4 - 44　左岸计算域有限元网格剖分图　　图 4 - 45　右岸计算域有限元网格剖分图

4.7.3 计算结果及分析

运用考虑地表入渗的饱和非饱和渗流理论和相应的计算程序对前述 20 种工况下的水垫塘区左、右岸坡进行了雾化雨入渗分析。根据计算可以得到不同时刻的零压力线位置。为了清晰地表示出地下水位以上区域压力水头随雾化雨入渗历时的变化情况，特在左、右岸各布置了一典型剖面（剖面位置见零压力线位置图中的 1—1 剖面），跟踪 1—1 剖面给出了不同时刻压力水头与埋深的关系曲线。

计算结果表明：

1）因岩体渗透性由表及里逐渐减弱，雾化雨和降雨入渗 48h 后，右岸就出现暂态饱和区（零压力线所围成的区域），入渗 120h 后，左岸才出现暂态饱和区，这主要是由于渗透性较强的层间错动带在左岸倾向于坡内，入渗水量更易深入坡体深部，故在岸坡浅层较难形成暂态饱和区。随着入渗的进行，暂态饱和区也将逐渐增大，在右岸暂态饱和区最大深度（离地表的垂直距离）接近 50m，雨停之后，暂态饱和区将继续下移。对仅有雾化雨入渗的工况（工况 13～工况 16），在整个模拟期间均未出现暂态饱和区，这主要是因为雾化雨区边坡较陡，同时又有护面措施，故入渗进去的水量不足以形成暂态饱和区。

2）随着入渗的进行，原有地下水位将逐渐升高。地下水位的增幅主要取决于雾化雨区护面措施的防渗作用，当护面措施仅能将入渗强度折减为 50% 时（工况 4、工况 8、工况 12 和工况 16），左岸出逸点位置的最大升高值接近 50m，右岸出逸点位置的最大升高值接近 55m；左、右岸坡浅层部位地下水位都有大幅度升高。当降雨历时较长时（工况 17 和工况 8），地下水位将与暂态饱和区连通。但对仅有自然降雨入渗的工况（工况 19 和工况 20），在整个模拟期间地下水位均无明显升高，由此表明地下水位的升高主要是雾化雨入渗的贡献。

3）由于弱下岩体和微新岩体的渗透性较弱上岩体弱，渗入弱上岩体内的雨水相当部分将沿着弱上岩体与弱下岩体的分界面和层间错动带渗出，故暂态饱和区和地下水位的升高区主要位于弱上岩体内，即主要在岸坡岩体的浅层。由于右岸层间错动带倾向坡外，故上述现象尤为明显。

4）暂态饱和区的大小和地下水位的增幅取决于雾化雨区护面措施的防渗作用，尤其是地下水位的最大增幅。当护面措施能将入渗强度折减为 0%（完全不透水）时，地下水位将无明显升高。因此，必须尽量设法加强岸坡表面保护，尤其是雾化雨区坡面的保护，以减少入渗。

5）在各种工况下，右岸暂态饱和区范围和地下水位的增幅均较左岸的大。这主要是由以下两方面原因造成的：一是由于右岸雾化雨区边坡较左岸的缓，雨水入渗量更大，由此可见，当边坡较缓时，更应重视地表入渗的控制；二是由于右岸雾化雨区部位弱上岩体的厚度较左岸的大。

6）由工况 19 和工况 20（仅有降雨入渗）与工况 13～工况 16（仅有雾化雨入渗）的对比可知，自然降雨入渗对暂态饱和区的形成有重要贡献，当雾化雨区以上边坡较缓时（如这里的右岸），不可忽视对自然降雨入渗的控制。

7）由工况 1～工况 12 与工况 17 和工况 18 的对比可知，当自然降雨历时较长时，暂态饱和区较大（左岸暂态饱和区随自然降雨历时的增长增大更为明显），地下水位的增幅也较大。

8）由工况 17～工况 20 与工况 1～工况 12 的对比可知，暂态饱和区的深度主要受岸坡岩性控制（主要位于弱上岩体内），降雨历时长短只影响暂态饱和区沿坡面方向的范围，对深度没有多大影响。

此外，由于左岸所选取的初始压力水头场尚未绝对稳定（这也符合实际情况），故坡体内水分的再分配过程尚未结束，因此入渗初期，地下水位看似异常的变化实属正常现象。

4.8　雾化雨入渗对溪洛渡水垫塘岸坡稳定性的影响研究

对水垫塘区岸坡的稳定性已有专门的单位做了研究，故本次计算分析的主要任务是对雾化雨入渗对水垫塘区岸坡稳定性影响的程度做出基本的评价（由于计算参数尚待进一步校核），并对现有工程处理措施进行评价和建议。

4.8.1　地表入渗引发岩坡失稳的机制

引入非饱和土的抗剪强度理论，认为非饱和岩体的抗剪强度可用三个独立应力状态变量中的两个来表达。已经证明应力状态变量 $(\sigma - u_a)$ 和 $(u_a - u_w)$ 是实际应用中最有利的组合，利用这两个应力状态变量写成的抗剪强度公式如下

$$\tau_f = c' + (\sigma - u_a)\tan\phi' + (u_a - u_w)\tan\phi^b \tag{4-99}$$

式中：c' 为摩尔—库仑破坏包线的延伸与剪应力轴的截距（在剪应力轴处的净法向应力和基质吸力均为零），它也叫作有效凝聚力；$(\sigma - u_a)$ 为破坏时在破坏面上的净法向应力；σ 为破坏时在破坏面上的法向总应力；u_a 为破坏时在破坏面上的孔隙气压力（一般认为孔隙气压力为大气压，即 $u_a = 0$）；ϕ' 为与净法向应力状态变量 $(\sigma - u_a)$ 有关的内摩擦角；$(u_a - u_w)$ 为破坏时破坏面上的基质吸力；u_w 为破坏时在破坏面上的孔隙水压力（当其值小于零时，称为基质吸力或毛细压力）；在非饱和区，ϕ^b 为与基质吸力 $(u_a - u_w)$ 有关的内摩擦角，在饱和区，ϕ^b 应改为 ϕ'。

式（4-99）为延伸的摩尔—库仑破坏准则。若不考虑基质吸力对抗剪强度的贡献，ϕ^b 应改为 ϕ'，式（4-99）退化为摩尔—库仑破坏准则。

设孔隙气压力为大气压，即 $u_a = 0$，则非饱和岩体的抗剪强度公式可写为

$$\tau_f = c' + \sigma\tan\phi' - u_w\tan\phi^b \tag{4-100}$$

由式（4-100）可知，非饱和带基质吸力所产生的抗剪强度包括在岩体的凝聚力里（即总凝聚力 $c = c' - u_w\tan\phi^b$）。由于基质吸力的存在增大了岩体的凝聚力，从而会提高岩坡的稳定性。可以理解，由于地表入渗会导致岩坡内基质吸力的降低，因而岩体的黏聚力减小了，岩坡的稳定安全系数可能显著下降。此外，地表入渗还会形成暂态的饱和区，即产生对岩坡稳定不利的暂态附加水荷载。

综上所述，地表入渗引发岩坡失稳的物理机制可归纳如下：地表入渗前，岩坡内非饱和带的基质吸力较大，岩体的实际凝聚力 $c = c' - u_w\tan\phi^b$ 也较大，使得岩体的抗剪强度较高，故而岩坡具有较大的稳定安全系数，岩坡是稳定的。随着地表入渗的不断进行，岩坡内非饱和带的基质吸力将逐渐减小，甚至在原先的非饱和带中会形成一些暂态

的饱和区，同时地下水位也将抬高。这不仅增加了促使岩坡滑动的力，即暂态附加水荷载和岩体自身重力沿滑动方向的分力，同时也使岩体的实际凝聚力逐渐减小，即岩体的抗剪强度将不断降低，此外水还会软化岩体，降低岩体的有效凝聚力 c' 和内摩擦角 ϕ'。上述三方面的不利因素均将导致岩坡稳定安全系数不断减小。当岩坡沿某一滑裂面的稳定安全系数随着降雨的进行降至某一值时，岩坡就将沿该滑裂面剪切破坏，或整体深层滑动破坏或局部浅层滑动破坏。

4.8.2 地表入渗影响下的岩坡稳定验算程序的研制

由于刚体极限平衡法技术成熟且能满足实际工程问题的精度要求，是目前规范中评价稳定的主要方法。因此研制地表入渗影响下的岩坡稳定性验算程序时将采用刚体极限平衡法来进行岩坡稳定分析。

（1）改进的不平衡推力传递法

不平衡推力传递法是我国工民建和铁道部门在核算边坡稳定时广泛采用的一种极限平衡法。这里所提出的改进不平衡推力传递法与以往的不平衡推力传递法相比，主要有以下几点改进：①该法考虑了非饱和带基质吸力对岩体抗剪强度的贡献，同时还考虑了暂态附加水荷载的作用，使得分析结果更加符合实际；②针对不平衡推力传递法在很多情况下不易收敛以及分块极限平衡法假设过多的不足，改进的不平衡推力传递法先用不平衡推力传递法计算岩坡的稳定安全系数，若不收敛，改用收敛性较好的分块极限平衡法来计算岩坡的稳定安全系数；③由于不平衡推力传递法在计算岩坡的稳定安全系数时没有考虑条分法的公理，故改进的不平衡推力传递法先用不平衡推力传递法计算出岩坡的稳定安全系数，再验证条分法公理，若不满足，改用考虑条分法公理的分块极限平衡法来计算岩坡的稳定安全系数；④对改进的不平衡推力传递法而言，滑裂面可以是任意形状的，并提出了一套搜索最危险滑裂面位置的方法。

考虑非饱和带基质吸力和暂态附加水荷载等作用的不平衡推力传递法和分块极限平衡法分述如下。值得指出的是，在以下分析中，饱和区部分 $\phi^b = \phi'$；u_w 在非饱和区为基质吸力，用负值表示，在饱和区为压力水头，用正值表示。分析中，非饱和区部分，滑动力计算考虑含水量增加岩体容重的变化，饱和区（包括暂态饱和区）滑动力计算时采用饱和容重。条块间的作用力以及条块底面上的总法向反力均包含了表面水压力。若要考虑水对岩体的软化，可通过试验得出有效凝聚力和内摩擦角的降低值来考虑水对岩体的软化作用。

（2）不平衡推力传递法

用不平衡推力传递法验算边坡稳定时，首先需将滑裂面以上的岩体分成若干竖直条块。作用于滑动岩体内第 i 条块上的力如图 4-46 所示。力的大小是按条块的单

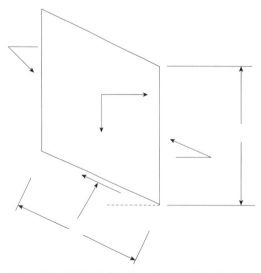

图 4-46 作用于条块上的力（不平衡推力传递法）

位厚度计算的。图 4 - 46 中各力的意义如下：W_i 为第 i 条块的重力；Q_i 为第 i 条块的水平向地震惯性力；N_i 为第 i 条块底面上的总法向反力；T_i 为第 i 条块底面上的切向抗剪力；P_i 为第 i 条块的不平衡推力，力的方向与第 i 条块底面平行；P_{i-1} 为第 $i-1$ 条块的不平衡推力，力的方向与第 $i-1$ 条块底面平行。

其中第 i 条块水平向地震惯性力为

$$Q_i = K_H C_Z \theta W_i \tag{4-101}$$

式中：K_H 为水平向地震系数，根据水工建筑物抗震设计规范中的规定选取；C_Z 为综合影响系数，建议取 0.25；θ 为地震加速度分布系数，根据水工建筑物抗震设计规范中的规定选取；W_i 为第 i 条块的重力。

设沿滑裂面的抗滑稳定安全系数为 F_S，并令 $N_i = \sigma_i ds_i$，则有

$$T_i = (c_i' ds_i + N_i \tan\phi_i' - u_{wi} \tan\phi_i^b ds_i)/F_S \tag{4-102}$$

则第 i 条块的抗滑力与滑动力分别为

$$抗滑力 = T_i + P_i = (c_i' ds_i + N_i \tan\phi_i' - u_{wi} \tan\phi_i^b ds_i)/F_S + P_i \tag{4-103}$$

其中

$$N_i = W_i \cos\alpha_i + Q_i \sin\alpha_i + P_{i-1} \sin(\alpha_{i-1} - \alpha_i)$$

$$滑动力 = P_{i-1} \cos(\alpha_{i-1} - \alpha_i) + Q_i \cos\alpha_i + W_i \sin\alpha_i \tag{4-104}$$

由于处于极限平衡状态，即抗滑力等于滑动力，因此由式（4 - 102）、式（4 - 103）和式（4 - 104）可得

$$P_i = P_{i-1} \cos(\alpha_{i-1} - \alpha_i) + W_i \sin\alpha_i + Q_i \cos\alpha_i -$$
$$\{c_i' ds_i + [W_i \cos\alpha_i + P_{i-1} \sin(\alpha_{i-1} - \alpha_i) + Q_i \sin\alpha_i] \tan\phi_i' - u_{wi} \tan\phi_i^b ds_i\}/F_S \tag{4-105}$$

对给定的滑裂面，在求解稳定安全系数 F_S 时，需利用式（4 - 105）进行试算。即先假定一个 F_S 值，从岩坡顶部第一条块算起，求出它的不平衡推力 P_1（求 P_1 时，条块左侧推力为 0），作为第二条块的左侧推力，再求出 P_2，如此计算出最后一个条块的不平衡推力 P_n（若在上述计算过程中遇到某一条块的不平衡推力小于 0，则应令其为 0）。若 P_n 与 P_{n-1} 的差值小于等于允许值，则所设的 F_S 即为要求的稳定安全系数，若 P_n 与 P_{n-1} 的差值大于允许值，则重设 F_S 值，重新计算，直至满足要求为止。

解得稳定安全系数 F_S 后，根据条分法的公理，还要验算条块间有无竖向破坏的可能，即应满足

$$F_{Vi} = \frac{c_{Ai}' h_i + P_i \cos\alpha_i \tan\phi_{Ai}' - \sum_j u_{wi}^j \tan\phi_i^{bj} h_i^j}{P_i \sin\alpha_i} \geqslant F_S \tag{4-106}$$

式中：c_{Ai}' 和 ϕ_{Ai}' 为第 i 条块与第 $i+1$ 条块公共面上各岩层有效凝聚力和内摩擦角的厚度加权平均值；ϕ_i^{bj} 为公共面上第 j 层岩体的抗剪强度随基质吸力（$u_a - u_w$）而增加的速率；u_{wi}^j 为第 j 岩层的孔隙水压力；h_i^j 为第 j 岩层的厚度；h_i 为公共面上各岩层的总厚度。

对任一条块，若式（4 - 106）不能满足，就采用下述的分块极限平衡法来求 F_S。

（3）分块极限平衡法

用分块极限平衡法验算岩坡稳定时，首先需将滑裂面以上的岩体分成若干竖直条块。作用于滑动岩体内第 i 条块上的力如图 4 - 47 所示。力的大小是按条块的单位厚度

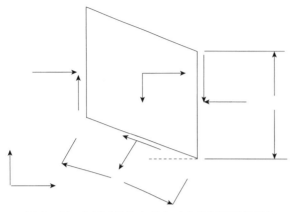

图 4 – 47　作用于条块上的力（分块极限平衡法）

计算的。图 4 – 47 中各力的意义如下：W_i 为第 i 条块的重力；Q_i 为第 i 条块的水平向地震惯性力，其计算公式为式（4 – 101）；N_i 为第 i 条块底面上的总法向反力；T_i 为第 i 条块底面上的切向抗剪力；P_i 和 X_i 为第 i 条块的水平向推力和竖向力；P_{i-1} 和 X_{i-1} 为第 $i-1$ 条块的水平向推力和竖向力。

列出 x 方向（水平方向）上的力平衡方程，有

$$P_{i-1} - P_i + N_i\sin\alpha - T_i\cos\alpha + Q_i = 0 \tag{4 – 107}$$

列出 y 方向（铅直方向）上的力平衡方程，有

$$N_i\cos\alpha + T_i\sin\alpha + X_i - X_{i-1} - W_i = 0 \tag{4 – 108}$$

为寻求递推关系，在此先不妨将 X_{i-1}，P_{i-1} 视为已知量，这样式（4 – 107）、式（4 – 108）中的未知量分别为 N_i，T_i，X_i，P_i。

这就是说，上述三个方程中仍包含 4 个未知量，尚属静不定问题，仍无法解出所有变量。为此，尚需补充一关系式，才能唯一确定上述诸变量。

先由式（4 – 107）和式（4 – 108）解出 P_i，X_i，得

$$P_i = P_{i-1} + N_i\sin\alpha_i - T_i\cos\alpha_i + Q_i \tag{4 – 109}$$

$$X_i = X_{i-1} + W_i - N_i\cos\alpha_i - T_i\sin\alpha_i \tag{4 – 110}$$

假设相邻滑块公共面上的稳定安全系数为 F_{Vi}（竖直向），则根据条分法的公理有

$$F_{Vi} = \frac{c'_{Ai}h_i + P_i\cos\alpha_i\tan\phi'_{Ai} - \sum_j u^j_{wi}\tan\phi^{bj}_i h^j_i}{P_i\sin\alpha_i} \geqslant F_S \tag{4 – 111}$$

式中：c'_{Ai} 和 ϕ'_{Ai} 为第 i 条块与第 $i+1$ 条块公共面上各岩层有效凝聚力和内摩擦角的厚度加权平均值；ϕ^{bj}_i 为公共面上第 j 层岩体的抗剪强度随基质吸力（$u_a - u_w$）而增加的速率；u^j_{wi} 为第 j 岩层的孔隙水压力；h^j_i 为第 j 岩层的厚度；h_i 为公共面上各岩层的总厚度。

为研究方便起见，假设 $F_{Vi} = F_S$，这样便获得了补充条件，即

$$c'_{Ai}h_i + P_i\tan\phi'_{Ai} - FJC_i = F_S X_i \tag{4 – 112}$$

式中：$FJC_i = \sum_j u^j_{wi}\tan\phi^{bj}_i h^j_i$。

联立式（4 – 109）、式（4 – 110）、式（4 – 111）和式（4 – 112）可解得滑动面上的正压力 N_i 为

$$N_i = \frac{F_S^2(X_{i-1} + W_i) - (c'_i - u_{wi}\tan\phi^b_i)(F_S\sin\alpha_i - \cos\alpha_i\tan\phi'_{Ai})\mathrm{d}s_i - F_S[c'_{Ai}h_i + FJC_i - (Q_i + P_{i-1})\tan\phi'_{Ai}]}{F_S^2\cos\alpha_i + F_S\sin\alpha_i(\tan\phi'_{Ai} + \tan\phi'_i) - \cos\alpha_i\tan\phi'_i\tan\phi'_{Ai}}$$

$$\tag{4 – 113}$$

对给定的滑裂面，在求解稳定安全系数时，先假定一个 F_S 值，利用式（4 – 113）、式（4 – 109）和式（4 – 110）由第一条块依次计算到第 n 条块，依次求出 N_1，N_2，$\cdots$，N_n，X_1，X_2，$\cdots$，X_n，P_1、P_2，$\cdots$，P_n（若在上述计算过程中遇到某一条块的水平向推力小于

0，则应令其为 0）。若 P_n 与 P_{n-1} 的差值小于等于允许值，则所设的 F_s 即为要求的稳定安全系数，若 P_n 与 P_{n-1} 的差值大于允许值，则重设 F_s 值，重新计算，直至满足要求为止。

（4）程序编制及分析步骤

根据前述理论分析和计算公式，编制了地表入渗影响下的岩坡稳定性验算程序。分析地表入渗影响下的非饱和岩坡稳定性时，主要有以下几个步骤：

1）根据地形、地质资料和地表入渗下岩坡的饱和非饱和渗流场，对岩坡进行分层（不管原先的非饱和带是否是同一种地质材料，均需根据基质吸力的大小分为几层，此外饱和带也应根据孔隙水压力的大小分为几层）。

2）从上到下输入上述各层面的位置信息和各层的物理力学参数及孔隙水压力（非饱和区为基质吸力），其中各层的孔隙水压力值取该层孔隙水压力的平均值。

3）输入其他信息，如初始滑裂面上的物理力学参数、条块数、水平向地震系数及地震加速度分布系数等。

4）根据岩坡内结构面的发育情况，决定是否需要搜索最危险滑裂面，同时选取合理的初始滑裂面位置。

5）若不需搜索最危险滑裂面，则还需选取其他可能的滑裂面并输入滑裂面上的物理力学参数同上进行稳定分析，最终确定出最危险滑裂面位置及相应的稳定安全系数。

4.8.3　雾化雨入渗下的水垫塘区岸坡稳定性分析

根据前述雾化雨入渗下的水垫塘区岸坡饱和非饱和渗流场，采用刚体极限平衡法进行岸坡稳定分析。由于溪洛渡水垫塘区岸坡的优势结构面都是陡倾角的，故在稳定分析时，采用垂直条分。

（1）计算模型

选取雾化雨强度最大处的剖面——Ⅰ12 横剖面作为计算断面，同雾化雨入渗分析，岸坡稳定验算时，左、右岸分开进行。岸坡稳定验算分整体深层滑动和雾化雨区局部浅层滑动两种情况进行。

根据横Ⅰ12线地质剖面图和饱和非饱和渗流场，把计算断面细分为 10 层，如图 4-48 和图 4-49 所示。每一层均为同一种地质材料，每一层的基质吸力（或孔隙水压力）取各层的平均值。

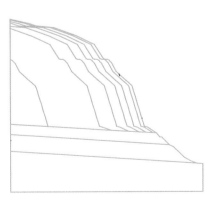

图 4-48　左岸计算断面分层图

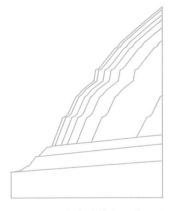

图 4-49　右岸计算断面分层图

由于层间、层内错动带和陡倾角裂隙的抗剪强度指标均远小于岩体的抗剪强度指标，因此岸坡最可能沿层间、层内错动带和陡倾角裂隙滑动。据参考资料，底滑面由层间、层内错动带组成，层间、层内错动带定位按横Ⅰ12剖面上的位置。层间、层内错动带根据风化卸荷情况分为弱上、弱下和微新三段。侧向滑裂面由陡倾角裂隙组成，其中右岸中高高程为第①组陡倾角裂隙，其产状为EW/S(N)∠70°~85°，右岸低高程为第④组陡倾角裂隙，其产状为N60°~80°E/SE(NW)∠65°~85°；左岸为第③组陡倾角裂隙，其产状为N20°~30°W/SW(NE)∠70°~85°。

综上所述，滑裂面由层间、层内错动带和陡倾角裂隙组成，可由若干段折线来描述，其中右岸滑裂面（一陡一缓或二陡一缓）最多分为9段折线（底滑面根据风化卸荷情况分为3段，侧滑面根据高程和风化卸荷情况分为6段），左岸滑裂面（一陡一缓）最多分为6段折线（底滑面根据风化卸荷情况分为3段，侧滑面根据风化卸荷情况分为3段）。搜索最危险滑裂面位置的基本思路叙述如下：先固定底滑面位置（取一层间或层内错动带），再搜索最危险侧滑面并记录下位置及相应的稳定安全系数（侧滑面按陡倾角裂隙的倾角和裂隙间距平行搜索，其中陡倾角裂隙的倾角取倾角范围的上限值和下限值做比较）；改变底滑面位置，即取另一组错动带，同上搜索并记录下最危险侧滑面位置及相应的稳定安全系数，直至验算完所有的错动带位置；最后通过比较确定出最危险滑裂面位置和相应的最小稳定安全系数。此外，由于弱上岩体内裂隙较发育，岩体破碎呈镶嵌至碎裂结构，当侧滑面位于弱上岩体内时，按任意倾角搜索最危险侧滑面。

（2）计算参数

计算参数依据勘测资料来选取。内摩擦角由正切值 f 换算为角度 ϕ'。由于缺乏实测资料，反映抗剪强度随基质吸力而增加的速率角 ϕ^b 取内摩擦角 ϕ' 的50%。各类材料的计算参数汇总于表4-16。

表4-16　各类材料所需的计算参数值

材料类型		c'（kPa）	ϕ'（°）	ϕ^b（°）	容重（kN/m³）
岩体	弱上	800	45	22.5	27.5
	弱下	1700	49.72	24.86	28.0
	微新	2500	53.47	26.74	28.5
层间、层内错动带	弱上	100	21.8	10.9	—
	弱下	150	26.57	13.28	—
	微新	250	28.81	14.4	—
陡倾角裂隙	弱上	100	28.81	14.4	—
	弱下	300	40.36	20.18	—
	微新	500	45	22.5	—

底滑面为层间、层内错动带，而层间、层内错动带的连通率为100%，故底滑面的抗剪强度参数取层间、层内错动带的抗剪强度参数。由于陡倾角裂隙分布有一定的连通率，而做稳定分析时，假设侧滑面是完全连通的，因此侧滑面的抗剪强度参数应选取岩体参数和陡倾角裂隙参数的加权平均值。侧滑面抗剪强度指标的计算公式为

$$\left.\begin{aligned} \phi' &= \phi'_r(1-\psi) + \phi'_f\psi \\ c' &= c'_r(1-\psi) + c'_f\psi \\ \phi^b &= \phi^b_r(1-\psi) + \phi^b_f\psi \end{aligned}\right\} \tag{4-114}$$

式中：ϕ'_r、ϕ'_f 和 ϕ' 分别为岩体、陡倾角裂隙和侧滑面的内摩擦角；c'_r、c'_f 和 c' 分别为岩体、陡倾角裂隙和侧滑面的有效凝聚力；ϕ^b_r、ϕ^b_f 和 ϕ^b 分别为岩体、陡倾角裂隙和侧滑面的表示抗剪强度随基质吸力而增加的速率；ψ 为陡倾角裂隙的连通率。

据式（4-114）求得的侧滑面抗剪强度指标见表 4-17。

表 4-17 侧滑面的抗剪强度指标值

风化卸荷	岩体抗剪强度指标			陡倾角裂隙抗剪强度指标			连通率 ψ	侧滑面抗剪强度指标		
	c'_r (kPa)	ϕ'_r (°)	ϕ^b_r (°)	c'_f (kPa)	ϕ'_f (°)	ϕ^b_f (°)		c' (kPa)	ϕ' (°)	ϕ^b (°)
弱上	800	45	22.5	100	28.81	14.4	35%	555	39.33	19.67
弱下	1700	49.72	24.86	300	40.36	20.18	30%	1280	46.91	23.46
微新	2500	53.47	26.74	500	45	22.5	25%	2000	51.35	25.68

注：进行岸坡稳定分析时，水平向地震系数 $K_H = 0.321$，地震加速度分布系数 $\theta = 1.0$。

（3）计算结果及分析

根据前述 20 种工况下不同时刻的饱和非饱和渗流场计算结果以及所选定的抗滑稳定计算参数，对水垫塘区岸坡的整体深层滑动和雾化雨区局部浅层滑动进行了验算。

从验算结果看，整体深层滑动的稳定安全系数随雾化雨入渗的进行降低不大，这里不给出整体深层滑动的稳定安全系数与雾化雨历时的关系，仅给出 20 种工况下稳定安全系数的最大降幅（雨停 24h 左右稳定安全系数达到最低），见表 4-18，工况 9～工况 20 左、右岸安全系数与雾化雨历时的关系和图 4-50～图 4-55 所示。

表 4-18 20 种工况下左、右岸整体深层滑动稳定安全系数的最大降幅

工况	左岸整体深层滑动			右岸整体深层滑动		
	初始安全系数	最低安全系数	最大降幅（%）	初始安全系数	最低安全系数	最大降幅（%）
1	2.221	2.218	0.14	1.937	1.934	0.16
2	2.221	2.213	0.36	1.937	1.928	0.46
3	2.221	2.210	0.50	1.937	1.924	0.67
4	2.221	2.206	0.68	1.937	1.921	0.83
5	2.221	2.218	0.14	1.937	1.934	0.16
6	2.221	2.214	0.32	1.937	1.929	0.41
7	2.221	2.211	0.45	1.937	1.925	0.62
8	2.221	2.207	0.63	1.937	1.922	0.77
9	2.221	2.218	0.14	1.937	1.934	0.16
10	2.221	2.214	0.32	1.937	1.928	0.46
11	2.221	2.211	0.45	1.937	1.925	0.62
12	2.221	2.207	0.63	1.937	1.922	0.77
13	2.221	2.219	0.09	1.937	1.935	0.1
14	2.221	2.215	0.27	1.937	1.931	0.31
15	2.221	2.212	0.41	1.937	1.928	0.46
16	2.221	2.210	0.50	1.937	1.926	0.57
17	2.221	2.205	0.72	1.937	1.922	0.77
18	2.221	2.202	0.86	1.937	1.919	0.93
19	2.221	2.216	0.23	1.937	1.932	0.26
20	2.221	2.214	0.31	1.937	1.930	0.36

不同工况不同时刻整体深层滑动和雾化雨区局部浅层滑动的最危险滑裂面位置会有所不同，但变化不大。图 4-56～图 4-59 给出了最危险滑裂面位置。

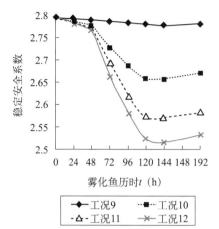

图 4 - 50　左岸安全系数与雾化雨
历时的关系（工况 9 ~ 工况 12）

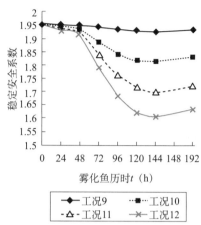

图 4 - 51　右岸安全系数与雾化雨
历时的关系（工况 9 ~ 工况 12）

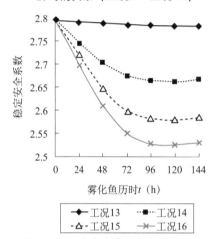

图 4 - 52　左岸安全系数与雾化雨
历时的关系（工况 13 ~ 工况 16）

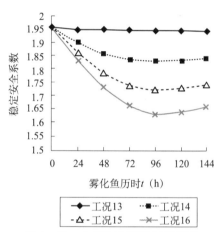

图 4 - 53　右岸安全系数与雾化雨
历时的关系（工况 13 ~ 工况 16）

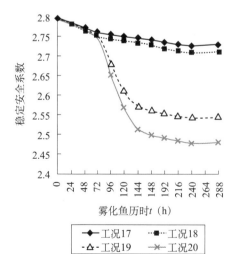

图 4 - 54　左岸安全系数与雾化雨
历时的关系（工况 17 ~ 工况 20）

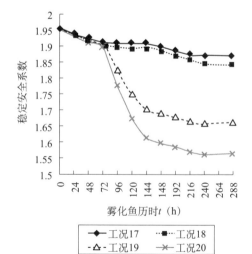

图 4 - 55　右岸安全系数与雾化雨
历时的关系（工况 17 ~ 工况 20）

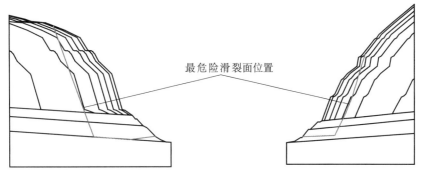

图 4 - 56　左岸整体深层滑动的最危险滑裂面　　图 4 - 57　右岸整体深层滑动的最危险滑裂面

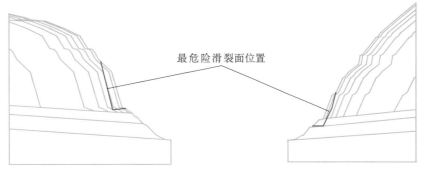

图 4 - 58　左岸雾化雨区浅层滑动的最危险滑裂面　　图 4 - 59　右岸雾化雨区浅层滑动的最危险滑裂面

由表 4 - 18 可看出，水垫塘区岸坡整体深层滑动的稳定安全系数随雾化雨入渗的进行降低不大，其中左岸稳定安全系数的最大降幅为 0.86%（工况 18），右岸稳定安全系数的最大降幅为 0.93%（工况 18）。整体深层滑动的稳定安全系数对雾化雨入渗影响不太敏感可由以下两方面的原因来解释：一是由于岸坡较陡，且岩体渗透性由表及里减小明显，雾化雨入渗很难深入到岩体内部，而最危险滑裂面位置又较深，故滑裂面的抗剪强度指标没有降低（处于浅层的滑裂面除外）；二是由于所形成的暂态饱和区与滑动岩体体积相比不大，因此由暂态饱和区所增加的滑动岩体重量和附加暂态水荷载也不大。

由图 4 - 50 ~ 图 4 - 55 可看出：

1）各种工况下，雾化雨区局部浅层滑动的稳定安全系数随雨水的下渗而逐渐降低，入渗结束后 24h 降至最低，之后又有所回升。导致稳定安全系数降低有以下两方面的原因，一是由于雨水的入渗引起滑裂面处孔隙水压力的增加，使滑裂面的抗剪强度降低；二是由于暂态饱和区的形成，增加了滑动力。由于入渗停止后，水分还将继续往下渗，滑裂面处的孔隙水压力还将继续升高，故入渗停止后稳定安全系数将进一步降至最低值。之后随着暂态饱和区的消失，稳定安全系数又会有所回升。

2）雾化雨区护面措施的防渗作用对雾化雨区局部浅层滑动的稳定安全系数影响很大。对 3d 雾化雨 5d 降雨的组合情况（工况 1 ~ 工况 12），当护面措施能将入渗强度折减为 0% 时，左岸雾化雨区局部浅层滑动稳定安全系数最大仅从初始的 2.794 降为 2.777（工况 1），右岸最大仅从初始的 1.954 降为 1.924（工况 1）；当护面措施仅能将入渗强度折减为 50% 时，左岸雾化雨区局部浅层滑动稳定安全系数最大从初始的 2.794 降为 2.515（工况 4），降幅达 10%，右岸最大从初始的 1.954 降为 1.601（工况 4），降幅达 18%。对 3d 雾化雨 9d 降雨组合情况（工况 17 ~ 工况 18），当护面措施仅能将入渗强度折减为 50% 时，左岸雾化雨区局部浅层滑动稳定安全系数最大从初始的 2.794 降为 2.479（工况 18），降幅达 11%，右岸最大从初始的 1.954 降为 1.562（工况 18），降幅达 20%。

3) 右岸雾化雨区局部浅层滑动稳定安全系数的降幅比左岸的大，这主要是由于右岸雾化雨区边坡较左岸的缓，雨水的入渗量更大。

4) 工况 1 ~ 工况 12 的稳定安全系数降幅大于工况 13 ~ 工况 16 的稳定安全系数降幅。当雾化雨区护面措施完全不透水时，稳定安全系数仍有降低，尤其是右岸。此外，对只有降雨入渗的情况（工况 19 和工况 20），左、右岸的稳定安全系数均有所降低。上述现象表明，自然降雨入渗对岸坡稳定性的影响不容忽视，特别是当雾化雨区以上边坡较缓时（如右岸），更是值得重视。

4.8.4　没有雾化雨入渗的水垫塘区岸坡稳定性分析

为与稳定饱和渗流场条件下的岸坡稳定安全系数做比较，以分析评价泄洪雾化雨对岸坡稳定性的影响，特用不考虑基质吸力对抗剪强度贡献的稳定分析程序对没有雾化雨入渗的水垫塘区岸坡进行抗滑稳定验算。

计算断面、分析方法和计算参数同表 4 - 17。所不同的是，不考虑基质吸力对抗剪强度的贡献；仅根据地质材料分区和浸润面位置对计算断面进行分层，其中浸润面位置按稳定饱和渗流模型的计算结果来定。

稳定验算仍按整体深层滑动和雾化雨区局部浅层滑动两种情况进行。验算结果见表 4 - 19。

表 4 - 19　没有雾化雨入渗的水垫塘区岸坡抗滑稳定安全系数

类型	左岸		右岸	
	整体深层滑动	局部浅层滑动	整体深层滑动	局部浅层滑动
稳定安全系数	2.202	2.767	1.921	1.932

与考虑基质吸力对抗剪强度贡献的情况（即前述考虑地表入渗情况下，初始时刻的稳定安全系数）相比，这里所求得的稳定安全系数均较小，这说明不考虑非饱和带基质吸力的作用是偏保守的。但比考虑雾化雨入渗的稳定安全系数大，再次说明雾化雨入渗确会为对岸坡稳定产生不利影响，应加强雾化雨入渗的控制。

4.9　泄洪雾化的分区防护措施研究

4.9.1　泄洪雾化雨强的分级与分区

降雨强度一般定义为单位时间单位面积上的积水深度，以毫米计。按照气象部门的划分方法，分为日降雨量和小时降雨量两种。其分级标准见表 4 - 20。

表 4 – 20　气象部门降雨强度分级标准　　　　　（单位：mm）

降雨强度	微雨	小雨	中雨	大雨	暴雨	大暴雨	特大暴雨
日降雨量	<0.1	0.1 ~ 10	10.1 ~ 25	25.1 ~ 50.0	50.1 ~ 100.0	100.1 ~ 200.0	>200
小时降雨量	<0.1	0.1 ~ 2.0	2.1 ~ 5.0	5.1 ~ 10.0	10.1 ~ 20.0	20.1 ~ 40.0	>40.0

对于水电站高速水流雾化范围的分级与分区，专家学者之间仍存在不同的意见，尚未达成一致的认识。

对于雾化分区问题，梁在潮提出，雾流在气流和地形条件作用下，在局部地区形成一种密集雨雾，按其形态可大致分为水舌溅水区、暴雨区、雾流降雨区和薄雾大风区。肖兴斌则按照雾化浓度和降雨强度把雾化区分为浓雾暴雨区、薄雾降雨区和淡雾水汽飘散区。周辉等人则认为，泄洪雾化的影响区可以直接分为降雨影响区和雾流影响区，其中，降雨影响区包括空中水舌裂散和抛洒降雨、水舌入水喷溅以及浓雾降雨；雾流区则是薄雾或淡雾影响区。林可冀等根据安康水电站雾化原型观测资料，将雾化区分为 3 部分：溅水区、雾雨区和水雾飘散区。其中，雾雨区是从溅水区下游开始到微雨区末端，其特点是形成降雨；水雾飘散区则没有降雨，雾流悬浮在空中随风飘散并沿山谷爬升，对工程没有影响。

上述方法仅适用于雾化机理分析与计算简化，均未给出具体可行的量化指标。练继建等人根据部分原型观测得到的雨强大小、分布规律，以及对工程的危害程度，将泄洪引起的雾化降雨划分为 3 个区域：大暴雨区（降雨强度大于或等于 50mm/h），雾化降雨达到或超过此标准，会给岸坡稳定和建筑物运行造成不利影响，在干旱地区还可能引起山体滑坡和建筑物的毁坏；暴雨区（降雨强度大于或等于 16mm/h），雾雨会对水电站枢纽造成危害；毛毛雨区（降雨强度大于或等于 0.5mm/h），此范围内属自然降雨，对工程危害较小，一般不造成灾害，该范围外雾化则对工程本身没有影响。

刘继广等人，根据李家峡水电站泄洪雾化原型观测资料，将雾雨影响区分为 7 个部分：特大暴雨区（大于 100mm/h）、大暴雨区（50 ~ 100mm/h）、暴雨区（16 ~ 50mm/h）、大雨区（8 ~ 16mm/h）、中雨区（2.5 ~ 8mm/h）、小雨区（0.5 ~ 2.5mm/h）和毛毛雨区（小于 0.5mm/h）。

柴恭纯、陈惠玲等人按降水量和形态将雾化影响区分为：特大降水区（降雨强度大于 600mm/h），泄洪雾化过程中，对人畜起窒息作用，对建筑物有破坏能力；强降水区（降雨强度 11.7 ~ 600mm/h），此区降水量变幅较大，应用时可参照基础护面要求；一般降水区（降雨强度 5.8 ~ 11.7mm/h），此区仅需注意排水设施即可；雾流区（降雨强度小于 5.8mm/h），该区为雾滴状态飘浮区，有时覆盖面积很大，通常据其可见度或以轻雾、薄雾和浓雾来描述。

中国水利水电科学研究院在二滩水电站泄洪雾化的原型观测中，将雾化区按照降雨强度划分为以下 6 级，参见表 4 – 21。

表 4 – 21　泄洪雾化雨强分级表

级别	分级名称	降雨强度（mm/h）	雨区特点
1	强溅水区	>600	能见度极低，小于 4m，空气稀薄，对人畜起窒息作用，对建筑物有较大的破坏能力

续表

级别	分级名称	降雨强度 （mm/h）	雨区特点
2	特大暴雨区	100~600	能见度较低，将给建筑物带来危害，对两岸边坡有一定影响
3	大暴雨区	50~100	观测人员勉强可以进入该区，但行走困难，需借助外力，风速很高
4	暴雨区	10~50	该区域内交通不便，其下限相当于天然降雨的特大暴雨
5	小雨区	0.5~10	相当于天然降雨中的大雨，一般对建筑物不产生灾害
6	毛毛雨区	<0.5	在雾化分区中属水雾扩散区，相当于自然降雨中的毛毛雨

可见，雾化降雨的分区最初是参考气象学的相关标准来定义，然而随着水电工程泄洪规模的不断扩大，雾化降雨强度远远超过自然降雨，基于气象学的分区标准不再适用。另外，从水力学及岩土力学的角度看，自然降雨对于水利工程与岸坡稳定的影响相对较小，而泄洪形成的短时间内高强度雾化降雨则具有较大的危害。

因此，对于泄洪雾化降雨的分级与分区，应当考虑将降雨强度上限适当上调，同时进一步细化，故建议采用表 4 – 21 的划分方法。

4.9.2 泄洪雾化的分区防护措施与原则

按照现行的混凝土拱坝设计规范，对采用挑流泄洪方式的工程，其雾化降雨区内的岸坡可按照表 4 – 22 的要求进行防护，其中对于降雨强度在 40mm/h 以上的雾化区域，未做进一步规定。

表 4 – 22　雾化降雨强度的分区与防护措施

序号	分区	雨强 q（mm/h）	防护措施
I	水舌裂散与激溅区	$q>40$	混凝土护坡，设马道、排水沟
II	浓雾暴雨区	$10<q<40$	混凝土护坡或喷混凝土护坡，设马道、排水沟
III	薄雾降雨区	$2.1<q<10$	边坡不需防护，但电气设备需防护
IV	淡雾水气飘散区	$q<2.0$	不需防护

根据已建工程泄洪雾化的原型观测资料，分析和评价各级雾化降雨、雾流对工程及周围环境的影响，并总结各种防护措施的实际应用效果，对于雾化影响各分区内的工程布置及防护设计，建议遵循如下一般性原则。

强溅水区（>600mm/h）：雾化降雨强度高，危害性大，破坏力强，雨区内空气稀薄，能见度很低。通常该级雾化降雨的影响范围不大，影响区内的边坡应采取岸坡防冲措施，锚固并设置排水；电站厂房、开关站等枢纽建筑物及附属设施不可布置在该区之内；泄洪时该区内绝对禁止人员和车辆通行。

特大暴雨区（100~600mm/h）：雨区内空气稀少，能见度低。该区内雾化降雨可能会引起山体滑坡，两岸采用混凝土护坡加应力锚杆，并注意缝间止水，防止出现掏刷破坏；电站厂房、开关站、高压线和电站出线口等建筑物均不能布置该区内；交通洞进出口和公路等建筑物的布置也要避开该雨区或设置防护廊道；泄洪时该区内禁止人员和车辆通行。

大暴雨区与暴雨区（10~100mm/h）：该区的雾化降雨强度远远超过自然暴雨。根据现行的设计规范，对雨强在10~50mm/h间的雾化雨区，两岸宜采用喷混凝土护坡进行加固；对雨强在50~100mm/h间的雾化雨区，宜采用混凝土护坡，并增设马道与排水沟；电站厂房、开关站、高压线和电站出线口等建筑物均不能布置该区内；交通洞进出口和公路等建筑物的布置需避开该雨区或设置防护廊道；泄洪时该区内应限制人员和车辆等通行。

小雨区（0.5~10mm/h）：一般不需要特殊的雾化防护措施，必要时可设置相应的排水设施，电站厂房、开关站、高压线、电站出线口等建筑物不能布置在该区内；交通洞进出口和公路等建筑物的布置需要尽量避开该区或采取相应的防护措施；办公楼和生活设施均不能布置在该区影响范围之内。

毛毛雨区（<0.5mm/h）：该区域的影响范围广，雾流仅对开关站、高压线路、两岸交通及周围办公和生活等有一定影响，这些建筑物最好布置在雾流影响区之外。若受条件限制不能避开雾流影响区，需要采取必要的防雾措施。

4.9.3 瀑布沟水电站泄洪雾化区防护工程设计

（1）溢洪道雾化影响区防护工程设计

1）防护标准。经过对相似工程泄洪冲刷和雾化防护工程的设计及运行状况调研，以及对本工程调洪方案的详细研究，结合本工程泄洪对下游各影响对象的防护要求，确定本工程冲刷及雾化处理的标准按溢洪道下泄100年一遇洪水的工况（相应最大下泄流量为$4500m^3/s$）进行防护工程设计。

2）防护处理的设计原则及一般性防护措施。防护处理的总原则可概括为封闭、锚固、护面以及排水等措施结合。

对雾化影响区边坡，结合降雨强度大小、工程部位、工程地质条件进行分区，按护面、喷锚结合排水的方案进行综合处理。具体来说，对100年一遇洪水泄洪时，雾化降雨强度$q>100mm$的边坡，先清除覆盖层及松动岩石，然后用$\phi25L=4.5m@4m$锚杆、$\phi28L=6m@4m$锚杆、$3\phi28L=9m@6m$锚筋束进行中浅层的锚固，再浇筑80cm厚C20混凝土板护面，坡面普遍设置间距$\phi5cmL=6m@3m$的排水孔，对重点部位增加锚索支护；对100年一遇洪水泄洪时，雾化降雨强度$q=50~100mm/h$的边坡，先清除覆盖层及松动岩石，然后用$\phi25L=4.5m@4m$锚杆、$\phi28L=6m@4m$锚杆、$3\phi28L=9m@6m$锚筋束进行中浅层的锚固，再浇筑50cm厚C20混凝土板护面，坡面普遍设置间距$\phi5cmL=6m@3m$的排水孔；对100年一遇洪水泄洪时，雾化降雨强度$q=10~50mm/h$的边坡，先清除覆盖层及松动岩石，然后用$\phi25L=4.5m@4m$锚杆、$\phi28L=6m@4m$锚杆、$3\phi28L=9m@6m$锚筋束进行中浅层的锚固，再浇筑30cm厚C20混凝土板护面，坡面普遍设置间距$\phi5cmL=6m@3m$的排水孔；对100年一遇洪水泄洪时，雾化降雨强度$q=0.5~10mm/h$的边坡，先清除覆盖层及松动岩石，然后用$\phi25L=4.5m@2m$锚杆进行锚固，再喷15cm厚的C20混凝土护面，坡面普遍设置间距$\phi5cmL=4m@3m$的排水孔。

3）溢洪道泄槽两侧及挑坎段内侧开挖边坡防护设计。溢洪道泄槽外侧桩号（溢）0+380~（溢）0+526范围内的边坡，当溢洪道下泄100年一遇洪水时，处于雾化雨强

1～100mm/h 范围内。此部位边坡表面岩石较为破碎，加之距泄槽右边墙外侧较近，考虑此因素之后，决定先清除覆盖层及松动岩石，然后用 $\phi25L=4.5m@4m$ 锚杆、$\phi28L=6m@4m$ 锚杆、$3\phi28L=9m@6m$ 锚筋束进行中浅层的锚固，再浇筑 50cm 厚 C20 混凝土板护面，坡面普遍设置间距 $\phi5cmL=6m@3m$ 的排水孔。

4）左岸古崩塌堆积体防护设计。左岸古崩塌堆积体位于坝址下游左岸侧距坝轴线约 1km 处，堆积体横向宽 300～400m，纵向长约 180m，呈扇形展布，堆积体厚度为 20～65m 不等，方量约 100 万 m^3。堆积体范围内高程为 685～704m 上有通往厂房尾水渠的低线公路通过；830～835m 高程上有高线公路通过。堆积体前缘伸入大渡河河床，其组成物质总体呈现出下粗上细的分布特征，按粒径大小可分为三个部分，下部与中部为块石土夹砂砾，上部为块碎石土夹砂砾，堆积层结构松散，透水性较强。

根据成都理工大学堆积体稳定计算成果，天然状态下堆积体整体稳定性较好，在天然＋地震工况下处于基本稳定状态，但雾化状态下堆积体处于临界状态。由中国水利水电科学研究院泄洪雾化数值研究成果可知，堆积体受泄洪雾化影响范围较小，仅部分坡脚处于雾化暴雨区，经研究决定采取混凝土框格梁支护、喷混凝土、挂钢筋网、前缘支挡防护和加强地表排水等综合处理措施，具体处理措施如下：

a）在堆积体顶部及顺河向上、下游侧设置一条截水沟（开口 100cm，深 60cm），并在堆积体表面设置间距 40m 的纵、横向排水沟（开口 60cm，深 40cm）。

b）暴雨区堆积体表面采用钢筋混凝土框格梁支护，框格梁参数为：尺寸为 0.6m×0.6m，间、排距为 4m；框格梁间喷 15cm 厚 C20 混凝土，表面布设一层钢筋网 $\phi8@20cm$；边坡设置系统排水孔，孔径 $\phi50$，孔深 2m，间、排距为 3m。

c）在堆积体底部公路内侧设置顶宽 0.5m、底宽 2m、高为 3m 的浆砌石挡墙。

经过对相似工程泄洪冲刷和雾化防护工程的设计及运行状况调研，以及对本工程调洪方案的详细研究，结合本工程泄洪对下游各影响对象的防护要求，确定本工程冲刷及雾化处理的标准按溢洪道下泄 100 年一遇洪水的工况（相应最大下泄流量为 4500m^3/s）进行防护工程设计。

5）放空洞出口雾化区防护设计。根据雾化影响研究，溢洪道泄洪形成的雨雾除了沿着大渡河河谷进行扩散外，也会在尼日河河谷形成雾化降雨。在消能洪水工况下，尼日河公路隧洞边坡及放空洞出口部分边坡处于大暴雨区内，雨强达 50mm/h。因此，有必要对放空洞出口边坡进行防护。

考虑放空洞的重要性和边坡破坏后对工程运行影响，结合溢洪道泄洪运行雾化原型观测资料，对放空洞出口边坡采取分批分期支护措施，第一批对 690～770m 高程处于 20～70mm/h 雨强区边坡进行雾化防护；第二批根据运行后的原型观测资料再对 770m 高程以上边坡采取相应的支护。第一批对 690～770m 高程范围内边坡分为如下三个区进行处理：

A 区：工程边坡上游侧与坝脚之间天然边坡。

该边坡清除覆盖层、建筑虚渣、强卸荷岩体和危石，设置系统挂网锚喷支护。锚喷参数为：喷 C25 混凝土，厚度 0.15m，挂双层钢筋网 $\phi6.5$，网格间距 0.15m×0.15m，锚杆 $\phi25$，$L=4.5m$ 和 $\phi28$，$L=6.0m$ 交错布置，间距 2.0m；边坡设置系统排水孔，孔径 $\phi50$，仰角 5°，孔深 4.0m，间排距 3.0m。

B 区：放空洞工程边坡。

该边坡清除建筑虚渣，设置混凝土面板护坡。支护参数：C25 混凝土面板，厚度 0.5m，混凝土板表面布设一层钢筋网 $\phi16@20cm$。边坡锚筋支护参数为：$\phi25$，$L = 3.0m$，间距 2.5m，外露 0.4m 与钢筋网相连；混凝土板与排水孔处用 PVC 管将原排水孔引出。

C 区：工程边坡下游侧至尼日河公路隧洞洞脸坡。

该边坡清除覆盖层、建筑虚渣、强卸荷岩体和危石，设置系统混凝土护坡板支护。支护参数：C25 混凝土面板，厚度 1.0m，混凝土板表面布设一层钢筋网 $\phi16@20cm$；并在 715.00m 高程马道内侧设置混凝土底梁，尺寸为 2.0m×2.0m，在 690.00m 高程平台坡脚处设置混凝土挡墙，尺寸为 2.0m×3.0m，690m 高程平台为雨强大于 50mm/h 区域，路面铺贴 0.3~1.0m 厚 C25 混凝土面板，与尼日河大桥和至甘洛的公路相接。

A 区和 C 区为该第一期实施项目，B 区为溢洪道泄洪后第二期实施项目。

（2）泄洪洞泄洪雾化区防护

1）成昆铁路影响区防护设计。100 年洪水泄洪洞局部开启 2000m³/s 流量条件下，尼日车站所遭遇的暴雨区为成昆线 K286+650~K287+020 区段，雨强为 10~200mm/h。

100 年洪水溢洪道相应最大下泄流量为 4500m³/s 条件下，成昆铁路所遭遇的暴雨区位于尼日—苏雄区间，范围为成昆线 K287+624~K287+792 区段。雨强为 10~100mm/h。根据《成都铁路局汛期安全行车办法》（成铁总工〔2008〕540 号）尼日车站位于成昆线九里—喜德区段，此区段汛期行车安全警戒雨量值为当 10min 内降雨达 4mm 时，达到紧急警戒值，当 10min 内降雨达 6mm 时，达到封锁区间值。

a）铁路路基边坡。防护范围成昆铁路尼日车站 K286+648~K287+020 段铁路路肩至低线公路靠山侧的路基边坡；成昆铁路区间 K287+587.6~K287+793.60 段铁路路肩至低线公路靠山侧的路基边坡。

对右岸低线公路以上至铁路以下处于泄洪雾化强影响区（20mm/h 等值线以上影响范围）的边坡：清除坡面覆盖层及松动岩土体，在铁路路基边坡设置 1~6 排 C30 钢筋混凝土锚索框格梁，锚索高程间距 3.2m，锚索参数 $P = 720kN$，$L = 12~21m$，俯角为 20°，锚固段长 5m；锚索框格梁下顺接 C25 钢筋混凝土锚杆框格梁，框格梁内及设计棚洞外边墙至路肩范围内采用 C25，厚 0.6m 贴坡混凝土板进行封闭坡面；框架梁上锚杆参数 $2\phi32$，$L = 9.0m$，间、排距 4.0m，锚杆框架梁和锚索框架梁内面板设置锚杆 $\phi32$，$L = 4.5m$，间、排距为 2.0m 固定在坡面上；全坡面梅花形布置排水孔 $\phi50$，$L = 3m$，间、排距为 2.0m，仰角为 5°。

对右岸低线公路以上至铁路以下处于泄洪雾化弱影响区（0.5~20mm/h 等值线影响范围）的边坡：土质边坡采用 C15 片石混凝土护坡封闭坡面，厚 0.3m；路基边坡下部稳定性较好的坡面采用锚喷网护坡，喷混凝土强度等级为 C20，厚 0.12m，锚杆 $\phi25$，$L = 3~4.5m$，间距为 2.0m，上下交错布置。

铁路靠山侧设被动防护网，网高 7m。

b）铁路防护。在铁路 K286+675.77~906.99 新建钢架棚洞，全长 231.22m；在 K286+906.99~K287+077.19 新建墙式棚洞，全长 170.18m；在 K286+675.77~K287+

906.99 新建棚洞顶设置拦石墙，全长 231.22m；对既有 K287 + 662 ~ K287 + 792 钢架棚洞外边墙建防雾墙。

棚洞结构的顶梁按简支梁，内墙按重力式挡土墙，外墙按偏心受压构件计算，棚洞设计使用年限为 100 年。按电化设计，棚洞在轨面上净空高度为 7.7m，区间棚洞采用界限"隧限 -2A"，车站内三线棚洞，最外侧线路中心线至棚洞外墙的最小距离不小于隧道限界半宽尺寸，并满足车站站场布置及曲线加宽要求，铁路明洞净尺寸 16.86m × 7.7m（宽 × 高）。

墙式棚洞由内边墙、顶梁及外墙三部分组成，顶部回填土石，设计回填坡度为 1:5，实际回填坡度 1:10，棚洞中线附近回填土石厚度为 1.5m，在洞顶部先铺设 5cm 厚 M10 水泥砂浆，再设置 5cm 厚的防水卷材，向外按 1:10 坡比回填土石，最上部为 0.3m 厚黏土，并在顶部外端设置排水沟。顶梁采用 T 形截面，翼缘板宽 0.99m，梁高 1.5m，棚洞外墙采用桩基托梁基础；刚架棚洞由立柱、纵梁、横顶梁组成，基础为 1.5m × 1.5m 挖孔桩，立柱为 1.2m × 1.2m 矩形柱，纵梁尺寸为 1.2m × 1.8m × 21m，立柱之间加纵撑。铁路明洞内壁厚 2.6m，在边坡与内壁间回填片石混凝土，外壁厚 0.7 ~ 1.6m。

c）站后工程改迁。铁路及尼日河车站处于雾化大暴雨区，考虑车站向下游移址 180m 重建，尼日工务工区向下游移动 650m 左右。由此引起的接触网、通信信号、房建电力、给排水等相关设施进行迁改。

铁路路基边坡和铁路的防护须在泄洪洞运行前实施，具体防护措施详见中铁二院成都勘察设计研究院有限责任公司编制的报告《瀑布沟水电站泄洪、雾化对成昆铁路影响工程的施工设计总说明书》。

2）泄洪洞左岸雾化影响区防护设计

尾水渠出口边坡处于泄洪洞 100 年洪水控泄 2000m³/s 流量条件下的小于 0.5mm/h 雨强区，为毛毛雨区，不易产生雾化破坏。泄洪洞出口内侧边坡处于小于 20mm/h 雨强区，已在工程边坡设计中进行支护加强。出口内侧至大渡河大桥的本岸 690 ~ 750m 天然边坡虽处于 10 ~ 70mm/h 雨强区，但由于无影响稳定的不利岩体，该岸边坡基本稳定，且其 690m 高程低线公路主要作为运行期巡视检修通道，行人车辆很少，可根据泄洪雾化原型观测情况再确定支护措施，但泄洪期间禁止通行。

4.9.4 小湾水电站泄洪雾化区防护工程设计

研究结果表明，以 50mm/h 等值线的分布为例小湾水电站坝身泄洪引起的泄洪雾化，在设计洪水工况下，水垫塘左岸达到高程 1200，右岸达到高程 1160m，尾水洞右岸岸坡区域达到高程 1140m；在校核洪水工况下，水垫塘左岸达到高程 1200 ~ 1240m，右岸达到高程 1160 ~ 1200m，尾水洞右岸岸坡区域达到高程 1160m。

根据研究结果，并充分借鉴其他电站的实践经验，为确保枢纽建筑物和坝肩抗力体安全，确定校核洪水工况下坝身泄洪雾化 50mm/h 等值线的分布范围为小湾水电站坝后泄洪雾化影响区防护范围。具体泄洪雾化贴坡范围为：水垫塘左岸边坡高程最高至高程 1240m，下游至导流洞出口边坡下游开口线；右岸边坡高程最高至高程 1200m，下游至尾水洞出口边坡下游开口线。

施工详图设计与实施阶段，对坝顶高程以下的天然坡段，结合现场工程地质条件分析实际分布的危岩、风化、卸荷与部分地段坡堆积散体，不具备抵御坝身泄洪雾化影响的能力。结合二滩工程实际经验，确定以"强开挖、弱支护"为原则，将两岸水垫塘边坡开挖或清坡至坝顶高程 1245m，以系统砂浆锚杆为主进行系统锚喷支护。

两岸水垫塘边坡开挖后基本没有第四系坡、崩积层，局部有较浅的强风化、强卸荷层，边坡整体稳定性较好，局部存在不稳定块体。对不稳定块体采用 1000kN 级和 1800kN 级预应力锚索进行加固，其余以锚喷支护为主。在设防标准雾化区内的边坡采用的钢筋混凝土衬砌，根据雾化影响程度分高程进行衬砌厚度的确定，衬砌分为Ⅰ型、Ⅱ型、Ⅲ型三种类型，Ⅰ型厚度为 80cm，Ⅱ型厚度为 50cm，Ⅲ型厚度为 30cm。衬砌面层配置 $\phi16@20cm \times 20cm$ 的限裂钢筋，水平方向按 13～20m 长度设置横缝，立面上在每台马道位置设置纵缝，相邻坡面结构缝错开设置，缝内布置 651 型橡胶止水带，并用沥青麻丝充填。原边坡排水孔采用 PVC 管引出至坡表。左岸 1020～1070m 高程为Ⅰ型衬砌，1070～1160m 高程为Ⅱ型衬砌，1160m 以上为Ⅲ型衬砌；右岸水0＋450m 桩号以前 1020～1060m 高程为Ⅰ型衬砌，坝肩 1150～1200m 高程和豹子洞干沟及下游边坡 1090～1150m 高程为Ⅲ型衬砌，1150m 高程以下其余边坡为Ⅱ型衬砌。在两岸边坡均设置系统地下排水设施，对水垫塘边坡下游雾化影响区域的左岸 6 号山梁堆渣沟和右岸修山大沟进行综合治理，主要采取坡面清理、网格梁植草护坡、浆砌石护坡、喷锚支护及坡面布置排水孔等综合处理措施。

根据泄洪洞泄洪雾化分析成果，确定泄洪洞雾化区综合治理按泄洪洞下泄 100 年一遇洪水，以雾化降雨强度 50mm/h 为控制线，对出口消能区岸坡冲刷部位采用混凝土贴坡板进行防护；对泄洪雾化暴雨区也采取混凝土贴坡板护坡及布置地下排水洞等措施；在泄洪雾化影响区范围内进行大面积清坡和护坡；并结合已通车的凤小公路布置，加强公路外挡墙的支护，确保公路行车安全。

在工程实施工程中，由于泄洪雾化暴雨区和影响区范围内植被已全面恢复，并经过多个雨季的暴雨考验，边坡稳定条件较好。根据现场实际情况，经与业主多次研究和讨论，对泄洪雾化暴雨区和影响区治理措施进行了治理方案调整：采用厂房应急交通洞通过泄洪洞雾化区，对雾化暴雨区和影响区排水系统进行完善和修复，不再进行混凝土贴坡支护和清坡处理。1017m 高程以下河道岸坡冲刷部位仍采用混凝土贴坡板进行防护；凤小公路外侧挡墙采用预应力锚索进行加强支护，确保公路行车安全。

第5章 新型抗冲耐磨材料研究

5.1 高性能抗冲耐磨混凝土

5.1.1 高性能抗冲磨混凝土配制技术

（1）骨料品种的影响

主要考察了纯隐晶质玄武岩、混合玄武岩（50%隐晶质玄武岩＋50%杏仁状玄武岩）、隐晶质玄武岩＋灰岩砂、全灰岩共4种骨料组合对混凝土性能的影响。目前已经完成3d和28d抗压强度、轴拉强度、极限拉伸值、轴拉弹模和90d抗压强度、抗冲磨强度和抗空蚀强度的测试，并用温度—应力试验对比了4种骨料组合混凝土的相对抗裂性。

1）配合比及新拌混凝土性能。试验采用嘉华P·LH42.5低热水泥，粉煤灰掺量为30%，硅灰掺量为5%，设计强度为$C_{90}60$。灰岩砂细度适中，并且粒形和级配良好，因此用灰岩砂取代玄武岩砂后，单位用水量低了$7kg/m^3$，砂率也降低3个百分点。工作性能测试结果见表5-1，混凝土配合比见表5-2。

由于除了骨料品种不同，胶凝材料组成以及水胶比都相同，4种骨料组合的配合比凝结时间基本相同。

表5-1　使用不同骨料组合的混凝土的工作性能测试

编号	骨料品种	坍落度（mm）	含气量（%）	初凝（h:min）	终凝（h:min）
YJ	纯隐晶质玄武岩	83	3.5	8:54	11:00
XW	混合玄武岩	70	3.0	9:00	11:00
XH	隐晶质玄武岩＋灰岩砂	72	3.0	8:48	11:00
H	全灰岩	70	3.2	9:06	11:00

表 5 - 2　使用不同骨料组合的混凝土配合比

编号	骨料品种	水胶比	用水量 （kg/m³）	砂率 （%）	胶材用量 （kg/m³）	水泥 （kg/m³）	粉煤灰 （kg/m³）	硅灰 （kg/m³）	砂 （kg/m³）	小石 （kg/m³）	中石 （kg/m³）	减水剂 （%）	引气剂 （1/万）
YJ	纯隐晶质玄武岩	0.32	136	33	425	276	128	21	611	518	776	1.1	2.70
XW	混合玄武岩 （50:50）	0.32	136	33	425	276	128	21	611	518	776	1.1	2.70
XH	隐晶质玄武岩 + 灰岩砂	0.32	129	30	403	262	121	20	551	553	829	1.1	2.65
H	全灰岩	0.32	130	30	406	264	122	20	549	521	783	1.1	2.75

2）骨料品种对混凝土抗冲磨性能的影响。

a）力学性能。

● 抗压强度。不同骨料组合的混凝土 3d、28d、90d 抗压强度测试结果见表 5 - 3。90d 抗压强度与 $C_{90}60$ 配制强度要求相差 ±1MPa 以内，其 28d 强度均满足或基本满足 C45 配制强度要求。28d 和 90d 龄期，相同水胶比和胶凝材料组成下，纯隐晶质玄武岩骨料与混合玄武岩骨料的抗压强度基本相同，隐晶质玄武岩粗骨料 + 灰岩砂与全灰岩骨料组合的抗压强度略低于全玄武岩骨料组合。180d 抗压强度待测。

表 5 - 3　不同骨料组合的混凝土的抗压强度

配比编号	骨料品种	抗压强度（MPa）		
		3d	28d	90d
YJ	隐晶质玄武岩	20.5	55.9	67.9
XW	混合玄武岩	18.0	55.3	68.8
XH	隐晶质玄武岩 + 灰岩砂	17.0	52.4	66.3
H	全灰岩	21.5	52.6	66.5

● 轴拉强度和极限拉伸。不同骨料组合的混凝土轴拉强度和极限拉伸值见表 5 - 4，除隐晶质玄武岩粗骨料 + 灰岩砂组合的 28d 抗拉强度略低外，其他三组的抗拉强度都很接近，没有明显区别；而 28d 极限拉伸值的排序是混合玄武岩 > 隐晶质玄武岩 > 隐晶质玄武岩 + 灰岩砂 > 全灰岩，说明使用灰岩骨料后的混凝土变形能力较小，这可能与骨料自身的弹模有关。根据华东院《金沙江白鹤滩水电站可行性研究——大坝混凝土骨料料源选择深化研究报告》中对母岩性能的检测结果，旱谷地灰岩的平均弹模为 64.3GPa，隐晶质玄武岩和杏仁状玄武岩的弹模平均值分别为 57GPa、46GPa，即说明在相同拉应力作用下灰岩骨料的变形要比隐晶质玄武岩或杏仁状玄武岩小，与上述试验结果吻合。

表 5 - 4　不同骨料组合的混凝土轴拉性能

配比编号	轴拉强度（MPa）		轴拉弹性模量（GPa）		极限拉伸值（×10⁻⁶）	
	3d	28d	3d	28d	3d	28d
YJ	3.3	4.4	36	48	99	110
XW	2.1	4.3	25	38	82	124
XH	2.9	3.7	39	43	84	103
H	3.4	4.3	41	50	88	97

b）抗冲耐磨性能。

● 抗冲磨性能。表 5 - 5 给出了 90d 龄期 4 种骨料组合混凝土的抗冲磨试验结果，可以看出，不管用哪种试验方法，隐晶质玄武岩骨料的抗冲磨性能都是最好的，掺入 50% 杏仁状玄武岩的混合玄武岩混凝土的抗冲磨强度与纯隐晶质玄武岩混凝土的基本接近略低，灰岩骨料混凝土的抗冲磨强度最差。

表 5 - 5　不同骨料组合的混凝土的抗冲磨性能

配比编号	高速圆环法 [h/(g/cm²)]	高速水下钢球法 [h/(kg/m²)]	水下钢球法 [h/(kg/m²)]
	90d		
YJ	1.27	5.0	19.5
XW	1.00	4.7	18.8
XH	0.74	4.6	11.5
H	0.58	2.1	5.9

在高速圆环法试验中，试件表面主要受到悬移质的冲刷作用，典型的试件表面受冲磨后的状态如图 5 - 1（a）所示，骨料周边的砂浆被冲刷掉，骨料凸显出来，这种冲磨破坏状态与采用全玄武岩骨料的溪洛渡导流洞边墙 C₉₀40 抗冲磨混凝土过水后的冲磨破坏情况很类似，如图 5 - 1（b）所示。

（a）高速圆环法磨损照片　　　　　　　　（b）溪洛渡导流洞边墙磨损照片

图 5 - 1　高速圆环法冲磨后试件表面状态与实际工程冲磨后表面状态的对比

此方法下混凝土表面磨损 1～3mm，抗冲磨强度受砂浆强度和表面浆体的量影响较大。对于隐晶质玄武岩 + 灰岩砂组合和全灰岩组合骨料混凝土，其砂浆均为灰岩砂浆，抗冲磨强度低于玄武岩砂浆，且注意到混凝土配合比中砂浆量以及砂浆中浆体量的区别，隐晶质玄武岩 + 灰岩砂组合的混凝土抗冲磨强度是隐晶质玄武岩的 58%，全灰岩组合的混凝土抗冲磨强度是隐晶质玄武岩的 46%，说明细骨料对抗高速水流悬移质冲磨的影响大于粗骨料的影响；混合玄武岩组合的混凝土抗冲磨强度是隐晶质玄武岩的 79%，说明杏仁状玄武岩骨料的耐磨性不如隐晶质玄武岩。说明玄武岩骨料自身的耐磨性好于灰岩骨料，抗悬移质冲磨性能：隐晶质玄武岩＞混合玄武岩＞隐晶质玄武岩 + 灰岩砂＞全灰岩。

隐晶质玄武岩和隐晶质玄武岩 + 灰岩砂混凝土不同方法的结果对比与混合玄武岩和全灰岩混凝土不同方法的结果对比说明细骨料是表面抗悬移质冲磨能力的决定因素，而粗骨料是本体抗推移质冲磨的决定因素。而对表面抗推移质冲磨，粗细骨料的影响都较大，但仍以细骨料的影响为主。

由图 5-2 可以看出：高速水下钢球法中，试件经 48h 冲磨试验后，冲磨深度明显大于传统的水下钢球法试验的结果。在高速水下钢球法试验中也采用成型底面进行冲磨试验。由于冲磨深度较大，在此方法下，粗骨料的抗冲磨性能对混凝土抗冲磨强度影响最大。本文曾采用高速水下钢球法进行了 2 个试件长达 120h 的冲磨试验，发现在最初的 20h 内，混凝土试件的磨损率大于 20~120h 的磨损率，并且在 20~120h 这段时间内，混凝土试件的磨损率基本恒定，如图 5-3 所示。说明高速水下钢球法在 20h 以内，混凝土磨损率受到表面效应的影响。溪洛渡 6 号导流洞地板钢筋保护层厚度 15cm，过水时间按 3 年 ×10d/年 ×24h/d = 720h 估算，则磨蚀速度为 720h/15cm = 48h/cm。从 2007 年 11 月—2010 年 6 月，经 2008 年、2009 年洪水，每年洪峰历时按 30d 计算，2 年 ×30d/年 ×24h/d = 1680h 估算，则磨蚀速度为 1680h/15cm = 112h/cm；若过水时间按 3 年 ×30d/年 ×24h/d = 2120h 估算，则磨蚀速度为 2120h/15cm = 141h/cm。由于在实际工况下，推移质对混凝土的冲磨作用远高于试验室内的情况，混凝土受磨损的部位不仅仅是表面，从这个意义上讲，高速水下钢球法可以更客观地反映混凝土本体的真实受冲磨状态。

图 5-2　高速水下钢球法与传统水下钢球法磨损深度对比

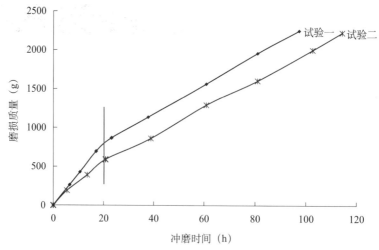

图 5-3　长时间高速水下钢球法冲磨后的试件磨损情况

注：试验一电机转速为 2500r/min，所用钢球覆盖试件表面的 32%，钢球最大粒径为 30mm；试验二电机转速为 5000r/min，所用钢球覆盖试件表面为 25%，钢球最大粒径为 25mm。

　　由表 5 – 5 看出，在高速水下钢球法试验中，混合玄武岩组合的混凝土抗冲磨强度是隐晶质玄武岩的 94%，隐晶质玄武岩 + 灰岩砂组合的混凝土抗冲磨强度是隐晶质玄武岩的 92%，这三种混凝土抗冲磨强度非常接近，全灰岩组合的混凝土抗冲磨强度是隐晶质玄武岩的 42%，磨后的状态如图 5 – 4 所示，说明采用灰岩粗骨料的混凝土本体抗冲磨性能明显低于采用玄武岩粗骨料，而混合玄武岩与隐晶质玄武岩基本接近，且对于混凝土本体抗冲磨性能，粗骨料的影响大于细骨料的影响，这与高速圆环法的情况正好相反。

全灰岩骨料　　　　　　　　隐晶质玄武岩骨料

图 5 – 4　高速水下钢球法全灰岩与隐晶质玄武岩冲磨状态对比

　　综上分析，隐晶质玄武岩骨料组合与混合玄武岩骨料组合的抗冲磨性能基本相当；隐晶质玄武岩 + 灰岩砂骨料组合的混凝土表面抗悬移质冲磨性能低，混凝土本体抗推移质冲磨性能与隐晶质玄武岩相当；全灰岩骨料组合的混凝土表面及本体抗冲磨性能都明显偏低。从抗推移质冲磨角度考虑，应优选隐晶质玄武岩、混合玄武岩或隐晶质玄武岩 + 灰岩砂骨料组合；从抗悬移质冲磨角度考虑，应优选隐晶质玄武岩或混合玄武岩骨料组合。

　　● 防空蚀性能。空蚀试验目前正在进行，隐晶质玄武岩测试了 1 块、隐晶质玄武岩 + 灰岩砂测试了 2 块、全灰岩测试了 1 块，已经空蚀的混凝土试件表面如图 5 – 5 ~ 图 5 – 7 所示，试件的抗空蚀强度见表 5 – 6。隐晶质玄武岩试件经空蚀后表面出现麻面，但脱落相对较少；隐晶质玄武岩 + 灰岩砂组合的试件经空蚀后表面很不平整，粗骨料突出，砂浆脱落，蚀损率较大；全灰岩组合的试件经空蚀后表面砂浆脱落较多，但基本保持平整，没有明显的粗骨料突出。隐晶质玄武岩骨料组合的抗空蚀强度明显较好。

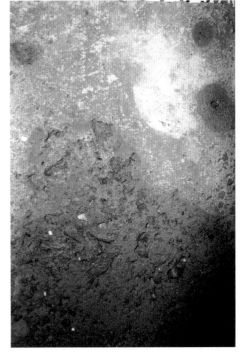

**图 5 – 5　纯隐晶质玄武岩骨料
混凝土空蚀后的状态**

表 5 – 6　不同骨料组合的 $C_{90}60$ 混凝土 90d 龄期抗空蚀性能

配比编号	抗空蚀强度 [h/(kg/m²)]
YJ	4.1
XW	2.3
XH	2.4
H	3.5

图 5 – 6　隐晶质玄武岩 + 灰岩砂骨料
混凝土空蚀后的状态

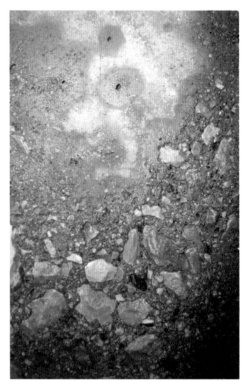

图 5 – 7　全灰岩混凝土空蚀后的状态

3）骨料品种对混凝土抗裂性的影响。用温度—应力试验法考察纯隐晶质玄武岩、混合玄武岩、隐晶质玄武岩 + 灰岩砂、全灰岩等 4 种骨料组合对混凝土抗裂性的影响。

采用温度匹配养护模式，即预先设定混凝土温度变化曲线，温控模板中的循环介质依据该曲线控制混凝土试件的环境温度，混凝土浇筑温度为（19 ± 1）℃，升温段的升温速率为 0.5℃/h，经 16h 升至最高温度 27℃，恒温温度为 27℃，恒温时间 72h 以保证强度的发展，恒温结束后以 0.5℃/h 的速率快速降温，直至试件断裂。虽然使用灰岩的 2 种混凝土的胶凝材料用量较少（分别比另 2 种少了 22kg/m³ 和 19kg/m³），绝热温升应低 3℃ 左右。但这点差异可以通过温控措施消除，故对 4 种混凝土采用同样的温度历程曲线。

骨料品种对混凝土抗裂性影响试验的试件温度—时间曲线、应力—时间曲线、应变—时间曲线分别如图 5 – 8 ~ 图 5 – 10 所示，主要开裂评价指标见表 5 – 7。

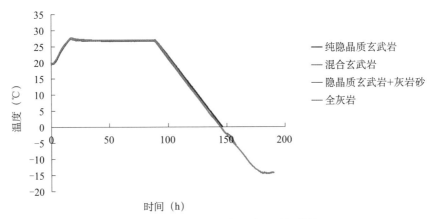

图 5 - 8　不同骨料组合温度—时间曲线

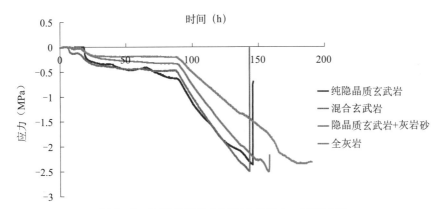

图 5 - 9　不同骨料组合混凝土的应力—时间曲线

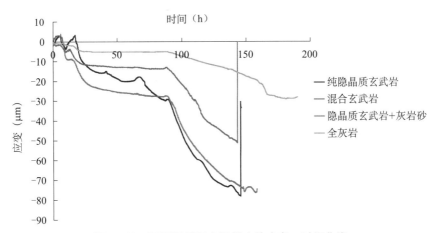

图 5 - 10　不同骨料组合混凝土的应变—时间曲线

表 5 - 7　不同骨料组合开裂参数比较

骨料品种	开裂应力 （MPa）	应力储备 （%）	开裂温度 （℃）	开裂时间 （h）	第二零应力温度 （℃）
纯隐晶质玄武岩	2.36	46	0.4	145.8	27.3
混合玄武岩	2.49	48	0.8	143.4	22.1

骨料品种	开裂应力（MPa）	应力储备（%）	开裂温度（℃）	开裂时间（h）	第二零应力温度（℃）
隐晶质玄武岩 + 灰岩砂	2.50	60	−1.6	158.3	23.7
全灰岩	>2.34	68	< −14.5	185.7	24.5

由图 5 - 9 可以看出，混凝土入模后 18h 内，应力发展缓慢，维持在 0MPa 左右，此时混凝土正处于温度上升阶段，由于升温而产生的膨胀压应力基本被混凝土的自生体积变形而产生的拉应力和较大的受压应力松弛并抵消。18 ~ 90h 为恒温阶段，基本可忽略温度变化产生的应力，而此时混凝土的自生体积变形仍然继续增大，因此，约束拉应力逐渐增大，但是较为缓慢。4 个配比的应力增长趋势为全灰岩 < 隐晶质玄武岩 + 灰岩砂 < 混合玄武岩、纯隐晶质玄武岩，这与灰岩混凝土的弹模大、浆体量少导致的应力松弛和自生体积收缩小有关。90h 后为强制降温阶段，约束拉应力增大较快，主要是温度下降而产生的温度应力。根据《金沙江白鹤滩水电站可行性研究——大坝混凝土骨料料源选择深化研究报告》中对母岩性能的检测结果，灰岩骨料的线膨胀系数为 $4.7 \times 10^{-6} ℃^{-1}$，而隐晶质玄武岩或杏仁状玄武岩的线膨胀系数分别为 $6.77 \times 10^{-6} ℃^{-1}$、$6.74 \times 10^{-6} ℃^{-1}$，灰岩骨料的线膨胀系数低了约 30%，说明在相同的温度变化条件下，灰岩骨料发生的变形要明显小于隐晶质玄武岩和杏仁状玄武岩。在本试验中，温降 25℃ 时，不同骨料混凝土的约束变形为：隐晶质玄武岩骨料组合混凝土为 77×10^{-6}，混合玄武岩骨料组合混凝土为 51×10^{-6}，隐晶质玄武岩 + 灰岩砂骨料组合混凝土为 73×10^{-6}，全灰岩骨料组合混凝土为 16×10^{-6}，产生的应力也会小于近似的幅度。

由图 5 - 10 可以看出，混凝土试件的约束应变随时间的发展也分为三个阶段，第一阶段为升温阶段，应变波动较大，在 ±5με 以内。在升温结束前，试件变形由膨胀向收缩方向发展，说明此时由温度升高导致的试件变形小于试件自生体积变形。进入恒温阶段后，自生体积收缩趋势缓慢发展，4 种混凝土的收缩趋势排序为全灰岩 < 混合玄武岩 < 隐晶质玄武岩 + 灰岩砂 < 纯隐晶质玄武岩。进入强制降温阶段后，温度收缩发展加快，全灰岩混凝土约束变形发展最慢，混合玄武岩和隐晶质玄武岩 + 灰岩砂这两种混凝土在降温阶段约束变形发展速率基本相同，纯隐晶质玄武岩混凝土在强制降温阶段约束变形发展较隐晶质玄武岩 + 灰岩砂略大。

从图 5 - 8 和图 5 - 10 可以看出，180h 时全灰岩配比的混凝土降温已达到试验设备的制冷极限，此时试件拉应力为 2.34MPa，温度为 −14.5℃，因此，试件的开裂应力应大于 2.34MPa，开裂温度应小于 −14.5℃。

应力储备，即混凝土在降温至室温 20℃ 时混凝土的约束拉应力与混凝土开裂应力之差占开裂应力的百分比。应力储备表征混凝土在室温时，仍然可以承受拉应力的能力。应力储备越大，对混凝土抗裂越有利。应力储备的排序为全灰岩 > 隐晶质玄武岩 + 灰岩砂 > 混合玄武岩 > 纯隐晶质玄武岩。

第二零应力为压应力完全降低到零，拉应力开始增长时的温度，是由温度升高导致的膨胀变形完全被自生体积变形和徐变抵消的点。一般来说，第二零应力温度应越低越好，使用纯隐晶质玄武岩时第二零应力温度最高，混合玄武岩、隐晶质玄武岩 + 灰岩砂、全灰岩三种混凝土的第二零应力温度相差不大。

4 种混凝土的开裂温降分别为 26.6℃、26.2℃、28.6℃、>41.5℃，开裂温降综合反映了混凝土的水化热温升、约束应力、应力松弛、弹性模量、抗拉应变容许值、抗拉强度、线膨胀系数、自生体积变形等因素的交互影响，是温度—应力试验中评价混凝土抗裂性的核心指标，开裂温降越大，混凝土抵抗温度应力开裂的性能越好。比较各配比开裂温降，抗裂性的排序为全灰岩 > 隐晶质玄武岩 + 灰岩砂 > 混合玄武岩 > 纯隐晶质玄武岩。

综合各评价指标，可得全灰岩混凝土的抗裂性最好，其次是隐晶质玄武岩 + 灰岩砂混凝土，纯隐晶质玄武岩和混合玄武岩混凝土的抗裂性相差不多。这与骨料的自身性能，如弹模、线膨胀系数、徐变等有关。上述结果是在 27℃ 的混凝土内部最高温度的试验条件下得到的。当前的实际施工中，泄水建筑物不同部位的抗冲磨混凝土内部最高温度多为 40～50℃，这时骨料品种的变化对混凝土抵抗温度应力的抗裂性的影响将被放大，灰岩骨料的优势会更明显。

（2）混凝土强度等级的影响

主要考察了 $C_{90}60$、$C_{90}50$、$C_{90}40$ 三种强度等级的混凝土的抗冲耐磨性能以及抗裂性能。目前已经完成 3d、28d 轴拉强度和极限拉伸值，3d、28d、90d 抗压强度，90d 龄期的抗冲耐磨性能（水下钢球法、高速水下钢球法、高速圆环法、冲击韧性），温度 - 应力试验已完成最高温度为 27℃ 的性能检测，正在进行按照实际浇筑情况下温度变化的温度匹配模式试验。180d、365d 的性能待测。

1）配合比及新拌混凝土性能。采用嘉华 P·LH42.5 低热水泥，粗骨料和细骨料都用隐晶质玄武岩，$C_{90}60$、$C_{90}50$、$C_{90}40$ 三种强度等级的混凝土配合比见表 5 - 8，工作性能见表 5 - 9。$C_{90}60$ 配合比的坍落度和含气量略大于 $C_{90}50$ 和 $C_{90}40$，凝结时间也略长。

表 5 - 8　不同强度等级的混凝土的配合比

强度等级	水胶比	用水量（kg/m³）	砂率（%）	胶材用量（kg/m³）	水泥（kg/m³）	粉煤灰（kg/m³）	硅灰（kg/m³）	砂（kg/m³）	小石（kg/m³）	中石（kg/m³）	减水剂（%）	引气剂（1/万）
$C_{90}60$	0.32	136	33	425	276	128	21	611	518	776	1.1	2.70
$C_{90}50$	0.37	134	36	362	235	109	18	690	502	753	1.1	2.70
$C_{90}40$	0.41	130	36	317	206	95	16	710	527	791	1.1	2.65

表 5 - 9　不同强度等级的混凝土的工作性能

强度等级	坍落度（mm）	含气量（%）	初凝（h:min）	终凝（h:min）
$C_{90}60$	83	3.5	8:54	11:00
$C_{90}50$	65	3.1	7:06	9:06
$C_{90}40$	68	3.0	6:50	9:00

2）强度等级对混凝土抗冲磨性能的影响。

a）力学性能。

● 抗压强度。三种强度等级的混凝土 3d、28d、90d 抗压强度见表 5 - 10，90d 抗压强度均满足配制强度要求。28d 抗压强度分别达到 C45、C40、C30 配制强度。

表 5-10　不同强度等级的混凝土的抗压强度

强度等级	抗压强度（MPa）		
	3d	28d	90d
$C_{90}60$	20.5	55.9	67.9
$C_{90}50$	14.1	48.7	58.7
$C_{90}40$	14.1	40.8	51.6

● 轴拉强度和极限拉伸。不同强度等级的混凝土 3d、28d 轴拉强度和极限拉伸值见表 5-11。随着混凝土强度等级的提高，对应的 3d、28d 轴拉强度也提高，极限拉伸值也增大，与常规认识一致。说明混凝土强度等级提高，则能够承受的拉应力提高，能够承受的变形量也增大。

表 5-11　不同强度等级的混凝土轴拉性能

配比编号	轴拉强度（MPa）		轴拉弹性模量（GPa）		极限拉伸值（$\times 10^{-6}$）	
	3d	28d	3d	28d	3d	28d
C60	3.3	4.4	36	48	99	110
C50	2.0	3.5	28	45	77	103
C40	1.7	2.9	31	49	65	73

b）抗冲耐磨性能。

● 抗冲磨性能。不同强度等级的混凝土抗冲磨性能见表 5-12。

表 5-12　不同强度等级的混凝土的抗冲磨性能

强度等级	高速圆环法 [h/（g/cm²）]	高速水下钢球法 [h/（kg/m²）]	水下钢球法 [h/（kg/m²）]
	90d	90d	90d
$C_{90}60$	1.27	5.0	19.5
$C_{90}50$	1.35	5.0	15.8
$C_{90}40$	1.38	4.7	14.4

采用高速水下钢球法进行试验时，强度等级对混凝土的抗冲磨性能影响很小，如 $C_{90}60$ 与 $C_{90}50$ 基本一样，$C_{90}60$ 比 $C_{90}40$ 高 6%。这点结论与一般研究结果很不一样。观察磨损后的试件表面，采用传统的水下钢球法磨过以后，试件表面磨损深度为 1~5mm；采用高速水下钢球法磨过以后，试件表面磨损得较多，平均磨损深度为 10~20mm，并且磨损比较均匀，如图 5-2 所示。水下钢球法受砂浆强度的影响比较大，即与水胶比或混凝土的强度等级有较大关系；高速水下钢球法可以磨到混凝土本体，其抗冲磨强度主要与骨料的耐磨性有关。与前面骨料品种的试验结果相比，同为 $C_{90}60$ 强度等级，全灰岩骨料组合的抗冲磨强度（高速水下钢球法）比隐晶质玄武岩低 58%，而同样用隐晶质玄武岩骨料的 $C_{90}40$ 混凝土仅比 $C_{90}60$ 混凝土低 6%，说明骨料的耐磨性是决定混凝土本体抗冲磨强度的主要因素，其影响远大于强度等级的影响。

采用高速圆环法进行试验时，不同强度等级的混凝土抗冲磨性能接近，$C_{90}40$ 混凝土抗冲磨强度略高，$C_{90}60$ 配合比的抗冲磨强度比 $C_{90}40$ 的低 9%，$C_{90}50$ 配合比的抗冲磨强度比 $C_{90}40$ 的低 2%。由于含沙水流速度高达 40m/s，对混凝土的冲刷作用较强，试件表面的浆体都被淘空，并且由于水流中的砂粒只有 0.16~0.63mm，对骨料的磨损作用相对较弱，因此其冲磨效果受混凝土表面浆体的含量影响较大。从试验结果也看出，随着胶材用量的增大（$C_{90}40$ 单方胶材用量为 317kg、$C_{90}50$ 为 362kg、$C_{90}60$ 为 425kg），高速圆环法测出的混凝土抗冲磨强度降低。林宝玉早在 20 世纪 90 年代就得出相似结论，认为圆环法对水泥用量比较敏感，冲磨失重与强度之间没有很好的规律性关系。

综上分析，强度等级从 $C_{90}40$~$C_{90}60$ 变化时，对混凝土本体抗冲磨性能的影响不大。混凝土强度等级越高，胶凝材料用量会越大，会导致表面抗冲刷能力略有降低。

● 防空蚀性能。空蚀试验目前正在进行，三个配合比各测试一块后的抗空蚀强度见表 5–13，空蚀后的状态如图 5–11~图 5–13 所示。$C_{90}60$ 试件经空蚀后表面出现麻面，但粗骨料脱落相对较少；$C_{90}50$ 脱落较多，出现一个骨料掉出后的坑；$C_{90}40$ 试件经空蚀后表面损失较多，有明显的粗骨料脱落、突出。说明混凝土抗空蚀性能对强度等级比较敏感。

表 5–13　不同骨料组合的混凝土 90d 龄期抗空蚀强度

配比编号	抗空蚀强度 $[h/(kg/m^2)]$
$C_{90}60$	4.1
$C_{90}50$	1.5
$C_{90}40$	1.0

图 5–11　$C_{90}60$ 空蚀后的状态

● 抗冲击韧性。采用落重法测试了不同强度等级的混凝土的抗冲击韧性，结果见表 5–14。强度等级越高，混凝土抗冲击耗能越大。$C_{90}60$ 混凝土的抗冲击耗能比 $C_{90}50$ 的混凝土提高 40%，比 $C_{90}40$ 提高 106%，说明抗冲击性能与其强度密切相关。

图 5-12　$C_{90}50$ 空蚀后的状态

图 5-13　$C_{90}40$ 空蚀后的状态

表 5-14　不同强度等级的混凝土 90d 龄期抗冲击性能

强度等级	初裂冲击耗能（kJ）	初裂冲击次数	破坏冲击耗能（kJ）	破坏冲击次数
$C_{90}60$	19.2	870	19.5	885
$C_{90}50$	13.7	622	14.1	642
$C_{90}40$	9.3	423	9.7	439

另外，由于不掺纤维的素混凝土，一旦试件在冲击荷载下发生初裂，则很快就会破坏。例如 $C_{90}60$ 初裂所需平均耗能 19.2kJ（冲击次数为 870 次），破坏所需平均耗能为 19.5kJ（冲击次数为 885 次）。因此，要想提高混凝土抗冲击能力，一方面要提高混凝土强度，另一方面要通过其他措施，如掺入纤维等，以提高混凝土的韧性，使其发生初裂以后，仍能吸收较多的冲击能量。

3）强度等级对混凝土抗裂性的影响。

用温度—应力试验法考察不同强度等级的混凝土抗裂性。采用温度匹配养护模式进行试验。$C_{90}40$ 配合比的温度—应力试验仍在进行。$C_{90}60$、$C_{90}50$ 配比的温度—时间曲线、应力—时间曲线、应变—时间曲线如图 5-14 ~ 图 5-16 所示。

从上述温度—应力试验的实测结果来看，$C_{90}50$ 混凝土在恒温阶段的变形略小于 $C_{90}60$ 混凝土，说明 $C_{90}50$ 混凝土的自生体积变形略小于 $C_{90}60$ 混凝土；降温段的斜率二者基本相同，说明二者的热膨胀系数基本相同。表明两种强度等级的混凝土在变形性能上基本相同，不同的是胶凝材料发热量、温度历程、抗拉强度的发展不同。为此，采用 B4Cast 软件模拟抗冲磨混凝土的实际浇筑过程，得到抗冲磨混凝土中最高温度发展曲线，如图 5-17 所示，根据该温度曲线计算得到的不同强度等级混凝土应变、应力发展曲线如图 5-18 和图 5-19 所示。主要抗裂性参数见表 5-15。

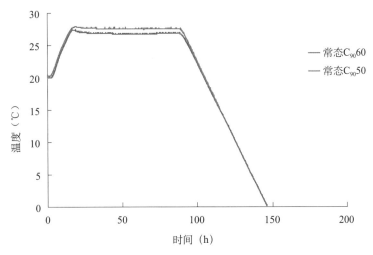

图 5－14　不同强度等级混凝土温度—时间曲线

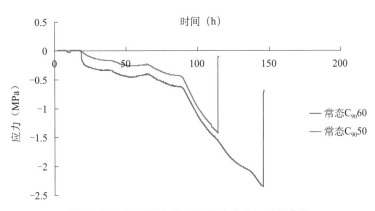

图 5－15　不同强度等级混凝土应力—时间曲线

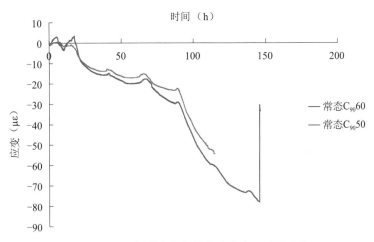

图 5－16　不同强度等级混凝土应变—时间曲线

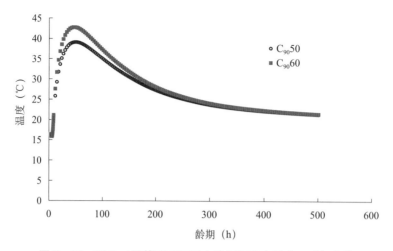

图 5-17　B4Cast 计算的不同强度等级混凝土温度—时间曲线

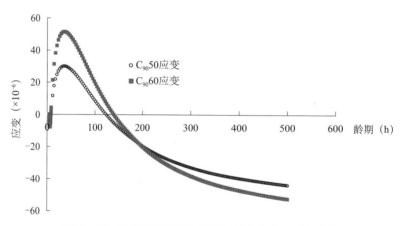

图 5-18　计算的不同强度等级混凝土应变—时间曲线

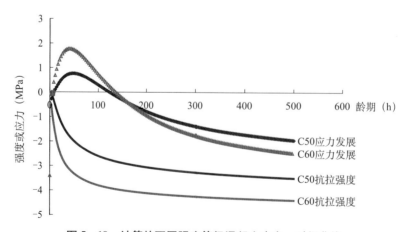

图 5-19　计算的不同强度等级混凝土应力—时间曲线

表 5 - 15　不同强度等级的混凝土开裂评价指标对比

强度等级	最高温度 （℃）	最大膨胀应变 （με）	最大膨胀应力 （MPa）	500h 收缩应变 （με）	500h 收缩应力 （MPa）	抗裂安全系数 （%）
$C_{90}50$	39.1	30	0.8	−43	−1.9	1.8
$C_{90}60$	42.8	52	1.8	−52	−2.5	1.8

从计算的温度发展图中可以看出，$C_{90}50$ 混凝土的最高温度为 39.1℃，而 $C_{90}60$ 的最高温度为 42.8℃，比 $C_{90}50$ 高约 3℃。500h 后，浇筑块整个剖面的温度基本均匀。

从应变发展图看，在升温阶段，$C_{90}60$ 混凝土的膨胀变形增长速度比 $C_{90}50$ 快，说明 $C_{90}60$ 混凝土的弹性模量发展的速率比 $C_{90}50$ 快。$C_{90}60$ 最大膨胀变形为 52με，$C_{90}50$ 最大膨胀变形为 30με，这主要是由于 $C_{90}60$ 混凝土的最高温升比 $C_{90}50$ 约高 3℃。降温阶段，由于 $C_{90}60$ 弹性模量及自生体积收缩变形均高于 $C_{90}50$，$C_{90}60$ 混凝土的收缩发展速度比 $C_{90}50$ 快，最终收缩值也较大，到 500h 时，$C_{90}60$ 混凝土的收缩应变为 52με，$C_{90}50$ 的收缩应变为 43με。强度等级高的混凝土由于水胶比较低、胶凝材料用量高，混凝土的放热速度、最高温升以及最终收缩量都会增大。

从应力发展图看，在升温阶段，$C_{90}50$ 混凝土在 46.7h 膨胀应力达到最大值，为 0.8MPa，$C_{90}60$ 混凝土在 43.8h 膨胀应力达到最大值，为 1.8MPa，是 $C_{90}50$ 的 2.3 倍，而 $C_{90}60$ 混凝土的最大膨胀变形为 $C_{90}50$ 的 1.7 倍，说明 $C_{90}60$ 的早期弹模要比 $C_{90}50$ 的高。降温阶段，$C_{90}60$ 混凝土经 142h 应力变为 0MPa，即在该时刻混凝土由于升温产生的压应力被收缩产生的拉应力抵消，混凝土内部开始出现拉应力；$C_{90}50$ 混凝土经 124h 应力变为 0MPa。从最高压应力降到零应力，$C_{90}50$ 应力降低的平均速率是 0.01MPa/h，$C_{90}60$ 应力降低的平均速率是 0.02MPa/h，即 $C_{90}60$ 收缩应力发展速度比 $C_{90}50$ 快，这主要是因为 $C_{90}60$ 的降温速率和弹性模量均高于 $C_{90}50$。到达混凝土内部温度均匀的时刻，即 500h 时，$C_{90}60$ 的最终收缩拉应力为 2.5MPa，而此时 $C_{90}50$ 的收缩拉应力为 1.9MPa。此时，$C_{90}60$ 和 $C_{90}50$ 混凝土的安全系数（拉应力/抗拉强度）均为 1.8，二者相同。

5.1.2　混杂纤维增韧对抗冲磨性能的改善效果

主要考察了在以 C50、C60 为基准混凝土的条件下，单掺或者混杂掺加 PVA 有机粗纤维、PVA 微纤维、改性聚酯粗纤维后对混凝土性能的影响。目前已完成了 28d 和 90d 的抗压强度；3d、28d 的轴拉强度、轴拉弹性模量及极限拉伸值的测试已大部分完成。90d 龄期的抗冲磨试验和冲击韧性试验也已完成。

（1）配合比及新拌混凝土性能

试验以常态 $C_{90}60$ 和 $C_{90}50$ 作为基准混凝土，采用嘉华 P·LH42.5 低热水泥，粉煤灰掺量为 30%，硅灰掺量为 5%，骨料为纯隐晶质玄武岩，按体积百分数外掺纤维，因掺入纤维后坍落度会降低，因此适当提高了单位用水量。

其中 PVA 微纤维的体积掺量为 0.1%，改性聚酯粗纤维（长度 38mm）的体积掺量为 0.5%，在以 $C_{90}60$ 为基准混凝土时混杂纤维［PVA 微纤维 0.1vol.% + PVA 粗纤维（35mm）0.5vol.%］混凝土明显粗纤维偏多，因此在以 $C_{90}50$ 为基准混凝土时，混杂纤维改为：PVA 微纤维体积分数 0.1% + PVA 粗纤维（35mm）体积分数 0.3%。配合比见表 5 - 16。

表5-16 掺不同纤维后混凝土的配合比

配比编号	强度等级	纤维品种及体积掺量(%)	水胶比	用水量(kg/m³)	砂率(%)	胶凝材料(kg/m³)	水泥(kg/m³)	粉煤灰(kg/m³)	硅灰(kg/m³)	纤维用量(kg/m³)	砂(kg/m³)	小石(kg/m³)	大石(kg/m³)	减水剂(%)	引气剂(1/万)
C50	$C_{90}50$	—	0.37	134	36	362	235	109	18	0	690	502	753	1.1	2.8
FW50		PVA微纤维0.1%		140	35	379	246	114	19	1.28	659	511	766	1.1	2.8
FC50		聚酯粗纤维0.5%		140	35	379	246	114	19	6.4	656	508	763	1.1	2.8
FH50		PVA粗0.3%+PVA微0.1%		140	35	379	246	114	19	1.28微纤维+3.84粗纤维	659	511	766	1.1	2.8
C60	$C_{90}60$	—	0.32	136	33	425	276	128	21	0	611	518	776	1.1	2.7
FW60		PVA微纤维0.1		142	33	443	288	133	22	1.28	598	507	761	1.1	2.7
FC60		聚酯粗纤维0.5		140	33	437	284	131	22	6.4	599	508	762	1.1	2.7
FH60		PVA粗0.5%+PVA微0.1%		142	33	443	288	133	22	1.28微纤维+6.4粗纤维	597	506	760	1.1	2.7

微纤维掺入后易分散，且分散均匀，对工作性无明显影响；粗纤维掺入后混凝土坍落度有所下降，但是拌合物工作性良好，易振捣成型。混杂纤维掺入后混凝土坍落度下降明显，但易振捣成型。混凝土工作性能见表 5－17。

表 5－17　掺不同纤维后混凝土的工作性能

配比编号	坍落度（mm）	含气量（%）
C50	65	3.1
FW50	70	3.0
FC50	40	3.1
FH50	20	3.4
C60	83	3.5
FW60	65	3.2
FC60	50	3.0
FH60	25	2.7

（2）掺纤维对混凝土抗冲磨性能的影响

1）力学性能。

a）抗压强度。掺纤维后混凝土抗压强度见表 5－18，掺入微纤维对混凝土抗压强度没有明显影响，单独掺入 0.5% 改性聚酯粗纤维，90d 抗压强度下降 5%～10%；掺入混杂纤维，90d 抗压强度下降 3%～7%。

表 5－18　掺纤维后混凝土的抗压强度

配比编号	抗压强度（MPa）	
	28d	90d
C50	48.7	58.7
FW50	50.7	63.3
FC50	45.3	56.2
FH50	44.4	54.2
C60	55.9	67.9
FW60	55.6	67.2
FC60	49.5	57.1
FH60	53.5	66.0

b）轴拉强度和极限拉伸。掺入纤维后，混凝土的轴拉强度、轴拉弹性模量及极限拉伸值见表 5－19。掺入纤维后混凝土轴拉强度、极限拉伸值与未掺纤维的相当。测试时观察到纤维混凝土试件在拉断后仍能承受一定的拉力，试件不是脆断，而是缓慢拉断。

表 5 - 19　掺纤维后混凝土的轴拉性能

配比编号	轴拉强度（MPa）		轴拉弹性模量（GPa）		极限拉伸值（×10⁻⁶）	
	3d	28d	3d	28d	3d	28d
C₉₀50	2.0	3.5	28.2	45.0	77	103
FW50	2.1	3.2	29.4	40.8	77	101
FC50	待测	待测	待测	待测	待测	待测
FH50	2.1	3.6	30.3	38.3	76	106
C₉₀60	3.3	4.4	36.4	47.5	99	110
FW60	2.5	4.2	30.0	43.8	86	116
FC60	2.6	3.9	33.4	39.6	91	117
FH60	待测	待测	待测	待测	待测	待测

2）抗冲耐磨性能。

a）抗冲磨强度。掺不同纤维的混凝土抗冲磨强度见表 5 - 20。高速圆环法试验中，在 $C_{90}50$ 强度等级下，不管是单掺 PVA 微纤维、聚酯粗纤维，还是复掺 PVA 微纤维 + PVA 粗纤维，对混凝土表面抗冲刷性能均没有明显的改善作用，反而会略有下降。在 $C_{90}60$ 强度等级下，单掺 PVA 微纤维、单掺聚酯粗纤维、复掺 PVA 微纤维 + PVA 粗纤维，对混凝土表面抗冲刷性能无明显影响。

表 5 - 20　掺不同纤维时混凝土的 90d 抗冲磨强度

配比编号	高速圆环法 [h/(g/cm²)]	高速水下钢球法 [h/(kg/m²)]	水下钢球法 [h/(kg/m²)]
C₉₀50	1.35	5.0	15.8
FW50	1.17	4.8	11.6
FC50	1.22	4.2	9.6
FH50	1.28	4.1	10.3
C₉₀60	1.27	5.0	19.5
FW60	1.21	5.3	16.8
FC60	1.24	4.6	14.0
FH60	1.27	3.5	13.7

高速水下钢球法试验中，在 $C_{90}50$ 强度等级下，单掺 PVA 微纤维对抗冲磨强度无明显影响，单掺聚酯粗纤维后抗冲磨强度下降 16%，复掺 PVA 微纤维 + PVA 粗纤维后抗冲磨强度下降 18%；在 $C_{90}60$ 强度等级下，单掺 PVA 微纤维后抗冲磨强度提高 10%，单掺聚酯粗纤维后抗冲磨强度下降 8%，复掺 PVA 微纤维 + PVA 粗纤维后抗冲磨强度下降 30%。说明掺入 PVA 微纤维对混凝土本体的抗冲磨强度无明显影响，掺入聚酯粗纤维或者 PVA 粗纤维都会使混凝土本体的抗冲磨强度下降。

综合上述分析，在混凝土中掺入 PVA 微纤维，对混凝土本体的抗冲磨强度无明显影响，但会使混凝土表面的抗冲磨强度降低，该结论与成都勘测设计研究院、卡江科学院结合溪洛渡所得的试验结果不一致，其结论认为掺加体积分数 0.1% 的同样 PVA 纤维后，水下钢球法抗冲磨强度高约 10%；在混凝土中掺入聚酯粗纤维或 PVA 粗纤维，会使混凝土本体以及表面的抗冲磨强度均降低。

b）抗冲击韧性。已经测出的抗冲击性能见表 5 - 21。掺入纤维后，混凝土的抗冲击韧性大大提高，$C_{90}50$ 强度等级下，掺 PVA 微纤维的混凝土初裂冲击耗能提高 20%，破坏冲击耗能提高 21%；掺混杂纤维的混凝土初裂冲击耗能降低 7%，破坏冲击耗能降低 7%。$C_{90}60$ 强度等级下，掺混杂纤维的混凝土初裂冲击耗能降低 18%，破坏冲击耗能降低 18%。

表 5 - 21　掺不同纤维的混凝土抗冲击性能

配比编号	初裂冲击耗能（kJ）	初裂冲击次数	破坏冲击耗能（kJ）	破坏冲击次数
$C_{90}50$	13.7	622	14.1	642
FW50	16.6	754	17.0	770
FC50	待测	待测	待测	待测
FH50	12.8	579	13.1	593
$C_{90}60$	19.2	870	19.5	885
FW60	待测	待测	待测	待测
FC60	7.6	343	7.9	358
FH60	15.7	711	16.0	727

可见掺入微纤维后，混凝土的抗冲击韧性有大幅提高，这对混凝土抵抗推移质冲撞破坏是有好处的，两种纤维的改善效果相比，聚酯纤维的稍优。

5.1.3　不同部位抗冲磨材料的选择方法

按照表 5 - 22 对混凝土的抗冲磨性能和抗裂性能进行初步分类，并将骨料品种、强度等级、粉煤灰掺量、硅灰掺量、橡胶粉掺量和细度、纤维品种和掺量等因素对混凝土抗冲磨性能、抗裂性能的影响汇总见表 5 - 23。可针对不同部位的特点，比选出最优的抗冲磨混凝土方案，比选过程见表 5 - 24 ~ 表 5 - 26。

表 5 - 22　抗冲磨性能、抗裂性能分级区间

等级	抗悬移质冲磨性能（高速圆环法抗冲磨强度）	本体抗推移质冲磨性能（高速水下钢球法抗冲磨强度）	表面抗推移质冲磨性能（水下钢球法抗冲磨强度）	抗裂性（安全系数）
A	>1.5	>5	>18	>2.0
B	1.0 ~ 1.5	4.5 ~ 5	12 ~ 18	1.5 ~ 2.0
C	0.5 ~ 1.0	4 ~ 4.5	6 ~ 12	1.0 ~ 1.5
D	<0.5	<4	<6	<1.0

表 5-23　各因素对混凝土抗冲磨性能、抗裂性能分级

骨料品种	强度等级	粉煤灰掺量	硅灰掺量	泵送与否	橡胶粉掺量和细度	纤维品种和掺量	抗悬移质冲磨性能	本体抗推移质冲磨性能	表面抗推移质冲磨性能	抗空蚀性能	抗裂性
隐晶质玄武岩	$C_{90}60$	30%	5%	常态	0%	0%	B+	A	A	4.1	B
混合质玄武岩	$C_{90}60$	30%	5%	常态	0%	0%	B	B	A	待测	B
玄武岩+灰岩	$C_{90}60$	30%	5%	常态	0%	0%	C+	B	C	2.4	B+
全灰岩	$C_{90}60$	30%	5%	常态	0%	0%	C	D	D	3.5	A
隐晶质玄武岩	$C_{90}60$	30%	5%	常态	0%	0%	B+	A	A	4.1	B
隐晶质玄武岩	$C_{90}50$	30%	5%	常态	0%	0%	B+	A	B	待测	B
隐晶质玄武岩	$C_{90}40$	30%	5%	常态	0%	0%	B+	B	B	1.0	—
隐晶质玄武岩	$C_{90}50$	20%	5%	常态	0%	0%	B	B+	B	1.2	C
隐晶质玄武岩	$C_{90}50$	30%	5%	常态	0%	0%	B+	A	B	1.5	B
隐晶质玄武岩	$C_{90}50$	40%	5%	常态	0%	0%	B	B	A	1.0	A
隐晶质玄武岩	$C_{90}50$	50%	5%	常态	0%	0%	B	A	B	4.9	A
隐晶质玄武岩	$C_{90}50$	30%	8%	常态	0%	0%	A+	A	A	待测	B
隐晶质玄武岩	$C_{90}60$	30%	5%	常态	0%	0%	A+	A	B	2.6	B
隐晶质玄武岩	$C_{90}60$	30%	5%	泵送	0%	0%	A	A	B+	2.4	D
隐晶质玄武岩	$C_{90}50$	30%	5%	泵送	0%	0%	B	A	B	待测	C
隐晶质玄武岩	$C_{90}60$	30%	5%	中热	0%	0%	B	B+	A	待测	B
隐晶质玄武岩	$C_{90}60$	40%	5%	中热	0%	0%	B	A	B	待测	B
隐晶质玄武岩	$C_{90}60$	30%	5%	常态	28%~9%	0%	B	A	A+	—	—
隐晶质玄武岩	$C_{90}60$	30%	5%	常态	28%~14%	0%	A	C	B	—	—
隐晶质玄武岩	$C_{90}60$	30%	5%	常态	40%~9%	0%	A	B	A	—	—
隐晶质玄武岩	$C_{90}60$	30%	5%	常态	40%~14%	0%	A+	C	B	—	—
隐晶质玄武岩	$C_{90}50$	30%	5%	常态	0%	0.1PVA微纤维	B	B	C	—	—
隐晶质玄武岩	$C_{90}50$	30%	5%	常态	0%	0.5聚酯粗纤维	B	C	C	—	—
隐晶质玄武岩	$C_{90}50$	30%	5%	常态	0%	混杂纤维	B+	C	C	—	—

表 5－24　混凝土抗冲磨性能、抗裂性能汇总

骨料品种	强度等级	粉煤灰掺量	硅灰掺量	泵送与否	实测性能 抗悬移质冲磨	实测性能 抗推移质冲磨	实测性能 防空蚀	实测性能 抗裂性	归一化处理（除以单项最大值×100%） 抗悬移质冲磨	抗推移质冲磨	防空蚀	抗裂性
隐晶质玄武岩					1.27	5.0	4.1	1.8	63.5	85	84	24
混合玄武岩	C₉₀60	30%	5%	常态	1	4.7	3.5	1.8	50	79.7	71	24
隐晶质玄武岩＋灰岩砂					0.74	4.6	2.4	3.0	37	78.0	49	40
全灰岩	C₉₀60	30%	5%	常态	0.58	2.1	3.5	4.0	29	36	71	53
隐晶质玄武岩	C₉₀60	30%	5%	常态	1.27	5.0	4.1	1.8	63.5	85	84	24
	C₉₀50	30%			1.35	5.0	1.5	1.8	67.5	85	31	24
	C₉₀40				1.38	4.7	0.97	2.0	69	80	20	27
隐晶质玄武岩	C₉₀50	20%	5%	常态	1.24	4.9	1.2	1.1	62	83	24	15
	C₉₀50	30%			1.35	5.0	1.5	1.8	67.5	85	31	24
	C₉₀50	40%			1.25	4.5	1.0	5.8	62.5	76	20	77
	C₉₀50	50%			1.06	5.5	4.9	7.5	53	93	100	100
隐晶质玄武岩	C₉₀50	30%	8%	常态	2.00	5.3	3.0	1.7	100	90	61	23
	C₉₀60	30%			1.96	5.7	2.6	1.7	98	97	53	23
隐晶质玄武岩	C₉₀60	30%		泵送	1.71	5.2	2.4	0	85.5	88	49	0
隐晶质玄武岩	C₉₀50	30%		泵送	1.3	5.1	1.0	1.1	65	86	20	15
隐晶质玄武岩	C₉₀60	30%	5%	中热	1.32	4.8	4.0	1.5	66	81	82	20
	C₉₀60	40%		中热	1.33	5.4	3.2	1.6	66.5	92	65	21

表 5-25　不同配合比混凝土综合指标汇总

骨料品种	强度等级	粉煤灰掺量	硅灰掺量	泵送与否	导流洞 60%抗裂性+40%抗推移质	表孔 50%抗裂性+50%抗悬移质	深孔 30%抗裂+30%抗悬移质+40%防空蚀	泄洪洞 30%抗裂+30%抗悬移质+40%防空蚀	二道坝拟指标 0.6抗裂+0.4抗悬移质	水垫塘 50%本体+50%抗裂
隐晶质玄武岩	$C_{90}60$	30%	5%	常态	48	44	60	60	40	54
混合质玄武岩	$C_{90}60$	30%	5%	常态	46	37	51	51	34	52
隐晶质玄武岩+灰岩砂	$C_{90}60$	30%	5%	常态	55	39	43	43	39	59
全灰岩	$C_{90}60$	30%	5%	常态	46	41	53	53	44	44
隐晶质玄武岩	$C_{90}60$	30%	5%	常态	48	44	60	60	40	54
	$C_{90}50$	30%	5%	常态	48	46	40	40	41	54
	$C_{90}40$	20%			48	48	37	37	44	53
隐晶质玄武岩	$C_{90}50$	30%	5%	常态	42	38	33	33	34	49
	$C_{90}50$	40%			48	46	40	40	41	54
	$C_{90}50$	50%			77	70	50	50	71	77
	$C_{90}50$	30%	8%	常态	97	77	86	86	81	97
	$C_{90}50$	30%	5%	常态	50	61	61	61	54	56
	$C_{90}60$	30%			52	60	57	57	53	60
隐晶质玄武岩	$C_{90}50$	30%	5%	常态	48	46	40	40	41	54
	$C_{90}60$	30%			48	44	60	60	40	54
隐晶质玄武岩	$C_{90}60$	30%	5%	泵送	35	43	45	45	34	44
	$C_{90}50$	30%	5%	泵送	43	40	32	32	35	51
隐晶质玄武岩	$C_{90}60$	30%	5%	中热	45	43	58	58	38	51
	$C_{90}60$	40%	5%	中热	49	44	52	52	39	56

表5-26 不同部位混凝土配合比参数优选

部位		导流洞	表孔	深孔	泄洪洞	二道坝	水垫塘
骨料品种	隐晶质玄武岩	52	50	51	51	46	58
	混合玄武岩	46	37	51	51	34	52
	玄武岩+灰岩	55	39	43	43	39	59
	全灰岩	46	41	53	53	44	44
强度等级	$C_{90}60$	47	44	53	53	40	53
	$C_{90}50$	58	54	49	49	51	63
	$C_{90}40$	48	48	37	37	44	53
粉煤灰掺量	20%	42	38	33	33	34	49
	30%	47	45	49	49	41	53
	40%	63	57	51	51	55	67
	50%	97	77	86	86	81	97
硅灰掺量	5%	52	47	49	49	44	57
	8%	51	61	59	59	53	58
水泥品种	低热	52	49	50	50	46	57
	中热	47	43	55	55	39	54
导流洞优选	玄灰骨料，$C_{90}50$，40%粉煤灰，5%硅灰，低热水泥，掺加体积分数0.1%的PVA微纤维						
表孔优选	玄灰骨料，$C_{90}40$，40%粉煤灰，5%硅灰，低热水泥						
深孔优选	全隐晶质玄武岩骨料，$C_{90}60$，30%粉煤灰，8%硅灰，低热水泥						
泄洪洞优选	全隐晶质玄武岩骨料，$C_{90}60$，30%粉煤灰，8%硅灰，低热水泥						
二道坝优选	全灰岩骨料，$C_{90}50$，40%~50%粉煤灰，5%硅灰，低热水泥						
水垫塘优选	全隐晶质玄武岩骨料或玄武岩+灰岩骨料，$C_{90}50$，40%粉煤灰，5%硅灰，低热水泥						

5.2 新型纳米抗冲磨面层涂料

5.2.1 涂层体系设计

泄水混凝土建筑物要获得长效的耐冲磨护面保护，必须针对混凝土的特点及泄水混凝土建筑物的腐蚀破坏机理，进行涂层配方设计。

（1）混凝土的结构特点对涂层性能的影响

混凝土是一种人造石材，是当代用量最多、用途最广的建筑材料之一，也是当今世界建筑文明的重要支柱。混凝土特有的结构特点对作用于其表面的涂层性能有着重要的影响。

1）混凝土呈多孔性结构。混凝土中布满了毛细孔，这些孔一方面成为二氧化碳、二氧化硫、氯离子等离子的通道，这些有害离子通过毛细孔迁移到钢筋周围，腐蚀钢筋，引起钢筋生锈膨胀，导致涂层与混凝土脱落；另一方面这些孔减少了涂层与混凝土的接触面积，导致涂层与混凝土黏结力降低。

2）混凝土是碱性环境。水泥水化产物中含有氢氧化钙等强碱，碱性物质不断迁移至混凝土表面，对作用于其表面的涂层长期侵蚀，所以要求混凝土表面护面涂层必须具有优良的耐碱性能。

（2）泄水混凝土建筑物腐蚀破坏机理

泄水建筑物混凝土的受力破坏是由于混凝土在硬化过程中产生了许多微裂缝和孔隙等缺陷，当外力作用于混凝土时就在上述缺陷部位产生较大的集中应力而形成裂缝，随着裂缝的发展、连通，形成较大的破裂面乃至整体破坏。混凝土抵抗外力作用的强度主要决定于水泥标号及混凝土的水灰比。混凝土受挟沙、石水流及气蚀对混凝土表面的冲击、摩擦、切削等磨蚀破坏的形式不同，当磨蚀力大于表面材料的结合力时，材料表层将从薄弱处剥离，进而逐渐发展到大面积破坏。一般情况下混凝土中的水泥石抗磨蚀性能相对较差，磨蚀破坏的作用力首先破坏混凝土表面的水泥石。新露出的水泥石又继续被冲蚀形成凹坑，集料则逐渐凸出。在集料的凸起程度不太明显时集料的磨蚀速度小于水泥石，并对水泥石的磨蚀起一定的保护作用。但随着集料凸出程度的增加。受磨蚀的作用力不断加大，磨蚀速度也随之增加。同时，水泥石受磨蚀的作用力则随集料凸出程度的增加而减小，直到集料的磨蚀破坏作用与水泥石相接近时，集料与水泥石的磨蚀速度趋于平衡，混凝土的不平整度也趋于稳定。当水泥石与集料的抗磨蚀性能相差悬殊时，集料与水泥石的磨蚀破坏难以趋于平衡，将使混凝土凹凸不平的程度加剧，集料所承担的磨蚀破坏作用力不断增加，最终脱离母体而被水流冲走。因此混凝土的抗磨蚀性能不仅决定于水灰比，还取决于集料和水泥石的抗磨蚀性能及其所占的比例。

（3）泄水混凝土建筑物纳米抗冲磨面层涂料涂层体系设计

泄水混凝土建筑物抗冲磨纳米面层涂料首先应与混凝土具有足够的黏结力，并能抵抗混凝土碱性的侵蚀。总的来说，应具备以下的性能：

1）耐碱。

2）与混凝土表面具有较好的黏结强度。

3）优异的抗冲磨性能。

4）较好的柔韧性。

5）较好的耐冲击性。

6）耐水。

7）耐盐雾。

为了实现在上述性能方面具有比较优势的涂料，本项目拟开发一成套的涂层体系，该体系由底漆和纳米面漆组成。

a）底漆。针对混凝土多微孔的特点，底处理漆在固化前应具有很小的黏度，这样才能深入混凝土的内部，同时要求固含量较高，这样固化后才能封闭毛细孔。而对于有机涂料来讲，黏度小与固含量高是相互矛盾的，本项目拟采用掺活性溶剂来解决这一问题，该活性溶剂在固化前具有溶剂的功能，固化后与树脂一起反应成为成膜物质。针对混凝土呈碱性的特点，底处理漆应具有很好的耐碱性能，本项目拟采用耐碱性好的呋喃树脂作为其中的一种成膜树脂。底处理漆又肩负着连接混凝土与面漆的功能，所以底处理漆与混凝土之间及底处理漆与面漆之间都应具有很好的黏结强度，因此本项目拟采用环氧树脂作为其中的一种成膜树脂。综合考虑后，初步拟定采用呋喃树脂改性环氧树脂作为底处理漆的成膜树脂。

b）面漆。面漆首先要与底漆具有很好的黏结强度，所以采用与底漆同一系列的环氧树脂作为成膜树脂。但环氧树脂性较脆，难于满足涂层体系对抗冲磨性能的要求，所以必须对环氧树脂进行增韧改性。环氧树脂增韧改性的方法较多，考虑到作为抗冲磨涂料用，选择纳米粒子对环氧树脂增韧的同时进行增强改性。

5.2.2　纳米抗冲磨面层涂料底漆的研究

底漆是保证整个涂层与混凝土良好结合的关键，为了达到耐碱、高附着力的要求，采用呋喃活性树脂改性环氧树脂作为底漆的成膜树脂。呋喃活性树脂在固化前是液体状，可作为环氧树脂的溶剂，降低整个系统的黏度，使涂料能有效渗入混凝土内部。固化后，呋喃树脂与环氧树脂作为成膜树脂，变成固体，可以有效切断混凝土的毛细孔，阻止离子及小分子的渗透。

环氧树脂（Epoxy Resin）是在分子结构中含有两个或两个以上环氧基的低分子聚合物，并在适当的固化剂（Curing Reagent）存在下能够形成三维交联网络固化物的总称。1933 年德国 Schlack 首先在实验室研制成功，由于原料等问题，实际上在 1947 年才在美国开始工业化。进入 20 世纪 80 年代以来，其用途得到迅猛扩展，发展非常迅速，品种不断增多，主要品种有酚醛型环氧树脂、多官能环氧树脂、含卤素的阻燃型环氧树脂、聚烯烃型环氧树脂、脂环族环氧树脂等。目前 90% 以上的环氧树脂是由双酚 A（DPP）与环氧氯丙烷（ECH）反应制得的双酚 A 二缩水甘油醚（DGEBA）。环氧树脂分子结构如图 5 – 20 所示。

由于环氧树脂分子中具有各种功能性的结构单元，使得其与其他热固性树脂相比，

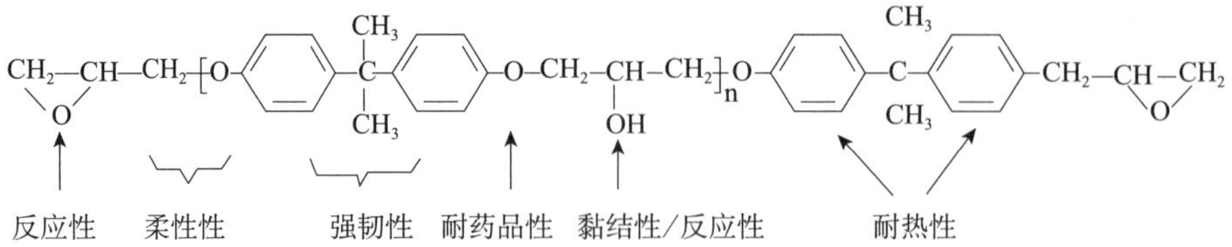

图 5 - 20　环氧树脂分子结构式

具有无与伦比的优越性，其广泛应用于涂料、黏合剂、航空航天、化工、电子材料的脚注、封装、建筑以及复合材料基体等。环氧树脂的广泛应用主要得益于以下优点：

黏结性强：在环氧树脂结构中具有脂肪羟基、醚键和较为活泼的环氧基团，因而黏结性强。

耐药品性好：环氧树脂固化交联物，分子结构紧密，化学稳定性好。

电绝缘性好：环氧树脂固化交联物作为封装材料时，交联结构限制了极性基团的极化，介电损耗小。

其他优点：易加工性能优，吸湿性低、成本低，可大规模生产，与金属、陶瓷相比，重量轻、比强度高。

但由于纯环氧树脂固化后交联密度高，呈三维交联网络结构，因而存在质脆、耐疲劳性、抗冲击韧性差等缺点，在受到外界的冲击应力作用时，易发生应力开裂现象。另外，环氧树脂在固化过程中，由于体积收缩等原因，产生内应力，使得材料翘曲、开裂及强度下降等，难以满足日益发展的工程技术的要求，使其应用受到一定的限制。

环氧树脂与基材之间具有超强的黏结性能，这是本文采用环氧树脂作为底漆的成膜树脂的主要原因，因为底漆的最基本功能是保证涂层与混凝土基材的黏结牢固，否则，即使耐磨性能再好，也起不到保护的效果。然而，在利用环氧树脂超强黏结性能的同时，不得不考虑其两个缺点：一是尽管环氧树脂具有一定的耐化学试剂性能，但作为混凝土表面防护涂料使用，其耐碱腐蚀性能远远不够；二是环氧树脂黏度较大，作为底漆使用，渗透性不够，无法封闭混凝土的毛细孔。

20 世纪 70 年代末，我国引进联邦德国呋喃树脂应用技术，成功开发了 YJ 呋喃树脂，并在国内推广应用。呋喃树脂是指以具有呋喃环的糠醇和糠醛为原料合成的树脂，

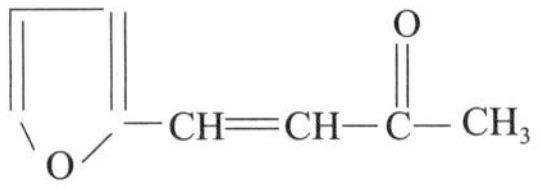

图 5 - 21　糠酮呋喃树脂
分子结构式

其在强酸作用下固化为不溶、不熔的固形物，种类有糠醇树脂、糠醛树脂、糠酮树脂等。以糠醛、丙酮合成的呋喃树脂分子结构式如图 5 - 21 所示，由于呋喃树脂分子结构中含有稳定的呋喃环，因而具有优良的耐酸、耐碱、耐溶剂性能，除此之外，呋喃树脂在固化前黏度较小。

（1）树脂组成比例对底漆耐碱性能的影响

固定 50% 的固含量不变，改变环氧树脂与呋喃树脂的组成比例，涂装于混凝土试块表面。由于底漆不含颜填料，且大部分渗入混凝土内部，所以涂层较薄，为了能全部盖住混凝土表面，试验时底漆涂 2 道。试验结果见表 5 - 27。

表 5 - 27　呋喃树脂与环氧树脂组成比例对底漆耐碱性能的影响

环氧树脂	呋喃树脂	饱和氢氧化钠溶液 30d	饱和氢氧化钠溶液 90d
90	10	无变化	涂层剥落
60	40	无变化	无变化
50	50	无变化	无变化
40	60	无变化	无变化
10	90	无变化	无变化

　　环氧树脂中没有酯基，所以环氧树脂也具有一定的耐碱性能，能经受饱和氢氧化钠溶液 30d 的腐蚀。混凝土的 pH 值为 12 左右，碱性较强，用于混凝土的底漆长期存在于碱性环境，对耐碱性能提出了更高的要求。在环氧树脂中加入 40% 以上的呋喃树脂时，能进一步显著提高其耐碱性能，在饱和氢氧化钠溶液中浸泡 3 个月，涂层无任何变化。

　　（2）树脂组成比例对底漆耐酸性能的影响

　　改变环氧树脂与呋喃树脂的组成比例，按照 50% 固含配成底漆，涂装于混凝土试块表面，涂装 2 道，实干后分别浸泡于 10%、20% 和 30% 的硫酸溶液，观察其耐酸腐蚀性能，见表 5 - 28。

表 5 - 28　呋喃树脂与环氧树脂组成比例对底漆耐酸性能的影响

环氧树脂/呋喃树脂		10% 硫酸溶液 30d	20% 硫酸溶液 30d	30% 硫酸溶液 30d
100	0	涂层脱落，砂浆表面疏松剥落	涂层脱落，砂浆表面疏松剥落	涂层脱落，砂浆表面疏松剥落
70	30	涂层完好	涂层颜色变浅，其他完好	涂层颜色变浅，其他完好
60	40	涂层完好	涂层颜色变浅，其他完好	涂层颜色变浅，其他完好
40	60	涂层完好	涂层部分脱落，砂浆表面疏松	涂层部分脱落，砂浆表面疏松

　　环氧树脂的耐酸腐蚀性能不好，由其配成的底漆涂装于混凝土表面，在 10% 硫酸溶液中 30d，涂层就破坏，砂浆剥落，这与环氧树脂分子结构中所含的醚键有关。加 30% 呋喃树脂改性后的底漆表现出很好的耐酸性能，经 30% 硫酸溶液浸泡 30d 后，仅表面颜色有变化，其他完好。这是因为呋喃树脂分子主链以碳碳链为主及分子中含有呋喃环。当呋喃树脂含量达到 60% 时，涂层耐酸性能反而不好，这是由于呋喃树脂含量太高导致涂层与混凝土附着力降低，影响涂层的综合性能。另外，试验结果显示，20% 硫酸溶液和 30% 硫酸溶液对涂装有涂层的砂浆试块的腐蚀区别不大，这可能表明并非酸液浓度越高，腐蚀就一定越强。

　　（3）树脂组成比例对底漆与混凝土黏结强度的影响

　　环氧树脂值中的脂肪羟基、醚键及环氧基具有很强的活性，与混凝土黏结力强。相对于环氧树脂，呋喃树脂与混凝土黏结强度小很多。另外，呋喃树脂的加入能很大程度上降低环氧树脂的黏度，使得底漆在保持较高固含量的同时，仍具有很低的黏度，带来的好处是低黏度的底漆能渗入混凝土的内部，这样，又提高了涂层与混凝土的黏结强度。试验的目的就是要寻找一个合适的配比。

　　涂层与混凝土黏结强度测试方法，按照当时的 JTJ 275—2000《海港工程混凝土结构防腐蚀技术规范》（此规范现已废止，最新规范为 JTS/T 209—2020《水运工程结构防腐蚀施工规范》）中混凝土表面涂层试验方法进行，仪器采用 Proceq SA Switzerland 公司 Z16 型黏结强度测试仪。将涂料涂装于混凝土表面，7d 后，用强力胶将拉拔头固定于待测涂层面，48h 后，用拉拔仪进行测试。试验过程如图 5 - 22 ~ 图 5 - 25 所示，试验结果见表 5 - 29。

图 5 - 22　Z16 黏结强度测试仪

图 5 - 23　涂装有底漆的混凝土表面

图 5 - 24　黏结金属拉拔头

图 5 - 25　测试

表 5 - 29　树脂组成比例对黏结强度的影响

环氧树脂	呋喃树脂	黏结强度（MPa）
80	20	2.2
70	30	2.1
60	40	1.8
40	60	0.7
30	70	0.4

由表 5 - 29 可见，随着呋喃树脂比例的增加，底漆的黏结强度呈下降趋势，强度的下降与组成比例的变化并非线性关系，当环氧树脂/呋喃树脂组成比例大于 60/40 时，黏结强度下降幅度较小，环氧树脂比例继续减小，黏结强度则急剧减小。

（4）固化体系的选择

固化剂（Curing Agent）又称为硬化剂（Hardene Agent），是热固性树脂必不可少的固化反应助剂，对于环氧树脂来说，固化剂品种繁多。环氧树脂的固化反应主要发生在环氧基上，由于诱导效应，环氧基上的氧原子存在着较多的负电荷，其末端的碳原子上则留有较多的正电荷，因而亲电试剂、亲核试剂都以加成反应的方式使之开环聚合，常用的胺类、酸酐类固化剂与环氧树脂的固化反应属于此类反应。

环氧树脂和多元酸反应速度很慢，由于不能生成高交联度产物，因而不能作为固化剂之用，而与酸酐在高温下则能较快地反应。酸酐固化剂的优点是使用期长，对皮肤刺激性小；固化反应慢，放热量小，收缩率低；产物的耐热性高；产物的机械强度、电性能优良。酸酐固化剂的缺点是固化温度要求高，一般在 80℃ 以上，无法适用于本项目的研究。

人们对胺类固化剂的研究最多，发展最快，目前生产厂家很多，产品质量较稳定，是一类性价比较高的固化剂。胺类固化剂又分为多元胺、改性多元胺和胺类预聚体，多元胺又分为脂肪族多元胺、脂环族多元胺和芳香族多元胺。胺类固化剂的固化机理如下。

伯胺与环氧基反应使之开环生成仲胺

$$R{-}NH_3 + CH_2{-}CH{-} \longrightarrow RN{-}CH_2{-}CH{-} \qquad (5-1)$$

仲胺继续与环氧基反应生成叔胺

$$RN{-}CH_2{-}CH{-} + CH_2{-}CH{-} \longrightarrow R{-}N \qquad (5-2)$$

仲胺与叔胺分子中的羟基与环氧基起醚化反应

$$RN{-}CH_2{-}CH{-} + CH_2{-}CH{-} \longrightarrow RNH{-}CH_2{-}CH{-} \qquad (5-3)$$

由于醚键的诱导效应，环氧基上的氧原子有较多的负电荷，末端碳原子上则有较多的正电荷，因此它可以被叔环开环，进一步引起阴离子加成聚合反应，最后生成三向交联网状分子结构。

本项目选择3种胺类固化剂做固化体系试验，其结果见表5-30。

表 5-30　不同固化剂对底漆的性能影响

固化剂类型及特性	固化剂1	固化剂2	固化剂3
类别	脂肪族多元胺	改性多元胺	胺类预聚体
性状	低黏度液体	黏稠液体	黏稠液体
20℃下固化物表干时间（h）	2	4	10
固化产物柔韧性（mm）	2	2	1
固化产物与混凝土黏结强度（MPa）	≥1.6	≥1.7	≥1.7
固化产物与潮湿混凝土表面黏结强度（MPa）	≥1.2	≥1.6	≥1.0
固化产物耐碱性能（饱和氢氧化钠溶液30d）	无鼓泡、脱落	无鼓泡、脱落	无鼓泡、脱落
固化产物耐酸性能（30%硫酸溶液）	无鼓泡、脱落	无鼓泡、脱落	无鼓泡、脱落
气味	刺激性气味	几乎无味	几乎无味
固化过程中的放热情况	放热量大	放热量中	放热量小

由表5-30可见，3种固化剂固化产物的耐碱耐酸性能都符合本项目的要求，尽管从理论上来说，由于3号固化剂引入部分醚键，按理其耐酸性能有所下降，但上述试验结果无法反映其差别，可能是与体系中的呋喃树脂有关。1号固化剂具有较强的刺激性气味，固化过程放热量大，不容易控制。2号固化剂除固化产物的柔韧性不高外，其他性能都较好。3号固化剂固化过程放热量小，容易控制，固化产物柔韧性最好，缺点是与潮湿混凝土表面黏结强度不高。

作为底漆使用，与基材及面层涂料具有良好的黏结强度是最重要的，由于在混凝土表面涂装1道底漆后，底漆基本上渗入混凝土内部，所以2mm级别的柔韧性也已能够满足要求，且3号固化剂的使用经济成本要高于2号固化剂，所以选择2号改性多元胺为底漆的固化剂。

（5）底漆配方及性能

综合考虑耐酸耐碱及黏结强度的影响，选择环氧树脂与呋喃树脂的组成比例为 60:40 做进一步的研究。最终底漆配方见表 5 - 31，按表 5 - 31 配制的底漆性能见表 5 - 32。

表 5 - 31　底漆配方

原料	质量份	备注
E44 环氧树脂	30	江苏三木化工股份有限公司
呋喃树脂	20	自制
增塑剂	0.3	上海九邦化工有限公司
表面活性剂	0.2	上海九邦化工有限公司
消泡剂	0.02	常州市科源化工有限公司
复合溶剂	49.5	自制

表 5 - 32　底漆主要性能

项目	性能	备注
黏度（s）	12	涂 4 杯
耐酸性能	完好	30% 硫酸溶液 30d
耐碱性能	完好	饱和氢氧化钠溶液 30d
与干燥混凝土表面黏结强度（MPa）	≥1.7	—
与潮湿混凝土表面黏结强度（MPa）	≥1.6	—
渗透深度（mm）	3 ~ 5	—
柔韧性（mm）	2	—

5.2.3　纳米抗冲磨面层涂料面漆的研究

（1）纳米材料和纳米复合材料

纳米材料（Nanostructured Materials，纳米结构的材料，一般称"纳米材料"）指纳米粒子与纳米固体。纳米粒子指粒度在 1 ~ 100nm 的微粒，一般含有几千到几万个原子。纳米粒子与一般超细粒子是完全不同的，市面上使用的超细粒子材料是微米级的粒子（$1\mu m = 1000nm$）。纳米固体是指将纳米粒子压制烧结成三维凝聚态材料。

纳米粒子和由它组成的纳米固体有如下特点：①小尺寸效应；②表面与界面效应；③量子尺寸效应；④宏观量子隧道效应。

纳米复合材料（Nanocomposites）是指在由不同组分构成的复合体系中的一个或多个组分至少有一维以纳米尺寸（≤100nm）均匀分散在另一组分的基体中，这类复合体系也有人称为杂化材料（Hybridmaterials）。

从基体与分散相的粒径大小关系看，纳米复合应是纳米—纳米、纳米—微米的复合。具体到纳米材料改性涂料领域，纳米复合材料主要是纳米材料与颜料（纳米级、微米级）的复合、纳米材料与高聚物乳液的复合，以及纳米粉体材料与表面修饰材料的复合。

纳米复合材料的研究极大地促进了材料学科的飞速发展。从复合组分的类别来看，纳米复合材料主要包括有机—无机复合材料、无机—无机纳米复合材料；从纳米复合材料所涉及的领域来看，它主要包括纳米陶瓷复合材料、纳米金属复合材料、纳米高聚物复合材料，纳米功能、智能复合材料，纳米仿生复合材料。具体涉及涂料领域，研究最多的是纳米聚合物复合材料，即高聚物乳液的功能化；纳米—无机、有机颜料复合材料，及颜料及色浆的功能化；纳米—无机粒子、纳米—有机高分子化合物（偶联剂带有活性基团的高分子化合物）复合材料，即纳米材料的表面改性及表面修饰。

（2）纳米材料改性涂料

涂料是与国民经济产业部门配套的工程材料。宇宙与海洋开发、航空航天、新能源与可再生能源、环境保护、生化、信息、新材料等为主的高科技产业的发展，人民生活水平的提高，对涂料提出了更高的性能要求。尽管涂料工作者坚持不懈地努力以应对挑战，但涂料性能的改进速度远远落后于社会发展的需要。此前，为解决涂料的一些弊病，涂料工作者总是利用改进成膜物结构、成膜物共混、精心选择填料、采用不同品质的颜料、使用特殊助剂、改变配方中颜料体积浓度、改进被涂物的表面前处理和施工应用技术等传统方法。毫无疑问，这些方法对所有普通问题的改进是有益的，但改进幅度不大，效果并不理想。新形势要求对涂料某些性能要有大幅度的提高，由于纳米材料有奇特效应，只有利用纳米技术，才可以使涂料产品达到质的飞跃。如普通的耐磨涂料能够解决水利工程中低流速水流下建筑物的耐磨保护，但不能满足高速夹沙石水流下混凝土建筑物的抗冲耐磨保护。仅依靠传统的方法对原有耐磨涂料进行改进，抗冲耐磨性能提高有限，难以达到要求，只有依靠纳米技术，采用纳米粒子对其进行改性，才能解决这一问题。

纳米材料能大幅度改进涂料性能的原因有以下几点：

1）高表面能大大增加了与涂料各组分链接、交联、重组的概率。随着纳米粒子的直径减小，其比表面积和表面原子数比例增大，同时粒子表面能随粒径减小而增大。这种高表面能由于表面原子缺少近邻配位的原子，极不稳定，并且具有强烈的与其他原子结合的能量，组分发生物理化学反应的巨大驱动力，也是纳米粒子具有奇特表面效应，能多方面改进涂料性能的前提，如果以合适方式引入涂料并与其他组分相容与协同作用，对涂料性能改进将会产生特殊效果。

2）相界面体积分数极大的提高是获得纳米复合涂料高性能的前提。纳米材料在多元的涂料体系中具有奇特效应的另一个原因是其界面层的体积分数随粒径降低而明显增加。界面层材料体积分数成为复合涂层的主要组成部分，这些界面层材料具有与各自的本体材料不同的性能，是纳米复合涂料具有惊人改进性能的重要前提。

3）优良的紫外线屏蔽性。有些纳米粒子对 400nm 以下的 UV 辐射有很好的屏蔽作用，能很好地提高复合涂料的耐候耐久性能。

（3）纳米耐磨复合涂料

在高硬度的耐磨涂料中添加纳米相，可显著提高涂层的硬度和耐磨性，并具有较高的韧性。如纳米 SiO_2、SiC、Al_2O_3 等具有比表面极大、硬度高、抗磨、化学稳定性好的特点，只要在涂料中少量加入就可显著提高涂料的耐磨性。

1）纳米粒子提高纳米复合涂料耐磨性的作用机理。纳米涂膜的耐磨性实际指涂膜抵抗摩擦、侵蚀的一种能力，与涂膜的许多性能有关，包括硬度、耐划伤性、内聚力、拉伸强度、弹性模量和韧性等。

纳米粒子对复合涂料耐磨性提高的原因主要有以下几点：

a）纳米粉体加入到涂料中以后使涂料的活性提高，很容易与基体表面结合，并且能提高结合强度。

b）纳米粒子能突出于涂膜表面，且纳米颗粒均匀分布，当涂膜承受摩擦时，实质摩擦部分为纳米耐磨剂部分，涂膜被保护免遭或少遭摩擦，从而延长了涂膜的使用周期，赋予涂膜耐磨性能。

c）纳米粒子对成膜树脂起到增韧增强的作用，例如当作为分散相的纳米粒子填充于作为连续相的环氧树脂时，一方面纳米粒子对环氧树脂起到增韧的作用；另一方面当涂层体系受到外界的应力时，引起微裂纹，吸收大量能量，阻止裂纹的进一步发展，起到增强的作用。

d）纳米粒子与涂料中微米级的填料共同作用时，纳米粒子填充于微米级粒子的空隙中，起到润滑的作用。

2）纳米耐磨复合涂料国内外研究进展。美国 Nanophase Technologies 将纳米 Al_2O_3 与透明清漆混合，制得的纳米耐磨涂料耐磨性提高 4 倍，该纳米氧化铝透明涂料可广泛应用于透明塑料、高抛光的金属表面及木材等材料表面。Triton System 公司用纳米陶土与聚合物树脂制得的纳米透明耐磨涂料应用于飞机座舱盖的耐磨保护。SDCCoating 公司直接将纳米 SiO_2 及纳米金属氧化物溶胶用于耐磨透明涂料 SILVUE 系列产品，这种涂料还可以防紫外光和防雾化，已成功用于汽车、飞机、建筑物的玻璃及其他透明度和耐磨性要求高、环境苛刻的场所。美国空军实验室材料与制造处所研制的超韧纳米复合涂料应用于战斗机发动机的抗冲耐磨保护。德国克莱斯勒公司研制出一种透明纳米漆，可以在喷涂后的汽车车身上形成一层致密的网状结构，其间含有许多微小陶瓷颗粒，当车身与其他物体发生碰撞时，其防止刮痕出现的性能比传统汽车漆好 4 倍以上。

纳米耐磨复合涂料在国内也得到飞速发展，已成功应用于眼镜、家具等领域的耐磨保护。南京工业大学赵石林等研制的纳米透明耐磨涂料应用于树脂片，耐磨性提高 5 倍以上。杭州微微纳米技术有限公司依托中国科学院专业生产纳米氧化铝。通过与涂料油漆厂家长期合作，公司成功推出纳米耐磨涂料添加剂系列产品和在木地板中的应用技术。

现有的纳米耐磨涂料以透明耐磨涂料为主，主要应用于木材、汽车、树脂玻璃等产品，涉及民用及军事领域。应用于纳米耐磨涂料的成膜树脂有丙烯酸树脂、聚氨酯树脂、有机硅树脂、环氧树脂或两种及两种以上树脂的改性树脂，其中应用最多的是聚氨酯树脂和丙烯酸树脂，这与主要应用对象是木材、汽车有关，有机硅树脂一般不单独使用，常与其他树脂复配使用。所选用的纳米粒子有 $nmSiO_2$、$nmAl_2O_3$、$nmSiC$、$nmTiO_2$。

（4）NFS 新型纳米抗冲磨面层涂料的研制

新型抗冲磨面层涂料研究中，影响涂料性能和涂层性能的因素很多，其中最重要的是成膜树脂、纳米粒子和纳米粒子的分散途径。

1）成膜树脂的选择。成膜物质是组成纳米复合涂料的基础，具有黏结涂料中其他组分、形成涂膜的功能，对涂料和涂膜的性质起决定性的作用。过去常使用天然树脂作为成膜物质，现在则广泛采用合成树脂作为成膜物质。用来作为成膜物质的合成树脂品种很多，按其本身结构和形成涂料的结构来划分，可以简单地分为两类，一类是反应型成膜树脂，另一类是挥发性成膜树脂。前者在成膜过程中伴有化学反应，一般均形成网状交联结构，因此，成膜树脂相当于热固型聚合物。后者在成膜过程中聚合物未发生任何化学反应，成膜物是热塑性聚合物。

纳米耐磨复合涂料使用环境复杂，对涂膜要求较高，可采用的树脂有环氧树脂、聚氨酯树脂、有机硅树脂及其相应的改性树脂。弹性聚氨酯具有两相结构的特点，连续相为聚酯或聚醚链段，俗称软缎；非连续相是由二异氰酸酯和二元醇反应得到的刚性链段；同时还有氢键作用而形成的物理交联，具有很好的耐冲磨性能。单从耐磨性来说，弹性聚氨酯的耐冲磨性能最高，但弹性聚氨酯最大的缺点是硬度太低，附着力较差，特别是有水环境下与基材的黏结强度很差，容易引起整个涂层的起皮脱落。环氧树脂的耐磨性略低于弹性聚氨酯，然而众所周知，环氧树脂具有很好的黏结性，确保涂层与基材黏结牢固，这是最重要的。相对来说，有机硅树脂的耐磨性和附着力都是最差的，一般不单独使用，作为改性树脂使用的情形最多。

水工泄水建筑物长期遭受高速水流的冲刷，耐水性差、附着力低的护面材料很容易起皮脱落，所以本项目选择耐水性好附着力大的环氧树脂作为基本成膜树脂。对于环氧树脂涂层较脆和耐磨性不足的缺点，采用纳米粒子对其增韧增强改性，提高其综合性能。

2）纳米粒子的选择。用于涂料改性的纳米粒子有很多，常用于提高其耐磨性的纳米粒子有 SiO_2、TiO_2、SiC、Al_2O_3。

超微细 TiO_2（$10 \sim 50nm$），对可见光的透射能力很强，例如对550nm的可见光，透明度可达90%以上，能得到产生随角易色效应的涂料，通常称为金属闪光漆。所用的超细 TiO_2 最佳粒径为 $20 \sim 30nm$，透明度为 $8 \sim 10$ 级，紫外光吸收度6级左右。目前世界上已有福特（Ford）、克莱斯勒（Chrysler）、丰田（Toyota）、马自达（Mazda）等著名的汽车制造公司使用含超微细 TiO_2 的金属轿车面漆。此外，超微细 TiO_2 作为一种良好的永久性紫外线吸收剂，还可用于配制耐久性外用透明涂料，加入量为 0.5% ~ 4%，用于木器、家具、文物保护等领域。

纳米 TiO_2 为无定型态，白色粉末，无毒，无味，具有很大的比表面积，分子状态呈三维网状结构（图5-26），颗粒表面有大量不同键合状态的氢基和不饱和残键，可以与材料中的基体形成较强的键合作用，经表面改性的纳米 TiO_2 可以与多种材料复合，纳米 TiO_2 与基体之间的界面作用较大。纳米微粒具有特殊的结构而表现出奇特的物理和化学性质，如优异的力学、光学、电磁学、吸附等性能，复合材料中的纳米 TiO_2 既继承了普通二氧化钛优良的填充性，又

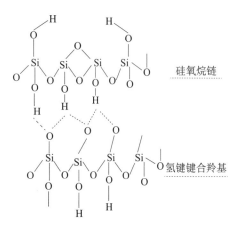

孤立羟基

硅氧烷链

氢键键合羟基

图5-26 纳米 TiO_2 分子结构

使复合材料具有更加优异的性能，因此纳米 TiO_2 可用来制备各种树脂、涂料、催化剂载体等。纳米 TiO_2 已实现规模化生产，原材料来源方便。

氧化铝，俗称刚玉，具有很高的硬度，在自然界中，其硬度仅次于金刚石。纳米氧化铝有多种晶型，用作耐磨填料的一般是 α 型，该纳米氧化铝呈白色蓬松粉末状态，粒径为 $20 \sim 50 nm$，比表面积不小于 $50 m^2/g$。具有耐高温的惰性，但不属于活性氧化铝，几乎没有催化活性；耐热性强，成型性好，晶相稳定、硬度高、尺寸稳定性好，可广泛应用于各种塑料、橡胶、陶瓷、耐火材料等产品的补强增韧。由于 α 相氧化铝也是性能优异的远红外发射材料，作为远红外发射和保温材料被应用于化纤产品和高压钠灯中。此外，α 型氧化铝电阻率高，具有良好的绝缘性能，可应用于 YGA 激光晶的主要配件和集成电路基板中。

碳化硅又称金刚砂，是最早的人造磨料，强度介于刚玉和金刚石。碳化硅的工业制法是用优质石英砂和石油焦在电阻炉内炼制，炼得的碳化硅块，经破碎、酸碱洗、磁选和筛分或水选而制成各种粒度的产品。纳米级碳化硅纯度高，粒径小，分布均匀，比表面积大，表面活性高，松装密度低，具有极好的力学、热学、电学和化学性能，即具有高硬度、高耐磨性和良好的自润滑、高热传导率、低热膨胀系数及高温强度大等特点。

用于水工泄水建筑物抗冲磨保护的涂料需要经受住高速夹沙石水流的冲蚀磨蚀，需要高强度与高韧性的统一，纳米粒子用来对成膜树脂即环氧树脂增韧增强改性，强度越高，韧性越好，抗冲磨性能也越好。经 $nmSiO_2$ 和 $nmTiO_2$ 改性的环氧树脂韧性和耐磨性都有很好的提高，可用于汽车、木材的耐磨保护，但用于泄水混凝土建筑物的耐磨保护，$nmSiO_2$ 和 $nmTiO_2$ 的硬度略显不足。$nmSiC$ 硬度高、化学稳定性好、线膨胀系数低，但纳米级碳化硅单价太高，涂料成本增加太大，难以推广应用。$nmAl_2O_3$ 性能稳定，硬度高，价格适中，来源稳定，本项目选择纳米氧化铝为基本改性粒子。

单一的纳米氧化铝硬度有余而韧性不够理想，本项目以纳米氧化铝为主要改性粒子，辅以一定比例的纳米氧化锆，组成具有一定梯度硬度和韧性的复合粒子，以提高涂层的综合性能。纳米氧化锆（ZrO_2）的导热系数、热膨胀系数和摩擦系数低，化学稳定性高，抗蚀性能优良，尤其具有抗化学侵蚀和微生物侵蚀的能力，硬度略小于氧化铝，而韧性优于氧化铝，大量用于制造耐火材料、研磨材料、陶瓷颜料和锆酸盐等。纳米氧化铝和氧化锆复合应用在陶瓷领域有成功研究，但在涂料领域还未见报道。

3）分散方式的选择。纳米粒子的高比表面积、高表面自由能的特性使其处于热力学不稳定状态，纳米粒子间极易团聚，因此，在纳米涂料的制备过程中，纳米粉体的分散成为首先要解决的问题。

a）分散过程。所有粉末在应用过程中都不可避免地遇到分散的问题。特别是随着粉末尺寸的微细化，粉体往往并非以初级粒子的形式存在，而是形成具有一定结构的团聚体。这种结构形式的存在给粉体的后序加工带来了诸多困难。粉体的分散性已经成为粉体应用过程中最为重要的性能指标之一。

粉体在介质中分散可分为三个基本过程，即润湿过程、分散解团聚过程和稳定化过程。实际上，这几个过程几乎是同时发生的，只是为了讨论方便才将它们分开。

● 润湿过程。润湿过程是指粉体表面吸附液态介质，气/固被液/固界面所取代的过程。分散介质对粉体表面的润湿程度是影响粒子分散状态的重要因素，润湿性好，一般稳定性就比较好。润湿情况的好坏可以用接触角 θ 来表示，其中接触角 θ 可以用杨氏公式进行计算

$$\cos\theta = (\gamma_s - \gamma_{sl})/\gamma l$$

式中：γ_s 为固体粉末的表面张力；γ_{sl} 为粉体/液体之间的界面张力；γ_l 为液体的表面张力。

对于确定的固体粉末及液态介质来说，γ_s 及 γ_l 不变，减小 θ 的唯一办法是降低 γ_{sl}。这一操作可以通过添加润湿分散剂，改变固/液界面状态而实现。

● 分散解团聚过程。分散解团聚过程是指通过外加机械力（剪切、挤压等）作用，利用球磨、砂磨、平磨、辊轧、高速搅拌、超声分散等手段将粉末团聚体打开，使粉体平均粒径下降的过程。粉体破碎的理想状态是全部变成初级粒子，但在实际应用体系中，这种状态是很难实现的。在粉体的常规分散过程中，粉体粒径因破碎逐步变小，表面积逐步增加。破碎粉体的机械能部分地传递给了新生表面，从而使粉体表面能上升。由于表面能的上升在热力学上是不稳定的，因此粒子又有重新团聚的倾向。最终破碎与团聚达到平衡状态，使分散体系获得一定的粒径分布。在分散体系中引入润湿分散剂，可以改变这一过程的平衡常数，使粒子粒径朝小的方向变化，并往往使粒径分布变窄。

● 稳定化过程。稳定化过程是指经机械破碎后的粉体在外力拆除后仍然保持稳定悬浮状态的过程，其特征是粒子不重新团聚，维持已经获得的粒径及粒径分布。分散体系不出现结块、沉降或悬浮现象。

影响分散体系稳定性的因素有很多，其中主要包括表面自由能、奥氏熟化作用、范德华吸引力、重力（或浮力）作用、布朗运动、表面电荷、表面吸附层等。前四者为分散体系的失稳因素，后两者为分散体系的稳定化因素。而布朗运动对分散体系具有双重作用：一方面布朗运动会导致颗粒之间的相互碰撞，给颗粒之间的重新团聚提供机会；另一方面布朗运动会使粒子扩散，减弱重力（或浮力）作用所产生的浓度差。分散体系对外所表现出来的稳定性是上述所有因素共同作用的结果。由于粉末在介质中形成分散体系后属热力学不稳定体系，因此这里所说的稳定性，是指分散体系在动力学上的稳定性，是一个相对的概念。评价一个分散体系的稳定化程度与分散体系的应用要求密切相关。

b）分散机理。

● 双电层静电稳定理论。双电层静电稳定理论是第一个分散稳定理论，由苏联学者 Derjaguin 和 Landau 以及荷兰学者 Verway 和 Overbeek 分别独立地在 20 世纪 40 年代提出，故称 DLVO 理论。该理论主要讨论了胶体粒子表面电荷与稳定性的关系。静电稳定指粒子表面带电，在其周围会吸引一层相反的电荷，形成双电层（Electrical Double Layers），通过产生静电斥力实现体系的稳定。

● 空间位阻稳定理论。DLVO 理论对水介质和部分非水介质的粒子分散体系是适用的，但对另一部分非水介质中粒子的分散则不适用。如有些加入高分子化合物的粒

子非水分散体系，尽管静电排斥力几乎为零，但分散体系非常稳定。Heller、Pugh 和 Warrden 等分别在 20 世纪 50 年代针对高分子聚合物的吸附对粒子分散体系的作用提出了空间位阻稳定机理。其主要原理是通过加入高分子聚合物，使其一端的官能团与粒子发生吸附，另一端溶剂化链则伸向介质中，形成阻挡层，阻挡粒子之间的碰撞、聚集和沉降。为防止粒子发生吸引，阻挡层应至少大于 10nm。吸附斥力大小取决于高分子链的尺寸、吸收密度和构象。当两个吸附有高分子聚合物的粒子相互靠近，距离小于吸附层厚度的二倍时，会引起体系的熵变和焓变，从而使 Gibbs 自由能变化。

$$\Delta G = \Delta H - T\Delta S$$

空间位阻稳定理论有两大类：一类是以统计学为根据的熵稳定理论。该理论假设粒子吸附层具有弹性而不能相互渗透。当吸附层被压缩后，作用区内聚合物链段的构象熵减小，使 ΔG 增大，因而产生斥力势能，起到了稳定作用。另一类是以聚合物溶液的统计热力学为根据的渗透斥力（或混合热斥力）稳定理论。渗透斥力假设吸附层可以重叠。吸附层重叠后，重叠区内的聚合物浓度增加，使重叠区出现过剩的化学位，由此产生渗透斥力位能，使空间斥力势能增大，粒子分散变得稳定。

● 空缺稳定机理。由于颗粒对聚合物产生负吸附，在颗粒表面层聚合物浓度低于溶液的体相浓度。这种负吸附现象导致颗粒表面形成一种"空缺层"，当空缺层发生重叠时就会产生斥力能或吸引能，使物系的位能曲线发生变化。在低浓度溶液中，吸引占优势，胶体稳定性下降，在高浓度溶液中，斥力占优势，使胶体稳定。由于这种稳定是靠空缺层的形成，故称空缺稳定机理。

c）分散方式。纳米微粒极易产生自发聚集，表现出强烈的团聚特性，"长大"生成粒径较大的团聚体，导致材料性能劣化。研究纳米粉体的分散方法，才能解决纳米粉体在工业化大生产上的应用问题。纳米粉体的分散方法可分为物理分散和化学分散。

● 物理分散。物理分散方法主要包括机械分散法、超声波分散法和高能处理法。

◇ 机械分散法。机械分散法是一种简单的物理分散法，主要借助外界剪切力或撞击力等机械能，使纳米粒子在介质中分散。事实上，这是一个非常复杂的分散过程，是通过对分散体系施加机械力，而引起体系内物质的物理、化学性质变化以及伴随的一系列化学反应来达到分散目的，这种特殊的现象称为机械化学效应。机械搅拌分散的具体形式有研磨分散、胶体磨分散、球磨分散、空气磨分散、机械搅拌等。在机械搅拌下，纳米微粒的特殊表面结构容易产生化学反应，形成有机化合物支链或保护层，使纳米微粒更易分散。该方法属于机械力强制性解团聚方法，团聚微粒尽管在强制剪切力下解团聚，但微粒间的吸附引力犹存，解团聚后又可能迅速团聚长大。

◇ 超声波分散法。超声波分散法是将需要处理的微粒悬浮体直接置于超声场中，用适当频率和功率的超声波加以处理，是降低纳米微粒团聚的一种有效方法，其作用机理认为与空化作用有关。利用超声空化产生的局部高温、高压或强冲击波和微射流等，可较大幅度地弱化纳米微粒间的纳米作用能，有效地防止纳米微粒团聚而使之充分分散。

◇ 高能处理法。高能处理法是利用高能粒子作用，在纳米微粒表面产生活性点，增加表面活性，使其易与其他物质发生化学反应或附着，对纳米微粒表面改性而达到分散的目的。高能粒子包括电晕、紫外线、微波、等离子体射线等。

● 化学分散。纳米微粒在介质中的分散是一个分散与团聚的动态平衡。尽管物理方法可以较好地实现纳米微粒在介质中分散，但一旦外界作用力停止，粒子间由于分子间力又会相互聚集。而采用化学分散，通过改变微粒表面性质，使微粒与液相介质、微粒与微粒间的相互作用发生变化，增强微粒间的排斥力，将产生持久抑制絮凝团聚的作用。

化学分散方法主要包括偶联剂法、酯化反应法和分散剂法。

◇ 偶联剂法。偶联剂具有两性结构，其分子结构中的一部分基团可与微粒表面的各种官能团反应，形成强有力的化学键力，另一部分基团可与有机高聚物发生某些化学反应或物理缠绕，经偶联剂处理后的微粒，既抑制了微粒本身的团聚，又增加了纳米微粒在有机介质中的可溶性，使其能较好地分散在有机体中。常用的偶联剂有硅烷类偶联剂、钛酸酯类偶联剂、铝酸酯类偶联剂、硬脂酸类偶联剂和稀土类偶联剂等，应根据成膜树脂、分散介质和纳米粒子来选择。

◇ 酯化反应法。金属氧化物与醇的反应称为酯化反应，用酯化反应对纳米微粒进行表面修饰，重要的是使原来亲水疏油的表面变成亲油疏水的表面。

◇ 分散剂法。添加分散剂能降低固液界面张力，达到稳定分散的作用，常用的分散剂包括离子型分散剂和非离子型分散剂。

d）本文的分散方式

通过前面的分析，本项目选择物理分散和化学分散相结合的方法，用物理手段解团聚，用化学方法保持分散稳定，以达到最好的分散效果。物理分散采用机械搅拌和超声波分散相结合，机械搅拌采用高速分散机，化学分散采用偶联剂法。

4）合成方法。

a）试验用原材料。nmAl$_2$O$_3$：a 相，40nm，南京埃普瑞纳米材料有限公司；nmZrO$_2$：单斜，40nm，南京埃普瑞纳米材料有限公司；E44 环氧树脂：无锡树脂厂；SiC：工业品，山东腾州；硅烷类偶联剂：南京翔飞化学研究所；T31 固化剂：无锡树脂厂；活性溶剂：自制。

b）涂料配制。在适量活性溶剂中加入硅烷类偶联剂、一定比例的纳米复合粒子（由 nmAl$_2$O$_3$ 和 nmZrO$_2$ 组成），经物理分散后（包括高速分散、超声空化分散及两种分散方式配合使用），加入环氧树脂，在高速分散机中以 4000r/min 速度继续分散 1h，加入其他组分（包括微米级 SiC、助剂、颜料，填料），继续分散 20min，移入三辊机碾磨两遍，制得新型 nmAl$_2$O$_3$/ZrO$_2$ 抗冲磨面层涂料 A 组分。B 组分为纯 T31 固化剂，涂装时将 A、B 组分按比例混合搅拌均匀即可使用。

5）主要性能试验方法。

耐磨性：按照 GB/T 1768—2006《色漆和清漆耐磨性的测定旋转橡胶砂轮法》进行。

柔韧性：按照 GB/T 1731—1993《漆膜柔韧性测定法》进行。

黏结强度：按照 JTJ 275—2000《海港工程混凝土结构防腐蚀技术规范》中混凝土表面涂层试验方法进行，仪器采用英国 Elcometer 公司产 F106 漆膜附着力拉拔仪。

盐雾试验：按照 GB/T 1771—1991《色漆和清漆耐中性盐雾的测定》进行，设备为美国 Q-LAB Corporation 产 Q-FOG 盐雾腐蚀试验仪。试板采用 70mm×150mm×1mm 钢板，漆膜厚度约为 210μm。喷雾溶液用分析纯氯化钠溶解于去离子水中配制而成，浓度为 50g/L，用分析纯盐酸及氢氧化钠溶液调整 pH 值为 6.5～7.2，控制箱内温度为 (35±2)℃，采用连续喷雾方式。

紫外老化：按照 GB/T 1865—1997《色漆和清漆人工气候老化和人工辐射暴露》进行，设备为美国 Q-LAB Corporation 产 QUV/SPRAY 老化仪，试板采用 70mm×150mm×1mm 钢板，漆膜厚度约为 210μm，试验方式采用辐照 8h，冷凝 4h，箱内温度控制辐照 60℃，冷凝 50℃。

（5）结果与讨论

1）分散方式对涂料性能的影响。纳米粒子由于表面积大、表面能高，处于能量的不稳定状态，极易发生团聚而达到能量的稳定状态。引起纳米粒子团聚的原因还有很多，包括范德华力、氢键、化学键等。纳米粒子的团聚在纳米涂料中的宏观表现是极易发生沉淀，因此，纳米粒子的分散及稳定是纳米涂料的重点，本文采用高速分散、超声空化、高速分散加超声空化三种分散方式，以稳定性评价分散效果，结果见表 5 – 33。

表 5 – 33　不同分散方式的分散稳定效果

分散方式	静止 2h	静止 24h
高速分散	分层	分层
超声空化	均匀无分层	分层
高速分散加超声空化	均匀无分层	均匀无分层

由表 5 – 33 可见：高速分散和超声空化单独使用时，效果均不理想，而两者配合使用，则能起到很好的分散稳定效果。高速分散是利用外界强剪切能强行打开团聚的纳米粒子，对大的团聚体效果较好，但对小团聚体效果就差些。超声空化分散是利用一定频率内的超声波具有波长短、能量集中、近似直线传播的特点，降低纳米粒子的表面能，打开团聚体，并使其不容易再次团聚，所以其效果优于单独的高速分散，尤其是对小的团聚体。两者结合使用，可以做到优势互补。图 5 –27 所示为经高速分散 1h、超声空化 30min 再静止 24h 后的溶液。

图 5 –27　高速分散超声空化后静置 24h

2）nmAl$_2$O$_3$/ZrO$_2$ 组成比例对涂料性能的影响。Al$_2$O$_3$ 是刚玉的主要成分，莫氏硬度为 9，在天然矿物中，硬度仅次于金刚石，与环氧树脂复合能提高涂膜的硬度。ZrO$_2$ 的莫氏硬度略低于 Al$_2$O$_3$，但具有更好的韧性和耐化学性。

表 5 - 34 中纳米粒子含量指纳米粒子与环氧树脂的质量百分比，以下同。由表 5 - 34 可见，当纳米粒子含量为 1% 时，$nmAl_2O_3/ZrO_2$ 组成比例对涂层性能无明显影响。当纳米粒子含量为 3% 时，适量提高纳米粒子中 $nmZrO_2$ 的比例，有助于柔韧性和耐盐雾性的提高。涂层的韧性和硬度共同影响涂层的耐磨性能，韧性的适当改善有利于耐磨性能的进一步提高。

表 5 - 34　$nmAl_2O_3/ZrO_2$ 组成比例对涂料性能的影响

$nmAl_2O_3/ZrO_2$ 组成比例			柔韧性（mm）	耐磨性（mg）	耐盐雾（3000h）
纳米粒子含量（%）	1	90:10	2	10 ~ 11	轻微变色
		80:20	2	10 ~ 11	轻微变色
		70:30	2	10 ~ 11	轻微变色
		60:40	2	10 ~ 11	轻微变色
	3	90:10	2	8 ~ 9	轻微变色
		80:20	1	8 ~ 9	无变化
		70:30	1	7 ~ 8	无变化
		60:40	1	7 ~ 8	无变化

3）偶联剂用量对涂料稳定性的影响。硅烷类偶联剂真正起作用的是在溶液中形成单分子吸附层的那部分分子，过多地使用分散剂不仅提高成本，还起不到分散效果。理论上的最佳用量是在纳米粒子表面达到单分子层吸附所需的用量，但实际应用中这一最佳用量与通过计算得到的 100% 覆盖时的用量往往是不同的，所以需要通过试验来确定。按照偶联剂占树脂质量分数的 0%、0.5%、1.0%、1.5%、2.0% 的比例将分散剂、环氧树脂、活性溶剂高速分散后再超声空化，静置一定时间观察其稳定状况，结果见表 5 - 35。由表 5 - 35 可见，当偶联剂用量在 1% 以上时，系统具有很好的稳定性。

表 5 - 35　偶联剂用量对涂料稳定性的影响

分散剂用量（%）	1h 稳定性	2h 稳定性	24h 稳定性
0	分层	分层	沉淀
0.5	均匀	均匀	沉淀
1.0	均匀	均匀	均匀
1.5	均匀	均匀	均匀
2.0	均匀	均匀	均匀

4）纳米粒子含量对涂料性能的影响。纳米粒子含量不足，起不到提高耐磨性的效果。含量过大，会引起分散不均等后果，也会大大降低其耐磨性能，且纳米粒子单价较高，过高的含量对涂料成本的影响较大。根据研究结果，固定 $nmAl_2O_3/ZrO_2$ 组成比例为 70:30，研究纳米粒子含量对涂料性能的影响，结果见表 5 - 36。

表 5 - 36　纳米粒子不同含量对涂料性能的影响

纳米粒子含量 （%）	柔韧性 （mm）	耐磨性 （mg）	耐紫外老化 （500h）
0	2	10.5	严重变色
1	2	10.2	严重变色
3	1	7.5	轻微变色
5	1	7.1	轻微变色
7	1	7.1	轻微变色
9	3	11.2	轻微变色

纳米粒子主要从以下三个方面提高环氧涂料的耐磨性能：一是硬度高的纳米粒子均匀分布于涂层表面，当涂膜遭受外界冲磨时，纳米粒子对成膜树脂起到保护的作用；二是粒子以纳米状态均匀分散于树脂的空隙中，起到犹如滚珠的润滑作用；三是当涂膜受到冲磨时，纳米粒子首先引起微裂纹，吸收大量的冲击能，阻止涂层进一步破坏。理论上纳米粒子含量过低和过高都不利于耐磨性能的提高，表 5 - 36 的试验数据也与之吻合，当含量为 3% ~7% 时，效果较好。考虑到对材料成本的影响，本试验最后采用 3% 的添加量。表 5 - 36 也表明添加纳米粒子对以环氧树脂为主要成膜树脂的涂料的耐磨性能的改善有很大的帮助。

5）活性溶剂与环氧树脂组成对涂料性能的影响。这里所述的活性溶剂是本项目研制的呋喃类液态树脂，固化前稀释环氧树脂和粉体，能起到溶剂的作用，固化后与环氧树脂形成网络结构，提高漆膜硬度。

由表 5 - 37 可见，活性溶剂的加入能显著提高漆膜的硬度，但是冲击性能并非与硬度的提高相一致，当活性溶剂含量达到 40% 时，冲击性能显著下降，说明影响漆膜冲击性能的因素很复杂。另外试验中发现当活性溶剂达到 25% 以上时，可以完全取代有机溶剂，有利于环保型。

表 5 - 37　活性溶剂含量对涂层性能的影响

活性溶剂含量 （%）	铅笔硬度 （H）	冲击强度 （cm·kg）
0	2	50
10	5	50
20	5	50
30	6	50
40	7	30
50	7	20

6）新型纳米抗冲磨面层涂料面漆性能。按照如下涂料配方（质量份）：E44 环氧树脂 30 份，nmAl$_2$O$_3$ 0.63 份，nmZrO$_2$ 0.27 份，硅烷类偶联剂 0.3 份，活性溶剂 30 份，微米级填料 22.3 份，其他助剂 1.5 份，T31 固化剂 15 份。配制方法按 4.4.4.2 进行，采用高速搅拌分散与超声空化相结合的分散方式，所得新型 nmAl$_2$O$_3$/ZrO$_2$ 抗冲磨面层涂料的主要性能指标见表 5 - 38。

表 5 – 38　新型 $nmAl_2O_3/ZrO_2$ 抗冲磨面层涂料的主要性能指标

性能	指标
耐磨性 （1000g，1000rpm）	7.5mg
柔韧性	1mm
铅笔硬度	6H
冲击强度	50cm·kg
耐盐雾 （3000h）	无变化
耐紫外老化 （500h）	轻微变色

5.3　抗冲耐磨混凝土的真空脱水工艺

5.3.1　真空混凝土配合比试验

（1）真空混凝土配合比设计

真空脱水混凝土的最佳配合比与普通混凝土有所不同，真空脱水混凝土配合比的设计除要满足普通混凝土的基本要求外，还要求新浇混凝土拌合物有足够的可压缩量，脱水过程拌合物的阻力最小，能在短时间内获得最佳脱水量，即设计出的真空脱水混凝土配合比要求：混凝土拌合物在压差作用下易于压实、拌合物易于排水并有较好的和易性。由此特点，真空脱水混凝土配合比的设计，一般对胶材的特性和用量（单位用水量）、砂率、水胶比与和易性等方面作较普通混凝土更特别的考虑。胶材用量越多、颗粒细度越细，混凝土拌合物的渗透性越小，且较大含量的胶材将吸附较多的水分，会使可排出水量减少。真空混凝土要求拌合物应有一定数量过剩的砂浆，使混凝土拌合物呈柔软而可压缩的基质，使粗骨料在脱水过程中，不至于因相互直接接触而阻碍混凝土被压缩。因此，较普通混凝土砂率会相应增大，但砂用量过多也将影响排出水量，导致混凝土的和易性下降。混凝土拌合物的和易性对真空脱水的效果影响很大，坍落度过小，将导致脱水机具难以密封形成真空腔；坍落度过大，混凝土易发生分层离析。因此，真空混凝土应控制合适的坍落度，一般采用 30～90mm。通常，相同坍落度条件下，水胶比越小，胶材用量越大，真空脱水率越小，效果越差。

本研究的真空混凝土设计原则：除满足上述对拌合物的要求外，还要求混凝土表面磨耗层具有较高的抗冲磨性能。因此，本研究的真空混凝土性能指标除了抗压强度外，主要以 28d 龄期混凝土的 72h 抗冲磨强度为参数。

（2）真空混凝土配合比正交试验

根据上节所述的真空混凝土配合比设计指导原则，本文对真空脱水混凝土配合比的优化采用了正交试验。混凝土配合比均以骨料饱和面干状态为基准。试验因子选择有水胶比、砂率、单位用水量以及高效减水剂，各因子再分别确定 3 个试验水平。设计了 $L_9(3^4)$ 4因子3水平共9组配合比，以明确各因子不同水平对真空脱水率以及真空脱水前后混凝土的 28d 抗压强度和 72h 抗冲磨强度性能的影响，为确定真空脱水条件下的抗冲耐磨混凝土基础配合比参数提供依据。试验设计与试验结果见表 5 – 39 和表 5 – 40。

表 5 - 39　真空混凝土配合比正交试验设计与试验结果（一）

试验号	A 水胶比	B 砂率	C 用水量（kg/m³）	D 外加剂	真空脱水率（%）	28d 抗压强度（MPa）	
						非真空	真空
1	0.36	0.38	138	聚羧酸系	11.0	45.1	49.1
2	0.36	0.44	148	氨基系	11.2	43.5	48.8
3	0.36	0.5	158	萘系	9.1	43.1	47.6
4	0.4	0.38	148	萘系	12.2	42.1	45.0
5	0.4	0.44	158	聚羧酸系	13.5	40.8	46.3
6	0.4	0.5	138	氨基系	13.0	40.2	45.2
7	0.44	0.38	158	氨基系	13.8	39.2	43.2
8	0.44	0.44	138	萘系	16.7	38.4	44.1
9	0.44	0.5	148	聚羧酸系	15.4	37.9	41.9

表 5 - 40　真空混凝土配合比正交试验设计与试验结果（二）

试验号	A 水胶比	B 砂率	C 用水量（kg/m³）	D 外加剂	真空脱水率（%）	28d 抗压强度（MPa）	
						非真空	真空
1	0.36	0.38	138	聚羧酸系	10.72	20.58	—
2	0.36	0.44	148	氨基系	10.96	20.80	—
3	0.36	0.5	158	萘系	10.05	19.82	—
4	0.4	0.38	148	萘系	9.43	13.10	—
5	0.4	0.44	158	聚羧酸系	9.34	14.36	—
6	0.4	0.5	138	氨基系	9.17	13.26	—
7	0.44	0.38	158	氨基系	8.21	10.33	—
8	0.44	0.44	138	萘系	8.44	14.05	—
9	0.44	0.5	148	聚羧酸系	8.60	12.48	—

因子各水平对真空混凝土性能的影响如图 5 - 28 ~ 图 5 - 32 所示。

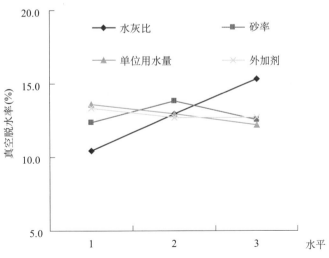

图 5 - 28　各因子水平对混凝土真空脱水率的影响

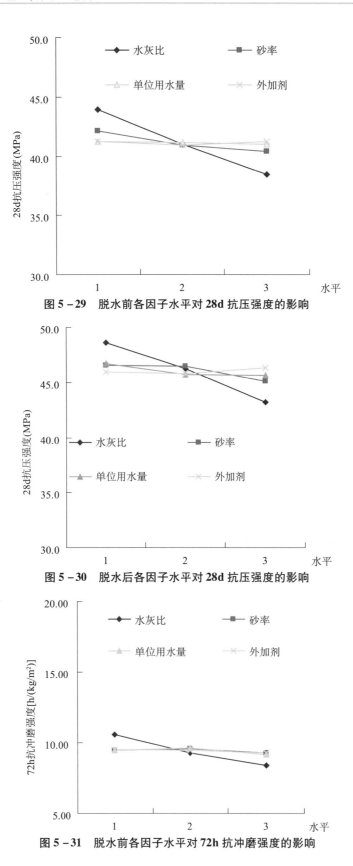

图 5 − 29 脱水前各因子水平对 28d 抗压强度的影响

图 5 − 30 脱水后各因子水平对 28d 抗压强度的影响

图 5 − 31 脱水前各因子水平对 72h 抗冲磨强度的影响

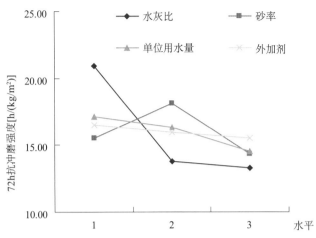

图 5 – 32　脱水后各因子水平对 72h 抗冲磨强度的影响

极差的大小反映了因子水平改变对试验结果的影响大小。各因子水平对真空脱水率、真空脱水前后混凝土的 28d 抗压强度和 72h 抗冲磨强度的影响程度见表 5 – 41。

表 5 – 41　各因子水平对真空混凝土性能的影响程度

影响程度		因子			
		水胶比	砂率	单位用水量	外加剂
1		0.36	0.38	138	聚羧酸系
2		0.4	0.44	148	氨基系
3		0.44	0.5	158	萘系
极差 R（脱水前）	28d 抗压强度	5.40	1.73	0.20	0.30
	72h 抗冲磨强度	2.16	0.31	0.46	0.25
极差 R（脱水后）	真空脱水率	4.87	1.47	1.43	0.63
	28d 抗压强度	5.37	1.50	1.07	0.53
	72h 抗冲磨强度	7.60	3.73	2.60	1.02

从以上正交试验结果可以看出，采用真空脱水工艺的混凝土，配合比参数的合理选择显得尤为重要。由图 5 – 28 和表 5 – 41 可知，混凝土的真空脱水率主要受水胶比的影响，且随着水胶比的增大而增加。另外为砂率和单位用水量，过低或过高的砂率对真空脱水率均不利，存在一个最佳砂率。真空脱水率随着单位用水量的增加而有所减少。外加剂种类对真空脱水率的影响较小。

对于 28d 抗压强度，图 5 – 29、图 5 – 30 和表 5 – 41 的结果表明，非真空混凝土，水胶比是主要影响因素，其次为砂率，且随水胶比和砂率的增大而减小。单位用水量和外加剂种类的影响相对较小。真空脱水混凝土，水胶比仍然是强度的主要影响因素，其次为砂率和单位用水量，且随水胶比和单位用水量的增加而减小，砂率存在一个最佳值。

抗冲磨性能方面，图 5 – 31、图 5 – 32 和表 5 – 41 的结果表明，水胶比、砂率、单位用水量和减水剂这四个因子，对于非真空脱水混凝土，水胶比为主要影响因素，且随着水胶比的增大，抗冲磨强度下降。砂率、单位用水量和减水剂种类对抗冲磨强度的影响相对较小。对于真空脱水混凝土，这四个因子对抗冲磨强度的影响程度加大，特别是水胶比，其次为砂率和单位用水量，存在一个最佳砂率，抗冲磨强度随着单位用水量的增加而减少，外加剂的影响相对较弱。

由以上真空混凝土配合比正交试验的结果可知，在试验所选的水平范围内，真空和非真空混凝土的性能均随水胶比和单位用水量的增加而减少，而真空混凝土的最佳砂率比非真空混凝土增加约20%。若要获得最佳的抗冲磨性能，真空脱水混凝土的配合比应取较低的水胶比，尽量提高低水胶比混凝土的真空脱水率，采用较少的单位用水量和比非真空混凝土增加20%以上的适宜砂率。

5.3.2　真空混凝土抗冲磨性能影响因素研究

一般具有较高抗冲磨性能要求的水工混凝土都采用水胶比较小的中高强混凝土，且为了进一步提高抗冲磨性能，混凝土还会添加矿物掺合料和纤维等。因此，本节研究了低水胶比、矿物掺合料以及纤维等因素对真空脱水混凝土抗冲磨性能的影响规律。

（1）水胶比的影响

不同水胶比对真空混凝土抗冲磨强度的影响试验，设计水胶比选择0.28、0.36和0.44，单位用水量138kg/m³，对应于各水胶比的砂率分别为0.42、0.46和0.50。试验配合比和结果分别见表5-42、表5-43，如图5-33、图5-34所示。

表5-42　不同水胶比混凝土配合比及拌合物性能

试件编号	水胶比	砂率	用水量（kg/m³）	外加剂掺量（%）	水泥品种	坍落度（mm）	真空吸水率（%）
PC-1	0.28	0.42	138	1.2	P.O42.5	55	9.6
PC-2	0.36	0.46	138	1.2	P.O42.5	65	11.4
PC-3	0.44	0.50	138	1.2	P.O42.5	70	16.2

表5-43　不同水胶比对真空混凝土强度的影响

试件编号	水胶比	非真空脱水		真空脱水	
		28d 抗压强度（MPa）	72h 抗冲磨强度[h/(kg/m²)]	28d 抗压强度（MPa）	72h 抗冲磨强度[h/(kg/m²)]
PC-1	0.28	53.4/100	18.87/100	58.4/109	35.34/187
PC-2	0.36	46.3/100	15.85/100	51.7/112	26.23/165
PC-3	0.44	33.1/100	9.75/100	39.7/120	14.49/149

由表5-42、表5-43和图5-33、图5-34的试验结果可知，真空脱水率随水胶比的增加而增加。当水胶比由0.28增加到0.36和0.44，经真空脱水后，混凝土28d抗压强度分别提高了9%、12%和20%，混凝土72h抗冲磨强度分别提高了87%、65%和49%。即采用真空脱水后，混凝土28d抗压强度的提高值随着水胶比的增大而增加，其绝对值则根据初始水胶比和脱水率而定，而混凝土72h抗冲磨强度的提高值却随着水胶比的增大而减小。可见混凝土初始水胶比越小，真空脱水工艺越有利于其抗冲磨性能的发挥。

由于抗压强度反映的是混凝土的整体性能，抗冲磨强度主要反映了混凝土表面磨耗层的性能，而真空脱水的作用，由表及里的变化是由强渐弱。对于低水胶比的混凝土，真

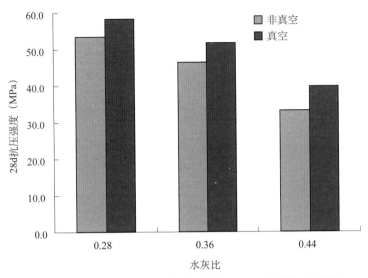

图 5 – 33　真空脱水对不同水胶比混凝土 28d 抗压强度的影响

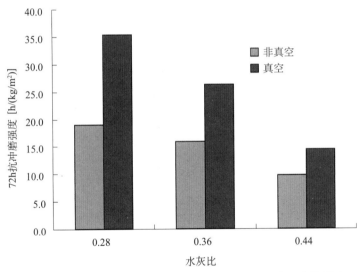

图 5 – 34　真空脱水对不同水胶比混凝土 72h 抗冲磨强度的影响

空的有效作用主要集中在上表层，特别是表面磨耗层混凝土部分。所以，尽管初始水胶比相对较低、脱水率也较低，但其抗冲磨强度仍然较初始高水胶比的混凝土显著提高。因此，提高低水胶比混凝土的抗冲磨性能，采用真空脱水工艺的效果显得尤为显著。

（2）水泥细度的影响

上述研究结果表明，初始水胶比相对越小，越有利于真空脱水对抗冲磨性能的提高，但却越不利于脱水效率。尽可能地提高混凝土的脱水率仍是进一步提高混凝土抗冲磨性能的必要条件。因此，试验研究了水泥细度（降低水泥的比表面积）变化时，提高真空脱水效率对真空混凝土抗冲磨性能的影响。

真空混凝土设计条件：初始水胶比为 0.28、单位用水量为 138kg/m³、砂率为 0.42。水泥熟料加工细度分别为 284m²/kg、321m²/kg 和 366m²/kg。试验以一组非真空的高强抗冲磨混凝土与之对比。试验配合比和结果分别见表 5 - 44、表 5 - 45，如图 5 - 35、图 5 - 36 所示。

表 5 - 44   不同水泥比表面积混凝土配合比及拌合物性能

试件编号	水胶比	砂率	用水量（kg/m³）	掺和料及掺量（%）	外加剂掺量（%）	水泥品种	坍落度（mm）	真空吸水率（%）
HC-1	0.23	0.38	138	20%矿渣+8%硅粉	1.4	P.O42.5	65	—
PC-1	0.28	0.42	138	—	1.2	P.O42.5	50	9.6
MC-1	0.28	0.42	138	—	1.2	水泥01	50	12.5
MC-2	0.28	0.42	138	—	1.2	水泥02	55	13.1

表 5 - 45   不同水泥比表面积对真空脱水混凝土强度的影响

试件编号	水泥比表面积（m²/kg）	非真空脱水		真空脱水	
		28d 抗压强度（MPa）	72h 抗冲磨强度[h/(kg/m²)]	28d 抗压强度（MPa）	72h 抗冲磨强度[h/(kg/m²)]
HC-1	366	77.5	31.24	—	—
PC-1	366	53.4/100	18.87/100	58.4/109	35.34/187
MC-1	321	52.4/100	16.06/100	58.3/111	39.08/243
MC-2	284	49.2/100	14.28/100	55.1/112	39.21/275

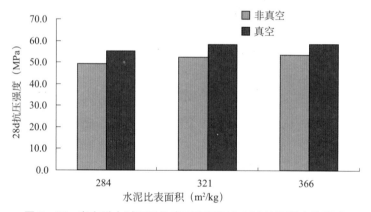

图 5 - 35   真空脱水对不同比表面积混凝土 28d 抗压强度的影响

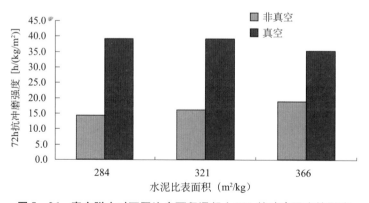

图 5 - 36   真空脱水对不同比表面积混凝土 72h 抗冲磨强度的影响

由不同水泥比表面积对真空脱水混凝土性能的影响结果可知，对于非真空混凝土，随着水泥比表面积的降低，混凝土的 28d 抗压强度有下降的趋势，28d 后的 72h 抗冲磨强度也随之减小。对于真空混凝土，随着水泥比表面积的降低，混凝土的 28d 抗压强度降低，而混凝土 72h 抗冲磨强度却随之增加。由于水泥比表面积的降低，混凝土中可压缩的层间水增加，因而真空脱水率增加。真空混凝土相对于非真空混凝土，当水泥比表面积由 366m^2/kg 降低到 321m^2/kg 和 284m^2/kg 时，28d 抗压强度分别增加了 9%、11% 和 12%，而 72h 抗冲磨强度分别增加了 87%、143% 和 175%，达到 35.34h/（kg/m^2）、39.08h/（kg/m^2）和 39.21h/（kg/m^2）。因此，适当降低水泥的比表面积是提高低水胶比混凝土的真空脱水率，进一步提高低水胶比真空混凝土的抗冲磨性能的切实可行的技术措施。另外，虽然降低水泥的比表面积使混凝土的 28d 抗压强度有所下降，但随着水泥比表面积减少，水泥水化速率减慢，在水泥熟料相同的条件下，比表面积及颗粒分布的差异对后期的水化程度影响不大。因此，后期混凝土的抗压强度将并不逊色，而降低水泥的比表面积可节约能源，符合当前低碳环保的理念和要求。

从表 5 - 45 中可以看出，当采用真空脱水工艺后，以设计 C45 强度的混凝土（PC-1、MC-1 和 MC-2）可达到并超出 C70 强度混凝土（HC-1）的抗冲磨性能。

（3）掺合料的影响

已知配制真空混凝土的原材料中，颗粒较细的组分是影响脱水效果的重要因素，颗粒越细，影响越大。作为混凝土常用的改性掺合料如矿渣、粉煤灰等，其细度均小于水泥，它们对真空混凝土抗冲磨性能的影响情况，通过以下试验进行了研究。

试验取水胶比 0.36、单位用水量 138kg/m^3，砂率 0.46，配合比和试验结果见表 5 - 46、表 5 - 47，如图 5 - 37、图 5 - 38 所示。

表 5 - 46　不同掺合料真空混凝土配合比及拌合物性能

试件编号	掺合料品种	水胶比	砂率	用水量（kg/m^3）	外加剂掺量（%）	水泥品种	坍落度（mm）	真空吸水率（%）
PC-2	无掺合料	0.36	0.46	138	1.2	P.O42.5	55	11.4
SC-2	30% 矿渣粉	0.36	0.46	138	1.2	P.O42.5	65	7.1
FC-2	30% 粉煤灰	0.36	0.46	138	1.2	P.O42.5	70	6.2

表 5 - 47　掺合料对真空脱水混凝土强度的影响

试件编号	掺合料品种	非真空脱水		真空脱水	
		28d 抗压强度（MPa）	72h 抗冲磨强度[h/（kg/m^2）]	28d 抗压强度（MPa）	72h 抗冲磨强度[h/（kg/m^2）]
PC-2	无掺合料	46.3/100	15.85/100	51.7/112	26.23/165
SC-2	30% 矿渣粉	50.4/100	21.06/100	54.2/108	24.92/118
FC-2	30% 粉煤灰	47.1/100	14.26/100	49.0/104	15.47/108

由试验结果（表 5 - 46）可知，掺加掺合料后混凝土的真空脱水率降低。对于非真空混凝土，掺加 30% 磨细矿渣可提高混凝土的抗压强度和抗冲磨强度。掺加 30% I 级粉煤灰对混凝土 28d 强度影响不明显，72h 抗冲磨强度略有降低。无论掺掺合料与否，相对于非真空混凝土，真空混凝土的 28d 抗压强度和 72h 抗冲磨强度均相应增加，

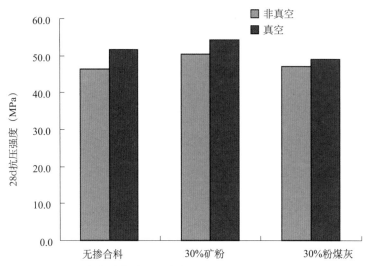

图 5－37　真空脱水对不同掺合料混凝土 28d 抗压强度的影响

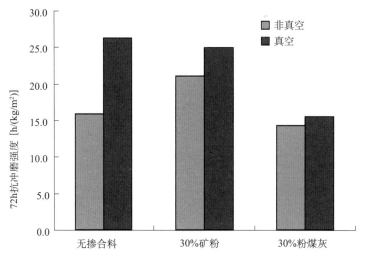

图 5－38　真空脱水对不同掺合料混凝土 72h 抗冲磨强度的影响

但增幅却因掺加掺合料而下降，特别是抗冲磨强度从增加 65% 下降到增加 18% 和 8%，其中掺加 30% 粉煤灰增幅最小，其次为磨细矿渣。可见掺合料的加入，明显降低了真空脱水工艺的效率。对真空混凝土来说，掺加 30% 磨细矿渣，72h 抗冲磨强度从 26.23h/(kg/m²) 下降到 24.92h/(kg/m²)；掺加 30% 粉煤灰，72h 抗冲磨强度从 26.23h/(kg/m²) 下降到 15.47h/(kg/m²)。所以，掺加掺合料无益于真空混凝土抗冲磨性能的提高，其主要原因是掺合料的细度更大，进一步降低了真空脱水率。

　　（4）纤维的影响

　　在混凝土中掺加纤维是提高水工混凝土抗冲磨性能的重要途径之一。目前工程中运用最多的主要是钢纤维。其他纤维中，聚丙烯仿钢粗纤维改善混凝土抗冲磨效果相对较好。因此，本节研究了在真空工艺条件下，这两种纤维对混凝土抗冲磨性能的影响。

　　试验采用的纤维混凝土配合比见表 5－48。

表 5 - 48　真空纤维混凝土配合比及拌合物性能

试件编号	水胶比	砂率	用水量（kg/m³）	外加剂掺量（%）	纤维品种	纤维掺量（kg/m²）	坍落度（mm）	真空吸水率（%）
PC-2	0.36	0.46	138	1.2	—	—	85	11.4
XC-1	0.36	0.52	138	1.4	钢纤维	50	65	13.8
XC-2	0.36	0.52	138	1.4	PP 纤维	5	70	14.2

真空脱水工艺条件下，纤维混凝土的抗压强度性能及抗冲磨性能见表 5 - 49，如图 5 - 39、图 5 - 40 所示。

表 5 - 49　纤维对真空脱水混凝土强度的影响

试件编号	纤维品种	非真空脱水		真空脱水	
		28d 抗压强度（MPa）	72h 抗冲磨强度 [h/(kg/m²)]	28d 抗压强度（MPa）	72h 抗冲磨强度 [h/(kg/m²)]
PC-2	—	46.3/100	15.85/100	51.7/112	26.23/165
XC-1	钢纤维	50.8/100	18.71/100	58.3/115	32.48/174
XC-2	PP 纤维	46.1/100	17.08/100	52.5/114	30.43/178

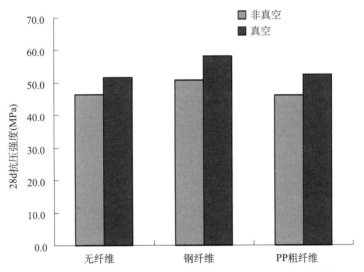

图 5 - 39　真空脱水对不同纤维混凝土 28d 抗压强度的影响

由表 5 - 48 中的试验结果可知，掺加纤维可增加真空脱水率。对非真空混凝土而言，掺加 50kg/m³ 钢纤维可使混凝土 28d 抗压强度提高 9%，72h 抗冲磨强度提高 18%；掺加 5kg/m³ PP 仿钢纤维对混凝土 28d 抗压强度无明显影响，而 72h 抗冲磨强度提高了 7%。采用真空脱水工艺后，钢纤维混凝土的 28d 抗压强度和 72h 抗冲磨强度较非真空钢纤维混凝土分别提高了 15% 和 74%，PP 仿钢纤维混凝土较非真空分别提高了 14% 和 78%，而素混凝土较非真空则分别提高了 12% 和 65%。也就是说，采用真空脱水工艺后，纤维混凝土性能的增长比素混凝土要高。因此，真空脱水有利于纤维增强作用的进一步发挥。

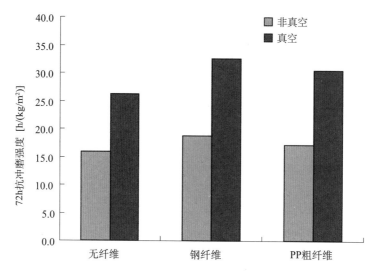

图5-40 真空脱水对不同纤维混凝土72h抗冲磨强度的影响

另外，从表5-49的试验结果可以看出，虽然采用真空脱水工艺后，PP仿钢纤维混凝土性能的增长比钢纤维混凝土要高，但试验条件下钢纤维混凝土的抗压、抗冲磨性能绝对值仍然比PP仿钢纤维混凝土要高。

5.3.3 真空混凝土抗冲磨性能随冲磨时间的变化规律

由于真空混凝土接近表面磨耗层的脱水处理效果最高，向下则依次减弱，所以，真空混凝土由表及里的抗冲磨性能应该也有所变化。真空与非真空混凝土的抗冲磨性能随时间变化的规律及差别，目前并未见相关文献研究报道。因此，本次试验延长了混凝土的冲磨时间，探讨了真空混凝土与非真空混凝土的抗冲磨性能随冲磨时间的变化规律。

（1）不同强度的真空混凝土

不同强度真空混凝土的磨损量随冲磨时间的变化曲线分别如图5-41和图5-42所示。抗冲磨性能随时间的变化结果见表5-49。试件编号中，"Z"代表"真空脱水"。

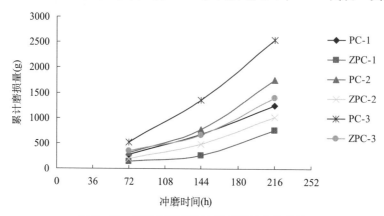

图5-41 累计磨损量随冲磨时间的变化曲线

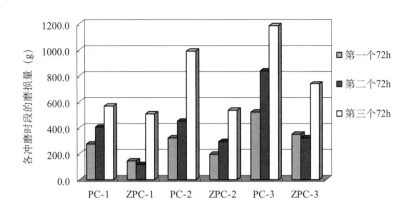

图 5-42　不同强度真空混凝土在各冲磨时段的磨损量

表 5-50　不同强度真空混凝土在各冲磨时段的 72h 抗冲磨强度

试件编号	水胶比	72h 抗冲磨强度 [h/(kg/m²)]					
		非真空脱水			真空脱水		
		第一个 72h	第二个 72h	第三个 72h	第一个 72h	第二个 72h	第三个 72h
PC-1	0.28	18.87	12.57	8.94	35.34	43.13	10.00
PC-2	0.36	15.85	11.23	5.13	26.23	17.37	9.51
PC-3	0.44	9.75	6.08	4.29	14.49	15.90	6.91

从图 5-41 累计磨损量随冲磨时间的变化曲线中可以看出，试件的累计磨损量随着冲磨时间的延长而增加，随混凝土强度的增加而减小。真空混凝土比非真空混凝土的累计磨损量明显减小。

图 5-42 和表 5-49 中各冲磨阶段的抗冲磨性能的结果表明，在不同冲磨时段各混凝土的磨损量是不同的。即便是整体相对均匀的非真空混凝土，其抗冲磨强度也是随着时间的增加，由表及里逐渐下降，磨损速率随时间的增长而增大。这是因为随着冲磨时间的延长，混凝土由于疲劳损伤造成抗冲磨性能逐渐下降。另外，随着混凝土表面的不断磨损，其不平整度也逐渐增加，混凝土表面不平整度的增加也加剧了磨损。对于真空混凝土，由于接近表面处的真空处理效果最高，而向下依次逐渐减弱，因此，前期混凝土的磨损量小，抗冲磨强度高，后期磨损量较前期明显增大，抗冲磨强度显著下降，但仍明显高于同期非真空混凝土。

（2）不同水泥细度的真空混凝土

不同水泥比表面积的真空混凝土的累计磨损量随冲磨时间的变化曲线如图 5-43 所示。抗冲磨性能随时间的变化结果见表 5-51，如图 5-44 所示。试件编号中，"Z"代表"真空脱水"。

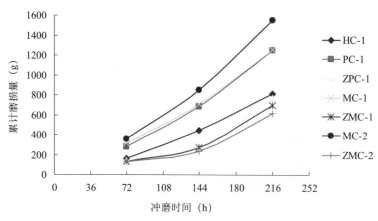

图 5-43 累计磨损量随冲磨时间的变化曲线

表 5-51 不同水泥比表面积真空混凝土在各冲磨时段的 72h 抗冲磨强度

试件编号	水泥比表面积 （m²/kg）	72h 抗冲磨强度 ［h/（kg/m²）］					
		非真空脱水			真空脱水		
		第一个 72h	第二个 72h	第三个 72h	第一个 72h	第二个 72h	第三个 72h
HC-1	366	31.24	18.31	13.61	—	—	—
PC-1	366	18.87	12.57	8.94	35.34	43.13	10.00
MC-1	321	16.06	13.08	9.24	39.08	36.09	11.92
MC-2	284	14.28	10.34	7.23	39.21	48.93	13.32

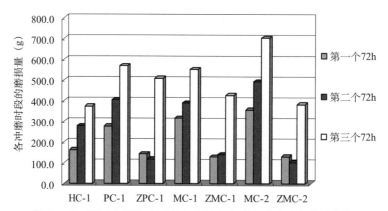

图 5-44 不同水泥比表面积真空混凝土在各冲磨时段的磨损量

由图 5-43、图 5-44 及表 5-51 的试验结果可以看出，水泥比表面积在 284～366m²/kg 范围内变化时，对非真空混凝土而言，当水泥比表面积从 366m²/kg 下降到 321m²/kg 时，虽然前期的抗冲磨强度有所降低，但累计磨损量却无增加，也就是说，混凝土前期的 72h 抗冲磨强度并不是总能客观反映其抗冲磨耐久性。当水泥比表面积继续下降到 284m²/kg 时，抗冲磨性能下降，混凝土的累计磨损量增加。对真空混凝土而言，当水泥比表面积从 366m²/kg 逐渐下降到 321m²/kg 和 284m²/kg 时，真空混凝土的抗冲磨性能是随之增加的，混凝土的累计磨损量随水泥比表面积的降低而减少。

另外，从图 5-43 和表 5-51 的试验结果可知，当采用真空脱水工艺后，虽然以设计 C45 强度的真空混凝土（ZPC-1、ZMC-1 和 ZMC-2）可达到并超出 C70 强度的高强混凝土（HC-1）的抗冲磨性能，但随着冲磨时间的延长，真空混凝土的累计磨损量逐渐接近高强混凝土。因此，如何评估真空混凝土与非真空混凝土的抗冲磨耐久年限，还有待今后进一步研究。

（3）不同掺合料真空混凝土

不同掺合料真空混凝土的累计磨损量随冲磨时间的变化曲线如图 5-45 所示。抗冲磨性能随时间的变化结果分别见表 5-52，如图 5-46 所示。试件编号中，"Z" 代表"真空脱水"。

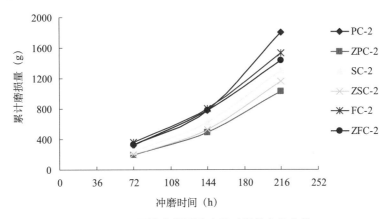

图 5-45　累计磨损量随冲磨时间的变化曲线

表 5-52　不同掺合料真空混凝土的在各冲磨时段的 72h 抗冲磨强度

试件编号	掺合料品种	水胶比	72h 抗冲磨强度 [h/(kg/m²)]					
			非真空脱水			真空脱水		
			第一个 72h	第二个 72h	第三个 72h	第一个 72h	第二个 72h	第三个 72h
PC-2	无掺合料	0.36	15.85	11.23	5.13	26.23	17.37	9.51
SC-2	30% 矿渣粉	0.36	21.06	13.36	7.48	24.92	15.52	8.09
FC-2	30% 粉煤灰	0.36	14.26	11.57	6.98	15.47	11.44	7.75

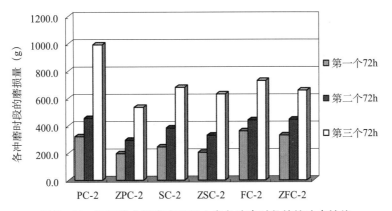

图 5-46　不同掺合料真空混凝土在各冲磨时段的抗冲磨性能

图5-45、图5-46和表5-52的试验结果表明，对非真空混凝土来说，掺加30%磨细矿渣可提高混凝土的抗冲磨性能，混凝土的累计磨损量降低了；而掺加30%粉煤灰虽然使混凝土前期的抗冲磨强度略有下降，但随着冲磨时间的延长，混凝土的累计磨损量却降低了。也就是说，以前期72h抗冲磨强度来评估粉煤灰混凝土的抗冲磨性能并不全面，将低估粉煤灰混凝土的抗冲磨耐久性。对真空混凝土来说，虽然与同期的非真空混凝土相比，无论掺加掺合料与否，抗冲磨性能均提高了，但因掺合料降低了混凝土的真空脱水率，掺合料真空混凝土的累计磨损量增加了，显然降低了真空脱水工艺提高混凝土抗冲磨性能的效果。

5.3.4 真空混凝土的干缩变形性能

根据SL 352—2006《水工混凝土试验规程》，对各真空与非真空混凝土的干缩性能进行了对比试验研究。

（1）不同强度真空混凝土的干缩变形

对不同强度的真空混凝土的干缩变形进行试验研究，并用一组非真空的高强抗冲磨混凝土与之对比，试验结果见表5-53，如图5-47所示。

表5-53　不同强度真空混凝土的干缩变形

试件编号	工艺条件	28d抗压强度（MPa）	水胶比	干缩率（$\times 10^{-6}$）							
				1d	3d	7d	14d	28d	60d	90d	180d
HC-1	非真空	77.5	0.23	-137	-198	-289	-336	-413	-497	-519	-541
PC-1	非真空	53.4	0.28	-118	-178	-252	-302	-371	-460	-483	-505
PC-2	非真空	46.3	0.36	-96	-155	-184	-237	-316	-384	-450	-478
PC-3	非真空	39.2	0.44	-88	-161	-176	-235	-298	-368	-441	-462
ZPC-1*	真空	58.4	0.28	-109	-167	-231	-285	-369	-447	-478	-492
ZPC-2*	真空	51.7	0.36	-95	-144	-182	-229	-296	-358	-433	-443
ZPC-3*	真空	44.6	0.44	-81	-134	-165	-206	-267	-344	-402	-419

注：带*号的试件编号中，"Z"代表"真空脱水"，以下同。

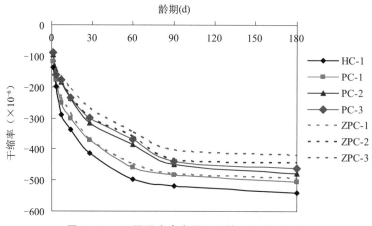

图5-47　不同强度真空混凝土的干缩变形性能

从表5-53和图5-47中的试验结果可以看出，无论是真空还是非真空混凝土，随着水胶比的增加、强度的降低，混凝土的干缩变形减少。真空混凝土与非真空相比，干缩变形减小，且随着水胶比的增加，真空混凝土的 180d 干缩变形比非真空混凝土分别减少 2.6%、7.4% 和 9.3%。由于混凝土的真空脱水率随水胶比的增加而增加，且随着水胶比的增加和混凝土强度的降低，真空混凝土的干缩变形降低的比率较非真空混凝土干缩变形降低的比率更为明显。但由于低水胶比使得混凝土的自收缩凸显出来，因此，总体上真空脱水工艺对低水胶比混凝土干缩变形的降低效果相对较差。

重要的是，本研究方案中采用了设计强度相对较低的真空混凝土，来达到具有相同抗冲磨强度等级的高强非真空混凝土的作用，两者相比之下可见，无论早期（减少 20%）或 180d 龄期（减少 10%）的干缩变形，前者较之后者均明显降低。

（2）不同水泥细度真空混凝土的干缩变形

对不同水泥比表面积真空混凝土的干缩变形进行了试验研究，试验结果见表 5 – 54 和，如图 5 – 48 所示。

表 5 – 54　不同水泥比表面积真空混凝土的干缩变形

试件编号	工艺条件	水胶比	水泥比表面积（m²/kg）	干缩率（×10⁻⁶）							
				1d	3d	7d	14d	28d	60d	90d	180d
PC-1	非真空	0.28	366	−118	−178	−252	−302	−371	−460	−483	−505
MC-1	非真空	0.28	321	−117	−147	−190	−293	−359	−437	−486	−496
MC-2	非真空	0.28	284	−102	−130	−172	−276	−346	−430	−469	−481
ZPC-1	真空	0.28	366	−109	−167	−231	−285	−369	−447	−478	−492
ZMC-1	真空	0.28	321	−99	−137	−193	−259	−346	−429	−462	−478
ZMC-2	真空	0.28	284	−86	−134	−175	−262	−324	−416	−460	−471

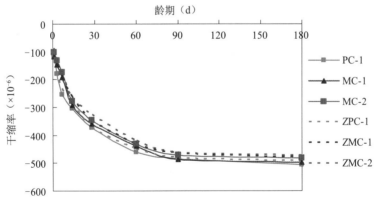

图 5 – 48　不同水泥比表面积真空混凝土的干缩变形性能

由表 5 – 54 和图 5 – 48 的试验结果可知，随着水泥比表面积减少，混凝土的早期 7d 的收缩减小，到后期，收缩变形的差距逐渐减少。这是由于随着水泥比表面积减少，水泥水化速率减慢，而在水泥熟料相同的条件下，比表面积及颗粒分布的差异对后期的水化程度影响不大。相对非真空混凝土，当水泥比表面积从 366m²/kg 分别降低到 321m²/kg 和 284m²/kg 时，真空混凝土的 180d 干缩值分别降低 2.6%、3.7% 和 2.1%，降低并不明显。对真空混凝土本身而言，水泥比表面积的降低对 180d 干缩影响也不明显，水泥比表面积从 366m²/kg 分别降低到 321m²/kg 和 284m²/kg 时，180d 干缩分别减少

2.9%和4.3%。

（3）掺合料真空混凝土的干缩变形

对掺加了30%磨细矿渣及30%粉煤灰的真空混凝土的干缩变形进行了试验研究，试验结果见表5-55，如图5-49所示。

表5-55　掺合料真空混凝土的干缩变形

试件编号	水胶比	工艺条件	掺合料	干缩率（×10⁻⁶）							
				1d	3d	7d	14d	28d	60d	90d	180d
PC-2	0.36	非真空	无掺合料	-96	-155	-184	-237	-316	-384	-450	-478
SC-2	0.36	非真空	30%矿渣	-104	-163	-193	-234	-311	-389	-443	-471
FC-2	0.36	非真空	30%粉煤灰	-60	-130	-161	-206	-292	-371	-434	-455
ZPC-2	0.36	真空	无掺合料	-95	-144	-182	-229	-296	-358	-433	-443
ZSC-2	0.36	真空	30%矿渣	-99	-164	-208	-248	-295	-356	-435	-450
ZFC-2	0.36	真空	30%粉煤灰	-88	-138	-174	-210	-286	-337	-414	-431

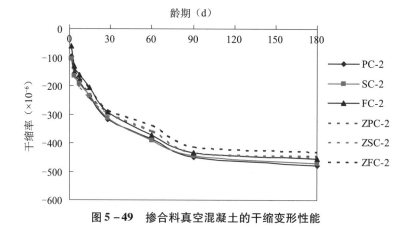

图5-49　掺合料真空混凝土的干缩变形性能

表5-55和图5-49的试验结果表明，真空脱水混凝土的干缩变形比非真空的混凝土要小，而无论是否掺加掺合料，对真空和非真空混凝土的干缩变形的影响效果差别不大。与无掺合料的混凝土相比，掺加30%磨细矿渣对干缩率的影响不明显，掺加30%Ⅰ级粉煤灰可减少混凝土的干缩率。

（4）纤维真空混凝土的干缩变形

对掺加了50kg/m³钢纤维及5kg/m³PP仿钢粗纤维的真空混凝土的干缩性能进行了研究，试验结果见表5-56，如图5-50所示。

表5-56　纤维真空混凝土的干缩变形

试件编号	水胶比	工艺条件	纤维	干缩率（×10⁻⁶）							
				1d	3d	7d	14d	28d	60d	90d	180d
PC-2	0.36	非真空	无纤维	-96	-155	-184	-237	-316	-384	-450	-478
XC-1	0.36	非真空	钢纤维50kg/m³	-86	-150	-181	-231	-297	-383	-444	-467
XC-2	0.36	非真空	PP粗纤维5kg/m³	-64	-156	-174	-221	-307	-380	-447	-472
ZPC-2	0.36	真空	无纤维	-95	-144	-182	-229	-296	-358	-433	-443
ZXC-1	0.36	真空	钢纤维50kg/m³	-67	-141	-174	-217	-273	-345	-415	-433
ZXC-2	0.36	真空	PP粗纤维5kg/m³	-47	-129	-161	-214	-279	-345	-410	-431

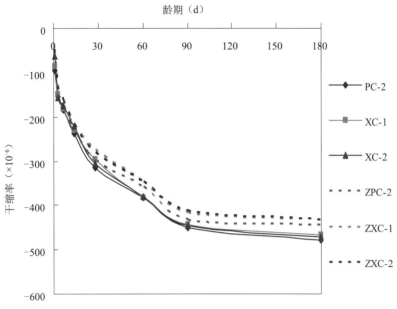

图 5 - 50　纤维真空混凝土的干缩变形性能

由表 5 - 56 和图 5 - 50 的试验结果可知，对非真空混凝土而言，掺加纤维可减少混凝土的干缩，但不明显。纤维混凝土经真空脱水处理，干缩率降低的幅度加大，由此可见，真空脱水工艺与掺纤维同时进行更加有利于混凝土干缩变形的控制。

5.3.5　高强抗冲磨混凝土与真空抗冲磨混凝土的温度变形分析

由于胶凝材料在水化过程中会产生大量水化热，且混凝土是热的不良导体，胶凝材料产生的热量将聚集在结构物内部不易散失，从而导致混凝土内部温度有较大的上升，而造成体积膨胀。在未受地基约束的部位，如果混凝土的内外温差过大，内部温度较高的混凝土约束外部温度较低的混凝土的收缩，外部混凝土约束内部混凝土的膨胀，由于混凝土的抗压强度远大于其抗拉强度，将在混凝土的表层产生拉应力，若此时混凝土的抗拉强度不足以抵抗这种拉应力时就会产生表层温度裂缝。若养护不当，表面裂缝将会进一步发展成深层裂缝。在受地基约束的部位，将会产生较小的压应力。因混凝土的散热系数较小，它从最高温度降至稳定温度需要较长时间，在此期间，混凝土的变形模量有了很大的增长，较小的变形就能产生较大的应力。在基底，混凝土由于降温收缩并受到地基约束，将会产生很大的拉应力。如果这个拉应力超过同龄期混凝土的极限抗拉强度，就会出现基础贯穿裂缝。由于混凝土的早期体积变形，主要来自胶凝材料的水化热温升，因此降低水化热是防止混凝土早期开裂的有效途径。

水化热大小主要取决于胶凝材料的品种及用量。水泥颗粒细度、养护温度、外加剂以及灰砂比等都对胶凝材料水化反应和放热速率有较大的影响，但对胶凝材料的最终水化热影响不明显。

由前述试验结果可知，采用透水模板衬和真空脱水工艺相结合，以 C50 强度的真空混凝土可达到并超出 C70 强度混凝土的抗冲磨性能，从而减少单方混凝土胶凝材料用量，减少收缩。而水化热大小主要取决于胶凝材料的品种及用量。因此，在具备同等抗冲磨强度的条件下，真空混凝土的绝热温升将会明显低于高强混凝土。本章通过对胶凝材料的水化热及混凝土绝热温升的计算，对比分析高强混凝土和真空混凝土的温度变形性能。

（1）胶凝材料的水化热

水泥水化过程中会发生温度变化，主要源于几种无水化合物组分的溶解热和几种水化物在溶液中的沉淀热。水泥总水化热是在给定温度下水泥完全水化发出的热量。水泥水化热的大小与放热速率主要决定于水泥的矿物组成。在已知水泥矿物组成的条件下，根据水化热经验公式就可以估算水泥的水化热，其数学表达式为

$$Q_{cem} = \sum h_i \cdot p_i \qquad (5-4)$$

式中：Q_{cem} 为水泥的水化热，kJ/kg；h_i 为水泥中各矿物成分的水化热，kJ/kg；p_i 为水泥中各矿物的质量比。

对于每种矿物成分的水化热，已有不同研究者提供了它们各自的推荐值。水泥熟料矿物组成为 $C_3S = 56.2\%$、$C_2S = 23.5\%$、$C_3A = 7.3\%$、$C_4AF = 8.6\%$ 的 P·O42.5 水泥完全水化时的水化热值平均为 454kJ/kg。

同理，掺加了混合材的水泥完全水化时的水化热值根据水泥及掺合料的含量可表示为

$$Q = Q_{cem} \cdot P_{cem} + \sum Q_i \cdot P_i \qquad (5-5)$$

式中：Q 为胶凝材料的水化热，kJ/kg；Q_{cem}、Q_i 为分别为水泥、各掺合料的水化热，kJ/kg；P_{cem}、P_i 为分别为胶凝材料中水泥、各掺合料的质量百分比。

然而，有关各掺合料的水化热是一个值得研究的问题。蔡正泳认为活性混合材掺入水泥中的发热量为其所代替的水泥发热量的 45%；美国混凝土学会 207 委员会认为，当用火山灰代替部分水泥时，要初估水泥发热量，一个颇为实用的经验是，假定火山灰的发热量约为其所代替的水泥发热量的 50%。目前还没有经验用于计算掺入矿渣或硅粉时其代替水泥发热量的百分比。

日本的 Kishi 和 Maekawa 采用与式（5-4）类似的公式得出试验结果认为，粉煤灰（$CaO = 8.8\%$，$SiO_2 = 48.1\%$）的水化热值为 209kJ/kg，粒化高炉矿渣（$CaO = 43.3\%$，$SiO_2 = 31.3\%$）的水化热值为 461kJ/kg，而硅灰的水化热值约为 470kJ/kg。

根据上述现有文献的研究结果，由式（5-5）可得掺合料胶凝材料完全水化时的水化热，即

$$Q_{max} = 454 \times P_{cem} + 209 \times P_{FA} + 461 \times P_{SLAG} + 470 \times P_{SF} \qquad (5-6)$$

式中：P_{cem}、P_{FA}、P_{SLAG}、P_{SF} 为分别为水泥、粉煤灰、矿渣和硅粉的质量百分比；Q_{max} 为胶凝材料完全水化时的水化热，kJ/kg。

当混凝土配合比确定时，胶凝材料完全水化时的水化热是唯一值，即也是确定值。

由于本文所采用原材料的化学组成与上述文献相似，故本文中胶凝材料完全水化时的水化热及某龄期的水化热将根据式（5-6）来计算。

（2）混凝土的绝热温升

测定混凝土的绝热温升有两种方法：一种是用绝热温升设备直接测定；另一种是间接法，根据水泥最终水化热和水化过程曲线来计算混凝土的绝热温升。

由于水泥水化放热是一个漫长的过程，以及现有测量温度手段等诸多因素的影响，要直接测得混凝土的最终绝热温升值几乎是不可能的。混凝土的最终绝热温升是由早期数据来推断的。通过室内模拟试验，模拟混凝土处在绝热条件下，测定早期（如 28d 龄期以内）混凝土内部温度随龄期增长而上升的规律，建立数学模型（拟合曲线方程式），推断最终绝热温升。

目前，常用的绝热温升表达式有以下几种

$$T(t) = T_0(1 - e^{-at}) \qquad (5-7)$$

$$T(t) = T_0 \frac{t}{a + t} \qquad (5-8)$$

$$T(t) = T_0[1 - \exp(-a^{-t^b})] \qquad (5-9)$$

式（5-7）~式（5-9）中：t 为龄期；T_0 为最终绝热温升；a、b 等为常数。

在一定试验条件下获得的混凝土绝热温升拟合公式及其参数取值不具有普遍适用性，混凝土的绝热温升应通过试验实测获得。

然而本质上，混凝土浇筑后温度的升高过程是水泥水化反应的放热过程。因此，混凝土绝热温升值及其温升速率反映了混凝土中水泥的水化程度和水化反应速率。换言之，可以通过混凝土水化反应程度（即水化度）来预测混凝土绝热温升规律。

水化度（degree of hydration）就是混凝土中胶凝材料在某一龄期的水化反应程度，其定义为

$$\alpha(t) = Q(t)/Q_{max} \qquad (5-10)$$

式中：$\alpha(t)$ 为 t 龄期的水化度，随水泥的水化反应单调增加；$Q(t)$ 为胶材 t 龄期水化热，kJ/kg。

根据式（5-6）所得到的胶凝材料完全水化时的水化热、t 龄期的水化度和混凝土的比热容可计算出这两种混凝土在 t 龄期的绝热温升值，即

$$T(t) = w \cdot Q(t)/c\rho = w \cdot \alpha(t) \cdot Q_{max}/c\rho \qquad (5-11)$$

式中：c 为混凝土的比热容，kJ/(kg·℃)；w 为胶凝材料用量，kg/m³；ρ 为混凝土的密度，kg/m³。

比热容是指单位材料在温度每改变 1K 时所吸收或放出的热量。硬化混凝土在没有试验的条件下，可以根据混凝土各组成成分的重量百分比进行估算。混凝土的比热容根据下式计算获得

$$c = \frac{1}{\rho}(W_c \alpha c_{cef} + W_c(1 - \alpha)c_c + W_a c_a + W_w c_w) \qquad (5-12)$$

式中：W_c，W_a，W_w 分别为水泥、骨料和水的重量，kg/m⁻³；c_c，c_a，c_w 分别为水泥、骨料和水的比热容，kJ/(kg·℃)；c_{cef} 为水化水泥的比热容，kJ/(kg·℃)；α 为水化度。

由于胶凝材料的水化最终不可能达到完全水化，假设不同胶凝材料最终水化程度相同，最终水化度为80%，以入模温度或浇筑温度为20℃为例，由式（5-6）和式（5-10）、式（5-11）计算出高强混凝土和真空混凝土的最终绝热温升值见表5-57。

表 5-57　混凝土的最终绝热温升计算值

类型	水胶比	胶材用量（kg/m³）	掺合料掺量（%）	密度（kg/m³）	20℃时的比热容[kJ/（kg·℃）]	胶材最终水化热（kJ/kg）	最终绝热温升值（℃）
高强混凝土（HC-1）	0.23	600	20%矿渣+8%硅粉	2380	0.952	365	96.7
真空混凝土（PC-1）	0.28	492	—	2460	0.939	363	77.3

　　由表 5-57 的计算结果可知，对具备同等抗冲磨强度的高强混凝土和真空混凝土，其最终绝热温升值相差约 20℃。以线膨胀系数为 $8.0 \times 10^{-6}/℃$ 来计算，高强混凝土的温度变形最大可高出真空混凝土 160 个微应变。

　　另外，水胶比对高性能混凝土中胶凝材料的水化热影响很大。在胶凝材料用量相同的条件下，随着水胶比的降低，胶凝材料的最终水化热也相应下降。对真空混凝土而言，由于真空脱水使真空混凝土的实际水胶比降低了，而表 5-57 中的结果是按真空混凝土脱水前的原始配合比计算的，因此，真空混凝土的实际温度变形应比计算结果更低。也就是说，在防止因水化热温升造成的温度裂缝问题上，真空混凝土比高强混凝土具有显著优势。

5.3.6　真空混凝土的耐久性能

　　对真空混凝土（编号 ZPC-2）和非真空混凝土（编号 PC-2）进行了抗渗、抗冻耐久性能的对比研究。试验混凝土配合比取水胶比 0.36，单位用水量 138kg/m³，水泥品种 P.O42.5，不掺加纤维和掺合料。

　　（1）抗渗性能

　　两种混凝土抗渗试验的压水面为试件底面（对于真空混凝土为非脱水面），试验时先采用逐级加压法，水压从 0.1MPa 开始，以后每隔 8h 增加 0.1MPa 水压，直至加到 1.3MPa 水压，恒压 8h 后，此时其中 6 个试件试验终止，测量渗水高度。将抗渗仪水压力从 1.3MPa 一次加到 1.6MPa，继续试验其余试件，恒定 24h，再终止其中 6 个试件的试验，测量渗水高度。再将抗渗仪水压力从 1.6MPa 一次加到 1.9MPa，继续试验剩余 6 个试件，恒定 24h，终止试验，测量渗水高度。整个试验过程中，随时注意观察试件表面情况。试验结果见表 5-58。

表 5-58　真空与非真空混凝土抗渗性能试验结果

工艺条件	试件渗水高度（mm）		
	逐级加压至 1.3MPa	逐级加压至 1.3MPa + 1.6MPa24h	逐级加压至 1.3MPa + 1.6MPa24h + 1.9MPa24h
非真空脱水	2.5	4.7	18.7
真空脱水	6.0	10.1	17.0

从表 5-58 和图 5-51 的结果可知，随着水压力从 0.1MPa 逐级增大至 1.3MPa，真空混凝土比非真空混凝土的水渗透深度高 1 倍以上，当将水压力增大至 1.6MPa 时，真空混凝土比非真空混凝土的水渗透深度仍然高出 1 倍以上。当将水压力从 1.6MPa 增加至 1.9MPa 后，真空混凝土的水渗透深度比非真空混凝土的反而降低了 9%。也就是说，在不同的水压力和渗水高度条件下，真空混凝土与非真空混凝土的抗渗性能有所不同。试验最终结果两种混凝土试件的水渗透深度均小于 20mm，混凝土抗渗性能优良。

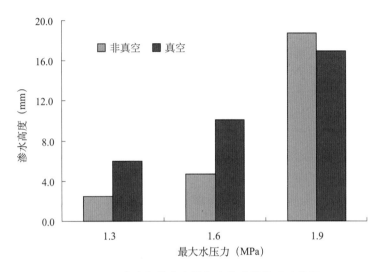

图 5-51　真空与非真空混凝土抗渗性能试验结果

（2）抗冻性能

根据 SL 352—2006《水工混凝土试验规程》（最新标准为 SL/T 352—2020《水工混凝土试验规程》）对真空和非真空混凝土的抗冻耐久性能进行了对比试验研究，试验结果见表 5-59。

表 5-59　真空与非真空混凝土抗冻性能试验结果

性能			工艺条件	
			非真空脱水	真空脱水
冻融循环	50	质量损失率（%）	0.000	0.000
		相对动弹模（%）	100.0	100.0
	100	质量损失率（%）	0.000	0.000
		相对动弹模（%）	100.0	100.0
	150	质量损失率（%）	0.013	0.006
		相对动弹模（%）	94.0	100.0

由于混凝土初始设计等级较高，冻融至 100 个循环时，真空和非真空混凝土均无质量损失和相对动弹模量损失。冻融至 150 次循环，质量略有损失，真空混凝土的相对动弹性模量没有变化，非真空混凝土的相对动弹模量下降至 94%。由此可见，真空混凝土比非真空混凝土有相对较高的抗冻耐久性。

5.4 混凝土抗冲磨试验新方法及寿命评估

5.4.1 抗冲耐磨混凝土试验新方法

（1）磨蚀—空蚀耦合作用试验系统

材料的抗空蚀性能通常用两种方式检验，一种是对某种材料的现场原体试验，试验历时较长，也不经济；另一种是室内试验，在有条件时将其结果与现场资料进行对比，供实际使用，后者有时也称为"快速空蚀试验"。室内试验设备可有以下几种形式。

1）文德里管型空蚀设备。当水流流经文德里型管道时，喉部流速大到一定程度后，该处所产生的低压可使流经该处的水流空化，形成固定性空穴，在固定性空穴内表面附着的游移型空泡将在其尾部溃灭，如固定性空穴尾部放置材料试件，则试件表面由于游移型空泡溃灭而发生空蚀破坏。利用这种方式可在一定时间内测得材料的抗空蚀性能，或对不同材料的抗空蚀性能进行对比。

文德里管型空蚀设备又称"缩放型空蚀设备"。南京水利科学研究院的文德里管型空蚀设备，喉部流速可达59m/s，是目前国内喉部流速最高的。由于这种设备中的水流情况与实际水流比较接近，因此，目前在试验时常用它来研究空蚀机理和测定材料的抗空蚀性能。

2）振动式空蚀设备。这类设备是用电磁或超声波使容器内静止的水产生振荡型空化致使水中的试件表面产生空蚀，又称"无主流空化"，包括磁致伸缩振动空蚀设备（简称磁致伸缩仪，其基本原理仍是利用镍或镍合金在交变磁场中能够伸长或缩短的特性，这样就可使置于捏制换能器端部的试件在水中产生高频振动，试件表面产生的空泡溃灭可使试件发生空蚀）和超声波振动空蚀设备（其基本原理是超声波所传递的压力脉冲幅度与声音的强弱有关，当超声波较强时，则其压力脉冲可引起静止水体内部有足够的压降而导致发生空化，如果这种压力脉冲以一定的频率作用在水体上，水体将发生振动，使水体内部不断发生空化过程，致使置于其中的试件发生空蚀破坏）。

3）旋转圆盘空蚀设备。这种设备简称转盘装置，是丹麦 Rasmussen 于1956年开始采用的，这种设备的原理是在转盘上距轴心不同距离处开有贯穿转盘厚度的小孔或嵌在转盘上的突体，当转盘在置于外套中试验水体内高速旋转时，在小孔或突体后部将产生尾流空化，其中游移型空泡将在尾流末端沿盘而溃灭，嵌入盘面空泡溃灭处的试件表面将产生空蚀破坏，这样就可以测定各种试件材料或涂料的相对抗空蚀性能。一般圆盘的最大圆周速度均大于40m/s，这种设备的特点是所产生的空化状态为具有强大破坏力的涡旋型空化，类似于在水轮机、水泵或闸门槽中遇到的流态，它的空蚀能力高于文德里管型空蚀设备，其缺点是设备中的水流流态要比文德里管型空蚀设备或磁致伸缩仪复杂。

4）冲击式空蚀设备。这种试件的剥蚀破坏是由于水体冲击试件所产生。这类设备可以比较当材料表面受到水体冲击时其抗空蚀程度。包括高速射流冲击试验设备和水滴冲击试验设备。

5）往复式活塞型空蚀设备。这种设备属于静压式试验设备，设备的气缸内灌满水，并且密封，因此当活塞由容器顶部凸轮带动时，活塞可向下移动；凸轮则可使活塞轴突然释放，从而大气压力可驱使活塞突然向上运动，这样就会造成水体内的空泡成长，成长起来的空泡在下一次活塞向下移动过程中发生溃灭，使气缸壁材料产生空蚀破坏。

上述 5 种设备中，振动式空蚀设备、旋转圆盘式空蚀设备、冲击式空蚀设备、往复式活塞型空蚀设备由于不方便加沙、散热不易控制、沙在水中的流速不易控制的原因，不易改装成浑水空蚀设备。

文德里管型空蚀设备采用了缩放性结构，从理论上讲容易改装成浑水空蚀设备，如图 5 - 52 所示。但实际上，如果按图中方式加沙，则任一时刻的加沙量不好控制、加入沙对水流空化作用的影响不好控制、含沙水流对管道的磨损非常严重；如果在入水水源处加沙，则对水泵磨损非常严重，而且水流含沙量不易控制。因此从文德里管型空蚀设备改装成浑水空蚀设备比较困难。

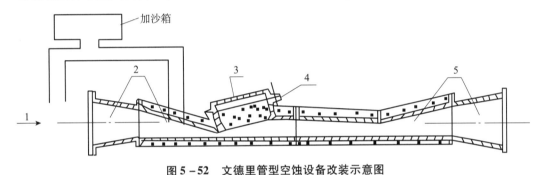

图 5 - 52　文德里管型空蚀设备改装示意图

1—高速水流；2—渐变段；3—试件箱盖；4—试件；5—渐变段

但是，文德里管型空蚀设备的"缩放"结构很有参考意义，在这种思路的指导下，设计了如下浑水空蚀设备。

1）磨蚀—空蚀设备构造。

a）磨蚀—空蚀设备简介。根据高速水流在通道变窄的位置（喉部）流速会增大，流速大到一定程度后，该处所产生的低压可使流经该处的水流空化，形成固定性空穴，在固定性空穴内表面附着的游移型空泡将在其尾部溃灭形成空蚀的原理，设计了如图 5 - 53 和图 5 - 54 所示的两种旋转缩放型磨蚀—空蚀设备。

Ⅰ型设备中间是带旋转叶轮的空腔，可以放入一定比例的水和沙，外围由 9 个混凝土试件围成一圈，试件内缘形成一个正九边形。中心叶轮的半径为 195mm，叶轮转速可调；试件形成的正九边形外接圆半径为 234mm 试件外缘的圆半径为 330mm。叶轮旋转时，与混凝土试件最近距离为 25mm，最远距离为 39mm。由于中心的叶轮按圆周旋转，带动周围的水流高速旋转，在叶轮与外围试件的表面形成一圈高速流动的水层，由于水层很薄，其流速近似与叶轮外缘的线速度相同。叶轮旋转时，在叶轮与试件内边的中点处就会形成"喉部"，叶轮旋转一周，就会在 9 个试件的中部不断形成空化条件，并且在尾部溃灭形成空蚀。

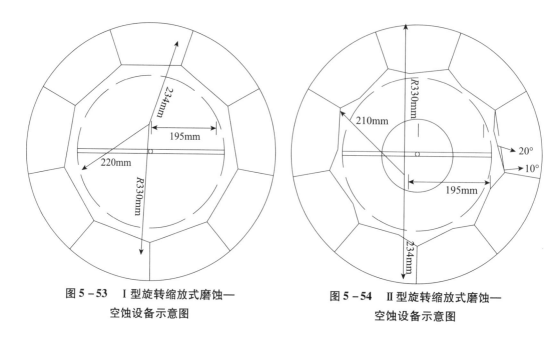

图 5 -53　Ⅰ型旋转缩放式磨蚀—
空蚀设备示意图

图 5 -54　Ⅱ型旋转缩放式磨蚀—
空蚀设备示意图

　　Ⅱ型设备与Ⅰ型设备接近，只是混凝土试件的内边做成凸边的形式，如图 5 - 54 所示。叶轮尺寸不变，旋转时，与混凝土试件最近距离为 15mm，最远距离为 39mm。这种形状的设备由于喉部更窄，并且尾部尺寸稍长，空蚀发生得更为剧烈。

　　b）磨蚀—空蚀设备水力计算。采用 Fluent 软件，按照 $k - \varepsilon$ 紊流计算模式分析Ⅰ型磨蚀—空蚀设备与Ⅱ型磨蚀—空蚀设备内的水流运动情况及水压力变化。设定叶轮的转速为 2000r/min，顺时针旋转，此时对应的叶轮外缘线速度约为 40m/s。计算结果如图 5 -55 和图 5 -56 所示。

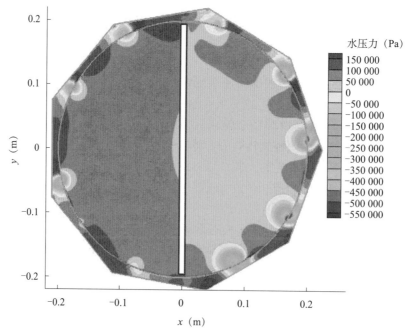

图 5 -55　Ⅰ型旋转缩放型磨蚀—空蚀设备中水压力分布

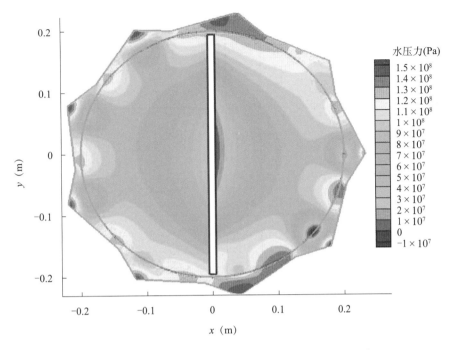

图 5 - 56　Ⅱ型旋转缩放型磨蚀 – 空蚀设备中水压力分布

由图 5 - 55 可以清晰地看到，Ⅰ型磨蚀—空蚀设备中，在叶轮高速旋转的带动下，水流沿试件表面形成有规律的"高压→低压→高压→低压"循环压力分布，并且有明显的负压出现，说明会发生明显的空蚀现象。水流在一个试件边上的高压区与低压区压力差最大可达 7 个标准大气压，即约 7MPa。

由图 5 - 56 可以清晰地看到，Ⅱ型磨蚀—空蚀设备中，在叶轮高速旋转的带动下，水流沿试件表面也形成有规律的"高压→低压→高压→低压"循环压力分布，并且也有明显的负压出现，说明会发生明显的空蚀现象。水流在试件边上的高压区与低压区压力差可达 100～1000 个标准大气压，即 10～100MPa。

上述计算结果虽然没有考虑水流中的含沙对空蚀状态的影响，并且是用二维计算来反映三维空间的情况，计算环境相对理想，绝对数值可能存在偏差，但整体的趋势表明，在Ⅰ型和Ⅱ型设备中都可以发生空蚀，并且Ⅱ型设备中空蚀更剧烈。

2）磨蚀—空蚀设备的应用实例。采用设计的磨蚀—空蚀设备考察了 3 种混凝土的抗磨蚀能力，并与单一的磨蚀、单一的空蚀试验结果进行比较。

所用的 3 种混凝土配合比见表 5 – 60。

试验结果以及与单一冲磨、单一空蚀试验结果的对比见表 5 – 61。从应用实例可以得出如下结论：①Ⅱ型旋转缩放型磨蚀—空蚀设备的空蚀力度明显高于Ⅰ型设备，与计算的结果一致；②Ⅱ型设备在 50m/s 流速下的空蚀力度要略低于流速为 59m/s 的文德里管型空蚀设备，但量级基本一致；③Ⅱ型设备中磨蚀—空蚀耦合作用下，混凝土的抗磨蚀强度更接近于圆环法冲磨试验测出的抗磨蚀强度较接近，混凝土破损程度大于单一空蚀作用下的破损程度。

表5-60 磨蚀—空蚀耦合设备应用实例所用混凝土配合比

编号	胶粉掺量（%）	水胶比	用水量（kg/m³）	砂率（%）	胶凝材料（kg/m³）	水泥（kg/m³）	粉煤灰（kg/m³）	硅灰（kg/m³）	砂（kg/m³）	小石（kg/m³）	中石（kg/m³）	减水剂（%）	引气剂（1/万）
A	0	0.38	135	37	355	220	107	28	710	504	757	1.1	2.7
B	9	0.32	140	33	437	284	131	22	508	511	766	1.1	2.7
C	0	0.32	155	40	484	315	145	24	696	436	653	1.37	0.9

表5-61 磨蚀—空蚀耦合作用与单一磨蚀或单一空蚀作用的对比

编号	抗压强度（MPa）	圆环法冲磨强度（40m/s）	磨蚀—空蚀耦合作用抗空蚀强度 [h/(kg/m²)] 抗空蚀强度（文德里管，59m/s）	抗空蚀强度（Ⅰ型，50m/s）	抗空蚀强度（Ⅱ型，50m/s）	抗磨蚀—空蚀强度（Ⅰ型，50m/s）	抗磨蚀—空蚀强度（Ⅱ型，50m/s）
A	57.5	0.33	2.6	22.0	5.5	0.36	0.23
B	53.8	0.23	—	11.0	3.1	0.39	0.24
C	68.7	0.17	2.4	11.0	5.5	0.30	0.21

（2）开裂—冲磨耦合作用试验系统

尝试开发评价混凝土在受内拉应力、冲磨双重作用下的性能劣化测试新方法，以模拟实际泄水建筑物中混凝土受约束乃至产生微裂纹后的抗冲磨性能。

在实际工程中，很多时候抗冲磨材料是在出现裂缝的情况下工作，发挥抗冲磨作用。抗冲磨混凝土出现的裂缝分为两种，一种是表面裂缝，是由于混凝土自身收缩或者表里温差导致的，一般只存在于混凝土表面；另一种是贯穿裂缝，多是在基岩约束下由于混凝土的温度应力导致的，一般表现为贯穿裂缝。若能在实验室里通过模拟实际工程情况，使抗冲磨材料表面出现裂缝，再用这种带有裂缝的材料进行抗冲磨试验，这样的试验方法能更好地评价不同材料的抗冲磨性能，试验结果能更好地指导工程实践。

1）内环约束试验。

a）试验方法。模仿圆环开裂试验，在抗冲磨模具里面加入一个钢内环，将混凝土浇筑在两个环之间。通过内环对于混凝土收缩的反作用力，使混凝土表面或者内部产生裂缝。

抗冲磨试模的尺寸为内径300mm，高100mm。内环的内径为140mm，厚15mm，高95mm，在环外表面互相垂直的四个方向凿四个孔，孔内放置65mm长的圆形小铁条来固定钢内环，使钢内环处于抗冲磨试模的中央位置，如图5-57所示。钢内环内不浇筑混凝土，为防止在抗冲磨测试过程中钢球落入钢内环里面，在内环上加一上盖，在上盖盖上以后高度仍然小于100mm，冲磨后的试件如图5-58所示。成型后混凝土表面高于上盖，上盖上有一层砂浆。拆模时保留内钢环和上盖，放入养护室，在28d和90d龄期时取出试件进行抗冲磨测试。

图5-57　钢内环

图5-58　冲磨后的试件

通过对无内环试件和带内环试件的抗冲磨测试结果进行对比，判断这种试验方法的有效性。

b）配合比设计。根据干缩试验结果，采用早期干缩最大的SF和干缩最小的LF进行试验，研究收缩大和小的不同混凝土在收缩受到约束的情况下抗冲磨性能的差别。带有内环的两组配合比编号为nSF和nLi。成型时将粒径大于20mm的粗骨料筛掉，因为成型是分两次进行的，先成型带内环的，一周后成型不带内环的，所以同时成型抗压强度试件，检验试验过程的控制水平。

c）试验结果及讨论。试验结果见表5-62和表5-63。

表5-62　混凝土抗压强度　（单位：MPa）

编号	28d	90d
SF	51.2	53.8
nSF	49.8	53.3
nLF	34.9	46.6
LF	36.3	44.7

表5-63　混凝土抗冲磨强度　［单位：h/（kg/m²）］

编号	28d	90d
SF	5.0	5.8
nSF	4.8	5.8
nLF	4.3	5.1
LF	4.2	5.3

由表5-62可以看出，虽然成型时间相隔一周，但混凝土的抗压强度变化幅度小于5%，成型过程控制得比较好。并且这次成型的试件与以前成型的同配比试件抗压强度几乎一致，抗冲磨强度变化幅度小于10%。

由表5-63可以看出，带内环试件和不带内环试件的抗冲磨强度几乎没有区别，虽然SF干缩大，Li干缩小，但是28d nSF和90d nSF的抗冲磨强度都比nLi大10%以上。通过内环进行约束没有起到希望的效果。《水工混凝土试验规程》规定，在抗冲磨试验前，试件需在水中至少浸泡48h，这样做是为了使试件内部达到饱和面干状态，保证冲磨前后试件含水状态一致，质量称量准确。但是试件在水中的长时间浸泡会导致试件内部已经出现的微裂纹自愈合，这可能是试验不理想的主要原因。

2）风吹室内外养护试验。

a）试验方法设计。模仿平板开裂试验，延长抗冲磨试件振动时间，使试件表面泛浆较多，然后将试件放在风扇下面吹，如图5-59所示，吹1d以后进行养护。其中一组放到室内进行养护，另外一组放在室外自然环境中养护。

b）试验配合比。针对容易开裂的SF组配合比进行试验，重点考察SF在风吹和没有风吹，以及室内和室外养护不同情况下的抗冲磨性能。风吹养护室养护编号为W-R、风吹室外养护编号为W-uR、没有风吹室内养护编号为uW-R、没有风吹室外养护编号为uW-uR。分四次成型，每次成型一个编号的28d和90d抗压强度、抗冲磨强度试件。

c）试验结果及讨论。可以看出，在室外自然环境中的混凝土的抗压强度比养护室养护的低20%左右。这批试件成型于11月中旬，室外气温较低，不利于胶凝材料的水化，强度偏低。

图 5 - 59　风扇吹试件表面

表 5 - 64　混凝土抗压强度　　　　　　　　　　　　（单位：MPa）

编号	28d	90d
W-R	48.4	52.7
W-uR	38.0	39.8
uW-R	44.7	49.5
uW-uR	37.3	38.7

表 5 - 65　混凝土抗冲磨强度　　　　　　　　　$[单位：h/(kg/m^2)]$

编号	28d	90d
W-R	5.3	5.7
W-uR	5.3	5.9
uW-R	5.2	5.9
uW-uR	5.5	6.1

由表 5 - 65 可以看出，风吹试件与没有风吹试件的抗冲磨强度没有差别，虽然室外养护试件的强度低于室内养护的，但是两者抗冲磨强度差不多，可能强度低时骨料取代浆体承担抗冲耐磨的作用。

模仿圆环、平板开裂试验中加速混凝土开裂的方法，使抗冲磨试件出现微裂缝，再将带有裂缝的试件进行抗冲磨试验。结果表明这两种方法都不理想，在试件表面没有肉眼可见裂纹，而不可见的微裂纹对混凝土抗冲磨强度没有明显影响。

5.4.2　磨蚀进程评估及使用寿命预测

现有文献对混凝土在推移质和悬移质作用下的磨蚀进程评估以及使用寿命预测多是

基于应用泥沙运动力学和摩擦磨损力学的相关知识，结合混凝土的部分力学特性对使用寿命进行预测，研究不同水力条件下磨蚀失重量随时间变化的损伤数学模型，并确立磨蚀进程数学模型的关键系数，估算高速水流对泄水建筑物表面的磨损量，预测其使用寿命。但是由于混凝土配合比的多样性和泄水建筑物工况的多样性，混凝土在实际工况下的使用寿命，很难通过复杂的数学计算进行预测。

本文提出的解决此问题的思路：以室内试验为基础，如水下钢球法试验、圆环法试验等，作为混凝土自身抗冲磨性能的一种表征；通过分析室内试验环境与实际冲磨环境之间的对应关系，建立室内试验冲磨进程与现场实际冲磨进程的对应关系；以现场混凝土能允许的冲磨深度为极限冲磨深度，进行寿命预测。

（1）悬移质冲磨作用下混凝土使用寿命预测

悬移质对混凝土的冲磨作用主要体现为高速水流携带粒径较小的沙在流经泄水建筑物时，对混凝土表面进行冲刷，导致混凝土中的砂浆被剥蚀，骨料逐渐外露，冲磨到一定程度后骨料脱落，下一层的砂浆继续剥蚀，最终导致混凝土逐层剥落，直至失效。

由于悬移质本身较小，基本悬留在水流中，其运动速度与水流的平均流速接近，一般主要作用在泄水建筑物的边墙和地板上。在试验室内，圆环法可以较好地模拟悬移质对混凝土的冲磨作用，尤其是采用水流速度达 $40 \sim 60 \mathrm{m/s}$ 的高速圆环法时，几乎可以 1:1 地实现现场冲磨状态的试验室模拟。为了建立一个统一的混凝土抗冲磨性能指标，试验室需要采用统一的试验方法，如固定的水流速度、含沙量、冲磨角等参数，因此需要考虑这些参数对冲磨强度的影响，建立相应的数学模型，这样才能将试验室内得到的冲磨进程推演到现场实际情况。

1962 年 J. G. A. Bitter 通过研究认为：材料的磨损是垂直冲击变形磨损和水平微切削磨损的叠加——复合磨粒磨损。他的过于复杂的公式经 J. M. Neilson 和 A. Gildrist 简化得出如下冲磨函数

$$\alpha \leqslant \alpha_0: I = \frac{m}{2\phi}(V_0^2 \cos^2\alpha - V_x^2) + \frac{m}{2\varepsilon}(V_0\sin\alpha - k)^2 \qquad (5-13)$$

$$\alpha > \alpha_0: I = \frac{m}{2\phi}V_0^2\cos^2\alpha + \frac{m}{2\varepsilon}(V_0\sin\alpha - k)^2 \qquad (5-14)$$

式中：I 为材料被质量为 m、冲角为 α、冲击速度为 V_0 的固体颗粒群所磨损掉的质量；V_x 为颗粒弹离材料表面时的剩余水平速度；α_0 为使 $V_x = 0$ 时的临界冲击角度；k 为使材料产生弹性变形而不产生磨损时最大垂直冲击速度；φ 为以微切削磨损方式，是材料产生单位质量磨损所需的能量；ε 为以变形磨损方式，使材料产生单位质量的磨损所需的能量。

下面就针对上述参数逐一进行讨论。

1）冲击角度 α。泥沙运动力学的研究表明，悬移质泥沙在紊动猝发作用下，以与边壁成 $5° \sim 15°$ 的微小角度扫荡床面，即冲角为 $5° \sim 15°$。在这样的小角度作用下，颗粒弹离材料表面后，还会有剩余的水平速度，因此应选择式（5-13）进行计算。

由于角度在 $5° \sim 15°$ 之间变化时，$\cos\alpha$ 变化范围为 $0.97 \sim 0.99$，可近似取为 1；而

$\sin\alpha$ 的变化范围为 0.09 ~ 0.26，可近似取 0.17（相当于 $\sin10°$）。此时公式变为

$$I_{现} = \frac{m}{2\phi}(V_0^2 - V_x^2) + \frac{m}{2\varepsilon}(0.17V_0 - k)^2 \tag{5-15}$$

对于试验室采用圆环法进行试验时，α 为 $20°$，$\cos\alpha$ 为 0.94，$\sin\alpha$ 为 0.34。公式变为

$$I_{试} = \frac{m}{2\phi}(0.94^2 V_0^2 - V_x^2) + \frac{m}{2\varepsilon}(0.34V_0 - k)^2 \tag{5-16}$$

2）剩余速度 V_x。含沙水流中的沙粒在与混凝土发生摩擦碰撞后，还会沿 x 方向（顺水流方向）保留一定的速度，称为剩余速度 V_x。由于沙粒在摩擦碰撞过程中会有能量损失，所以 V_x 是小于 V_0 的一个数值，可设 $V_x = a \cdot V_0$，其中 $0 < a < 1$。

式（5-15）变为

$$I_{现} = \frac{mV_0^2}{2\phi}(1 - a^2) + \frac{m}{2\varepsilon}(0.17V_0 - k)^2 \tag{5-17}$$

式（5-16）变为

$$I_{试} = \frac{mV_0^2}{2\phi}(0.88 - a^2) + \frac{m}{2\varepsilon}(0.34V_0 - k)^2 \tag{5-18}$$

剩余速度是很难测准的一个参数，在没有现场数据时，可取 $a = 0.5$。

3）临界垂直冲击速度 k。临界垂直冲击速度 k 是使材料产生弹性变形而不产生磨损时最大垂直冲击速度，是材料本身的一种属性。如果 $V_0\sin\alpha < k$，则在垂直方向上只有弹性变形，不会发生磨损破坏，因此只有当 $V_0\sin\alpha > k$ 时，$\frac{m}{2\varepsilon}(\sin\alpha V_0 - k)^2$ 这一分项才有意义。因此，可认为 k 是一个小于 $V_0\sin\alpha$ 的小值，为了简化计算，可取 $k = 0$，即认为只要垂直方向上有分速度，就会造成磨损破坏，这样进行估算，结果会略保守。

此时，式（5-17）简化为

$$I_{现} = \frac{mV_0^2}{2}\left(\frac{1 - a^2}{\phi} + \frac{0.0289}{\varepsilon}\right) \tag{5-19}$$

式（5-18）简化为

$$I_{试} = \frac{mV_0^2}{2}\left(\frac{0.88 - a^2}{\phi} + \frac{0.1156}{\varepsilon}\right) \tag{5-20}$$

4）ϕ 与 ε 的关系。ϕ 是材料在微切削磨损作用下的单位磨损耗能，可以理解为材料抵抗微切削作用的能力；ε 是材料在变形磨损作用下的单位磨损耗能，可以理解为材料抵抗变形磨损作用的能力。这两种性能都是材料本身的属性，可以假设它们存在一定的关系，令 $\varepsilon = \lambda\phi$，$\lambda > 1$ 表示材料抵抗变形磨损的能力大于材料抵抗微切削作用的能力，反之则表示材料抵抗微切削作用的能力更强。

此时，式（5-19）变为

$$I_{现} = \frac{m_{现} V_{现}^2}{2\phi}\left(1 - a^2 + \frac{0.0289}{\lambda}\right) \tag{5-21}$$

同样，式（5-20）变为

$$I_{\text{试}} = \frac{m_{\text{试}} V_{\text{试}}^2}{2\phi}\left(0.88 - a^2 + \frac{0.1156}{\lambda}\right) \tag{5-22}$$

实际上，ϕ 与 ε 的比值可以近似通过材料的抗剪切耗能与抗冲击耗能的关系得到，在没有试验数据时，可以近似取 $\lambda = 1/4$。

5）含沙量 m。水流中悬移质泥沙的含沙浓度沿垂线的分布一般是表面含沙少，底部含沙多。在高速水流中，由于紊动流速大，含沙浓度不均匀的现象很弱，可以认为是均匀分布的。

水流紊动特性的测量成果表明，垂向脉动流速在 $y = (0.1 \sim 0.12)H$ 处强度最大。猝发现象多自此处发生，并能影响到边壁。处于 $y/H > 0.1 \sim 0.22$ 的水体及泥沙在紊动流速作用下，首先是和与之相邻处的泥沙进行交换，而不能直接到达边壁，故可认为是不起冲磨作用的。可近似地取 $y = 0.1H$ 范围内的泥沙为冲磨沙量。

考虑到水平轴涡旋，有一半水体为向上运动，以及在水平面内每个涡旋之间存在有一个低速带，当高速涡旋破灭后，其间的低速带会转变为高速带进而形成新的涡旋。故只有 1/4 的水体及沙量有冲磨作用。

因此，现场能够发生冲磨作用的水流含沙率为：$m = 0.1 \times 1/4 \times$ 平均含沙率。如三门峡大坝 4 号底孔 1981—1983 年过水总量为 58.81 亿 m^3，输沙量为 3.432 亿 t，则有效冲磨沙量 $m = 0.1 \times 1/4 \times (3.432 \times 1000/58.81)\,\text{kg/m}^3 = 1.46\,\text{kg/m}^3$。

试验室高速圆环法抗冲磨试验中含沙率是 70kg/m^3。

6）流速 V。从断面流速分布来看，近底流速一般小于平均流速。但是当过流隧洞为有压隧洞，或者过水断面流速不很高时，可近似地取近底流速 $V_{\text{现}} =$ 平均流速。

试验室做试验时的流速是可控的，如高速圆环法控制水流流速为 40m/s。

7）悬移质作用下的寿命预测模型。通过试验室试验，可以得到混凝土的抗冲磨强度 $f_{a,\text{试}}$，但这个抗冲磨强度需要转换为现场条件下的抗冲磨强度才能进行寿命预测。由于抗冲磨强度与磨蚀量成反比，故

$$f_{a,\text{现}} = f_{a,\text{试}} \times \frac{I_{\text{试}}}{I_{\text{现}}} = f_{a,\text{试}} \times \frac{m_{\text{试}} V_{\text{试}}^2\left(0.88 - a^2 + \dfrac{0.1156}{\lambda}\right)}{m_{\text{现}} V_{\text{现}}^2\left(1 - a^2 + \dfrac{0.0289}{\lambda}\right)} \tag{5-23}$$

例如，试验室采用高速水下钢球法（流速为 40m/s，含沙量为 70kg/m^3）测试某泄洪洞用 $C_{90}40$ 混凝土的抗冲磨强度为 0.14h/(kg/m^2)，现场有效冲磨含沙量为 1.46kg/m^3，现场水流速度为 30m/s，近似取 $a = 0.5$，$\lambda = 1/4$。则混凝土在现场条件下的抗冲磨强度为

$$f_{a,\text{现}} = f_{a,\text{试}} \times \frac{I_{\text{试}}}{I_{\text{现}}} = 0.14 \times \frac{70 \times 40^2 \times \left(0.88 - 0.5^2 + \dfrac{0.1156}{\dfrac{1}{4}}\right)}{1.46 \times 30^2 \times \left(1 - 0.5^2 + \dfrac{0.0289}{\dfrac{1}{4}}\right)} = 15.06\text{h}/(kg/m^2)$$

$$\tag{5-24}$$

取混凝土密度为 2400kg/m^3，磨深 160mm 即为失效，则其使用寿命为

$$N = 2400 \times 1 \times 0.16 \times 15.06 = 5783\mathrm{h} = 250\mathrm{d}$$

按照每年过水 3 个月来算，则使用寿命为 3 年。

（2）推移质冲磨作用下混凝土使用寿命预测

推移质对混凝土的冲磨作用主要体现为高速水流携带粒径较大的砾石在流经泄水建筑物时，对混凝土表面进行摩擦、冲撞，或者在泄洪消能的部位形成漩涡，对混凝土表面进行磨损，导致混凝土形成坑状剥落，最终导致混凝土失效。

由于推移质本身较大，一般主要作用在泄水建筑物的地板上，并且由于贴着地表面运动，其运动速度主要受水流的临底流速影响，速度会明显小于整个截面的平均流速。在试验室内，水下钢球法可以较好地模拟推移质对混凝土的冲磨作用，尤其是采用近底流速达 3.8m/s 的高速水下钢球法时，可以更好地实现现场冲磨状态的试验室模拟。与悬移质冲磨类似，为了建立一个统一的混凝土抗冲磨性能指标，试验室需要采用统一的试验方法，如固定的近底流速、推移质含量、推移质种类、推移质形状等参数，因此也需要考虑这些参数对冲磨强度的影响，建立相应的数学模型，这样才能将试验室内得到的冲磨进程推演到现场实际情况。

1）二维推移质移动模型。水体中沙石颗粒的运动大致可以分为三类，一是在底面如同乒乓球般连续跳动的跃移运动；二是在底面滚动前进的运动；三是较小的颗粒由水力带动而悬浮在水体中的悬移运动。其中，以一和二的形式运动的颗粒均称为推移质。

无论是滚动前进还是跃移运动，对底面均有磨损作用，但是效果差异较大。一般认为与水流流速以及推移质质量有关。文献根据实际破坏状况的研究认为，混凝土的磨损程度大小与水流中的推移质的质量与速度的平方之积成正比。

滚动前进的颗粒中，运动速度越快的颗粒，其单位时间内与底面接触的次数比运动速度慢的颗粒多，因此对底面的磨损作用也就越大；跃移前进的颗粒由水力的带动而开始运动，然后会因重力的影响而降落冲击底面，在落地时会对底面产生冲击作用，速度越快，冲击次数越多，则磨损作用越大。

这与摩擦学的相关知识具有一定的相似之处。摩擦学的冲击试验研究认为，材料的磨失量与冲击能量具有一定关系。所谓冲击试验，即固定落锤的高度与质量，反复对试样进行规定次数的冲击，最后以磨失量作为试样耐磨程度的评判标准。此时的冲击能量简化成为该落锤的势能或是接触到试样表面的动能。根据研究结论可知，对于同一种材料，在冲击能量增加的情况下，作用在试件上的冲击力、摩擦表面的接触应力以及向材料内部传递的能量均随之增大，因此材料的磨损率也相应增加。冲击能量在较小的范围内（<4J），与磨损率有着近似线性的关系。不过以上研究结论都是在金属材料领域内提出的，对于混凝土类脆性材料在冲击能量与磨损率关系方面并无明确研究结论。仅 Marar 等人认为混凝土的压缩韧性与冲击能量具有良好的对数函数关系。但是混凝土的韧性本身也是影响其抗冲击能力的重要因素之一，尤其是对于含推移质水流作用下的抗冲磨混凝土。因此，采用摩擦学相关知识解释混凝土磨损进程现象具有研究意义。

本文采用冲击能量这一概念，从能量的角度对本文试验结果进行分析，建立简单的二维推移质运动模型，估算磨粒在水体中的运动方式及运动速度，讨论磨粒的动能与对应的混凝土磨损率之间的关系。

a）推移质运动方程建立。根据泥沙运动力学基本原理，以 Lagrangian 方法微观描述，单一颗粒在流体中进行运动时主要受到的力可以分为两类：一是颗粒本身的有效重力；二是流场作用于颗粒上的力。而水流作用在颗粒上的力又可以分为拖拽力与上举力。受力示意图如图 5-60 所示。其中，F_L 代表上举力；F_D 代表拖拽力；F_G 代表有效重力（考虑颗粒受到流体浮力作用后的颗粒重力）；u_x、u_y 分别代表颗粒在 x 和 y 方向上的运动速度；u_f 代表流体速度。

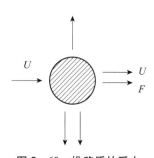

图 5-60 推移质的受力示意图

• 惯性力。任何物体受到的惯性力均由颗粒的加速度所造成，可分为纵向分力与垂直向分力，根据牛顿第二运动定律，其通用表达式为

$$\begin{cases} F_x = ma_x = m\dot{u}_x \\ F_y = ma_y = m\dot{u}_y \end{cases} \tag{5-25}$$

式中：F_x、F_y 分别为颗粒受到的 x 方向和 y 方向的惯性力；m 为物体质量；u_x、u_y 分别为颗粒的纵向与水平方向分速度；$a_x = \dfrac{du_x}{dt} = \dot{u}_x$、$a_y = \dfrac{du_y}{dt} = \dot{u}_y$，分别代表颗粒的纵向与水平方向加速度。

• 颗粒有效重力。颗粒有效重力 F_G 的作用方向为通过颗粒重心垂直向下，其表达式为

$$F_G = \alpha_v(\rho_s - \rho_f)gD^3 \tag{5-26}$$

式中：ρ_s、ρ_f 分别为颗粒及流体的密度；D 为颗粒的粒径；α_v 为颗粒的形状系数，对于球形颗粒，$\alpha_v = \pi/6$。一般在研究风力作用下的风沙跃移问题时，常常因为颗粒密度 ρ_s 远大于气流密度 ρ_f，故忽略气流作用下的浮力作用。但是水的密度远大于气流。因此，浮力作用不可忽略。

• 拖拽力。拖拽力为流体对颗粒的绕流阻力，是水流对颗粒的压力及黏滞阻力的综合效应，其作用方向与流体和颗粒的相对运动速度相反。当颗粒上升时，拖拽力的水平方向分力促使颗粒纵向加速；当颗粒于水平段时，拖拽力促使颗粒纵向继续加速；当颗粒降落时，拖拽力的垂直向分力则阻止颗粒向下运动。其表达式为

$$F_D = \frac{1}{2}C_D\rho_s Au_r^2 \tag{5-27}$$

式中：C_D 为拖拽力系数；A 为垂直流体运动方向的颗粒投影面积；u_r 为流体和颗粒的相对运动速度，对于均匀流场下，$u_r = \sqrt{(u_x - u_f)^2 + u_y^2}$；$u_f$ 为流体运动速度。C_D 值主要受到沙粒雷诺数影响（$Re_p = u_r D/\nu$），前人对 C_D 值的研究已有十分丰富的成果，其中 Morsi 和 Alexander 建立了 Re_p 对 C_D 的半经验公式，Re_p 的适用范围从 $0.1 \sim 5000$。Grade 和 Sethuraman 也建立了圆球自由沉降时拖拽力系数与雷诺数的关系，表明当雷诺数大于 1000 时，自由沉降的圆球对应的拖拽力系数通常为 $0.45 \sim 0.5$。

• 上举力。水体中的沙石颗粒在运动或静止中，都会受到流体的影响而产生上举

力。上举力可以分为两类：一是因流速中的速度梯度所造成的压力差而产生的上举力；二是因为颗粒旋转运动所引起的马格纳斯效应产生的上举力。根据前人研究结果，颗粒在跃移运动的过程中，会产生较为明显的旋转现象。故颗粒的上举力可以认为是以上两种效应所共同促成的。上举力的方向与拖拽力及水流相对颗粒的运动速度垂直。

Saffman 以高阶近似的方式推求出上举力的公式，通称为 Saffman 上举力，其表达式为

$$F_L = 1.615 \nu_f^{0.5} \rho_f D^2 u_r \left(\frac{\partial u_f}{\partial z} \right) \tag{5-28}$$

式中：ν_f 为流体的运动黏性系数；z 为高程；$\frac{\partial u_f}{\partial z}$ 为流体的速度梯度。

Saffman 推导的公式适用于 $Re_p < 1$ 的情况，但是一般推移质的沙砾雷诺数值范围通常为 $1 < Re_p \leqslant 50$，并不符合 Saffman 的假设。然而在一般情况下，仍采用其公式，并采用一个上举力系数 C_L 为参数，故上举力公式更改为

$$F_L = C_L \nu_f^{0.5} \rho_f D^2 u_r \left(\frac{\partial u_f}{\partial z} \right) \tag{5-29}$$

C_L 值的研究成果较多，但是实验结果出入很大。根据钱宁的分析认为，C_L 值的出入与不同的研究工作者所采用的粒径和沙砾所处的位置等众多因素有关，该系数常常在试验中与其他系数合并成为一个综合系数，最终可根据试验结果确定其数值大小。例如，Coleman 研究建立了上举力和泥沙有效重量的比值 K 与沙粒雷诺数的关系：紊流条件下上举力与有效重力比值为 0.4 ~ 0.6。本文限于实验条件限制，无法率定上举力系数，于是根据以上研究结果，采用 $C_L = 1.6$ 作为上举力系数取值，且此取值的计算结果与试验结果较为吻合。

b）运动形式判别。推移质在水中的主要运动形式分为滚动和跃移，当推移质颗粒成排排列时，如图 5 - 61 所示，则判别运动形式的临界条件为

$$(F_L^2 + F_D^2)^{1/2} a > F_G b \tag{5-30}$$

当满足该条件时，颗粒即会围绕着与后一颗颗粒的接触点而滚动。其中，a 及 b 分别分 F_L 和 F_D 的合力及 F_G 对接触点的力臂。这样条件下的颗粒一开始滚动就会产生跳跃，成为跃移。而不满足该条件的颗粒，则会以滚动或滑动的形式在底面运动。

根据式（5 - 30）判别计算可知，水下钢球法试验中，在流速分别为 1.4m/s 和 1.7m/s 的情况下，均无钢球跃起；流

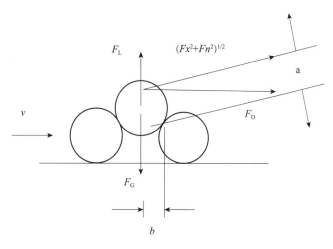

图 5 - 61　作用于成排排列颗粒上的受力示意图

速为 1.9m/s 时，ϕ12.6mm 和 ϕ19.0mm 钢球可满足跃移条件；流速小于 2.4m/s，粒径小于等于 25.4mm 的钢球均满足跃移条件；流速为 3.2m/s 时，粒径小于等于 30mm 的钢球满足跃移条件。

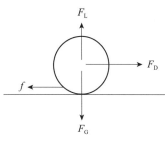

图 5 - 62　作用于滚动颗粒上的
受力示意图

不满足式（5 - 30）的条件，可根据图 5 - 62 得出：

当 $F_D \geqslant f$，且水平方向达到受力平衡时，颗粒匀速滚动前进。即

$$F_D = \mu(F_L - F_G) \tag{5-31}$$

代入式（5 - 27）、式（5 - 28）关于上举力和拖拽力的表达式，即可得滚动速度算式。

其中，根据吴二军等人、都爱华等人的试验结果可知，当钢管与混凝土进行滚动摩擦时，两者间的摩擦系数为 0.02 ~ 0.067。钢管与混凝土滚动摩擦的接触形式虽然为线接触，而钢球在混凝土表面运动时为点接触。在试验条件方面，与本文试验虽有差别，但是亦有相似之处。考虑到试验所采用的不锈钢钢球长时间浸泡于水中，表面易出现锈点，粗糙度略高，因此摩擦系数略偏大，取值 0.03。根据黄润秋等人的研究，天然石料的摩擦系数为 0.19 ~ 0.34。本次试验所用的玄武岩石料形状按照黄润秋的分类法，属于薄型石材，且表面极为粗糙并且坑洼不平，摩擦系数取值偏大。因此本文中，玄武岩石料的摩擦系数取值 0.3。

● 推移质运动方程。考虑颗粒受到的力包括有效重力、拖拽力及上举力三种力的共同影响，因为颗粒运动贴近底面，所以忽略紊流的影响。

水体中的颗粒在 x 水平方向，颗粒受到水平拖拽力、上举力以及有效重力的水平分力；而在 y 垂直方向上，颗粒则受到垂直拖拽力、上举力及水下重力的垂直分力。将各个分力的表达式配合代入式（5 - 25），则颗粒的运动方程式可以表示为

$$\begin{cases} ma_x = F_{Lx} + F_{Dx} + F_G\sin\varphi \\ ma_y = F_{Ly} - F_{Dy} - F_G\cos\varphi \end{cases} \tag{5-32}$$

引起 F_L 在 x 方向上产生力的速度是颗粒在 y 方向上的相对运动速度；引起 F_L 在 y 方向上产生力的速度是颗粒在 x 方向上的相对运动速度。其中，φ 值为底面与水平方向夹角，本文所涉及水下钢球法试验中，可认为试验机器处于近似水平状态，故 $\varphi = 0$，所以 $\sin\varphi = 0$，$\cos\varphi = 1$。

$$\begin{cases} ma_x = F_L\left(\dfrac{u_y}{u_r}\right) + F_D\left(\dfrac{u_x - y_f}{u_r}\right) \\ ma_y = F_L\left(\dfrac{u_x - u_f}{u_r}\right) - F_D\left(\dfrac{u_y}{u_r}\right) - F_G \end{cases} \tag{5-33}$$

将该方程简化为微分方程并求解：

首先，将加速度 a_x、a_y 采用速度的一阶微分表示，即令 $\dot{u}_x = a_x$、$\dot{u}_y = a_y$。

再令 $\dot{x}$ 和 $\dot{y}$ 为水平及垂直方向上路程对时间的一次微分，则有 $u_x = \dot{x}$、$u_y = \dot{y}$、$\dot{u}_x = \ddot{x}$、$\dot{u}_y = \ddot{y}$。将式（5 - 33）改变成为一个二阶非线性偏微分方程组。

最后，将全部一阶微分变量 $\dot{x}$ 和 $\dot{y}$ 视为变量 X、Y，所以，$\ddot{x} = \dot{X}$，$\ddot{y} = \dot{Y}$，即将

式（5 – 33）降阶为一阶常微分方程组，得

$$\begin{cases} m\dot{X} = F_L\left(\dfrac{Y}{u_r}\right) + F_D\left(\dfrac{X - u_f}{u_r}\right) \\ m\dot{Y} = F_L\left(\dfrac{X - u_f}{u_r}\right) - F_D\left(\dfrac{Y}{u_r}\right) - F_G \end{cases} \quad (5 – 34)$$

采用龙格库塔（Runge-Kutta with Gills method）数值方法求解降阶后的联列一阶常微分方程组。通过以上方法，可近似求得水下钢球法中，对应不同水流速度下，推移质与混凝土表面接触时的速度 $u = \sqrt{(u_x^2 + u_y^2)}$，进而求得推移质的动能 P_0。

● 初始条件。式（5 – 31）建立的推移质运动方程是根据普通物理学的基本概念，加上一定的力学分析所建立的，求解该微分方程需要相应的初始条件及水流条件。

根据 Yalin 的动量方程，有

$$\begin{cases} F_x = m\dot{u}_x \\ -F_y - F_G = m\dot{u}_y \end{cases} \quad (5 – 35)$$

式中：m、F_G 分别是颗粒在水下的质量及所受重力；u 为该点流速；F_x 为 x 方向上颗粒所承受的合力；F_y 为 y 方向颗粒所受合力，该公式与式（5 – 33）表达意义基本一致。Yalin 认为，泥沙颗粒在床面受到上举力 F_L 的作用而向上运动。当 $F_L = F_G$ 时，泥沙向上运动速度达到最大，且这一速度可以根据下列微分方程确定

$$-F_y - F_G + F_L = m\dot{u}_y \quad (5 – 36)$$

式（5 – 36）即为微分方程组（5 – 33）的初始条件，同时本文亦参考该条件作为式（5 – 34）的初始条件。

对于高速水下钢球法水流速度测定及计算结果，采用指数函数 $u = u_0 \times \left(\dfrac{h}{H_0}\right)^\alpha$ 描述水流流场，取 $h = 0.5D$ 高程处流速作为计算推移质运动的起始流速。D 为推移质直径，mm。

c）推移质运动方程求解。

● 钢球运动方程求解结果。根据以上所列计算式，计算出钢球运动的速度 u 以及动能 P_0，求解结果见表 5 – 66。

表 5 – 66　钢球的运动方程计算结果

编号	磨损率 W（％）			速度 u（m/s）	动能 P_0（J）	修正系数 a、b	相对跃移时间 T'	有效动能 P（J）
	48h	72h						
	28d	28d	90d					
V14D12	2.12	2.68	2.16	0.84	0.66	0.8	—	0.48
V14D19	2.61	3.50	3.03	0.74	0.51	—	—	0.51
V14D25	2.08	2.37	1.93	0.66	0.40	—	—	0.40
V14D30	0.53	0.54	0.43	0.59	0.33	0.5	—	0.17
V17D12	2.71	3.73	2.86	1.02	0.98	0.8	—	0.71

续表

编号	磨损率 W（％）			速度 u（m/s）	动能 P_0（J）	修正系数 a、b	相对跃移时间 T'	有效动能 P（J）
	48h	72h						
	28d	28d	90d					
V17D19	3.42	4.19	3.81	0.88	0.72	—	—	0.72
V17D25	2.23	3.06	2.25	0.77	0.55	—	—	0.55
V17D30	0.63	0.65	0.53	0.69	0.45	0.5	—	0.23
V19D12	2.49	4.07	3.56	1.16	1.27	0.8	1.0	1.01
V19D19	3.51	5.45	4.81	1.11	1.15	—	1.01	1.14
V19D25	3.09	3.74	2.85	1.06	1.05	—	—	1.05
V19D30	1.05	1.07	1.03	0.79	0.59	0.5	—	0.29
V24D12	2.21	0.9	1.99	1.25	1.47	0.8	1.3	0.96
V24D19	2.45	0.94	2.89	1.19	1.32	—	1.4	1.01
V24D25	3.12	0.73	3.05	1.08	1.09	—	1.5	0.84
V24D30	2.27	2.48	2.1	0.88	0.73	—	—	0.73
V32D25	2.67	1.39	2.66	1.22	1.39	—	1.7	0.82
V32D30	2.85	1.27	2.89	1.16	1.27	—	1.8	0.74
V32D36	2.91	5.05	4.15	1.08	1.11	—	—	1.11
V32D41	2.83	3.10	2.70	1.03	0.90	—	—	0.90

对于采用 ϕ12.6mm 钢球作为磨料的几组试验，需要对磨粒数量的影响做一个系数修正，评价因为磨粒数量较多造成的能量损失。但是因为这方面的试验数据较为欠缺，仅能根据 ϕ12.6mm 钢球动能值乘以修正系数 $a=0.8$ 求得。

在低流速试验中，随着混凝土表面出现凹凸不平，大粒径的钢球往往在试验后期会出现停滞现象。通过对试验过程的观察发现，在低流速条件下，大粒径的钢球往往在试验过程中的前 24h 运动正常，而在试验进行到大约 48h 时出现部分钢球停滞不动的现象，而在试验进行到 72h 时，大部分钢球都曾出现过停滞现象。因此，为了减少钢球停滞在混凝土表面而对磨损率产生的影响，对 V14D30、V17D30、V19D30 三组试验的计算结果分别乘以修正系数 $b=0.5$。即认为这些大粒径的钢球在其 72h 冲磨时间里有约半数时间停滞。

同时，对于跃移颗粒而言，单位时间内的冲击次数对磨损率有较大影响。而从计算结果中可知，相同粒径的钢球在跃移的过程中，随着水流速度的增加，其跃移一次所需时间亦随之增加，即单位时间内的冲击次数降低。例如，ϕ12.6mm 钢球，在流速 2.4m/s 条件下所需跃移时间约为流速 1.9m/s 条件下的 1.3 倍；并且，相同流速下，不同粒径的钢球跃移所需时间较为接近，并且均随着流速的增加而增加。

为此，以 1.9m/s 流速下 ϕ12.6mm 钢球的一次跃移时间作为基数，计算相对跃移时间 T' 为

$$T' = \frac{T}{T_0} \tag{5-37}$$

式中：T 代表其他跃移颗粒的跃移时间；T_0 代表 1.9m/s 流速下 ϕ12.6mm 钢球的一次跃移时间。修正后的钢球有效动能 P 见表 5 - 66，表达式即为

$$P = \frac{ab}{T'}P_0 \tag{5-38}$$

● 玄武岩颗粒运动方程求解结果。按照以上计算方法，对玄武岩颗粒的运动进行计算。

考虑到钢球属于完整球体，而玄武岩石料属于不规则颗粒。所以计算微分方程时，几何尺寸数据采用图像分析数据。玄武岩石料的几何计算近似按照椭圆形颗粒进行，其长径、短径、周长和面积等几何参数，通过 Image-Pro Plus 软件测得。其中，石料的大小以粒径表示，按照筛分级配划分为 4 个粒径

$$d_{\text{计}} = \frac{1}{2}(上筛孔尺寸 + 下筛孔尺寸) \tag{5-39}$$

总动能的计算式为

$$P_{\text{总}} = \sum (d_n \times 筛余量\% \times P_n) \tag{5-40}$$

总动能按照石料各个级配所占百分比进行，见表 5 - 67。

表 5 - 67　玄武岩石料的运动方程计算结果

编号	粒径 d 计（mm）	速度 u（m/s）	相对跃移时间 T'	有效总动能 P（J）	磨损率 W（%）组 1	磨损率 W（%）组 2
V17XW	27.5	0.78	—	0.48	2.31	1.62
	22.5	0.84	—			
	18	0.89	—			
	13	0.99	1.16			
V19XW	27.5	1.01	1.32	0.58	3.88	2.37
	22.5	0.97	1.28			
	18	0.95	1.25			
	13	1.20	1.22			
V21XW	27.5	1.15	2.36	0.48	2.34	1.54
	22.5	1.23	2.02			
	18	1.30	1.75			
	13	1.34	1.63			
V24XW	27.5	1.33	3.24	0.43	2.07	1.41
	22.5	1.43	3.03			
	18	1.49	2.03			
	13	1.54	1.93			

相对跃移时间计算同式（5 - 37），以 1.9m/s 流速下 ϕ12.6mm 钢球的一次跃移时间作为基数。

根据试验过程中的观察，当采用玄武岩石料作为磨料时，水下钢球法试验机的转速只要高于或等于 1400r/min，就可以清晰地听到磨料连续撞击到试验机搅拌桨的声音。

为避免对试验设备的损伤，试验所采用的电机转速最高仅为1800r/min。通过计算可知，玄武岩的密度为2800kg/m³，同样体积下比质量远小于钢球。因此在流速达到1.7m/s时，便有小颗粒的石料跃移，在流速达到1.9m/s后，全部的石料均可产生跃移运动。

在跃移过程中，相对跃移时间T'的计算仍按照式（5-37）。由T'可得知，对于密度较小的石子而言，因为其质量较轻，其跃移时间比密度较大的钢球长。

2）推移质运动特征对磨损程度的影响。推移质影响混凝土磨损程度的主要因素是推移质作用在混凝土表面时的能量。对于滚动前进的推移质而言，其运动速度越快，自身质量越大，就越容易对混凝土表面产生摩擦、挤压及冲击作用；对于跃移前进的推移质来说，其运动速度越快、冲击混凝土表面的次数越多，则产生的破坏越大。以下重点讨论水下钢球法试验中，钢球的运动形态、运动速度以及跃移时间与磨损程度的关系。

a）运动速度。流体中颗粒的运动速度随颗粒粒径的增大而减小，随水流速度的增大而增大。而从表5-66中可以看出，随着水流速度的提高，无论是滚动前进的钢球还是跃移的钢球，其运动速度都得到提升。并且，在相同水流速度条件下，粒径较大的钢球，其运动速度较慢。

ϕ12.6mm和ϕ19.0mm钢球在流速为1.9m/s时，产生的磨损率最大，但是流速提高到2.4m/s时，两者对混凝土试件产生的磨损率均出现下降。其中，ϕ12.6mm的钢球下降的幅度大于ϕ19.0mm的钢球。结合对该粒径钢球的运动形式分析，可以认为，对于ϕ12.6mm和ϕ19.0mm钢球，在流速达到1.4m/s之前，一直处于在混凝土表面滚动的状态，随着流速的提升，钢球本身滚动速度也不断提升，产生的磨损能力使得混凝土的磨损率一直增加；而流速达到1.4m/s左右时，钢球出现了跃移运动，由跃移产生的较高的冲击能量对混凝土造成了进一步的磨损，因而产生了最高的磨损率。但是在流速进一步提升的情况下，虽然钢球本身的运动速度是增加的，但是所对应混凝土的磨损率反而出现下降。这一现象在ϕ25.4mm的钢球上也得到了体现：ϕ25.4mm的钢球在流速2.4m/s时产生了磨损率最高值，但是当流速进一步提高时，对应的磨损率反而下降。磨损率的发展规律与ϕ12.6mm和ϕ19.0mm相似。

对于ϕ30mm、ϕ36mm和ϕ41mm的钢球，由于本身的粒径较大、自重较重，所以本文试验内，钢球在混凝土表面基本仅做滚动，因此其产生的磨损率也随着滚动速度的增长而单调增长。根据计算，对于ϕ36mm钢球，当流速增加到4.1m/s时，对应电机转速为2900r/min左右，即可产生跃移运动；能使得ϕ41mm的钢球跃移的计算流速则为4.7m/s，对应电机转速在3300r/min左右。若按照前文所述规律，在流速高于这些流速后，ϕ36mm、ϕ41mm的钢球对应的混凝土磨损率应在产生峰值后，随着流速的增加磨损率会下降，趋势如同ϕ12.6mm、ϕ19.0mm和ϕ25.4mm的钢球。

再看玄武岩磨料的运动速度。总体规律与钢球基本一致。只是因为玄武岩本身质量轻，体积大，所以在1.7m/s流速下，就产生了跃移运动。由于该级配的玄武岩主要粒径集中在20~30mm，因此整个磨料的动能大小基本取决于这个区域的石料运动速度。虽然粒径低于10mm的磨料在1.7m/s流速以下可产生跃移，但是因为大部分石料在1.9m/s流速下才产生了跃移，所以最大磨损率仍然出现在流速1.9m/s下。另外，和钢球的磨损情况一致，在流速大于1.9m/s后，玄武岩磨料对混凝土的磨损程度也出现了迅速下降。

　　b）运动形式。根据前文所述，在水下钢球法试验中，在流速 1.4m/s 和 1.7m/s 下，所有粒径的钢球都做滚动运动；流速 1.9m/s 时，φ12.6mm 和 φ19.0mm 钢球满足了跃移条件；流速 2.4m/s 下，φ12.6mm、φ19.0mm 以及 φ25.4mm 的钢球均满足跃移条件；流速 3.2m/s 时，粒径小于等于 30mm 的钢球满足跃移条件。而对于玄武岩磨料而言，在流速达到 1.9m/s 后，全部的石料均可产生跃移运动。根据表 5 - 66、表 5 - 67，当钢球刚刚足够产生跃移时，跃移运动对混凝土的磨损程度较之滚动时要大。但是随着流速增加，对应混凝土的磨损率反而出现迅速下降，而同样的现象也出现在了玄武岩磨料的试验中。玄武岩磨料的试验中，无论是采用每 24h 更换新磨料的试验组 1，还是 72h 不更换石料的试验组 2，出现最大磨损率所对应的流速，都是磨料产生跃移运动的流速。而在流速进一步增加后，磨损率则下降。

　　结合试验数据和计算结果可推断，当流速低于跃移流速时，磨料在底面做滚动前进，其对混凝土的磨损率随着水流速度的提高而增加；当流速高于跃移流速时，磨料虽然运动速度得到提高，但是易出现随水流悬浮的现象，所以对混凝土的磨损率反而下降。因此，在本试验条件下，磨料在水流速度接近使得它们产生跃移的流速时，它们对混凝土最易产生最大磨损率。

　　c）跃移时间。根据胡春宏、惠遇甲的研究结论，颗粒的降落角度随着颗粒密度和粒径的增加而减小，跃移距离和跃移时间随之增加。根据本文的计算结果，随着流速的增加，相同粒径的钢球和玄武岩石料，跃移时间会随着流速的增加而增加。因此，当推移质在满足跃移条件的流速时，其对混凝土的磨损程度最大，即单位时间内的磨损率最高；但是在达到跃移条件后，随着水流速度进一步提高，虽然推移质的运动速度也随之提高，但是伴随一次跃移所需时间的不断增大，推移质对混凝土的有效冲击次数相应减少，影响对应混凝土的磨损率。

　　根据扬动流速的概念，如果流速再进一步提高，水流对颗粒则会产生足够大的上举力，带动颗粒跟随水流一起运动，颗粒就有可能从推移运动变为悬移运动而成为悬移质，单位时间内对底面产生有效冲击的次数将进一步减少。

　　3）推移质有效动能与磨损率关系。

　　a）钢球的有效动能与磨损率关系。根据计算结果，将钢球有效动能与磨损率绘制图表，两者之间的关系如图 5 - 63 ~ 图 5 - 66 所示。图 5 - 63 和图 5 - 64 为采用线性函数拟合两者关系，而图 5 - 65 和图 5 - 66 则是采用对数函数拟合两者关系。

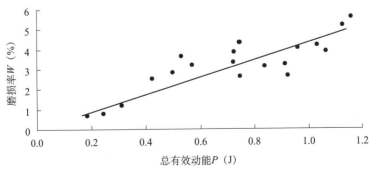

图 5 - 63　钢球有效动能与 28d 混凝土 72h 磨损率关系（线性关系）

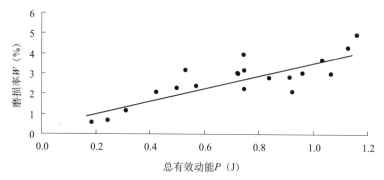

图 5 - 64 钢球有效动能与 90d 混凝土 72h 磨损率关系（线性关系）

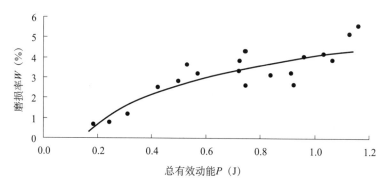

图 5 - 65 钢球有效动能与 28d 混凝土 72h 磨损率关系（对数关系）

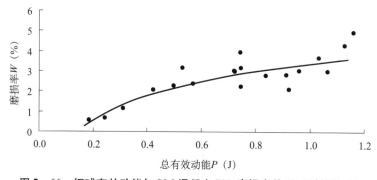

图 5 - 66 钢球有效动能与 90d 混凝土 72h 磨损率关系（对数关系）

钢球的有效动能与 28d 混凝土及 90d 混凝土的 72h 磨损率之间呈现的关系用线性函数或是对数函数来表示的表达式分别为

28d：

$$y = 4.35x, \quad R^2 = 0.69 \tag{5-41}$$

$$y = 2.10\ln x + 4.10, \quad R^2 = 0.75 \tag{5-42}$$

90d：

$$y = 3.59x, \quad R^2 = 0.67 \tag{5-43}$$

$$y = 1.74\ln x + 3.39, \quad R^2 = 0.72 \tag{5-44}$$

其中，线性函数表达式为：$y = ax$。x 代表有效动能，J；y 代表磨损率，%。

从表达式中可以看出，当推移质磨粒完全不具备运动速度时，即其有效动能等于零时，混凝土的磨损程度也等于零；而当推移质速度无穷大时，其有效动能也趋于无穷大，则推移质对混凝土的磨损程度也无穷大。

同样，对数函数表达式为

$$y = a\ln x + b$$

而当磨损率 $y = 0$ 时，表达式为

$$a\ln x + b = 0 \rightarrow \ln x = -\frac{b}{a}，且，0 < x < 1$$

结果表示，当磨粒仍旧有一定的运动速度时，其对混凝土就已经没有磨损能力了。而实际上，对于混凝土来说，只要磨粒有表面摩擦，磨损就是不可避免的事实，0% 的磨损率实际上并不存在。

因此，从函数表达意义上来看，线性函数的意义较为准确。本文仅以线性函数表达混凝土磨损率与有效动能之间的关系。

将 48h 磨损率代入，可得推移质有效动能与 28d 混凝土 48h 磨损率的关系，如图 5 – 67 所示。鉴于大粒径磨粒在低流速下冲磨时间 24h 内尚不会出现停滞现象，48h 内有部分出现停滞，所以 48h 对应的修正系数 b 取值为 0.7。拟合结果为

$$48\text{h}:y = 3.23x，\quad R^2 = 0.48 \tag{5-45}$$

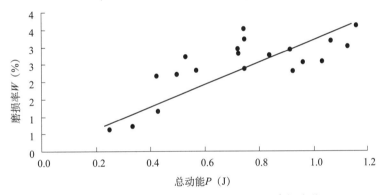

图 5 – 67　钢球有效动能与 28d 混凝土 48h 磨损率关系

b）玄武岩磨料的有效动能与磨损率关系。根据玄武岩磨料试验组 1 以及组 2 的相关试验数据以及有效动能计算值（表 5 – 67），绘制玄武岩石料的有效动能、钢球有效动能与 28d 混凝土磨损率关系线。其中，XW-1 代表武岩磨料试验组 1，试验过程中，每 24h 更换相同级配的玄武岩石料；XW-2 代表玄武岩磨料试验组 2，试验过程中 72h 不更换玄武岩石料。

由图 5 – 68 可见，通过计算求得的玄武岩磨料本身的有效动能与磨损率关系呈现出较好的线性关系。对于 XW-1，相同的有效动能下，XW-1 对混凝土的磨损率不仅高于 XW-2，甚至部分数据高过钢球试验结果。XW-1 的试验过程中，每 24h 更换新的石料，形状系数一直保持在 0.8 以下，所以混凝土的磨蚀速率保持稳定，最终 72h 的磨损率较高。但是在相同的有效动能下，XW-2 对混凝土的磨损率较 XW-1 偏小约 0.5 个百分点。因为在 XW-2 试验中，磨料的棱角在试验进行了 24h 后就已经出现了磨损，形状系数迅

速增加至 0.8 以上。因此，在试验后期的 48h 内，混凝土的磨蚀速率出现了下降，因此导致最终 72h 的混凝土磨损率偏小。由此可见，磨料的形状系数对混凝土的磨损程度有着较大的影响，相同的有效动能下，如果磨料的形状系数差异较大，则其对混凝土的磨损程度也会产生较大的差异。因此，有必要对磨粒的形状系数对混凝土磨损率的影响进行定量分析。

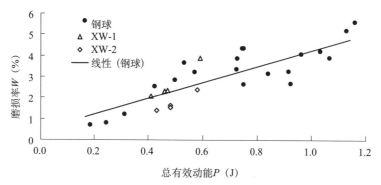

图 5 – 68 推移质有效动能与 S1 混凝土 28d 磨损率关系

4）推移质形状系数与磨损率。Bahadu 和 Badruddin 的研究表明材料冲蚀率与形状系数 F 成反比例关系。通过以上试验和计算结果也可知，磨料的形状系数与混凝土的磨损率之间存在一定的联系。

如果玄武岩磨料是和钢球一样的完全球体，那么在相同的有效动能下，玄武岩和钢球对混凝土的磨损率理论上应该是基本一致的。但是目前试验中发现，在相近的有效动能下，玄武岩石料对混凝土的磨损率与钢球对混凝土的磨损率是有较大差距的。在本文试验条件下，可以认为引起这部分差距的原因是磨料的形状系数，那么就可以由式（5 – 41）及式（5 – 45）换算出与玄武岩石料具有相同有效动能的钢球所能产生的磨损率，再找寻磨损率与形状系数之间的数学关系，进而建立对形状系数的定量分析方法。具体步骤如下。

首先，初步假设形状系数与磨损率之间存在某种关系，即

$$\frac{W_1}{W_2} = f\left(\frac{F_1}{F_2}\right) \tag{5-46}$$

式中：一共有 4 个变量，分别是 W_1、W_2、F_1 和 F_2。W_1 代表棱角较为分明、形状系数 F 值较小的磨粒造成的磨损率，例如玄武岩磨料造成的磨损率；W_2 代表形状较圆、形状系数 F 值较大的磨粒造成的磨损率，例如钢球造成的磨损率；F_1 代表数值较小的形状系数，而 F_2 代表数值较大的形状系数。如果能够建立这 4 个变量之间的数学关系的话，那么在已知其中任意 3 个变量的条件下，即可得知第 4 个变量的数值。通过这样的办法，就可以对磨粒的形状系数与混凝土磨损率的关系做出定量分析。

将式（5 – 46）简化，令 $W_0 = \dfrac{W_1}{W_2}$，$F_0 = \dfrac{F_2}{F_1}$，则可将式（5 – 46）表达为

$$W_0 = f(F_0) \tag{5-47}$$

F_0 数值越大，代表 2 组试验数据所用的磨料的形状系数比值越大；W_0 数值越大，代表 2 组实验的磨损率数值相差越大，比值越大。

将玄武岩石料的有效动能计算值代入式（5 - 41）及式（5 - 45），换算为相同有效动能下 72h 和 48h 时钢球的磨损率数值。

因为钢球是完全球体，所以钢球的形状系数 F 的数值为 1。表 5 - 68 中，W_1 代表玄武岩磨料的原始磨损率；W_2 代表换算后的磨损率；F_1 代表不同时间玄武岩磨料的形状系数；F_2 代表钢球的形状系数。

表 5 - 68　玄武岩磨料形状系数与磨损率

时间 (h)	编号	W_1 (%)	W_2 (%)	F_1	F_2	W_0	F_0
48	V17XW-1	1.38	0.78	0.81	1.00	1.78	1.23
	V19XW-1	1.6	0.97	0.83	1.00	1.65	1.20
	V21XW-1	1.2	0.74	0.83	1.00	1.62	1.20
	V24XW-1	1.26	0.58	0.86	1.00	2.17	1.16
	V17XW-2	1.87	0.78	0.79	1.00	2.41	1.27
	V19XW-2	2.63	0.97	0.78	1.00	2.71	1.28
	V21XW-2	1.38	0.74	0.78	1.00	1.86	1.28
	V24XW-2	1.63	0.58	0.77	1.00	2.80	1.30
72	V17XW-1	1.62	1.044	0.88	1.00	1.55	1.14
	V19XW-1	2.37	1.305	0.86	1.00	1.82	1.16
	V21XW-1	1.54	1.0005	0.86	1.00	1.54	1.16
	V24XW-1	1.41	0.783	0.89	1.00	1.80	1.12
	V17XW-2	2.31	1.044	0.79	1.00	2.21	1.27
	V19XW-2	3.88	1.305	0.78	1.00	2.97	1.28
	V21XW-2	2.34	1.0005	0.78	1.00	2.34	1.28
	V24XW-2	2.07	0.783	0.77	1.00	2.64	1.30

根据表 5 - 68 中 48h 和 72h 的试验结果，计算出 W_0 和 F_0 并绘制成图，并根据图中数据点的分布趋势，选择幂函数进行拟合，结果如图 5 - 69 所示，拟合公式为：$W_0 = 0.07e^{2.83F_0}$，$R^2 = 0.72$。

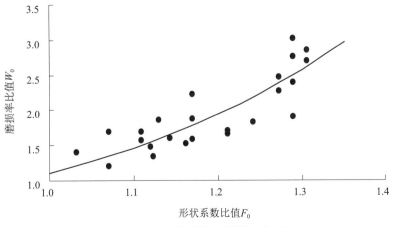

图 5 - 69　形状系数与磨损率关系

由图 5 - 69 可见，随着 F_0 的增加，W_0 迅速增加，W_0 和 F_0 之间呈现出幂函数关系。当 F_0 数值增加时，W_0 的增加速率不断提高。也就是说，当磨料的棱角越分明、形状系数越小时，混凝土的磨失速率迅速加大。

5）抗冲磨混凝土磨蚀进程预测基本模型。前文研究结果显示，水中的推移质颗粒的运动主要受到其力学特性的影响，进而影响到颗粒在混凝土表面的运动速度，最终影响磨损的程度大小。前文通过比较推移质粒径和水流流速以及磨粒形状和磨粒数量几个方面的影响因素，再结合数值分析方法配合力学分析模拟推移质的二维运动方程，求得不同条件下推移质的有效动能，建立了推移质有效动能与混凝土磨损率的关系。在这些研究的基础上，再通过结合磨粒形状、磨损时间等其他因素的影响，即可获得对抗冲磨混凝土的磨损率的简单估算方式。

根据本文前两章的试验结果和计算结果，可建立估算抗冲磨混凝土磨蚀进程预测基本模型。首先，混凝土的磨损率与作用其上的推移质有效动能有关，即在本文的条件下存在

$$W = f(P) \tag{5 - 48}$$

因为动能 P 与推移质的粒径及水流速度有关，所以上式可改写为

$$W = \phi(P) = \phi(D, u) \tag{5 - 49}$$

又因为混凝土磨损程度受到磨粒形状的影响，因此存在

$$W = f(F) \tag{5 - 50}$$

综上所述，采用水下钢球法试验估算抗冲磨混凝土磨损程度的基本步骤如下：

a）选择一个需要被估算的混凝土配合比，成型试件并养护至适宜龄期。

b）选择转速较高的水下钢球法试验机。因为较高的转速可产生范围较广的流速，能够更好地建立推移质有效动能与混凝土磨损率之间的关系。

c）根据实际条件，选择若干不同粒径的钢球作为磨粒，并且调整电机转速以获得不同的水流流速。进行若干组水下钢球法试验，获得不同粒径钢球、不同流速下该混凝土的实际磨损率。

d）选择某种天然石料作为磨料（建议采用该混凝土建筑物所在河道内的石料同样岩性的石料作为磨料，并且尽量使用新鲜开挖的石料，以保证石料的棱角分明），进行磨料形状的影响试验，获得混凝土的磨损率及磨料形状系数数值。

e）求解试验中所采用的推移质的运动方程，获得钢球和石料的动能。对于产生跃移运动的推移质，根据试验中的观察，确定修正系数 a、b，最终获得钢球和石料的有效动能数值。

f）建立钢球的有效动能与混凝土磨损率之间的关系。根据实际试验结果，选择合适的函数表达式。可利用该式，推算试验条件以外的推移质对混凝土造成的磨损率。

g）建立磨料的形状系数与磨损率的关系。可根据该式，推算天然磨料对混凝土磨损程度。

h）结合步骤 f）与步骤 g），即可推算天然磨料在级配分布、形状系数、水流速度已知的情况下，被冲磨混凝土的磨损状况。

6）抗冲磨混凝土磨蚀进程预测模型的试验验证。鉴于本文估算混凝土磨损程度的模型所需条件较多，实际工程中难以找到相匹配的资料。因此，在验证模型的准确性环

节，采用以磨细矿渣混凝土作为估算对象，以天然石料作为模拟实际工况下对混凝土产生冲磨作用的推移质颗粒，试验方法仍采用水下钢球法。

首先按照步骤 c）～步骤 g），建立钢球的有效动能与混凝土磨损率的关系以及形状系数与磨损率的关系。其中，模拟天然磨料的石料仍然选用玄武岩石料，但为区别本文前几章的试验，并且考虑到高流速下小颗粒磨粒会碰撞到试验仪器搅拌桨，所以本次采用的玄武岩级配经过重新调整，去除了粒径小于 16mm 的颗粒，增加了粒径大于31.5mm 且小于 40mm 的颗粒，具体级配见表 5－69。

表 5－69　玄武岩磨料级配

筛孔尺寸（mm）	≤40mm
	分计筛余（%）
31.5	37.0
25	44.2
20	18.8
16	0

最后，将玄武岩磨料放在 3.2m/s 的流速下，对混凝土进行冲磨作用。并且根据已有规律，推算该试验的结果范围，以验证本文所提出的估算抗冲磨混凝土磨损程度的方法。磨细矿渣混凝土配比见表 5－70。

表 5－70　磨细矿渣混凝土配合比

水胶比	石子级配（中:小）	水泥（kg/m³）	粉煤灰（%）	磨细矿渣（%）	砂率（%）	减水剂（%）	引气剂（1/万）	坍落度（cm）
0.35	60:40	357	8	10	34	0.4	0.5	6

a）试验配合比及原材料。除磨细矿渣以外，其余原材料与之前采用的硅粉混凝土一致。磨细矿渣混凝土拌合物流动性略好于硅粉混凝土。

磨细矿渣混凝土抗压强度见表 5－71。

表 5－71　磨细矿渣混凝土抗压强度值

抗压强度平均值（MPa）		
7d	28d	90d
46.9	57.2	65.7

b）试验安排。对磨细矿渣混凝土进行如下试验，KZ 代表磨细矿渣混凝土，所有试验均采用28d 混凝土试件。

其中，玄武岩磨料试验按照表 5－72 安排，例如：V14XW-1KZ 每 24h 更换一批次新的石料，以保证试验的全部过程所采用的磨料都是棱角较为分明的石料；V14XW-2KZ 则是在 72h 试验过程中，均不更换石料，仅在试验过程中取出磨料做图像分析。其中，V14XW-1KZ、V14XW-2KZ、V17XW-1KZ 和 V17XW-2KZ 的试验结果用于建立形状系数与磨损率关系的试验数据。

表 5 - 72　磨细矿渣混凝土试验安排表

钢球粒径（mm）	流速（m/s）				
	1.4	1.7	1.9	2.4	3.2
12.6	—	—	—	—	—
19.0	V14D19-KZ	V17D19-KZ	—	—	—
25.4	—	V17D25-KZ	—	V24D25-KZ	—
30.0	V14D30-KZ	—	V19D25-KZ	V24D30-KZ	—
36.0	—	—	—	—	V32D36-KZ
标准	—	V17BZ-KZ			
玄武岩	V14XW-1KZ	V17XW-1KZ	—	V24XW-1KZ	—
	V14XW-2KZ	V17XW-2KZ	—	V24XW-2KZ	—

　　而 V24XW-1KZ、V24XW-2KZ 组试验采用表 5 - 69 所示级配进行冲磨试验，用于验证估算结果。

　　c）试验数据。将采用钢球作为磨料的部分试验结果与表 5 - 66 相对应的钢球有效动能数据绘制为有效动能与磨损率关系图，如图 5 - 70 ~ 图 5 - 72 所示。

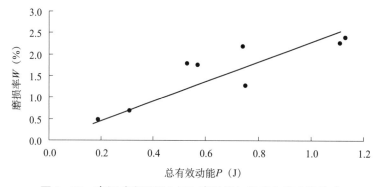

图 5 - 70　磨细矿渣混凝土 72h 磨损率与钢球有效动能关系

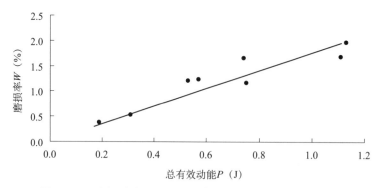

图 5 - 71　磨细矿渣混凝土 48h 磨损率与钢球有效动能关系

　　根据图 5 - 70 ~ 图 5 - 72 所示关系，磨细矿渣混凝土磨损率与有效动能之间的线性关系表达式为

72h：

$$y = 2.29x \quad R^2 = 0.71 \tag{5-51}$$

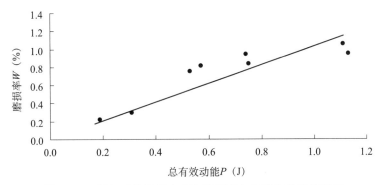

图 5 – 72　磨细矿渣混凝土 24h 磨损率与钢球有效动能关系

48h：

$$y = 1.76x \quad R^2 = 0.81 \tag{5 – 52}$$

24h：

$$y = 1.04x \quad R^2 = 0.74 \tag{5 – 53}$$

按表 5 – 72 所列步骤，进行 V14XW-1KZ、V14XW-2KZ 以及 V17XW-1KZ、V17XW-2KZ 试验，即考察在流速 1.4m/s 和流速 1.7m/s 条件下，玄武岩磨料的形状系数数值与磨损率关系。通过函数拟合，两者关系可以表示为

$$W_0 = a e^{bF_0} \rightarrow W_0 = 0.08 e^{1.99 F_0}, \quad R^2 = 0.83 \tag{5 – 54}$$

表 5 – 73　形状系数 F 历时变化实测值

编号	历时 t(h)		
	0	24	48
V14XW-1KZ	0.79	0.86	0.87
V14XW-2KZ	0.78	0.79	0.77
V17XW-1KZ	0.78	0.88	0.89
V17XW-2KZ	0.79	0.77	0.79

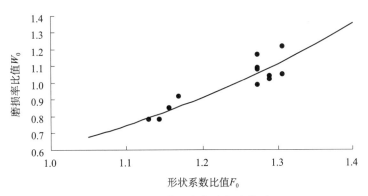

图 5 – 73　形状系数与磨损率关系

V17BZ-KZ 组试验按照规范要求完成，其 72h 磨损率为 1.87%，抗冲磨强度 17.2 [h/kg/m²]，略高于硅粉混凝土。

当玄武岩石料对磨细矿渣混凝土进行磨损时，磨细矿渣混凝土的磨损率基本等于同样有效动能的钢球做产生的磨损率，甚至略小于钢球，即 W_1 与 W_2 数值较为接近，最大差距不超过 32% 。这一规律与硅粉混凝土的试验结果类似。且玄武岩石料的形状系数变化与硅粉混凝土试验时的变化趋基本相同。石料在初始时约为 0.78，磨损作用进行 24h 后，形状系数均在 0.85 以上。

d）试验结果与计算结果对照。根据表 5 - 69 所示级配，以及（2）所示估算方法，计算出 V32XW-1KZ 及 V32XW-2KZ 试验所用玄武岩磨料的总动能为 0.47。再依照式（5 - 51）及式（5 - 52）计算出试验所用磨料的计算磨损率 W_2。最后，根据试验原始磨料的形状系数 F_1，按照式（5 - 52），即可估算出磨损率的具体数值。计算结果见表 5 - 75。

表 5 - 74 玄武岩磨料形状系数与磨损率

时间（h）	编号	W_1（%）	W_2（%）	F_1	F_2	W_0	F_0
24	V14XW-1KZ	0.37	0.38	0.79	1.00	0.97	1.27
	V17XW-1KZ	0.50	0.50	0.78	1.00	1.00	1.28
	V14XW-2KZ	0.40	0.38	0.78	1.00	1.03	1.28
	V17XW-2KZ	0.58	0.50	0.79	1.00	1.15	1.27
48	V14XW-1KZ	0.59	0.65	0.8	1.00	1.40	1.25
	V17XW-1KZ	0.64	0.84	0.82	1.00	1.21	1.22
	V14XW-2KZ	0.69	0.65	0.79	1.00	1.45	1.27
	V17XW-2KZ	0.87	0.84	0.77	1.00	1.45	1.30
72	V14XW-1KZ	0.71	0.85	0.83	1.00	1.29	1.20
	V17XW-1KZ	0.84	1.10	0.86	1.00	1.22	1.16
	V14XW-2KZ	1.02	0.85	0.77	1.00	1.85	1.30
	V17XW-2KZ	1.18	1.10	0.79	1.00	1.71	1.27

表 5 - 75 玄武岩磨料试验估算值与实测值对照表

历时（h）	编号	W_2（%）	F_1	F_2	a	b	估算值（%）	实测值（%）	偏差（%）
24	V32XW-1KZ	0.49	0.78	1	0.08	1.99	0.54	0.49	10.2
	V32XW-2KZ	0.49	0.77	1	0.08	1.99	0.56	0.53	5.7
48	V32XW-1KZ	0.83	0.86	1	0.08	1.99	0.71	0.82	- 13.4
	V32XW-2KZ	0.83	0.77	1	0.08	1.99	0.95	1.03	- 7.8
72	V32XW-1KZ	1.08	0.88	1	0.08	1.99	0.87	0.94	- 7.4
	V32XW-2KZ	1.08	0.78	1	0.08	1.99	1.19	1.32	- 9.8

估算结果与试验实测结果数值上的偏差均在 15% 以内。其中，因为早期试验过程数据稳定性比后期稍差，因此导致前期 24h 的估算结果准确度略差，而后期的准确度则略好一些。

估算结果显示，采用以上步骤，通过对推移质的有效动能的计算及推移质磨粒形状进行测量，结合室内试验数据，可以在一定程度上对推移质作用下的抗冲磨混凝土的磨损程度做出估算，进而起到预测抗冲磨混凝土磨蚀进程预测的目的。

第 6 章　泄流结构流激振动及灾变过程监测系统研究

6.1　基于模态参数识别理论的结构损伤诊断方法

对结构进行损伤诊断，是近十年来随着土木工程研究理论的不断成熟和实际应用的需要而产生的一门新兴学科。通常一个振动结构的模型可分成三种：①物理参数模型：以质量、刚度、阻尼为特征参数的数学模型，这 3 种参数可完全确定一个振动系统；②模态参数模型：以模态频率、振型和衰减系数为特征参数建立的数学模型也可以完整地描述一个振动系统；③非参数模型：频响函数或传递函数、脉冲响应函数是反映振动系统特性的非参数模型。对结构进行结构损伤诊断，首先需要解决损伤标识量的选择问题，即决定以哪些物理量为依据可以更好地识别和标定结构的损伤方位与程度。关于损伤标识量的选择问题，国际上尚缺乏深入系统的研究，目前广泛采用的许多结构损伤指标，实际上都存在着原理性的缺陷。从逻辑上讲，损伤诊断需要解决两个问题：第一，结构有无损伤；第二，结构损伤位置及程度如何。目前广泛采用的许多结构损伤诊断指标只考虑了第一个因素，而忽略了第二个因素。综合考虑，损伤标识量应为随结构损伤程度的增加呈单调变化趋势的物理量。研究发现，目前常用的、以结构固有频率的改变作为结构损伤诊断指标的方法在理论上是合理的，但以结构模态阻尼比等的改变作为结构损伤诊断指标的做法却会产生歧义。损伤定位除了需要解决上述两个问题之外，还需要判断结构损伤位于何处。由于损伤是局域现象，因此，综合可能性与可行性等方面的因素，用于损伤直接定位的最好是局域的，且满足四个基本条件：①对局部损伤敏感，且为结构损伤的单调函数；②具有明确的位置坐标；③在损伤位置，损伤标识量应出现明显的峰值变化；④在非损伤位置，损伤标识量或者不发生变化，或者发生变化的幅度小于预先设定的阈值。从逻辑上可以证明，当用于损伤诊断和定位的物理量是局域量，且满足上述四个基本条件时，损伤可进行识别和定位，不一定要进行数学反演。总之，研究模态参数不完备条件下的结构损伤诊断和精确定位问题是一项更富挑战，同时也更具有实用价值的创新性工作。

基于结构模态参数识别的损伤诊断是指利用现场的无损传感技术，获得结构的实测信号，然后通过实测信号运用一些识别方法识别出结构的动力参数（自振频率、阻尼比及振型等），然后根据这些动力参数分析结构的系统特性，达到检测结构损伤或退化的目的。即首先通过一系列传感器得到系统定时取样的动力响应测量值，从这些测量值中抽取对损伤敏感的特征因子，并对这些特征因子进行统计分析，从而获得结构当前的健康状况，下面就工程中常用的一些诊断方法进行介绍。

6.1.1 基于模态置信度的结构损伤诊断方法

在结构损伤诊断中，振型可以用来发现结构是否有损伤，尽管振型的识别精度低于频率，但振型包含了更多的损伤信息。利用振型，可借助式（6-1）所表达的模态置信度进行损伤诊断

$$MAC(u_j, d_j) = \frac{(\{\Phi_{uj}\}^T\{\Phi_{dj}\})^2}{(\{\Phi_{uj}\}^T\{\Phi_{uj}\})(\{\Phi_{dj}\}^T\{\Phi_{dj}\})}(j = 1, 2, \cdots, s) \qquad (6-1)$$

式中：$\{\Phi_{lj}\}$ 和 $\{\Phi_{dj}\}$ 分别表示未损伤和损伤结构的第 j 阶测量模态；s 代表测量模态的个数。显然，当损伤未发生时，$\{\Phi_{lj}\} = \{\Phi_{dj}\}$，则 $MAC(u_j, d_j) = 1$；一旦发生损伤，$\{\Phi_{lj}\} \neq \{\Phi_{dj}\}$，则 $MAC(u_j, d_j) \neq 1$。

另外，还可以用改进的 MAC 准则，并称之为 $COMAC$

$$COMAC(k) = \frac{\left(\sum_{j=1}^{s}|\Phi_{uj}(k)\Phi_{dj}(k)|\right)^2}{\sum_{j=1}^{s}\Phi_{uj}^2(k)\Phi_{dj}^2(k)} \qquad (6-2)$$

式中：$\Phi_{lj(k)}$、$\Phi_{dj(k)}$ 分别是未损伤结构、损伤结构的振型向量在第 k 自由度上的分量，当损伤发生时，$COMA(k) \neq 1$。

从式（6-1）和式（6-2）可知：MAC 是衡量模态间的振型关系，而 $COMAC$ 是衡量每个自由度上振型的相互关系。

6.1.2 基于柔度矩阵的结构损伤诊断方法

由位移模态矩阵 $[\Phi]$ 可得结构的柔度矩阵 $[A]$ 为

$$[A] = \sum_{j=1}^{n}\frac{1}{\omega_j^2}[\Phi]_j[\Phi]_j^T \qquad (6-3)$$

由式（6-3）可知，柔度矩阵 $[A]$ 可由低阶位移模态得到较准确的估计。Pandey 认为，结构损伤将导致结构局部柔度的增加，因此，根据柔度变化理应能够进行损伤定位。

由式（6-3）可得柔度矩阵 $[A]$ 的一阶变分为

$$\delta A = \sum_{j=1}^{n}\frac{1}{\omega_j^2}\left\{\frac{-2\delta\omega_j}{\omega_j}[\Phi]_j[\Phi]_j^T + [\delta\Phi]_j[\Phi]_j^T + [\Phi]_j[\delta\Phi]_j^T\right\} \qquad (6-4)$$

可见，柔度矩阵的变化 $[\delta A]$ 同时综合了位移模态的变化 $[\delta\Phi]$ 和各频率的变化 $[\delta\omega]$。因此，基于柔度矩阵的损伤定位和基于位移模态矩阵的损伤定位方法虽然本质上是相同的，但对于具体问题的分析处理则可能存在差异。从模式识别的角度上说，应尽可能地避免以复合因素的作用结果作为识别指标。也就是说，以位移模态的变化 $[\delta\Phi]$ 为依据比以柔度矩阵的变化 $[\delta A]$ 为依据来定位损伤通常容易些。

若以 $[\Delta A]$ 为完好结构与有损结构柔度矩阵之差，则有

$$[\Delta A] = [A_1] - [A_D] \tag{6-5}$$

则 pandey 的损伤定位方法可表示为

$$\kappa^* = \{i \mid |\Delta A_{ij}| = \|\Delta A\|_1\} \tag{6-6}$$

最可能的损伤位置位于 κ^* 处。

实验证实：与基于位移模态差的损伤定位方法一样，基于 $\|\Delta A\|_1$ 的损伤定位方法确实存在错误定位的问题。因为位移是典型的叠加量，所以，位移最大处和损伤最大处并不必然合二为一。

事实上，总体柔度矩阵的每一列代表在某一自由度施加单位力后各个观测结点的位移，因此，在施力节点和观测力节点力传输路径上的任何损伤都将导致观测节点位移的改变。也就是说，观测节点位移的改变并不必然意味着观测节点的邻域有损伤存在。与总体柔度矩阵不同的是，总体刚度矩阵是叠加量，因此，总体刚度矩阵的变化必然意味着观测节点的邻域有损伤存在。换句话说，总体刚度矩阵的变化比总体柔度矩阵的变化在理论上更适合定位损伤。

6.1.3　基于变形曲率的结构损伤诊断方法

$$[K]\{v\} = \{g\} \tag{6-7}$$

解之得

$$\{v\} = [K]^{-1}\{g\} \tag{6-8}$$

柔度矩阵 $[A] = [K]^{-1}$，则

$$\{v\} = [A]\{g\} \tag{6-9}$$

将上式离散化得

$$\{v\} = [a_1, a_2, a_3, \cdots, a_s] \begin{Bmatrix} g_1 \\ g_2 \\ g_3 \\ \vdots \\ g_s \end{Bmatrix} = \sum_{j=1}^{s} \{a_j\} g_j \tag{6-10}$$

式中：$\{a_j\}$ 是柔度矩阵的第 j 列；g_j 是外荷载向量 $\{g\}$ 的第 j 个分量。在均载情况下，即各自由度上的荷载相同，$g_j = p(1,2,3,\cdots,s)$，则由（6-10）得到均载变形为

$$\{v\} = \left(\sum_{j=1}^{s} \{a_j\} \right) p \tag{6-11}$$

当荷载 p 为单位荷载 $p = 1$，就可以获得单位均载变形

$$\overline{\{v\}} = \sum_{j=1}^{s} \{a_j\} \tag{6-12}$$

式（6-12）表明，单位均载变形等于柔度矩阵各列的叠加，得到变形 $\overline{\{v\}}$ 后，可以利用差分法得到变形曲率，利用曲率来判别结构损伤的位置。

6.1.4　基于刚度变化的结构损伤诊断方法

结构发生损伤时，刚度矩阵提供的信息一般比质量矩阵多。结构损伤一般不影响结

构的质量特性，而对结构的刚度特性和结构阻尼会产生一定程度的影响。因此，在假定结构的质量特性不变时，结构模型修正技术也可以用来识别和定位损伤。

先考虑无阻尼自由振动的情况，此时，特征方程式（6-3）可简化为

$$([k] - \lambda_j[M])[\varPhi]_j = 0 \tag{6-13}$$

式中：$\lambda_j = \omega_j^2$；$[\varPhi]_j$ 为第 j 阶正则化主模态向量。

设由结构损伤引起的结构刚度矩阵、特征值和特征向量的变化分别为 $[\delta K]$，$\delta \lambda_j$ 和 $[\delta \varPhi]_j$，则有

$$\{[K] + [\delta K] - (\lambda_j + \delta \lambda_j)[M]\}\{[\varPhi]_j + [\delta \varPhi]_j\} = 0 \tag{6-14}$$

仅保留一阶项，并利用式（6-13）可得

$$[\delta K][\varPhi]_j - \delta \lambda_j[M][\varPhi]_j = -([K] - \lambda_j[M])[\delta \varPhi]_j \tag{6-15}$$

用 $[\varPhi]_j^{\mathrm{T}}$ 左乘上式，并利用 $[M]$、$[K]$ 为对称矩阵及式（6-14）可得

$$\delta \lambda_j = [\varPhi]_j^{\mathrm{T}}[\delta K][\varPhi]_j \tag{6-16}$$

由上式可以推知，由于损伤位置不同，同样程度的损伤会对不同阶的频率改变产生不同程度的影响：一些位置的损伤会对某些低频成分的影响大些；另一些位置的损伤则对某些高频成分的影响大些；还有一些位置的损伤及其组合，则对结构某些特定频率的改变影响较大。

以 $[\delta K]$ 的元素为求解对象，式（6-16）理论上最多含有 $n(n+1)/2$ 个未知参数，而可利用的方程最多为 n（n 为系统自由度）个。对于任意 $n(n \geq 2)$，有 $n(n+1)/2 > n$，因此式（6-16）一般情况下不存在唯一解。假定单元损伤导致损伤单元刚度的各个元素按同一比例变化，即

$$[\delta K] = \sum_{i=1}^{\mathrm{NE}} [\delta K_i^{\mathrm{E}}] = \sum_{i=1}^{\mathrm{NE}} c_i[K_i^{\mathrm{E}}] \tag{6-17}$$

式中：$\{C\} = \{c_1, c_2, n, c_{\mathrm{NE}}\}^{\mathrm{T}}$；$\{\delta \lambda\} = \{\delta \lambda_1, \delta \lambda_2, n, \delta \lambda_m\}^{\mathrm{T}}$；$[K_\varPhi]$ 为 $m \times NE$ 阶矩阵，其元素 $[K_\varPhi]_{ji} = [\varPhi]_j^{\mathrm{T}}[K_i^{\mathrm{E}}][\varPhi]_j$；$m$ 为测试频率总数。式（6-17）中 $\{C\}$ 的最小范数最小二乘解为

$$\{C\} = [K_\varPhi]^*\{\delta \lambda\} \tag{6-18}$$

$[K_\varPhi]^*$ 为 $[K_\varPhi]$ 的 Moore-Penrose 广义逆。根据 $\{C\}$ 的大小可进行损伤诊断与定位。

该方法的优点：只需测试结构损伤后的自振频率，而无须测试结构损伤后的位移振型等其他模态参数，试验和试验数据处理均十分方便。当单元损伤导致损伤单元刚度的各个元素按同一比例变化时，研究表明：采用式（6-18）不仅可正确地辨识和定位损伤，而且可以比较准确地标定单元损伤的程度。但缺点是需假设损伤单元刚度矩阵的各个元素按同一比例变化。有些时候，损伤单元刚度矩阵的各个元素等比变化的假定不能严格成立。因此，式（6-18）的损伤诊断和定位效果会受到一定程度的影响。

如果对损伤结构的位移振型也进行测量的话，则结构模型可采用以下方法来修正。

有损伤结构的特征方程可表示为

$$([K] + [\delta K] - \omega_{\mathrm{d}j}^2[M])[\varPhi]_{\mathrm{d}j} = 0 \tag{6-19}$$

式中，ω_{dj} 与 $[\Phi]_{dj}$ 分别为有损伤结构的第 j 阶测试频率和振型。式（6-19）可改写为

$$[\delta K][\Phi]_{dj} = (\omega_{dj}^2[M] - [K])[\Phi]_{dj} = \{\Delta F\}_j \qquad (6-20)$$

式中：$\{\Delta F\}_j$ 定义为第 j 阶振型的模态力余量。由 m 阶测试模态数据可得

$$[\delta K][\Phi]_d = [\Delta F] = [M][\Phi]_d \mathrm{diag}(\omega_{d1}^2, \omega_{d2}^2, n, \omega_{dn}^2) - [K][\Phi]_d \qquad (6-21)$$

式中：$[\Phi]_d = (\Phi_{d1}, \Phi_{d2}, n, \Phi_{dn})$；$[\delta K]$ 的最小范数最小二乘解为

$$[\delta K] = [\Delta F]\Phi_d^* \qquad (6-22)$$

又有约束条件：$[\delta K] = [\delta K]^T$，则式（6-22）中 $[\delta K]$ 的最小范数最小二乘解为

$$\begin{cases} [\delta K] = \Pi + \Pi^T \\ \Pi = [\Delta F]\Phi_d^* - 0.5\Phi_d(\Phi_d^T\Phi_d)^{-1}\Phi_d^T[\Delta F](\Phi_d^T\Phi_d)^{-1}\Phi_d^T \end{cases} \qquad (6-23)$$

式中：$[\Phi]_d^*$ 为 $[\Phi]_d$ 的 Moore-Penrose 广义逆。

若式（6-22）中的 $[\Delta F]$ 列满秩，则 $[\delta K]$ 的最小秩解为

$$[\Delta K] = [\Delta F]([\Delta F]^T[\Phi]_d)^{-1}[\Delta F]^T \qquad (6-24)$$

从物理上说，$[\delta K]$ 应满足以下限制条件：

a）如果 $[K]_{ij} = 0$，则必有 $[\delta K]_{ij} = 0$。

b）$[\delta K] = [\delta K]^T$。

如果说条件 b）有时可以满足的话（即作为约束条件代入求解程序），那么条件 a）在求解最小范数最小二乘解或最小秩解时，通常是无法满足的。换句话说，式（6-22）、式（6-23）和式（6-24）有时可能会得到物理上不可能存在的解，那么，以它们为基础来定位损伤，理论上存在错误定位的隐忧。

当然可通过迭代算法将约束条件 a）考虑进去，例如说 $[K]_{ij} = 0$，则使 $[\delta K]_{ij} = 0$。然后得到修正矩阵 $[K]^* = [K] + [\delta K]$，以 $[K]^*$ 为动态矩阵进行反复迭代和修正可以求得收敛解。

由试验结果可知：采用迭代法，式（6-24）的识别效果相对较好，式（6-22）和（6-23）的识别效果则不理想。

假如模态参数完备的话，那么结构刚度矩阵 $[K]_d$ 及 $[\delta K]$ 可直接由下式计算：

$$\begin{cases} [K]_d = \left[\sum_{j=1}^{n} \frac{1}{\omega_{dj}^2}[\Phi]_{dj}^T \right]^{-1} \\ [\delta K] = [K] - [K]_d \end{cases} \qquad (6-25)$$

式（6-25）对于无阻尼和黏性阻尼（比例阻尼）的自由振动精确成立。从损伤诊断和定位角度来说，所关心的是 $[\delta K]$ 中各元素的大小或相对大小，而不是 $[K]$ 或 $[K]_d$ 的精确值。因此，当自振频率比较分散时，为满足一定的精度要求，通常可用同样阶数的较低阶的模态参数来构造 $[K]$ 和 $[K]_d$，没有必要求尽所有模态。

6.1.5 基于曲率模态的结构损伤诊断方法

以物理坐标建立起来的多自由度摆动系统，通过坐标变换解耦，可建立模态坐标方程，坐标系统的基向量是系统的模态振型，是结构在做无阻尼振动时其变形能的基本的固有的动态平衡状态，这种状态自然满足了各质点之间的平衡条件和相容条件。各固有平衡状态之间可以独立出现，相互之间不存在依存条件，这就是各模态之间的正交性。

固有模态之间是互不耦合的，但响应可以表现为各模态的贡献之和，称为模态叠加。曲率模态可通过位移模态获得，因而也具有正交特性和叠加特性。

梁振动的微分方程为

$$\frac{\partial^2}{\partial x^2}\left(EI(x)\left[\frac{\partial^2 u(x,t)}{\partial x^2} + a\frac{\partial u^2(x,t)}{\partial x^2 \partial t}\right]\right) + m(x)\frac{\partial u^2(x,t)}{\partial t^2} + c(x)\frac{\partial u(x,t)}{\partial t} = f(x,t)$$

$$(6-26)$$

式中：$u(x,t)$ 是横向振动位移；a 是刚度比例系数。若 $c(x) = a_0 m(x)$，$a_0 \neq 0$，表示该梁属于比例阻尼系统。

根据振动模态理论，式（6-26）的解可表示为模态贡献的叠加形式

$$u(x,t) = \sum_{r=1}^{\infty} \Phi_r(x)q_r(t) = \sum_{r=1}^{\infty} \Phi_r(x)Q_r e^{j\omega t} \qquad (6-27)$$

式中：$\Phi_r(x)$ 和 $q_r(t)$ 分别表示位移模态振型和模态坐标。模态振型之间的正交性可由下式给出：

$$\int_0^l \Phi_r(x)\Phi_s(x)m(x)\mathrm{d}x = \begin{Bmatrix} 0, & r \neq s \\ m_r, & r = s \end{Bmatrix} \qquad (6-28)$$

$$\int \Phi_r(x)\frac{\mathrm{d}^2}{\mathrm{d}x^2}\left[EI(x)\frac{\mathrm{d}^2\Phi_s(x)}{\mathrm{d}x^2}\right]\mathrm{d}x = \begin{Bmatrix} 0, & r \neq s \\ \Omega_r^2 m, & r = s \end{Bmatrix} \qquad (6-29)$$

式（6-28）、式（6-29）中，m_r 为第 r 阶模态质量；Ω_r 为第 r 阶模态频率。

将式（6-27）代入式（6-26），左乘以 $\Phi_r(x)$，积分并由式（6-28）和式（6-29）可得

$$\ddot{q}_r(t) + 2\xi_r\Omega_r\dot{q}_r(t) + \Omega_r^2 q_r(t) = P_r(t)/m_r \qquad (6-30)$$

式中：

$$P_r(t) = \int \phi_r(x)f(x,t)\mathrm{d}x; \quad \xi_r = \frac{c_r}{2m_r\Omega_r} = \frac{a_0}{2\Omega_r} + \frac{a\Omega_r}{2}$$

令

$$f(x,t) = F(x)e^{j\omega t} \qquad (6-31)$$

则有

$$P_r(t) = \int_0^l \Phi_r(x)F(x)e^{j\omega t}\mathrm{d}x = e^{j\omega t}\int_0^l \Phi_r(x)F(x)\mathrm{d}x = P_r e^{j\omega t} \qquad (6-32)$$

于是式（6-26）的解有以下形式

$$u(x,t) = U(x)e^{j\omega t} = \sum_{r=1}^{m} \Phi_r(x)Q_r e^{j\omega t} \qquad (6-33)$$

$$U(x) = \sum_{r=1}^{\infty} \frac{P_r/m_r}{-\omega_r + j2\xi_r\Omega_r\omega + \Omega_r^2}\Phi_r(x) = \sum_{r=1}^{m} Q_r(\omega)\Phi_r(x) \qquad (6-34)$$

由式（6-33）和式（6-34）可以看出：位移是位移振型 $\Phi_r(x)$ 的叠加量，和固有频率一样是一全局量，较难反映结构的局部损伤。

由弹性梁弯曲变形曲线与位移的关系，得任意截面 x 处结构弯曲振动曲线的曲率变化函数

$$q(x) = \frac{1}{\rho(x)} = \frac{\partial^2 u(x,t)}{\partial x^2} = \sum_{r=1}^{N} \Phi_r^*(x)Q_r e^{j\omega t} \qquad (6-35)$$

式中：Q_r 为一复量；$\rho(x)$ 为曲率半径。

式（6-35）表明曲率模态的叠加性，显然 $q(x)$ 与曲率模态振型 $\Phi_r^*(x)$ 幅值成正比。

又由直梁弯曲静力关系

$$q(x) = \frac{1}{\rho(x)} = \frac{M(x)}{EI(x)} \tag{6-36}$$

式中：$EI(x)$ 表示截面 x 处的抗弯刚度。

该式表明：结构的局部损伤会导致结构局部刚度 $EI(x)$ 下降，从而导致损伤处的曲率 $\rho(x)$ 增大，再由式（6-36）可见，将引起曲率模态振型 $\Phi_r^*(x)$ 数值发生突变。因此，通过曲率模态振型 $\Phi_r^*(x)$ 的突变分析，可以诊断结构的损伤情况（包括损伤位置和损伤程度）。通常，通过检测某阶曲率模态在损伤前后的变化可以更明显地确定故障位置。

$$\Delta CMS(r,m) = \left| \Phi_{rm2}^* - \Phi_{rm1}^* \right| \tag{6-37}$$

式中：Φ_{rm2}^*、Φ_{rm1}^* 分别表示结构在损伤后和损伤前的第 r 阶曲率模态值；$\Delta CMS(r,m)$ 的值随位置 m 的变化而变化，$\Delta CMS(r,m)$ 最大值时的位置则为损伤的位置。

由结构有限元离散模型的振动模态分析，若能计算出等间距有限元离散单元节点处的位移模态振型，则结构的曲率模态振型可由中央差分方程求出

$$\Phi_{rm}'' = \frac{\Phi_{r(m+1)} - 2\Phi_{rm} + \Phi_{r(m-1)}}{\Delta^2} \tag{6-38}$$

式中：Φ_{rm} 表示第 r 阶位移振动幅值；m 为计算点；Δ 为相邻计算点的间距。

实际工程的损伤检测中，由于不能直接测出结构的曲率响应，结构的曲率模态可由位移模态通过差分方程式（6-38）近似得到。

又设 $z(x)$ 是梁结构弯曲变形时某一点到中面的距离，则该点沿 x 方向的正应变为（式中各变量意义同上）

$$\varepsilon_{z,x} = -\frac{z(x)}{\rho(x)} = -z(x)q(x) = -z(x)\frac{\partial^2 u(x,t)}{\partial x^2} = -z(x)\sum_{r=1}^{N} \Phi_r''(x)Q_r e^{j\omega t} \tag{6-39}$$

系统的应变模态和曲率模态的关系可用式（6-39）描述。

6.1.6　基于应变模态的结构损伤诊断方法

对于结构的每一个位移模态，必有一个应变模态与之相对应，应变模态与位移响应的模态坐标具有相同的表达形式和物理意义，但应变模态振型比位移模态振型对损伤更敏感。对于大多数模态，在局部损伤位置的应变模态都有明显的峰值，且损伤的大小随损伤程度的增加而增加。下面就通过应变模态识别对结构损伤的原理进行简单介绍。

对于一个多自由度强迫振动系统，运动方程为

$$[M]\{\ddot{x}(t)\} + [C]\{\dot{x}(t)\} + [K]\{x(t)\} = \{f(t)\} \tag{6-40}$$

设 $\{f(t)\} = \{F\}e^{j\omega t}$，$\{x\} = \{X\}e^{j\omega t}$，并由模态叠加理论，坐标变换解耦为

$$\{X\} = [\Phi]\{q\} = \sum_{i=1}^{n} q_i \phi_i \tag{6-41}$$

式中：$[M]$、$[K]$ 和 $[C]$ 分别为质量矩阵、刚度矩阵和阻尼矩阵；$\{f(t)\}$ 为荷载矢量；$[\Phi]$ 为振型矩阵；$\{q\}$ 为广义坐标，也称振型坐标或模态坐标；将式（6-41）代入（6-40），由振型的正交性得频域方程

$$(-\omega^2[m_r] + [k_r] + j\omega[c_r])\{q\} = [\Phi]^T\{F\} \tag{6-42}$$

式中：$[m_r]$、$[k_r]$ 和 $[c_r]$ 分别为模态质量矩阵、模态刚度矩阵和模态阻尼矩阵，且均为对角阵，即 $[m_r] = [\Phi]^T[M][\Phi]$，$[k_r] = [\Phi]^T[K][\Phi]$，$[c_r] = [\Phi]^T[C][\Phi]$。由式（6-41）式（6-42）可得

$$\{X\} = [\Phi][Y_r][\Phi]^T\{F\} \tag{6-43}$$

式中：$[Y_r] = -\omega^2[m_r] + [k_r] + j\omega[c_r]$。

在三维空间中，位移矢量 $\{X\}$、振型矩阵 $\{\Phi\}$ 及激振力矢量 $\{F\}$ 可表示为

$$\{X\} = \{U,V,W\}^T, \quad [\Phi] = [\Phi_u,\Phi_v,\Phi_w], \quad \{F\} = \{F_x,F_y,F_z\} \tag{6-44}$$

将式（6-44）代入式（6-43）可得

$$\begin{Bmatrix} U \\ V \\ W \end{Bmatrix} = \begin{bmatrix} \Phi_u \\ \Phi_v \\ \Phi_w \end{bmatrix} [Y_r][\Phi_u,\Phi_v,\Phi_w]^T \begin{Bmatrix} F_x \\ F_y \\ F_z \end{Bmatrix} \tag{6-45}$$

式中：$[\Phi]^T\{F\}$ 代表 $\{\Phi\}$ 与 $\{F\}$ 沿轴向的积分，是 $[\Phi]$ 的函数，但已经是和 x，y，z 无关的函数。根据弹性力学原理，结构的正应变分量为

$$\{\varepsilon\} = \begin{Bmatrix} \varepsilon_x \\ \varepsilon_y \\ \varepsilon_z \end{Bmatrix} = \begin{Bmatrix} \partial U/\partial x \\ \partial V/\partial y \\ \partial W/\partial z \end{Bmatrix} = \begin{Bmatrix} \partial \Phi_u/\partial x \\ \partial \Phi_v/\partial y \\ \partial \Phi_w/\partial z \end{Bmatrix} [Y]_r [\Phi_u,\Phi_v,\Phi_n]^T \begin{Bmatrix} F_x \\ F_y \\ F_z \end{Bmatrix}$$

$$= \begin{bmatrix} \Psi_x \\ \Psi_y \\ \Psi_z \end{bmatrix} [Y]_r [\Phi_u,\Phi_v,\Phi_n]^\tau \begin{Bmatrix} F_x \\ F_y \\ F_z \end{Bmatrix} \tag{6-46}$$

式中：$[\Psi] = [\Psi_x,\Psi_y,\Psi_z]^T$ 称为正应变模态。式（6-46）可简写为

$$\{\varepsilon\} = \{\Psi\}[Y_r]\Phi^T\{F\} \tag{6-47}$$

$\{\varepsilon\}$ 对结构参数变化的一阶变分关系为

$$\{\delta\varepsilon\} = ([\delta\Psi][Y_r][\Phi^T] + [\Psi][\delta Y_r][\Phi^T] + [\Psi][Y_r][\delta\Phi^T])\{F\} \tag{6-48}$$

式（6-48）表明，由结构损伤而导致的结构应变变化 $\{\delta\varepsilon\}$ 主要由结构应变模态的变化 $[\delta\Psi]$、结构自振频率的变化 $[\delta Y_r]$ 和结构位移模态的变化 $[\delta\Phi]$ 三者综合而成。因此，从损伤诊断的角度来说，基于 $[\delta\Psi]$、$[\delta Y_r]$、$[\delta\Phi]$ 的损伤诊断方法理论上都是可行的，差异仅在识别的精度上。由于损伤是局域行为，损伤对结构特性的影响程度依 $[\delta\Psi]$、$[\delta Y_r]$、$[\delta\Phi]$ 的顺序递减，也就是说，基于 $\delta\Psi$ 的损伤诊断算法的损伤诊断效果最好；从损伤定位的角度来讲，由于 $\{\delta\varepsilon\}$ 和 $[\delta\Psi]$ 的变化在位置坐标上存在一致的对应关系。因此，基于 $[\delta\Psi]$ 的损伤定位方法理论上存在正确定位的可能。

6.2　泄洪洞安全监测预警系统研究

为全面提高高坝泄洪的安全性，通过深入研究高速水流作用下泄洪洞发生空蚀、磨

蚀和冲刷破坏时泄水建筑物的振动、波动、噪声和水压脉动的变化规律，同时考虑流体和结构的耦联作用，并将现代传感技术、信息技术、人工智能技术等有机融合。研究了高坝泄洪洞的安全监测的理论方法和实现手段，通过开展泄洪洞结构损伤敏感特征量的提取和信息融合，进行结构损伤和安全状态的识别和诊断，从而建立高坝泄洪洞泄洪安全的监控指标、分级预警机制、风险综合评价和控制体系，以全面提高高坝泄洪洞运行的安全性、避免重大工程事故的发生。

分布式光纤检测区域振动研究如下：

（1）光纤传感原理

光纤传感器具有灵敏度高、抗电磁干扰、结构简单、体积小等优点，因此在传感领域中引起人们的广泛关注。光纤传感器主要由光源、传输光纤、传感元件或调制区及光检测等部分组成，其基本原理如图 6-1 所示。

图 6-1　光纤传感原理

（2）试验系统组成

试验采用天津大学精仪学院开发的四通道光纤振动探测仪。数据采集系统采用北京东方噪声与振动研究所开发的 DASP 数据采集与分析系统。试验系统组成如图 6-2 所示。

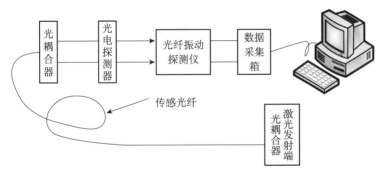

图 6-2　试验系统组成

该试验系统信号传输和处理原理：传感光缆中的三条单膜光纤构成基于 Mach-Zehnder 光纤干涉仪原理的分布式振动信号传感器，用于获取振动信号。

（3）分布式光纤振动特性

1）分布式光纤的振动特性。本试验采用对低频敏感的位移传感器和对高频敏感的压电式加速度传感器与分布式光纤传感器进行对比测量。主要对比了三种布置形式：直线形、S 形和螺旋形。各传感器的布置如图 6-3 所示。

图 6-3 中，小圆代表加速度传感器，大圆代表位移传感器，直线、S 形线和螺旋形线是分布式光纤的布置形式。箭头处表示激振点位置。

该试验分别对布置在槽型混凝土块上的分布式光纤直线形布置、布置在水泥地板上的分布式光纤 S 形和螺旋形布置的振动特性进行了试验，结果如图 6-4 所示。

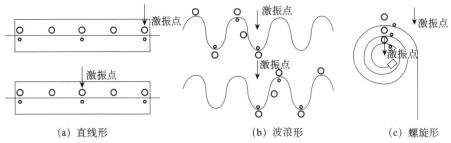

(a) 直线形   (b) 波浪形   (c) 螺旋形

图6-3 位移、加速度传感器的布置位置和光纤的布置形式

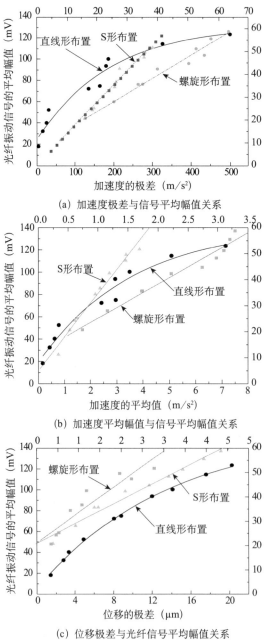

(a) 加速度极差与信号平均幅值关系

(b) 加速度平均幅值与信号平均幅值关系

(c) 位移极差与光纤信号平均幅值关系

图6-4 分布式光纤振动特性

从时域上看，当锤击激励的力较小时，位移信号和加速度信号的极差和平均幅值、光纤信号的平均幅值也较小，此时位移信号的极差、平均幅值，加速信号的极差、平均幅值，与光纤信号的平均幅值基本上呈线性关系；当激励增大到一定程度时，其关系开始呈现曲线关系，但总的趋势还是激励越大，光纤信号的平均幅值越大。

从频域上看，加速度传感器对高频敏感、位移传感器对低频敏感，光纤信号频谱低频分量比加速度频谱的低频分量要多。这说明光纤具有较宽频带的敏感程度，尤其是对较低频带。光纤信号的能量大部分分布在较低频的频段。分布式光纤频谱特性如图 6 - 5 所示。

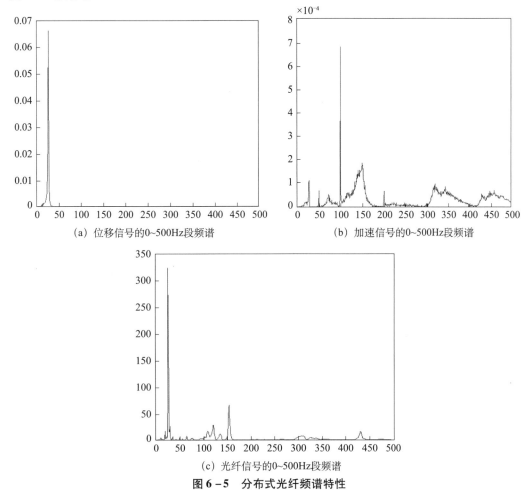

图 6 - 5　分布式光纤频谱特性

2）埋设光纤的振动特性。为了研究分布式光纤在泄洪洞混凝土衬砌里的振动特性，将光纤埋入混凝土中，制作了埋设光纤的混凝土块，混凝土块的尺寸及光纤埋设位置如图 6 - 6 所示。

图 6 - 6　混凝土块尺寸及光纤埋设位置示意图

同时为了分析模拟的混凝土衬砌不同空蚀深度时的光纤振动特性，在混凝土块表面上预留了不同深度的孔，以模拟混凝土衬砌的不同空蚀深度。预留孔的位置如图6-7所示。

图6-7　预留孔在混凝土块上表面的位置示意图

将浇筑的混凝土块放在地上，使混凝土块下表面与地表无空隙接触。试验时，用力锤在不同深度（把在5cm与2.5cm中间的混凝土块上表面称为0cm孔深）的孔处用不同大小的力进行激振，对光纤信号进行采集。锤击时不同孔深处力锤最大力与光纤信号平均幅值的关系如图6-8所示。

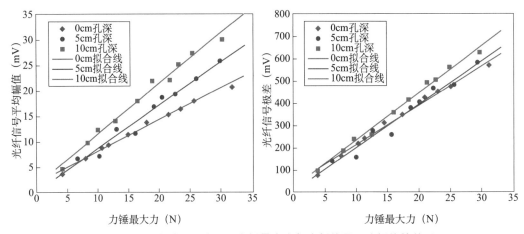

图6-8　锤击时不同孔深处力锤最大力与光纤信号平均幅值的关系

从以上试验可以看出：力锤锤击产生的最大力与光纤信号的极差、平均幅值基本上呈线性关系，第一次试验时由于振动较大，当达到一定程度时，光纤信号、极差与力锤最大力的关系开始变成曲线关系；同时，孔深越深，锤击面离光纤越近，光纤信号的极差和平均幅值就越大。其中，光纤信号的平均幅值与力锤最大力的关系较好。

（4）分布式光纤检测泄洪洞空蚀的原理

点式传感器由于检测范围有限，有时不能检测到泄洪洞发生空蚀的信号变化；而电线由于电线的老化和腐蚀而不能长久使用。而分布式光纤检测范围广、灵敏度高、耐腐蚀，适于泄洪洞这样的复杂环境使用。分布式光纤则能克服这些缺点。

通过试验可以看出：振动越大，光纤信号越大，因此能够利用分布式光纤检测泄洪洞的空蚀破坏。分布式光纤检测泄洪洞空蚀的原理：光纤埋设在泄洪洞混凝土衬砌内，当泄洪洞正常泄洪、未发生空蚀时，分布式光纤检测到的振动信号较小且比较平稳；当空蚀发生时，混凝土衬砌被剥蚀，光纤离脉动水流作用面距离变近，振动加大，振动越大，泄洪洞空蚀越严重；当泄洪洞空蚀到一定程度时，光纤没有信号。据此便能检测泄洪洞空蚀情况。光纤可以埋设几层，以达到准确检测不同空蚀深度的目的。

6.3　水垫塘防护结构实时安全监测预警系统研究

大坝安全监测技术经过近百年的发展，其重要性已逐步被人们所认识和关注，形成了相对成熟和规范的方法，并且朝着智能融合的方向发展。泄水建筑物（水垫塘底板等防护结构）的安全储备与大坝主体结构的安全储备相比要小得多，由于直接承受高速水流冲击荷载的作用，破坏的概率要更大些。水垫塘底板、消力池和溢洪道陡槽的破坏时有发生，其破坏原因、范围和程度不尽相同，但一些失事工程的调查资料表明，绝大多数工程的底板失事属于板块揭底破坏，只有少数工程属于空蚀破坏或水流中夹带杂物冲刷、磨损、撞击破坏。与空蚀和冲磨撞击破坏相比，板块的揭底破坏历时短、范围大，近年来引起人们高度关注。因此，把水垫塘底板的泄洪消能过程监控起来是非常必要的。

然而，泄水建筑物安全监测的手段和技术方法还比较落后，规范规定的水垫塘安全监测项目，包括水流流态、水面线、流速、动水压力等的不足之处在于：①对于揭底破坏来讲，这些监测方法都不能与底板止水状况、底板是否倾覆等我们关心的底板稳定性直接挂钩，都存在建模、提取安全监控指标困难的问题。②由于观测条件恶劣，水流流态、流速、水面线等观测项目的测点位置、观测频次、测读准确性和可靠性都受到了很大限制，无法提供安全实时监控所需要的时间和空间上连续的信息；动水压力观测时效性差，无法长期有效地监控底板运行状态；水垫塘底板的人工巡视检查要非汛期抽干水后进行，不具有"实时"性，频次也很有限。传统的水垫塘底板监测方法已经远远落后于实践的发展。

目前，相对于迅猛发展的大坝安全监测系统来讲，在泄水建筑物动态实时监控领域的研究还是空白，这与大坝安全监测整体的发展是不协调的。因此，研究以新的技术手段、新的建模方法、新的监控指标体系为内容的水垫塘底板安全实时监控系统就显得尤为重要。在深入研究高坝水垫塘监控理论和方法的基础上，结合水垫塘的模型试验与原型观测，以监测揭底破坏为目标，建立水垫塘泄洪安全实时监控系统，它可以弥补传统监测所存在的不足。

6.3.1　水垫塘安全实时监控预警系统方案设计

"水垫塘防护结构泄洪消能安全实时监控系统"研究开发的内容和技术手段主要包括了以下几个方面：

1）传感器的选择与安装。必须采用高性能智能化的位移传感器以保证其在复杂和恶劣水工环境下的长期运行稳定性；测试动力响应的传感器可埋设在水垫塘结构体内部，避免受水流冲刷和侵蚀的影响，耐久性较好。传感器的布设需覆盖水垫塘内的关键部位，即水舌冲击区和壁面射流区的易失稳区域，信号传输线从底板的廊道引出，不会影响结构的正常运行。

2）监测信号采集与传输。在线自动化监测系统要实现远程即时触发采集，不仅测读速度快、测读及时，并且能够胜任多测点、密测次的要求，在时间上和空间上提供更为连续的信息，而且保证了测读的准确性和可靠性。传感器与量测设备之间采用三芯水工电缆通信，电缆用量小，布置灵活，观测速度快。对监测的动力响应信息进行汇接后，在坝顶上的前端机房显示相关信息，进行数据采集，预留下光纤传输接口，通过光纤传输服务器和后方的监控中心连接起来组网。光纤传输的是数字量，传输距离长、精度高、可靠性高，技术简单。分监控中心和总监控中心的计算机可以远程操控前端计算机和采集设备。

3）水垫塘底板安全监控模型和监控指标研究。开展防护结构（底板、岸坡防护）—水动力荷载—锚杆—岩体（岸坡）失稳破坏不同阶段的耦合动力分析的数值模拟方法研究，精确模拟不同阶段的动力响应特征。把专家经验、人工智能（AI）技术、计算机技术以及相应的数值分析方法有机结合起来，应用模式识别、模糊评判或突变理论，将定量分析和定性分析结合起来，对来自多个传感器的数据进行可靠性检验、分析、归纳和综合，提取了建立监控指标所需的信息特征。对泄洪消能防护结构安全度进行综合分析和评价，并对发现的不安全因素或病害、险情，提出分级报警，实现实时分析泄水建筑物安全状态和综合评价泄水建筑物大坝安全状况的目标。

4）安全监控的系统集成。综合以上工作集成二滩拱坝水垫塘泄洪安全实时监控系统，该系统的集成采用了"一机四库"结构，即将推理机、知识库、数据库、模型库、图库等有机整合。数据库存储监测数据，模型库存储各监测点的监测模型和监控指标，图库存储各种工程图和计算图，知识库存储领域专家的经验性诊断知识，推理机综合调用数据、模型、指标、图形等，通过基于经验知识的智能推理进行综合分析评判。该系统可以单独运行，也可作为整个管理信息系统的子系统，与大坝其他监控系统和管理系统联合应用。

6.3.2　水垫塘底板稳定性动位移响应识别方法

一般而言，衬砌后的水垫塘依靠一定厚度的与基岩锚固在一起的混凝土板块抵抗泄洪水流产生的巨大的时均和脉动荷载。要全面评价水垫塘衬砌防护结构的稳定性需要从水动力和结构动力两方面的耦合作用来综合研究。

大量试验资料表明水垫塘防护结构的失稳破坏过程主要经历三个阶段，对应不同的破坏阶段，其与水流的耦合动力作用表现出不同的动位移响应特性：①止水完好时［图6-9（a）］，底板与基岩固结良好，锚固钢筋基本不受力，板块在水动力荷载作用下，带动板块上表面水体做微幅振动，板块的动位移响应特性主要是线弹性的微幅振动。②在水垫塘内射流水舌的冲击和来流挟带沙石颗粒碰撞下，造成板块间接缝处的止水部分或全部被破坏［图6-9（b）］，由射流冲击区所产生的脉动压力通过破坏的止水缝隙进入板块底面原生缝隙层中，并沿缝隙迅速传播开来，使板块上受到强大的上举力。在长时间射流水舌的作用下，板块底面缝隙层不断地被扩张和贯通，最终导致板块和基岩分割开来。这个过程发展比较缓慢，需要同时克服板块与基岩的固结和锚固钢筋的作用，板块动位移响应的非线性特征逐渐明显，其特征表现为高频小振幅与低频大振幅的混合振动，随着破坏进程的发展，低频大振幅振动的能量越来越大。③缝隙完全贯通、锚固钢筋屈服后，与基岩脱离的板块在水流脉动上举力作用下，其失稳出穴过程是一个变幅变频的随机振动过程，一般板块在座穴内振动的时间较长，而真正拔出的时间较短。

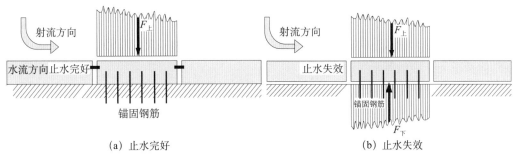

图 6 - 9　水垫塘底板块—锚固钢筋—基岩—水动力荷载耦合系统示意图

由此可见，由底板、锚固钢筋、基岩（边坡）组成的水垫塘防护结构与水动力荷载的耦合作用的机理虽然复杂，但在底板块失稳破坏的各个阶段却表现出不同的动位移响应特性。因此，通过分析水垫塘底板块动位移响应特性，就可以识别出水垫塘防护结构的运行性态。用动位移响应特性识别底板的稳定性，其关键就是从底板可能出现的各种极限状态入手，找出在不同破坏状态下各控制点的极限动位移，以此作为底板稳定性的识别标准。从技术方法上来说，可以利用水垫塘防护结构动位移响应原型观测成果，通过建立水垫塘底板、水体、基岩、锚固钢筋的耦合有限元模型，计算不同破坏状态下板块的极限动位移，进行水垫塘防护结构的动位移响应特性的分析，从而对水垫塘底板的稳定性进行识别。

（1）水垫塘底板动位移响应的非线性有限元分析模型

1）水动力荷载分析。当止水完好时，板块与地基固结良好，锚固钢筋基本不受力，对板块振动有影响的力只有板块上表面由大尺度紊流压力脉动引起的脉动荷载（这时扬压力通常很小，可以忽略），即图 6 - 9（a）中 $F_上$ 的脉动部分。止水失效后，脉动压力沿缝隙传播。板块除受到锚固钢筋的拉力作用外，还受到强大的脉动上举力，即 $F = F_下 - F_上$ ［图 6 - 9（b）］的脉动部分引起底板块振动。图 6 - 10 所示为模型试验测得板块的典型脉动上举力。

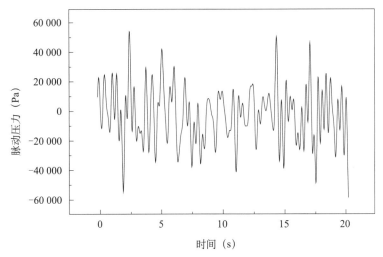

图 6 - 10　典型水垫塘底板的脉动上举力时程线

2）锚固钢筋模拟方法。锚固钢筋的受力过程是一个非常复杂的过程，任何模拟方法都是近似的并有其局限性，至今还没有完全解决。目前，锚固钢筋的有限元计算模型可以采用线单元、实体单元、薄膜单元等型式，钢筋与混凝土（基岩）的联结有固结、联结弹簧单元、接触等常用的方式。

水垫塘防护结构在水流荷载作用下破坏过程呈现出多阶段性，钢筋与基岩和水垫塘底板的相互作用形式也在发生着变化。根据水垫塘底板破坏各阶段的物理特征，在不同阶段采用不同的锚固钢筋模拟形式。钢筋未发生滑移或者滑移较小，可采用实体有限元模型、固结连接。钢筋发生较大滑移，必须考虑钢筋与混凝土间的滑移关系。这时可采用 2 节点线单元模拟锚固钢筋、三向弹簧连接单元模拟锚固钢筋与混凝土（基岩）的连接。线单元计算模型钢筋只承受轴向力作用，即

$$N_s = A_s \sigma_s \qquad (6-49)$$

式中：N_s 为钢筋的轴向力；A_s 为钢筋断面积；σ_s 为钢筋应力。轴向钢筋与混凝土的黏结应力与滑移量之间的关系应通过试验求出，Nilson 采用了 Bresler 和 Bertero 对试验资料分析所得的局部黏结应力—局部滑移公式，即局部 $\tau - s$ 非线性关系表达式

$$\tau = 9781\Delta - 5.72 \times 10^6 \Delta^2 + 8.35 \times 10^8 \Delta^3 \qquad (6-50)$$

式中：τ 为黏结应力，MPa；Δ 为滑移量，cm。法向弹簧元刚度取一极大值。

3）水体附加质量。高拱坝泄洪引起底板振动属于流固耦合问题。当水体假定为不可压缩流体时，可以用附加于底板上的附加质量代替，即认为加速度所产生水体的附加质量的惯性力等效于动水压力。到目前为止，还未见到强紊流区附加质量的计算方法，也可采用在静水中确定附加质量的方法。

对于平面有限尺寸的板 $L \times B$，附加质量的经验公式为

$$M = \frac{1}{4}\pi\rho BL\lambda(c) \qquad (6-51)$$

式中：$\lambda(c) = \dfrac{c}{\sqrt{1+c^2}}\Big(1 - 0.425\dfrac{c}{1+c^2}\Big)$，$c = \dfrac{L}{B}$；$\rho$ 为水密度。考虑水体的附加质量相当于底板的容重增大。

4）接触处理方法。法向接触条件包括不可贯入性条件和法向接触力条件。不可贯入性条件，是指物体 A 和物体 B 的位形 VA 和 VB 在运动的过程中不允许相互贯穿（侵入或覆盖），接触时以接触力为压力控制条件。切向接触条件为允许发生相对滑移变形。板块间摩擦系数为 0.5，板块与基岩间摩擦系数为 0.55。

5）非线性时程分析方法。由于止水破坏后，必须考虑板块与地基的接触、锚固钢筋与板块和地基的耦合作用，水垫塘防护结构成为典型的非线性系统，本文采用非线性时程分析法求解。常见的数值解法有中心差分法、线性加速度法、Newmark-β、Wilson-θ 法和 Houbolt 法等。采用 Newmark-β 法进行求解。

6）水垫塘防护结构模型。目前，国内外对许多水垫塘底部衬砌块断裂、解体后失稳破坏的试验研究证明，水垫塘混凝土底板块最先失稳的位置在射流水舌冲击点下游。因此，本例选择模拟了水垫塘防护结构表孔水舌冲击区末端到中孔冲击区前端的 3 个断面进行模拟（图 6-11），基本涵盖了表孔单独、表中联合泄洪的区域。底板尺寸为 9m ×

9m×5m，边坡护坦板厚 3m，护坡模拟到高程 1007m 处。基岩顺河向长 27m，垂直河向 107m，厚 15m。由原型观测可知 A3、B3、C3 振动位移较大，因此设定这 3 块板止水破坏，工况为七个表孔联合泄洪（泄量为 6300m³/s）。二滩水垫塘底板防护结构有限元模型如图 6-12 所示。

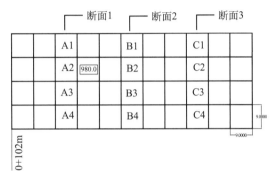

图 6-11　计算断面示意图

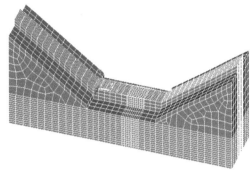

图 6-12　二滩水垫塘底板有限元模型

当底板止水破坏时，钢筋屈服，底板必定发生失稳破坏。因此根据水垫塘底板的动力失稳过程，将止水破坏、锚固钢筋屈服前的动位移响应过程分为 3 个等级，相应建立 3 个有限元模型。模型 1 底板止水完好、钢筋与底板和地基胶结良好；模型 2 底板止水破坏，不考虑钢筋的滑移作用（底板、钢筋和地基交会的节点为同一个节点）；模型 3 底板止水破坏，考虑锚固钢筋的滑移作用。各种材料参数见表 6-1。

表 6-1　材料参数

材料	参数
基岩	弹性材料，弹模为 60GPa，泊松比为 0.2，$\rho = 2750 \text{kg/m}^3$
底板	采用附加质量法，$\rho = 2548 \text{kg/m}^3$，弹性材料，弹模为 30GPa，泊松比为 0.167
边坡	弹性材料，弹模为 30GPa，泊松比为 0.17，$\rho = 2750 \text{kg/m}^3$
锚固钢筋	弹性材料，弹模为 200GPa，泊松比为 0.25，$\rho = 7800 \text{kg/m}^3$

（2）水垫塘底板动力响应特征

对于断面 1，水垫塘底板典型动位移响应时程线原型观测结果如图 6-13 中实线所示。在 7 个表孔泄洪激流荷载作用下，水垫塘底板的动位移响应为平稳随机过程。可见，止水未破坏时，水垫塘底板做微幅随机振动，动位移响应的量级在微米级上，符合正态分布。图 6-13 中虚线显示了模型 1 水垫塘底板的动位移响应时程线，其各项统计参数显示数值模拟与原型观测结果较为符合，说明

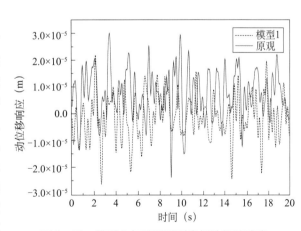

图 6-13　模型 1 与原型观测底板动位移响应

所采用的有限元模型的参数选择、边界条件确定是较为准确的，真实地反映了水垫塘底板实际的动力特性。

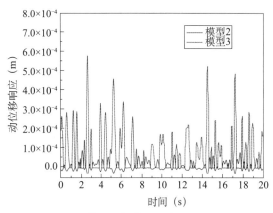

图 6 - 14 模型 2 与模型 3 底板动位移响应

图 6 - 14 是模型 2 和模型 3 的计算结果，这与试验给出的底板起动典型过程是一致的。当板块受到上举力时，需要首先克服板块的自重，才能获得向上的运动，而在克服自重之前，其荷载合力比较小，所以振幅比较小（模型 1）。而在克服自重之后，底板靠锚固钢筋来约束，刚度较小，所以振幅比较大。在竖直方向上板块与地基之间靠锚固钢筋连接，板块在随机荷载作用下，很容易与地基发生碰撞，当板块重新受到上举力再次向上运动时，其振动将是碰撞与上举力共同作用下的振动，所以会有一个明显的振荡过程。表现在动位移时程上，会出现孤立的波峰，并且不会单独出现，呈现系列化特征。模型 2 由于锚固钢筋未发生滑移，因此振荡的幅值小，但在钢筋发生滑移的情况下，振荡加剧，幅值也急剧增大。

6.3.3 水垫塘底板安全监控指标体系

（1）监控指标体系

作为监控指标的特征量，必须对某种故障特征具有良好的表征能力，并且组合在一起具有整体性，可以对故障特征进行比较全面的刻画。利用信息融合技术，对大量原型观测、模型试验、数值仿真结果的数据进行关联、比对、交叉和筛选，然后进行各种特征值计算，选择其中对底板破坏状态较为敏感的几个特征量作为监控指标，构建了监控指标体系，如图 6 - 15 所示。

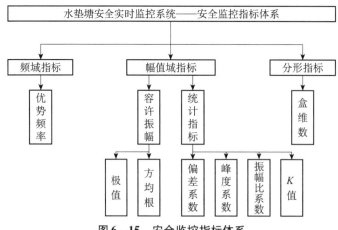

图 6 - 15 安全监控指标体系

1）频域指标。止水未破坏时，底板做微幅随机振动，所反映的频率为水流荷载频率，频率较高；止水破坏后，振动出现振荡特性，频率减小；因此可以通过主频的变化来判断底板运行性态的变化。

2）幅值域指标。从图 6 – 13 和图 6 – 14 可以明显看出：止水未破坏时，底板在水流荷载作用下振动轻微，振动位移标准差一般不超过 $10\mu m$；止水破坏后，板块在座穴内振荡，出现一系列孤立的低频波峰，通过幅值来监测底板运行性态的变化也是最为直接的方法。

a）由概率论及数理统计理论可知，对于均值为零的随机变量 x，若偏态系数：$C_S = \frac{1}{N}\dfrac{\sum\limits_{i=1}^{N} x^3}{\sigma^3} = 0$；峰度系数：$C_E = \frac{1}{N}\dfrac{\sum\limits_{i=1}^{N} x^4}{\sigma^4} = 3.0$。

则称 x 符合正态分布。C_S 表示测量值偏离标准正态曲线左、右程度（正偏或负偏）。由于水垫塘底板止水破坏，上表面脉动压强进入板块下表面后，振动处于非正常状态时总有一些孤立的波峰，使其对称性大为降低，偏差系数必然有相应的改变，因此有可能通过偏差系数来识别底板的状态；C_S 表示峰值的高低和标准情况的偏离程度，在非正常振动情况下，峰值必然急剧增大引起峰度系数较大的改变，因此可以考虑用峰度系数识别底板状态的变化。通过计算出原型观测数据的 C_S 和 C_E 值，我们就可以知道两者正常的变动范围，对不利情况做出甄别。

b）当底板受到上举力作用时，其正向振幅要远远大于负向振幅，因此可以考虑用二者的关系来判别底板的振动变化状况。定义振幅比系数

$$\lambda = A^+ / A^- \tag{6-52}$$

式中：A^+ 和 A^- 分别是振动曲线的最大振幅和最小振幅。当板块处于正常状态未受上举力作用时，其正向振幅与负向振幅大小差不多。而当板块受到上举力作用时，正向振幅突然增大，振幅比系数必然有很大的变化。

c）在探讨水垫塘底板振动位移极差 L_m 或 K 值问题上，以往的研究表明 K 值是一个比较大范围变动的量，K 值定义为

$$L_m/\sigma = \frac{A_{max} - A_{min}}{\sigma} = 2K \tag{6-53}$$

式中：A_{max} 为正向位移最大值；A_{min} 为负向位移最大值；σ 为位移方均根。

止水破坏后，水垫塘底板水动力和结构动力特性发生变化导致底板振动状态改变。因此，对水垫塘泄洪振动的方均根与双倍幅值的关系进行了统计，用正常的 K 值范围甄别破坏工况的变化。

3）分形特征指标。分形理论以描述自然界中常见的表面上变幻莫测、不稳定、不规则，实际上潜在某种有序规律的几何实体或图形而著称。分形的最基本特征是自相似性、复杂性和不规则性。分形体的自相似性有严格自相似性和统计自相似性之分。具有严格自相似的形体，由迭代函数生成；而非线性振动只是具有统计自相似性。近年来的研究表明，紊流是非线性失稳造成的，高速掺气水流的冲击是一个非线性的动力系统，表现为一系列混沌运动，混沌系统运动轨迹在相空间的几何形态可以用分形来描述，而分形的特征可以由分维来体现。分形维数是分形结构不规则程度的定量表征，是分形体自相似度的度量，不一定是整数。它可以在以下两个方面拥有良好的应用前景。

a）判别底板运行性态。水垫塘底板的振动是在受到水流荷载、钢筋锚固等多约束条件下带有非线性特征的随机振动，但目前对于非线性行为的建模和求解都存在着诸多困难。分形是一门以局部与整体具有自相似的复杂形体为研究对象的科学，振动信号是一种满足统计自相似性的随机分形。借助分形维数可以不依赖于系统的数学和物理原理，直接对振动波形的结构进行定量表征，因此分形方法目前已被广泛应用于非线性行为的刻画中。

分形几何的主要工具是它形式众多的维数，分形维数是分形图形的重要特征参数，其大小是系统复杂程度的一种反映，是图形分形特征的定量表示。利用分形维数来描述水垫塘底板振动特性，对不同底板运行性态的分形维数进行计算，可由此判别水垫塘底板运行状态。同时计算机求解维数相对简单，所以用分形维数作为识别水垫塘底板运行性态的监控指标是很方便的。

b）判别仪器故障。在水垫塘底板安全监控中，异常信号的型式及其原因是多种多样的，除了底板止水破坏之外，还有环境噪声干扰、仪器和电缆故障等等。如何把这些异常信号按成因辨别出来，给出合理的物理成因解释，一直是个难题。

经过对不同类型故障的分形维数进行研究，确定其大致的范围，发现其范围各不相同，这就为利用分形特征进行故障类型区分提供了必要的手段，尤其是性态故障和仪器故障。底板运行状态故障时，波形呈现振荡的特性，结构变得简单，分形维数有所降低；而仪器故障时，正常信号与故障信号混杂，或者单纯为故障信号，维数有所升高；对不同故障型式分形维数的变化进行深入研究，借此即可对其进行判别。

目前采用的分形维数，主要是盒维数和关联维数，本例着重研究了盒维数的算法。

设水垫塘底板振动信号 $s(n) \subset A$，A 是 n 维欧氏空间 R^n 上的闭集。将 R^n 划分成尽可能小的间距为 δ 的方格网，则 $N_\delta(A)$ 是网格宽度为 δ 的离散空间上覆盖 A 集的最少网格个数，则 $s(n)$ 盒维数定义为

$$D = \lim_{\delta \to 0} \frac{\log N_\delta(A)}{\log(1/\delta)} \qquad (6-54)$$

对于水垫塘底板振动离散信号，在其采样时间间隔 Δt 内，波形曲线是一直线段。因而在用基本尺寸为 δ 的方形网格去覆盖集 A 时，δ 的最小值应大于 Δt。实际计算中，一般不根据式（6-6）得到盒维数 D，而是根据分形对象在其无标度区 $(\delta_{\min}, \delta_{\max})$ 内 $(\delta_{\min}, \delta_{\max})$ 分别为使曲线能被有效覆盖的方形网格的最小尺寸和最大尺寸，δ 为覆盖盒的基本尺寸，将一系列尺寸为 $\delta(\delta_{\min} < \delta < \delta_{\max})$ 的方形网格对分形对象进行覆盖，得到各尺度下的有效覆盖网格数量 $N_\delta(A)$，通过最小二乘法得到拟合直线，其斜率就是该曲线的分形盒维数 D。

然而，水垫塘底板振动信号是双向尺度的：纵向的振动幅值和横向的时间效应，因此在对曲线进行盒覆盖时，盒的尺度应能反映曲线的双尺度振动特征。本例中将采用矩形盒模型计算水垫塘底板振动曲线的盒数量，即用一个基本尺度为 $\delta_1 \times \delta_2$ 的矩形网格去覆盖集 A，其中 δ_1 为时间尺度，δ_2 为振幅尺度。δ_1 的最高取值由振动时程线最高振动峰值所处的波峰或波谷与基线（时间轴）交点之间的时间跨度 ΔT 决定，$\delta_1 \leq \Delta T$（取整数部分）；同时这种矩形盒的纵向尺度应大于振动曲线相邻数据点间的最小非零差值而

小于最高峰值 A 的 $1/2$，在矩形盒覆盖时，无标度区内 $\lg\dfrac{1}{\delta_i}$ 与 $\lg N_\delta(A)$ 满足方程式 $(6-55)$，D 即为盒维数值

$$\lg N_\delta(A) = D \times \lg\frac{1}{\delta_i} + b \quad i = 1,2,\cdots,n \qquad (6-55)$$

表 6-2 ~ 表 6-4 给出了原型观测与三维有限元模型数值模拟结果的动位移响应特征值。

表 6-2　1 断面 A3 板块动位移特征值　　　　　　（单位：μm）

项目	双倍幅值	平均值	标准差	偏态系数	峰度系数	振幅比系数	盒维数
模型 1	47.93	-0.76	7.99	-0.13	3.24	0.86	1.10
原型观测	53	-0.39	8.20	0.19	2.84	1.29	1.13
模型 2	121.17	10.01	28.59	0.63	4.30	2.17	0.92
模型 3	583.18	78.25	100.66	1.74	14.15	180.58	0.79

表 6-3　2 断面 B3 板块动位移特征值　　　　　　（单位：μm）

项目	双倍幅值	平均值	标准差	偏态系数	峰度系数	振幅比系数	盒维数
模型 1	38.62	-0.57	6.28	-0.09	3.10	0.82	1.07
原型观测	42.64	-0.33	7.38	-0.17	2.76	0.91	1.09
模型 2	101.41	5.44	18.82	0.99	5.56	2.55	0.91
模型 3	705.06	93.45	137.48	1.48	7.98	47.4	0.84

表 6-4　3 断面 C3 板块动位移特征值　　　　　　（单位：μm）

项目	双倍幅值	平均值	标准差	偏态系数	峰度系数	振幅比系数	盒维数
模型 1	35.23	0.07	6.24	-0.05	2.86	1.03	1.07
原型观测	32.39	0.03	5.80	0.03	2.48	1.12	1.07
模型 2	99.51	5.87	18.65	1.035	5.68	3.33	0.89
模型 3	534.36	74.53	103.58	1.93	12.63	82.31	0.81

通过上面的分析，可以得到以下几点认识：

1）频域指标。水垫塘底板的振动为低频小幅度振动，概率分布基本符合正态分布。受激振动能量集中的频带较窄，主要为 0 ~ 2Hz。优势频率明显，在 0.55Hz 和 1.1Hz 左右。对频域监测指标进行了量化，认为当主频降到 0.35Hz 以下时应该引起注意。

2）幅值域指标。止水未破坏时，原型试验观测到的 151 号工况水垫塘底板振动位移最大方均根为 12.38μm，双倍幅值为 81.22μm，板块在座穴内上下起伏的振幅小、频率高；止水破坏后，板块在座穴内振动的幅值明显增大但频率减小，属于低频大振幅振动。钢筋未滑移时，振动过程中会出现一系列孤立的低频波峰，振动位移标准差一般增大为正常值的 3 倍左右；钢筋滑移的情况下，孤立的波峰峰值急剧扩大，算例中增大到正常值的 10 倍以上。

从二滩实测资料的统计看，正常振动信号的偏差系数 C_S 基本为 -0.5 ~ $+0.5$，峰

度系数 C_E 位于 2.0 ~ 6.0，水垫塘底板的振幅比系数 λ 基本小于 1.5，K 值的范围则为 2.0 ~ 4.0，大于这个范围，认为板块可能受到上举力。

3）盒维数指标。分形维数对于水垫塘底板泄洪振动异常情况的变化是很灵敏的。水垫塘底板泄洪振动信号的盒维数的正常值为 1.0 ~ 1.3，我们建议维数超过 1.3，认为传感器等仪器故障；当维数低于 1.0 时，可以怀疑底板受到了上举力。

4）识别分区。表孔单独泄洪的工况下，振动位移最大位置位于水垫塘表孔冲击区末端，算例中 1 断面 A3 板块动位移值最大，2、3 断面振动情况有所削弱，逐渐递减。原型观测表明不同的泄洪工况，水垫塘内不同位置底板块动位移响应不同，并且有着规律性的变化。因此水垫塘底板稳定性的动位移识别方法应分区进行。

（2）水垫塘底板运行状态的综合评判方法

水垫塘底板安全实时监控工作的着眼点是对水垫塘底板的实际工作性态做出及时定量的安全评判，评判工作是一个多层次、多目标的复杂分析评价过程，有很大的难度：一是需要利用领域内知识和经验对底板安全的概念进行统一和定量化；二是水垫塘底板的振动测试所得到的信息非常复杂，不仅存在随机意义上的不确定性，且包含系统内涵和外延上的不确定性，即所谓模糊性。①水垫塘底板运行某一故障可能存在多种不同表现形式，且某一等级的故障与某一表现形式之间的联系是不确定的，缺乏非此即彼和一一对应的明显关系。②在评价过程中，既要考虑单个测点所反映出的局部结构性态状况，更要考虑多个测点反映出的整体结构性态状况。模糊数学的发展为水垫塘底板故障诊断和安全性态的综合评判提供了有力工具。

水垫塘底板运行性态的模糊综合评判主要进行了以下工作：

1）评价指标识别根据水垫塘底板动力响应特性和领域专家经验确定的水垫塘底板安全监控综合评价指标体系如图 6 - 7 所示，评价指标体系分为四层，即目标层、准则层、子准则层、指标层。

2）评价等级划分通过对已有的划分方法、相应的规程规范、大坝安全定检的经验以及人类的心理活动等多方面因素综合分析，将水垫塘底板运行性态综合评价中的指标评价等级划分为

$$X = \{X_1, X_2, X_3\} = \{正常, 异常, 险情\}$$

3）指标的度量方法根据水垫塘底板安全监控综合评价指标体系的特点，对于指标层的监控指标采用定量识别的方法，即根据监控模型的计算分析，确定 X_1，X_2，X_3 具体的区间范围，按照安全度等级和监控指标的研究成果进行三级划分。对于准则层的监控指标则采用专家评分的方法，即根据水垫塘安全评价的特点，选择 N 个从事水工及结构振动领域的专家，每个专家根据自己的专业知识、实践经验独立地对各定性指标进行评分，然后通过对 N 位专家的评分进行综合而得到。目前常用的专家评分综合方法包括完全平均法、中间平均法和加权平均法。

4）建立隶属函数模型根据监控指标的层次构架和复杂程度，选用"半梯形分布图"隶属函数。

5）指标体系综合评判根据指标体系综合评判函数式（6 - 56），对水垫塘底板监控指标评判体系进行三级模糊综合评判

$$w = \sum_{i=1}^{m} a^i \sum_{j=1}^{k_i} a_j^i \mu_j^i \qquad (6-56)$$

式中：a^i 为准则层中第 i 个指标的权值；a_j^i 为指标层中第 j 个指标权值；μ_j^i 为指标层中第 j 个指标的隶属度。

（3）水垫塘底板安全综合评价专家系统

通过综合应用国内外在水垫塘底板稳定性方面的模型试验和原型观测成果，并访问了众多专家，将这些成果归纳整理成知识库和推理机，建立具有多功能的方法库。结合电站的工程数据库，应用模式识别和模糊综合评判理论。通过综合推理机，对四库进行综合调用，将定量分析与定性分析结合起来，对水垫塘防护结构风险进行综合分析和评价，并对发现的不安全因素或病害、险情提出辅助决策措施的建议，实现实时分析水垫塘防护结构安全状态和综合评价其安全状况的目标。系统总体结构由"一机四库"组成，其示意图如图 6-16 所示。

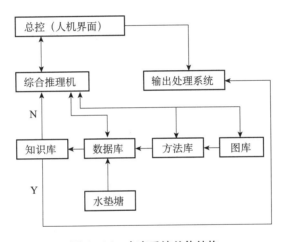

图 6-16　专家系统总体结构

6.3.4　水垫塘底板实时安全监控预警系统集成

某抛物线型双曲拱坝坝顶长 774.69m，坝顶高程 1205m，最大坝高 240m，底宽 55.7m，顶宽 10m，厚高比 0.229。工程采用坝身孔口和泄洪洞联合泄洪型式，坝身 7 个表孔在设计、校核洪水位下的泄量分别为 6300m³/s 和 9800m³/s，6 个中孔的对应下泄量分别为 6262m³/s 和 6452m³/s；右岸布置两条大型明流泄洪洞，单洞设计和校核泄量分别为 3700m³/s 和 3800m³/s。坝下采用大型混凝土衬砌水垫塘（长 300m，二道坝高 38m），以消刹泄洪带来的巨大能量，减轻对下游狭窄河床的冲刷。其水垫塘泄洪消能安全实时监控系统采用现代计算机、网络通信技术，实现了数据的自动化采集、存储、分析和故障状态的实时报警，整个系统可由后方监控中心远程控制，配合了电厂的"无人值守"运行模式。

（1）系统总体结构设计

系统总体结构设计如图 6-17 所示。

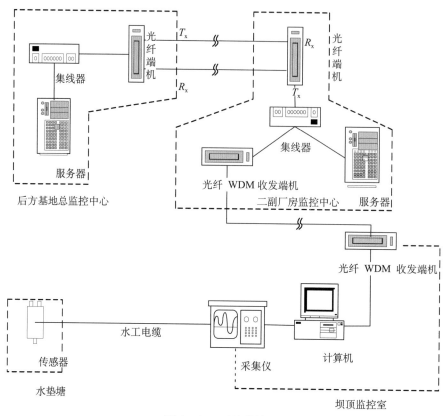

图 6 – 17 系统结构图

（2）系统模块功能

1）数据采集模块功能。数据采集模块（图 6 – 18、图 6 – 19）主要实现了以下功能：

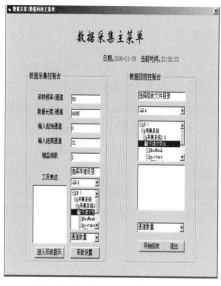

图 6 – 18 数据采集模块菜单

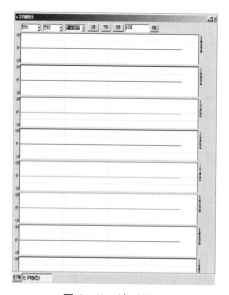

图 6 – 19 波形显示

a) 为用户提供了 32 通道全并行采样，通道间无时差。

b) 可以连续不间断采样，容量可采满硬盘。可根据测量数据的状态，任意调整测量频率。

c) 采样随启随停，设计了示波—采样—回放流程，全面掌握采样前、中、后全过程。可以对不需要的数据予以删除。

d) 具有工况表述功能，并与数据文件一起保存，进行数据存储与调取时自动提示工况。

e) 32 路通道波形实时显示，可以对其进行放大、局部查看等操作，数据自动提取及入库管理。

2) 信号分析模块功能。信号分析模块（图 6-20）提供了信号分析常用的时域分析、幅值域分析和频域分析功能。有经验的专家可以根据诊断报警结果对故障测点数据进行进一步的处理，详解故障原因；或对若干感兴趣的工况测点数据进行分析，对新出现的问题及时进行模型、指标重构，得出的结论可以及时补充知识库、方法库。

3) 数据统计模块功能。水垫塘泄洪安全实时监控系统是利用 Microsoft SQL SERVER 2000 作为后台数据库，数据库提供数据中转功能，保存各测点的历史监测数据，以便后期统计分析，为水电站的实际运行提供指导。模块功能如图 6-21 所示。

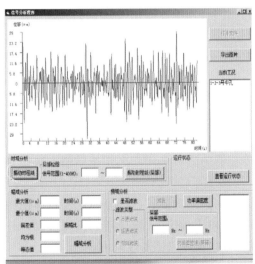

图 6-20　信号分析模块

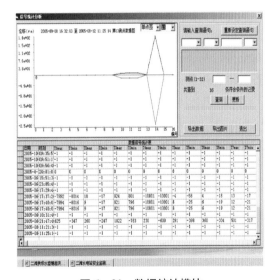

图 6-21　数据统计模块

a) 历史数据查询可以打开历次数据采集的文件查看原始数据、工况、报警信息等，并可供打印、输出报告。

b) 历史数据统计结果以 Word 文档、Excel 表格、柱状图、过程线等形式显示历次泄洪经过单个测点采样数据的最大值及其趋势或者某次泄洪过程多个测点整体振动幅值，供电厂员工做后续分析总结使用。

c) 可以选择清除冗余数据、报警信息等。

4）诊断报警模块功能。本系统的诊断报警模块（图6-22、图6-23）简单实用，实现了水垫塘底板局部和整体的状态评判、故障诊断和报警功能。并从形式上提供了柱状图、语音提示、动态仿真图形显示三种报警方式；从内容上则提供了底板运行故障诊断和仪器故障诊断，故障报警将区分这两种故障形式，提示操作人员检查监测仪器或者检查水垫塘。

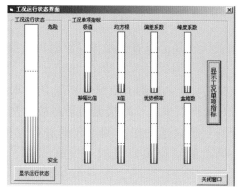

图6-22 诊断报警模块

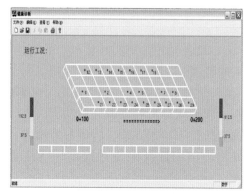

图6-23 动态显示模块

a）诊断报警模块利用各种监控模型计算、监控指标分析并调用专家系统对专家给出的几个单项指标进行状态严重程度的判定，根据综合评判理论，开展水垫塘底板运行性态的综合评判。报警的柱状图模式可以针对单一测点进行综合指标的评判（并单项指标的评判），它是与信号分析系统捆绑在一起使用的，判断依靠信号分析系统的数据输入。各种单项及综合指标的严重程度通过柱状体的颜色变化来显示。诊断报警模块首先对信号分析系统的输入信号进行传感器故障判定，若传感器出现故障，则给出提示语音。语音报警过程采用ActiveX控件编写。

b）动态仿真图形显示部分主要利用OpenGL图形技术，开发工具为Microsoft Visual C++.NET，按照板块的振幅绘制曲面，表现板块的受力振动情况。每块底板以颜色的变化反映振幅的变化，仪器故障可以通过底板中心仪器符号的颜色变化反映。可以任意调整显示速度（每秒显示的帧数），没有安装传感器的底板采用二次样条插值方法得到其振动数据。

5）帮助模块。介绍整个监控系统的概要、系统具体功能、各部分原理及具体使用方法，为用户提供使用本系统的向导。采用Microsoft FrontPage编写详细使用帮助，并利用HTML Help Workshop编译成为.chm格式的帮助文件以供系统调用。

（3）远程监控功能的实现

随着光纤技术的成熟，使用光纤作为信息载体，可以将所有的信号数据汇接到一起，然后利用先进的WDM技术，用一根纤芯把数据无中继地传输20km以上，完成远程监控功能。专家和员工可以在后方办公室对整个系统进行操作。

水垫塘安全实时监控系统远程监控功能主要研究的技术内容包括：①监控、报警信息进行提取的方案设计；②监控信号汇接的方案和协议设计；③通过光纤把前端机房的数据采集、传输服务器和后方的监控中心连接起来组网，分控制中心和总控制中心的计算机互联组网和数据共享方案设计。所采用的技术方法和路线：使用Windows系统的远程桌面连接协议进行组网，并进行远端控制和操作。利用光纤 EPON 技术和 WDM 技术实现单芯双向的数据传输和计算机互联。

（4）系统开发与集成

1）管理。

a）用户权限管理分为管理员和普通用户两个层次，根据电厂的要求设置两种不同用户的管理权限，分别拥有不同的读写权限。

b）报警管理系统设置了两种方式，分别对应于不同的用户权限。

c）数据管理对历年的观测数据进行合理有效的管理，使用数据挖掘技术，抽取有价值的规则、模型，提高系统决策能力。

2）系统运行环境。采集系统 Intel（R）Pentium（R）4 CPU 2.40GHz，内存 512MB 以上数据库系统 Windows 2000 或更高操作系统，Microsoft SQL SERVER 2000 企业版数据库管理系统工作站或一般客户端 Windows 2000/XP 操作系统，Internet Explorer 5.0 或更高。

3）系统集成。系统采用模块化设计的思想，易维护可扩充性强。水垫塘泄洪安全实时监控系统作为一个辅助决策平台，其软件结构分为两个部分：一是构成系统的基本硬件（I/O 设备接口、传输设备等）相对应的软件；二是数据存储、分析诊断部分，它是该系统的核心。开发工具主要包括 Microsoft Visual Studio.NET，OpenGL，Flash 等软件，并采用 ActiveX 控件，结合 Windows 下可以调用提供的 DLL 库函数实现采集编程，信号存储、分析和报警。

6.4　水垫塘防护结构实时安全监控预警系统的推广应用

6.4.1　水垫塘防护结构实时安全监控预警系统在梯级电站中的应用

随着我国水电工程建设的发展，泄洪流量、水头、能量的增大，泄洪的安全问题日益突出，很有必要在这方面开展具有自己特色和自主创新的研究工作，满足水电工程建设和安全运行的迫切需要。目前我国开发的高坝具有水头高、泄洪消能功率大、泄洪消能水力条件与水垫塘工作条件和破坏机理复杂的特点，泄洪安全性要求高，其水垫塘结构（底板和护坡）与高能头紊动水流作用动荷载、结构形式、渗透压力、止排水方式及动水脉动压力缝隙传播特性等紧密相关，为了避免出现如五强溪底板、刘家峡的岸边溢洪道和二滩水电站泄洪洞的严重破坏的工程事故，急需对其泄水建筑物实时安全监测、科学诊断、及时预警系统，以提高工程运行的安全性和可靠性。此外，对于梯级电站，一旦其泄水建筑物或水垫塘防护结构发生工程事故，将对其上下游水电站的正常运行造成严重威胁，因此在梯级电站中开展泄洪安全实时监测研究及预警预报系统的工作将对梯级电站的安全运行具有重要的意义。目前，本研究的成果将在金沙江流域的四座梯级电站（乌东德、白鹤滩、溪洛渡、向家坝，如图 6-24 所示）中得到应用。

金沙江水电基地排在"中国十三大水电基地规划"首位。金沙江是我国最大的水电基地，是"西电东送"的主力。全长 3479km 的金沙江，天然落差达 5100m，占长江

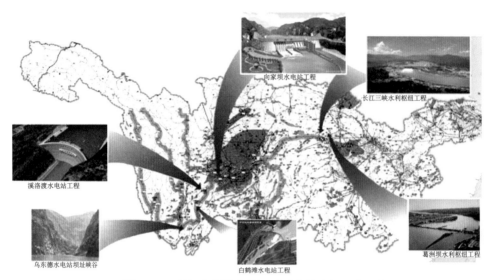

图 6-24　长江上游及金沙江流域水能资源开发示意图

干流总落差的95%，水能资源蕴藏量达 1.124 亿 kW，技术可开发水能资源达 8891 万 kW，年发电量为 5041 亿 kW·h，富集程度为世界之最。溪洛渡是向家坝的上游调节水库，向家坝是溪洛渡的下游反调节水库，它们是相辅相成的一组工程，以发挥溪洛渡和向家坝两座水电站的各自效益和整体效益。"十一五"期间逐渐进入金沙江大规模梯级开发阶段，由于能源和电力的需要，2020 年前全梯级先后全部开工建设。1981 年成都勘测设计研究院编写了《金沙江渡口宜宾河段规划报告》，推荐四级开发方案，即乌东德水电站、白鹤滩水电站、溪洛渡水电站和向家坝水电站四座世界级巨型梯级电站。这四大水电站由三峡集团负责开发，规划的总装机容量为 4210 万 kW，年发电量为 1843 亿 kW·h，规模相当于 2 个三峡水电站。

（1）乌东德水电站

乌东德水电站是金沙江下游河段（攀枝花市至宜宾市）四个水电梯级——乌东德、白鹤滩、溪洛渡、向家坝中的最上游梯级，坝址所处河段的右岸隶属云南省昆明市禄劝县，左岸隶属四川省会东县。电站上距攀枝花市 213.9km，下距白鹤滩水电站 182.5km。乌东德水电站的开发任务以发电为主，兼顾防洪，并促进地方经济社会发展和移民群众脱贫致富，电站建成后可发展库区航运，具有改善下游河段通航条件和拦沙等作用。电站装机容量为 8700MW，保证出力为 3213MW，多年平均发电量为 387.1 亿 kW·h。通过乌东德水库的调节，还可增加下游白鹤滩、溪洛渡、向家坝三个梯级保证出力 134MW、年电量 1.7 亿 kW·h。乌东德水库控制金沙江流域面积的 86%，水库总库容为 74.05 亿 m³，防洪库容为 24.4 亿 m³，与下游白鹤滩、溪洛渡、向家坝水库联合运用，可提高川江河段抗洪能力，配合三峡水库削减长江中下游成灾洪量。

乌东德水电站大坝为混凝土双曲拱坝，大坝拱型采用抛物线型，坝顶高程 988m。泄洪采用坝身泄洪为主、岸边泄洪洞为辅的方式；坝后采用天然水垫塘消能，泄洪洞出口采用挑流消能。坝身设置 5 个表孔、6 个中孔泄洪，岸边设置 3 条泄洪洞。表孔尺寸为 12m×18m，堰顶高程 957.0m，中孔尺寸为 6.0m×7.0m，1 号、3 号、4 号、6 号孔为上挑型，2 号、5 号孔为平底型，相应进口底高程分别为 878.0m 和 885.0m，出口底高程分别为 886.34m 和 885.0m。坝下采用"挑、跌流 + 坝后短护底长护岸"之天然水垫塘消能。其中"短护底"系指坝趾下游所设长 80m 钢筋混凝土护坦板，其板顶高程 732.0m；"长护岸"系指水垫塘边坡以混凝土防护至高程 860m，两岸护岸均接至落雪组第六段。岸边设 3 条泄洪洞，均布置在左岸，泄洪洞进口位于左岸导流洞上方，出口位于尾水及导流洞出口下游侧，采用有压洞接明流隧洞型式，进口底板高程 910.0m，工作闸门处底板高程 910.0m，工作闸门孔口尺寸为 14.0m×10.0m，明流隧洞断面尺寸为 14.0m×17.0m ～ 14.0m×15.0m，明流隧洞末端设挑流鼻坎，下接人工消力池和尾渠。

电站厂房采用两岸各布置 6 台机组的地下式厂房，左、右岸电站建筑物均靠河侧布置，施工导流采用河床一次截流、上下游土石围堰及已浇筑坝体挡水、全年隧洞导流方案，左岸布置"两低一高"3 条导流洞，右岸布置"一低一高"2 条导流洞，两岸导流洞均靠山侧布置，左岸两条低导流洞与尾水洞结合，右岸一条低导流洞与尾水洞结合，两岸尾水均出口在基坑下游。

（2）白鹤滩水电站

白鹤滩水电站位于金沙江下游攀枝花至宜宾河段，是金沙江下游河段 4 个水电梯级——乌东德、白鹤滩、溪洛渡和向家坝的第二个梯级，坝址左岸为四川省宁南县，右岸为云南省巧家县，控制流域面积为 43.03 万 km²，占金沙江流域面积的 91.0%。水电站的开发任务以发电为主，兼顾防洪，并有拦沙、改善下游航运条件和发展库区通航等综合利用效益，是西电东送骨干电源点之一。电站装机容量为 14 004MW，多年平均发电量为 602.41 亿 kW·h，保证出力为 5100MW。水库总库容为 206.02 亿 m³，调节库容可达 104.36 亿 m³，防洪库容为 75.00 亿 m³，库容系数为 7.9%。坝址多年平均流量为 4190m³/s，多年平均年径流量为 1321 亿 m³；多年平均悬移质输沙量为 1.849 亿 t，淤沙高程 710.00m。

白鹤滩水电站为 I 等大（1）型工程，正常蓄水位 825.0m，死水位 765.0m，防洪限制水位 785.0m。工程枢纽由拦河坝、泄洪消能设施、引水发电系统等主要建筑物组成。挡水、泄洪、引水发电等主要建筑物按 1 级建筑物设计，水垫塘按 2 级建筑物设计，其余次要建筑物按 3 级建筑物设计。挡水及泄洪建筑物洪水标准按 1000 年一遇洪水设计，10 000 年一遇洪水校核。消能防冲按 100 年一遇洪水设计，1000 年一遇洪水校核。

拦河坝为混凝土双曲拱坝，坝顶高程 834.0m，坝顶弧长 703.9m，最大坝高为 289.0m。泄洪消能建筑物由坝身 6 个表孔（14.0m×15.0m）、7 个深孔（5.5m×8.0m）及左岸 3 条无压泄洪直洞（15m×9.5m）组成。坝后采用水垫塘（长约 400m）、二道坝消能。坝身最大泄量约 30 000m³/s，泄洪洞单洞泄洪规模约 4000m³/s。地下厂房采用首部开发方案布置，左右岸各布置 9 台 778MW 的发电机组单机引用流量为 427m³/s。

（3）溪洛渡水电站

溪洛渡水电站位于金沙江下游云南省永善县和四川省雷波县境内金沙江干流上。该梯级上接白鹤滩电站尾水，下与向家坝水库相连。溪洛渡水电站控制流域面积45.44万km²，占金沙江流域面积的96%。溪洛渡水电站以发电为主，兼有防洪、拦沙和改善下游航运条件等巨大的综合效益。

溪洛渡水库正常蓄水位为600m，死水位为540m，水库总容量达126.7亿m³，防洪库容为46.5亿m³，调节库容为64.6亿m³，可进行不完全年调节。电站枢纽由拦河坝、泄洪、引水、发电等建筑物组成。拦河坝为混凝土双曲拱坝，坝顶高程610m，最大坝高为278m，居于世界特高拱坝之列。泄水建筑物洪水标准按1000年一遇洪水设计，10000年一遇洪水校核，相应洪峰流量分别为43700m³/s和52300m³/s。溪洛渡水电站地下厂房装机容量为12600MW，左、右岸地下厂房各安装9台单机容量700MW的水轮发电机组，均采用"单机单管引水，3机1室1洞尾水"的布置格局，基本对称。引水发电建筑物由进水口、引水隧洞、主厂房、副厂房、主变室、尾水调压室、尾水隧洞、电缆竖井及地面出线场等组成。其中主厂房尺寸为381.03m×28.4m（31.9m）×75.1m（长×宽×高），尾水调压室为阻抗式，长300m，宽25m，分为3室，每岸各3条尾水洞，其中2条尾水洞与导流洞结合。泄洪设施采用河床坝身与岸边泄洪洞"分散泄洪、分区消能"的布置格局，由坝身7个表孔、8个深孔和左、右岸各两条泄洪洞组成。坝后水垫塘为平底板复式梯形断面，底板底宽60.0m，开口宽度228.0m。二道坝中心线距坝轴线400.0m，坝顶高程386.0m，建基面高程330.0m，坝高48.0m。

（4）向家坝水电站

向家坝水电站是金沙江梯级开发中的最末一个梯级，坝址位于四川省宜宾县和云南省水富县交界处的金沙江下游河段上，上距溪洛渡水电站坝址157km。向家坝水电站的任务以发电为主，同时改善上下游通航条件，结合防洪和拦沙，兼顾灌溉和漂木，并且具有为上游梯级电站进行反调节作用。

坝址控制流域面积为45.88万km²，电站正常蓄水位为380.00m，总库容为51.63亿m³，调节库容为9.03亿m³，电站总装机容量为600万kW。发电厂房分两岸布置，各安装4台单机容量为750MW的水轮发电机组，左岸厂房位于坝后，右岸厂房则置于雄厚山体内。地下厂房尺寸为245m×31m×85.5m（长×宽×高）。

电站枢纽由拦河大坝、泄洪排沙建筑物、左岸坝后厂房、右岸地下厂房、左岸垂直升船机和两岸灌溉取水口组成。大坝为混凝土重力坝，最大坝高161m，坝顶长度为909m，泄水坝段长232m，最大泄量为48660m³/s。泄水建筑物布置在大坝河床部位，由10个中孔和12个表孔组成，最大下泄流量为48692m³/s。消能工为中—表孔交叉间隔布置的底流消能形式，消力池长228m，分左右两区，消力池与电站尾水之间由左导墙相隔，左导墙为梯形断面，高度66m，顶厚为6.7m，顶高程296.0m；中导墙为矩形断面，高度54m，顶厚为10.0m，顶高程289.0m，左导墙、中导墙每隔20m设置一条结构缝。

向家坝水电站水垫塘防护结构实时安全监控预警系统拟在消力池的左导墙、右导墙、中隔墙以及左消力池和右消力池的底板上布置传感器，对整个消力池底板及防护结构进行有效监控。布置形式如图6-25~图6-29所示。

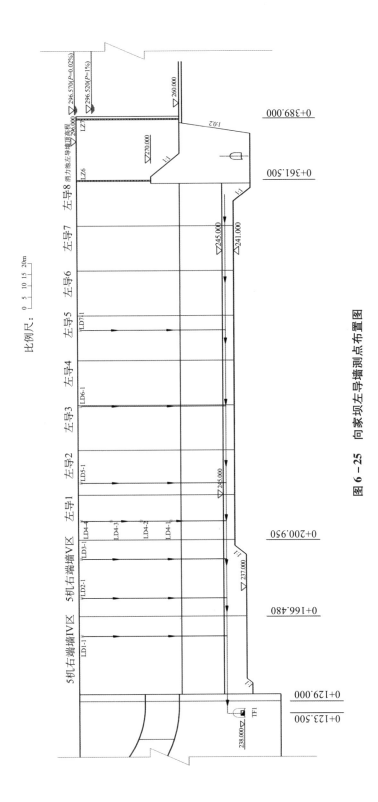

图 6 - 25　向家坝左导墙测点布置图

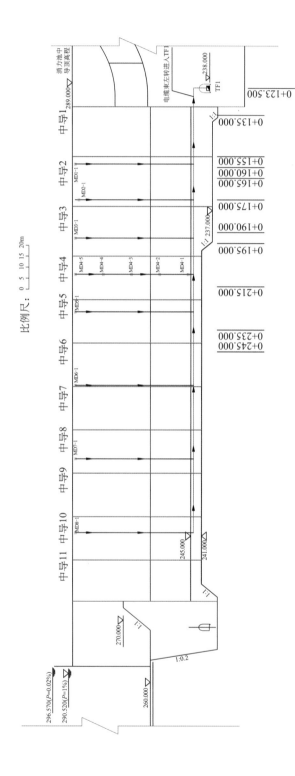

图 6 – 26　向家坝中隔墙测点布置图

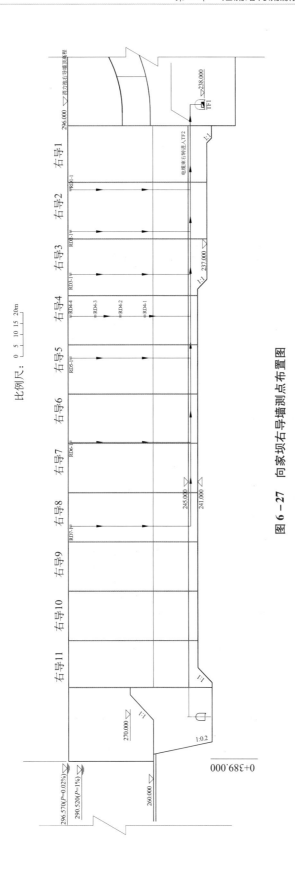

图 6-27　向家坝右导墙测点布置图

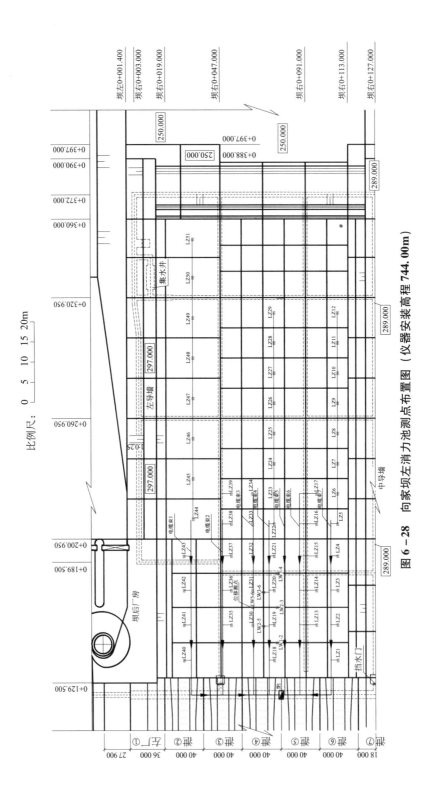

图 6-28　向家坝左消力池测点布置图（仪器安装高程 744.00m）

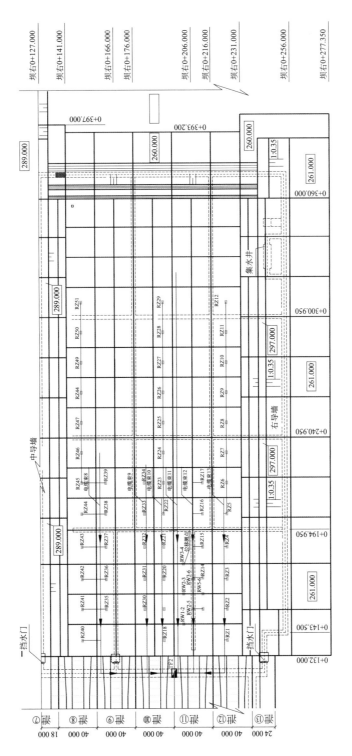

图 6 - 29　向家坝右消力池测点布置图

6.4.2 水垫塘防护结构实时安全监控预警系统在其他电站中的应用

（1）官地工程应用

官地水电站位于雅砻江中下游四川省盐源县境内，是二滩水电站上游的衔接水库。电站正常蓄水位 1330.00m，最大坝高 168m，总库容为 7.6 亿 m^3，总装机容量为 2400MW，多年平均年发电量为 118.7 亿 kW·h。

官地水电站枢纽区河谷呈不对称的 V 形谷，谷坡陡峻，两岸风化卸荷较强烈，岸坡稳定性较差，安全裕度不大，河床覆盖层厚为 1～35.8m，自下而上分为卵砾石夹砂层、孤块碎石夹少量砂砾石层和卵砾石夹砂层。枢纽区基岩为多类玄武岩，岩石自身抗风化能力较强。

官地水电站为碾压混凝土重力坝型、坝身 5 个表孔（加宽尾墩）泄洪＋底流消能的泄洪消能布置方案，在溢流坝两侧设置 2 个放空中孔。

枢纽建筑物主要由挡水坝、表孔溢流坝、坝内泄洪放空中孔、消力池、右岸地下厂房等建筑物组成。碾压混凝土重力坝坝高 168m，坝顶高程 1334.00m，坝顶全长约529m；溢流坝段布置于河床中部，溢流堰顶高程 1311.00m，每孔净宽 15m。两个中孔坝段分别布置于溢流坝段两侧，中孔进口底高程 1240.00m，孔口出口尺寸 5m×7m（宽×高），其功能为放空水库与特大洪水时参与泄洪。

溢流坝表孔泄流采用宽尾墩＋底流泄洪消能方式，两中孔泄流采用侧向挑流进入消力池的消能方式，下游采用斜坡边墙消力池底流消能。

右岸引水发电系统由进水塔、压力管道、地下厂房和 2 条尾水洞组成，两条尾水洞断面均为 16m×18m（宽×高）的城门洞形，尾水洞出口底高程 1185.00m。

官地消力池的前两排底板块受到水流脉动压力的作用相对较大，因此在这两排底板上每个板块布置 2 个垂直振动位移传感器，后两排底板上每个板块布置 1 个垂直振动位移传感器，二道坝后护坦布置 1 个垂直振动位移传感器，共 25 个；两岸边坡扭面段每个板块上布置 2 个水平振动位移传感器，后两排边坡每个分块上布置设置 1 个水平振动位移传感器，二道坝上布置 2 个水平振动位移传感器，共 10 个；形成总计 35 个传感器的监测网络，如图 6-30 所示。

（2）锦屏一级工程应用

锦屏一级水电站枢纽主要建筑物由混凝土双曲拱坝、泄洪建筑物和地下引水发电系统组成。混凝土双曲拱坝坝顶高程 1885.0m，坝高 305.0m。枢纽泄洪建筑物由坝身 4 个表孔（11.0m×12.0m）和 5 个深孔（5.0m×6.0m）、右岸 1 条龙落尾泄洪洞组成；引水发电系统采用地下厂房布置，在右岸布置 6 台 600MW 的发电机组，单机引用流量为 337.4 m^3/s。

枢纽挡水和泄水建筑物按 1000 年一遇洪水设计，5000 年一遇洪水校核；消能建筑物按 100 年一遇洪水设计，500 年一遇洪水校核。水库正常蓄水位 1880.0m，死水位为1800.0m。设计洪水位为 1880.06m，坝身设计洪水流量为 9068.0 m^3/s、校核洪水位为1882.60m，坝身校核洪水流量为 10 577.0 m^3/s。

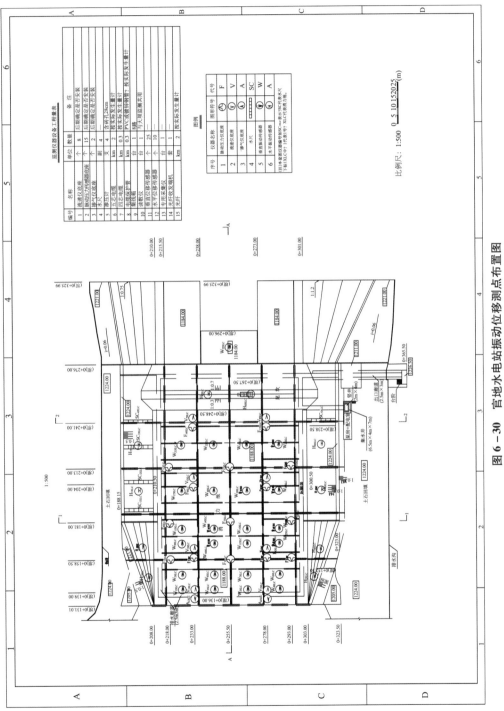

图 6 - 30　官地水电站振动位移测点布置图

锦屏一级水垫塘的水舌冲击区主要集中在表孔泄流时的桩号 0 + 120m 和中孔泄流时的桩号 0 + 180m 处，因此振动位移传感器以这两个区域为中心，分别向上、下游共布置 64 只传感器。具体布置形式如图 6 – 31 所示，其中 W 代表垂直振动位移传感器，H 代表水平振动位移传感器。锦屏一级水电站拱坝坝高 305m，为世界第一高拱坝，坝体的振动形式和规模对枢纽的安全运行至关重要，因此需要对大坝进行有效的监控，对可能发生的灾害及时预警。为此我们在坝体上布置 32 只水平振动位移传感器，具体布置形式如图 6 – 32 所示。该传感器网络可以对整个水垫塘和拱坝的运行情况进行有效的监控。

（3）糯扎渡工程应用

糯扎渡水电站位于云南省澜沧江上，是澜沧江中下游梯级规划二库八级电站的第五级，也是梯级中的两大水库之一。枢纽区位于思茅地区，左岸是思茅区，右岸是澜沧县，思茅—澜沧公路通过坝址区，交通十分便利。水库回水与上游已建大朝山水电站尾水衔接，电站下游梯级是景洪水电站。在澜沧江中下游八座梯级电站中，无论是装机容量、水库容积、发电量，糯扎渡水电站均属最大。

坝址以上流域面积为 $14.47 \times 10^4 \text{km}^2$，多年平均流量为 $1730 \text{m}^3/\text{s}$，水库总库容约为 $237.03 \times 10^8 \text{m}^3$，具有不完全多年调节性能，电站装机容量为 5850MW。

枢纽工程由心墙堆石坝，岸边开敞式溢洪道，左、右岸各一条泄洪隧洞，地下厂房等组成。心墙堆石坝最大坝高 261.50m，坝顶高程 821.50m。岸边溢洪道位于左岸，共有 8 孔，每孔净宽 15.0m，溢流堰顶高程 792.00m。溢流堰下游接总宽为 151.5m、坡度为 23% 的陡槽，陡槽中间由两道隔墙将其分成左 3 孔、中 2 孔和右 3 孔 3 个泄水区。溢洪道采用挑流消能方式，挑坎角度为 30°、高程分别为 645.984m（左 3 孔）、646.259m（中 2 孔）和 646.525m（右 3 孔）。水垫塘长度为 310.0m，宽度为 151.5 ~ 178.622m，底板高程 575.00m。

糯扎渡水电站左、右岸各布置一条泄洪隧洞，泄洪隧洞的主要功能：100 年一遇以上洪水参与泄洪，分担一部分泄量；在大坝施工期参与中后期施工导流；放空水库。左岸泄洪隧洞进口底板高程 721.00m，工作闸门最高运行水头达 100m，闸孔布置为 2 孔，孔口尺寸 5m × 9m（宽 × 高），采用窄缝式挑流消能工。右岸泄洪隧洞进口底板高程 695.00m，工作闸门最高运行水头达 123m，闸孔布置为 2 孔，孔口尺寸为 5m × 8.5m（宽 × 高），同样采用窄缝式挑流消能工。

糯扎渡水电站由 5 个掺气坎将溢洪道分为 6 段，拟在振动相对严重的第 1 段、第 2 段、第 4 段和第 6 段布置振动位移传感器，每段传感器的布置形式相同。具体布置方式为选择溢洪道左槽为监测对象，在第 1 段桩号溢 0 + 174.603，第 2 段桩号溢 0 + 270.867，第 4 段桩号溢 0 + 505.002，第 6 段桩号溢 0 + 755.002 的底板中心线上布置 1 个垂直振动位移传感器和 1 个水平振动位移传感器，相应位置两侧导（隔）墙在上中下各布置 3 个水平振动位移传感器。形成总计 32 个传感器的监测网络，如图 6 – 33 所示。

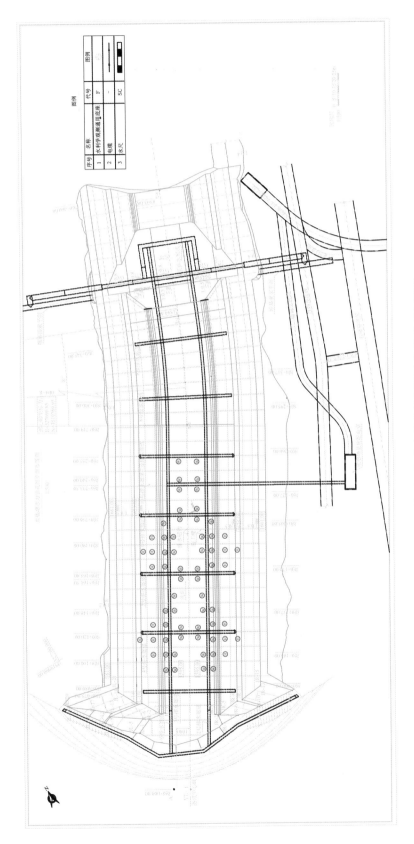

图 6−31　锦屏一级水电站水垫塘动位移振动监测点布置图

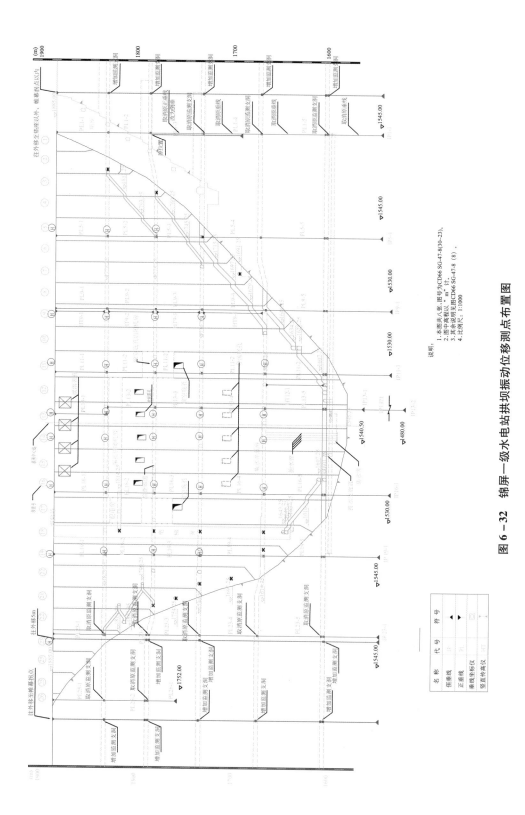

图 6-32　锦屏一级水电站拱坝振动位移测点布置图

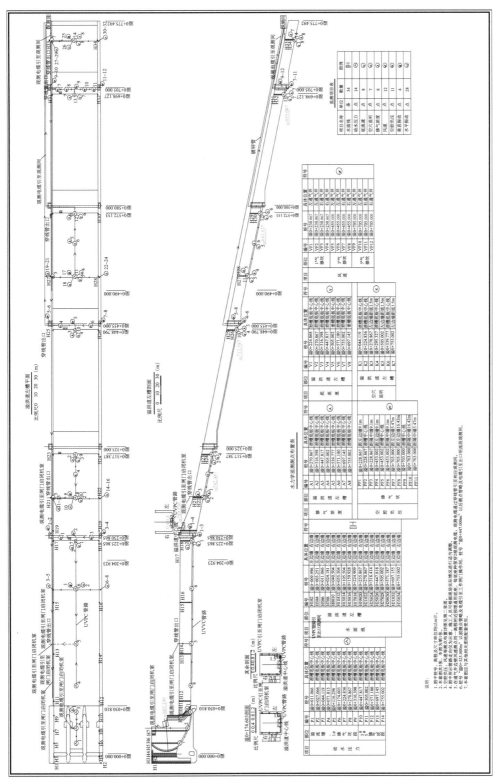

图 6 - 33　糯扎渡水电站测点布置图

第7章 泄流结构模态参数识别及损伤诊断与预警

7.1 泄流结构工作性态动力检测模态分析理论

7.1.1 泄流结构的激励源荷载特性

基于泄流激励的结构模态参数识别的输入激励为泄流动水荷载，因此研究泄流诱发结构流激振动的激励源荷载特性（即脉动压力特性）对本文研究泄流激励的结构模态参数识别具有指导意义。

根据理论分析以及由水力学现代试验技术，如流动显示（可视化），以及激光和热膜流速仪观测技术的进步，对于水流紊动的发生和发展及其结构的了解即猝发（Bursting）的发现，已被认为是近20年来在水力学方面的重大进展，它使人们认识到近壁面流动状态的变化，是由猝发—清扫（Sweep）现象随机性周而复始地活动和来流的大规模脉动所构成的相干结构，这种结构使近壁面产生激烈的压力脉动。

按照水流特性，可将水流的脉动现象区分为急流脉动、水跃区脉动和缓流脉动。若按脉动的形态，又可将脉动现象分为大脉动及小脉动，而水流的大小脉动常是相伴发生的。水流的脉动壁压对泄水建筑物主要产生三种不利影响：①增大了建筑物的瞬时荷载，提高了对建筑物的强度要求，若设计荷载不考虑脉动壁压的影响，则可能导致建筑物破坏事故的发生。特别是建筑物基础或岩石裂隙处产生的脉动壁压，会使动水荷载加大，导致消力池隔（导）墙倒塌，基础底板掀动冲走等。②可能引起建筑物的振动。由于脉动压强值的周期性变化，当脉动频率与建筑物的自振频率相接近时，可能引起建筑物特别是轻型结构物的强迫振动，轻则引起运行管理不便，重则造成破坏事故。③增加了发生空蚀的可能性。脉动压强的负值将使瞬时压强大大降低，虽然时均压强不是很低，但仍有发生空蚀的可能性。

（1）泄流激励荷载（脉动压力）的随机特性

大量试验研究，尤其是近几十年中大量水工原型观测研究表明：泄流时产生的脉动荷载一般具有随机特性，可以用概率方法和描述随机数据的统计函数加以描述。20世纪60年代以来，人们发现紊流内部除存在随机小尺度脉动结构外，还存在具有一定规律性的三维大尺度涡漩结构，即拟序相干结构，它对紊流的脉动及由此引起的各种物理效应产生重要影响。这种拟序相干结构的产生具有周期性重复的特点，但就这种相干结构本身的形态、强度，以及运动（出现时间和空间位置）而言，仍具有随机性。原型水流观测资料的检验表明：常见泄流条件下脉动压力的幅值分布一般符合正态分布假设；在恒定流动条件下符合平稳性假设，并可假定具有遍历性。

（2）脉动压力的谱密度及其类型

泄流的脉动压力可以设想由许多具有一定能量的频率分量组成，谱密度的物理意义即表征组成 $p(t)$ 的这些频率分量所具有的平均能量大小。由于不同泄流条件下构成 $p(t)$ 的频率分量不同，各频率分量具有的能量大小及其在总能量中所占比重不同，在不同泄流条件下 $p(t)$ 的 $G(f)$ 也不同。即使在同一泄流条件下，不同点处 $p(t)$ 的 $G(f)$ 也有区别。大量原型观测资料分析表明，水流脉动压力的谱密度 $G(f)$ 从频率域能量分布结构考察，基本可分为下列四种类型：

1）有限带宽的近似白噪声谱——脉动压力的能量在有限带宽内近乎均匀分布，如图 7-1（a）所示。

2）宽带噪声谱——频带宽，脉动能量在频带内分布比较均匀，没有十分突出的能量集中区，如图 7-1（b）所示。

3）具有优势频率的宽带噪声谱——频带较宽，脉动能量在整个频带内分布较均匀，但有明显、突出的能量集中区，如图 7-1（c）所示。

4）窄带噪声谱——频带较窄或脉动能量特别集中在一个或几个狭窄的频区，谱密度在这些狭窄频区上有突出的峰值，如图 7-1（d）所示。

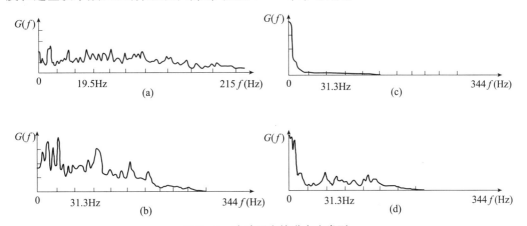

图 7-1　脉动压力的谱密度类型

一般情况下，水工结构泄流的脉动压力谱密度 $G(f)$ 均可归属于上述四种谱型中的一种或某几种的组合。

（3）常见泄流结构原（模）型脉动压力荷载特性

1）高拱坝泄流脉动压力荷载特性。高拱坝泄洪水流脉动荷载是复杂和多样的，文献对引起大坝振动的振源主进行了分析，引起高拱坝振动的振源主要有三个：①水流流经孔口时，水流脉动作用在固壁边界会导致坝体振动，即泄流孔口脉动压力；②水舌射入水垫塘的水体，通过水流的强烈紊动进行消能，从而使水垫塘的底部及侧墙存在比较剧烈的紊流动水压强脉动，通过基础传递给坝体，导致坝身产生振动，即泄流冲击水垫塘底板产生的冲击压力；③水垫塘内的波动对坝身的产生的振动，即涌浪荷载。以上三类振源都是引起坝体振动的重要因素，三种荷载源的作用位置、大小、方向都不同，各自对坝体振动响应的贡献也不相同。

a）冲击荷载特性。高拱坝泄流时，冲击水垫塘的水流由于水头高、流量大，积累了很大的动能，其对水垫塘底板的冲击由基础传给坝体从而引起坝体振动，是重要的振源之一。作用于水垫塘底板上的冲击荷载属于大涡旋紊流情况下的脉动壁压，脉动壁压的主要影响因素为自由流区的大涡旋紊动的惯性作用，反映到边壁的脉动压强上为随机性的。研究表明：冲击水流的脉动压力（压强与荷载）大都具有正态分布的特性；跌落水舌冲击水垫塘实际脉动压力的瞬时值变幅都很大，但由于均化作用，就对一定面积上的荷载作用来说，其平均脉动压强随承压面积的增大而衰减，但是在水垫深度较大的情况下，又常和一定面积无关。在脉动荷载的频率特征方面，不管下游水深如何，冲击水流的脉动荷载都具有明显的优势频率，而且优势频率值随下游水深减小而增加，即水越浅，能量向低频域集中，随水深增加，脉动的漩涡特性才变得明显。

b）涌浪荷载特性。高拱坝泄流冲击水垫塘扩散后形成的对下游坝面上的涌浪荷载，实际上是水流冲击水垫塘后能量的一种转换形式，涌浪荷载成因也属于大涡旋紊流情况下的脉动壁压。水流脉动荷载的主要能量集中在低频区，有明显的优势频率存在，其值对二滩原型来说约在 1Hz 以内。作用于下游坝面上的涌浪荷载，虽然其作用点位置较低，但由于该荷载直接作用于坝体，因此它对坝体的整体振动贡献较大。

c）孔口荷载特性。拱坝泄洪时孔口荷载产生机理主要是紊流边界层内区的垂直于边壁的脉动分速度。由于内区的水流结构主要由小的和较小的涡旋所组成，这些小涡旋的紊动频率高，而且是随机性的，因此其反应到边壁上，就使得所产生的脉动壁压频率高、幅值小。研究表明：相对于冲击荷载、涌浪荷载来说，孔口荷载作用位置位于结构的约束远端，孔口过流产生的脉动压力是引起大坝振动的最主要因素，其动荷载为随机性的脉动压力，除了在低频区有一定的能量外，在其他频段也有一定的宽度，且能量较大。

可见，拱坝泄洪振动不同的振源的谱密度对应着一种水流内部结构和能量的分布形式。对于孔口脉动荷载而言，孔口附近流速大，紊流边界层充分发展，水流中大尺度漩涡大多解体为中小尺度漩涡，荷载谱密度呈现有限宽带噪声谱性质；对于下游涌浪荷载以及水垫塘冲击荷载而言，由于冲击射流的作用，流速沿水深重新分布，水流内部脉动结构发生变化，中小尺度脉动结构迅速减弱，低频大尺度脉动结构起主导作用，谱密度表现为低频宽带噪声谱性质。

2）导（隔）墙结构脉动压力荷载特性。对于导墙这种轻型水工结构而言，一般水工设计人员往往以为隔水墙只起分水作用，两侧动或静水压平衡，而忽视脉动压力对导（隔）墙的作用。由于混凝土结构的抗拉强度小，在长期泄水过程中，结构在脉动压力的交变作用下，常导致疲劳破坏。本节以向家坝水电站导墙和三峡工程左导墙为例，通过模型试验分别对处于底流消能区和挑流消能区的导墙结构脉动压力特性进行分析研究。

a）底流消能区导墙结构的脉动荷载特性。以向家坝水电站导墙为例，通过模型试验，在若干导墙段上布设了脉动压强传感器测量点脉动压强。试验结果表明，底流消能区导墙上脉动压强沿水流方向的分布是水跃首部为最大，沿程逐渐衰减，整体呈下降趋势，符合一般底流消能脉动压强分布规律；沿水深分布出现底部小上部大的现象，但差别不大。从频域角度来看，如图 7-2 所示，导墙上的脉动压强是大尺度低频脉动，各工况脉动主频均小于 0.25Hz。作用于导墙动水荷载的同步范围较大。

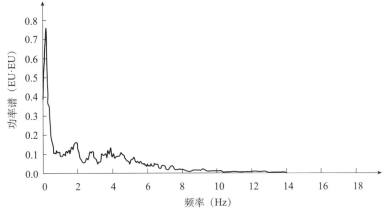

图 7-2　底流消能区作用于导墙结构的脉动荷载功率谱

从频谱图上可见，底流消能区内，作用于导墙上的荷载谱属于窄带噪声谱，水流脉动荷载能量集中在低频范围内。

b）挑流消能区导墙结构的脉动荷载特性。以三峡工程左导墙为例，通过模型试验研究了脉动压力沿水深和水流方向的特征，研究结果表明：脉动压力沿水深的分布不同于静水压力分布，也不是直线分布，而是下部较小，上部较大，合力作用点比静水压力的高；上部是波滚中心区，下部处于漩滚边缘，说明漩滚中心区的脉动压力比漩滚边缘大，在导墙底部，由于水垫的作用，射流不能冲至底部，所产生的紊动对其影响也小，所以脉动压力值很小；脉动压力沿水流方向的分布总规律是水舌冲击区的脉动压力较大，水舌内缘往上游逐渐减小，水舌外缘下游，先是沿程略有减小，而后略有增加，水舌内缘上游漩滚很弱，水舌外缘下游漩滚强烈，说明凡是水流紊动强度大的区域脉动压力均较大。典型测点的功率谱密度如图 7-3 所示。

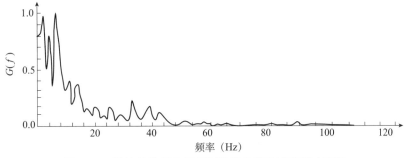

图 7-3　挑流消能区作用于导墙结构的脉动荷载功率谱

从频谱图上可见，挑流消能区内，作用于导墙上的荷载谱属于窄带噪声谱，水流脉动荷载能量集中在低频范围内。通过系列模型试验研究认为，导墙边壁上水流脉动压力是一种窄带低频脉动。

3）闸门结构脉动压力荷载特性。泄流结构中的闸门结构主要包括平面闸门、弧形闸门以及翻板闸门等，作用于闸门上的脉动压力荷载也因不同的闸门结构类型、不同的泄流条件以及结构上的不同部位等因素有关。对新政航电枢纽弧形闸门、积石峡平面工作闸门等进行过相关的水弹性模型试验，采用脉动压力传感器测试了作用于闸门面板上的脉动压力荷载，关于作用于闸门上脉动荷载的方均根值、概率密度等特点可参考文献。从测得的脉动压力来看，脉动压力荷载能量都集中在低频范围内，属于窄带噪声谱，如图 7 - 4、图 7 - 5 所示。图 7 - 6 为作用于翻板门上的整体脉动荷载随开度变化的功率谱图。

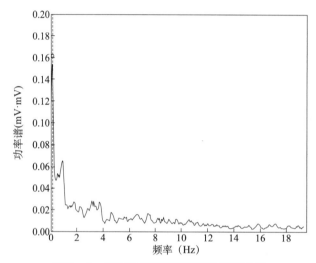

图 7 - 4　平面闸门面板典型脉动荷载特性

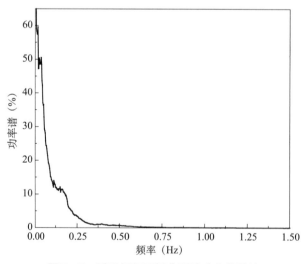

图 7 - 5　弧形闸门面板典型脉动荷载特性

从频谱图上可见，作用于翻板门上的荷载谱属于窄带噪声谱，脉动荷载能量大部分集中在低频范围内。

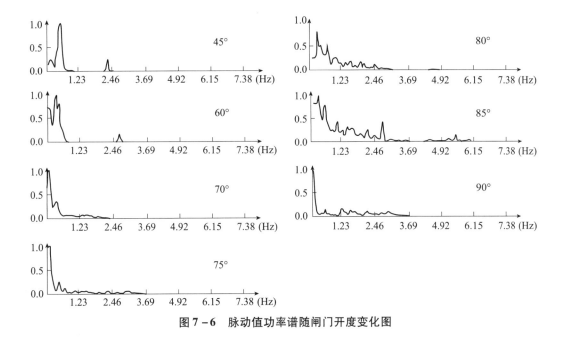

图 7 - 6 脉动值功率谱随闸门开度变化图

7.1.2 多自由度系统模态分析理论与状态方程模型

（1）运动微分方程

以 N 自由度的比例阻尼系统作为研究对象，如图 7 - 7 所示为多自由度系统。其运动微分方程为

$$M\ddot{X} + C\dot{X} + KX = F \tag{7-1}$$

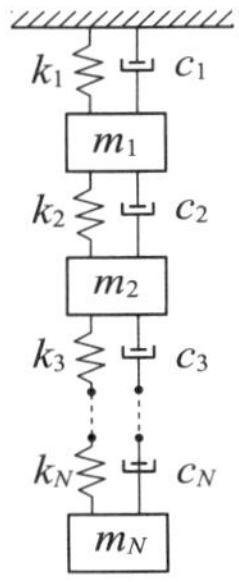

式中：M、C、K 分别为系统的质量、阻尼和刚度矩阵。通常 M 及 K 矩阵为实系数对称矩阵，而其中质量矩阵 M 是正定矩阵；刚度矩阵 K 对于无刚体运动的约束系统是正定的，对于有刚体运动的自由系统是半正定的。当阻尼为比例阻尼时，阻尼矩阵 C 为对称矩阵。M、C、K 均为 $(N \times N)$ 阶矩阵。X 和 F 分别为系统各点的位移响应向量及激励力向量

图 7 - 7 多自由度系统

$$X = \begin{Bmatrix} x_1 \\ x_2 \\ \vdots \\ x_N \end{Bmatrix}_{N \times 1}, \quad F = \begin{Bmatrix} f_1 \\ f_2 \\ \vdots \\ f_N \end{Bmatrix}_{N \times 1} \tag{7-2}$$

式（7-1）是用系统的物理坐标 X、$\dot{X}$、$\ddot{X}$ 描述的运动方程组。在其每一个方程中均包含系统各点的物理坐标，因此是一组耦合方程。当系统自由度数很大时，求解十分困难。能否将上述耦合方程变成非耦合的、独立的微分方程组，就是模态分析所要解决的根本任务。模态分析方法就是以无阻尼系统的各阶主振型所对应的模态坐标来代替物理坐标，使坐标耦合的微分方程组解耦为各个坐标独立的微分方程组，从而求出系统的各阶模态参数。这就是模态分析的经典定义。

对式（7-1）两边进行拉氏变换，可得

$$(s^2 \boldsymbol{M} + s\boldsymbol{C} + \boldsymbol{K})\boldsymbol{X}(s) = \boldsymbol{F}(s) \tag{7-3}$$

式中：$s = \sigma + \mathrm{j}\tau$ 和 $s^* = \sigma - \mathrm{j}\tau$ 为拉氏变换因子；$\boldsymbol{X}(s)$ 及 $\boldsymbol{F}(s)$ 分别为位移响应与激励力的拉氏变换（初始条件为零），即

$$X(s) = \int_{-\infty}^{\infty} x(t)\,\mathrm{e}^{-st}\mathrm{d}t \tag{7-4}$$

$$F(s) = \int_{-\infty}^{\infty} f(t)\,\mathrm{e}^{-st}\mathrm{d}t \tag{7-5}$$

式（7-3）又可写为

$$\boldsymbol{Z}(s)\boldsymbol{X}(s) = \boldsymbol{F}(s) \tag{7-6}$$

式中

$$\boldsymbol{Z}(s) = (s^2 \boldsymbol{M} + s\boldsymbol{C} + \boldsymbol{K}) \tag{7-7}$$

其中，$\boldsymbol{Z}(s)$ 为位移阻抗矩阵，为 $N \times N$ 阶矩阵。

阻抗矩阵 $\boldsymbol{Z}(s)$ 的逆矩阵称为传递函数矩阵

$$\boldsymbol{H}(s) = \boldsymbol{Z}(s)^{-1} = (s^2 \boldsymbol{M} + s\boldsymbol{C} + \boldsymbol{K})^{-1} \tag{7-8}$$

对线性时不变系统，其极点在复平面左半平面，因此可将 s 转换成 $\mathrm{j}\omega$，便可得出在傅氏域中的阻抗矩阵及频响函数矩阵

$$\boldsymbol{Z}(\omega) = (\boldsymbol{K} - \omega^2 \boldsymbol{M} + \mathrm{j}\omega\boldsymbol{C}) \tag{7-9}$$

$$\boldsymbol{H}(\omega) = \boldsymbol{Z}(\omega)^{-1} = (\boldsymbol{K} - \omega^2 \boldsymbol{M} + \mathrm{j}\omega\boldsymbol{C})^{-1} \tag{7-10}$$

此时，系统的运动方程为

$$(\boldsymbol{K} - \omega^2 \boldsymbol{M} + \mathrm{j}\omega\boldsymbol{C})\boldsymbol{X}(\omega) = \boldsymbol{F}(\omega) \tag{7-11}$$

由振动理论知，对线性时不变系统，系统的任一点响应均可表示为各阶模态响应的线性组合。对 l 点的响应可表示为

$$x_1(\omega) = \varphi_{11}q_1(\omega) + \varphi_{12}q_2(\omega) + \cdots + \varphi_{1N}q_N(\omega) = \sum_{r=1}^{N} \varphi_{1r}q_r(\omega) \tag{7-12}$$

式中：φ_{1r} 为第 l 个测点、第 r 阶模态的振型系数。由 N 个测点的振型系数所组成的列向量为

$$\varphi_r = \left\{ \begin{matrix} \varphi_1 \\ \varphi_2 \\ \vdots \\ \varphi_N \end{matrix} \right\}_r \tag{7-13}$$

式中：φ_r 为第 r 阶模态向量，它反映该阶模态的振动形状。

由各阶模态向量组成的矩阵称为模态矩阵，记为

$$\boldsymbol{\Phi} = [\,\varphi_1 \quad \varphi_2 \quad \cdots \quad \varphi_N\,] \tag{7-14}$$

式中：$\boldsymbol{\Phi}$ 为 $N \times N$ 阶矩阵。

式（7-12）中的 $q_r(\omega)$ 为第 r 阶模态坐标。其物理意义可理解为各阶模态对响应的贡献量，其数学意义可理解为加权系数。各阶模态对响应的贡献量或权系数是不同的，它与激励的频率结构有关。一般低阶模态比高阶模态有较大的权系数。

由式（7-13）与式（7-14）可得系统的响应列向量为

$$\boldsymbol{X}(\omega) = \boldsymbol{\Phi}\boldsymbol{Q} \tag{7-15}$$

式中：$\boldsymbol{Q} = [\, q_1(\omega) \quad q_2(\omega) \quad \cdots \quad q_N(\omega)\,]^{\mathrm{T}}$。

将式（7 – 15）代入式（7 – 11），得

$$(\boldsymbol{K} - \omega^2 \boldsymbol{M} + \mathrm{j}\omega \boldsymbol{C})\boldsymbol{\Phi Q} = \boldsymbol{F}(\omega) \tag{7 – 16}$$

（2）多自由度系统实模态分析

按照模态参数（主要是模态频率及模态向量）是实数还是复数，模态可分为实模态与复模态两类。本节讨论实模态情况。

设系统的自由度为 N，阻尼为比例阻尼，第 r 阶模态坐标为

$$q_{\mathrm{r}} = \frac{F_{\mathrm{r}}}{(\boldsymbol{K}_{\mathrm{r}} - \omega^2 \boldsymbol{M}_{\mathrm{r}} + \mathrm{j}\omega \boldsymbol{C}_{\mathrm{r}})} \tag{7 – 17}$$

式中：

$$\boldsymbol{F}_{\mathrm{r}} = \boldsymbol{\phi}_{\mathrm{r}}^{\mathrm{T}} \boldsymbol{F}(\omega) = \sum_{j=1}^{n} \varphi_{j\mathrm{r}} f_j(\omega), \quad (j = 1, 2, \cdots, N)$$

结构上任意测点 l 的响应为

$$x_1(\omega) = \sum_{r=1}^{N} \varphi_{1\mathrm{r}} q_{\mathrm{r}} \tag{7 – 18}$$

讨论单点激励情况，设激励力作用于 p 点，则激励力向量变为

$$\boldsymbol{F} = [\, 0 \cdots 0 \cdots f_{\mathrm{p}}(\omega) 0 \cdots 0\,]^{\mathrm{T}} \tag{7 – 19}$$

模态力为

$$\boldsymbol{F}_{\mathrm{r}} = \varphi_{\mathrm{pr}} f_{\mathrm{p}}(\omega) \tag{7 – 20}$$

式（7 – 17）可写为

$$q_{\mathrm{r}} = \frac{\varphi_{\mathrm{pr}} f_{\mathrm{p}}(\omega)}{(K_{\mathrm{r}} - \omega^2 M_{\mathrm{r}} + \mathrm{j}\omega C_{\mathrm{r}})} \tag{7 – 21}$$

将式（7 – 21）代入式（7 – 18）得

$$x_1(\omega) = \sum_{r=1}^{N} \frac{\varphi_{1\mathrm{r}} \varphi_{\mathrm{pr}} f_{\mathrm{p}}(\omega)}{(K_{\mathrm{r}} - \omega^2 M_{\mathrm{r}} + \mathrm{j}\omega C_{\mathrm{r}})} \tag{7 – 22}$$

因此，测点 l 与激励点 p 之间的频响函数为

$$H_{\mathrm{lp}}(\omega) = \frac{x_1(\omega)}{f_{\mathrm{p}}(\omega)} = \sum_{r=1}^{N} \frac{\varphi_{1\mathrm{r}} \varphi_{\mathrm{pr}}}{(K_{\mathrm{r}} - \omega^2 M_{\mathrm{r}} + \mathrm{j}\omega C_{\mathrm{r}})} \tag{7 – 23}$$

式中：表示 l 点的响应是单独由 p 点的激励力引起的；$H_{\mathrm{lp}}(\omega)$ 表示在 p 点作用一单位正弦力，在 l 点产生的复响应，因此，频响函数与激励力的大小无关。对式（7 – 23）进行变换，可得

$$H_{\mathrm{lp}}(\omega) = \sum_{r=1}^{N} \frac{1}{K_{\mathrm{er}}\left[\,(1 - \overline{\omega}_{\mathrm{r}}^2) + \mathrm{j}2\zeta_{\mathrm{r}}\overline{\omega}_{\mathrm{r}}\,\right]} \tag{7 – 24}$$

式中：K_{er} 为等效刚度 $K_{\mathrm{er}} = \dfrac{K_{\mathrm{r}}}{\varphi_{1\mathrm{r}}\varphi_{\mathrm{pr}}}$，与测量点和激励点有关；$\overline{\omega}_{\mathrm{r}} = \omega/\omega_{\mathrm{r}}$；$\zeta_{\mathrm{r}} = C_{\mathrm{r}}/2M_{\mathrm{r}}\omega_{\mathrm{r}}$ 称为第 r 阶模态的阻尼比。

式（7 – 23）还可写成

$$H_{\mathrm{lp}}(\omega) = \sum_{r=1}^{N} \frac{\varphi_{1\mathrm{r}} \varphi_{\mathrm{pr}}}{M_{\mathrm{r}}(\omega_{\mathrm{r}}^2 - \omega^2 + \mathrm{j}2\zeta_{\mathrm{r}}\omega_{\mathrm{r}}\omega)} = \sum_{r=1}^{N} \frac{A_{\mathrm{lp}}}{\omega_{\mathrm{r}}^2 - \omega^2 + \mathrm{j}2\zeta_{\mathrm{r}}\omega_{\mathrm{r}}\omega}$$

$$= \sum_{r=1}^{N} \frac{1}{M_{er}[\omega_r^2 - \omega^2 + j2\zeta_r\omega_r\omega]} = \sum_{r=1}^{N} \frac{Q_{er}}{[(1 - \overline{\omega}_r^2) + j2\zeta_r\overline{\omega}_r)]} \qquad (7-25)$$

式中：A_{lp} 为留数或模态常数，$A_{lp} = \dfrac{\varphi_{lr}\varphi_{pr}}{M_r}$；$M_{er}$ 为等效质量，$M_{er} = \dfrac{M_r}{\varphi_{lr}\varphi_{pr}} = \dfrac{1}{A_{lp}}$；$Q_{er}$ 为等效柔度，$Q_{er} = \dfrac{\varphi_{lr}\varphi_{pr}}{K_r} = \dfrac{1}{K_{er}}$。等效刚度与等效质量的关系为：$\omega_r^2 = K_{er}/M_{er}$。

由式 (7-24) 可见，频响函数为复数，对式 (7-24) 分子、分母同时乘以 $[(1-\overline{\omega}_r^2) - j2\zeta_r\overline{\omega}_r)]$，可得

$$H_{lp}(\omega) = \sum_{r=1}^{N} \frac{1}{K_{er}}\left[\frac{1 - \overline{\omega}_r^2}{(1 - \overline{\omega}_r^2)^2 + (2\zeta_r\overline{\omega}_r)^2} + j\frac{-2\zeta_r\overline{\omega}_r}{(1 - \overline{\omega}_r^2)^2 + (2\zeta_r\overline{\omega}_r)^2} \right] \qquad (7-26)$$

记为
$$H_{lp}(\omega) = H_{lp}^{R}(\omega) + jH_{lp}^{I}(\omega) \qquad (7-27)$$

式中：$H_{lp}^{R}(\omega)$、$H_{lp}^{I}(\omega)$ 分别为频响函数的实部与虚部。其表达式为

$$H_{lp}^{R}(\omega) = \sum_{r=1}^{N} \frac{1}{K_{er}}\left[\frac{1 - \overline{\omega}_r^2}{(1 - \overline{\omega}_r^2)^2 + (2\zeta_r\overline{\omega}_r)^2} \right] \qquad (7-28)$$

$$H_{lp}^{I}(\omega) = \sum_{r=1}^{N} \frac{1}{K_{er}}\left[\frac{-2\zeta_r\overline{\omega}_r}{(1 - \overline{\omega}_r^2)^2 + (2\zeta_r\overline{\omega}_r)^2} \right] \qquad (7-29)$$

（3）多自由度系统复模态分析

实模态分析中，认为振动系统中各点的振动相位差为 0° 或 180°，无阻尼或比例阻尼的振动系统满足此条件。对实模态分析而言，模态系数 φ 为实数。但实际结构往往都是有阻尼的，而且并非都是比例阻尼，因此结构振动时，各点除了振幅不同外，相位亦不尽相同，即相位差不一定是 0° 或 180°，模态系数成为复数，即形成复模态。

对于实模态分析，阻尼矩阵定义为质量矩阵和刚度矩阵的线性组合，因此通过与模态振型矩阵的坐标变换运算可以使其转化为对角矩阵。而对于黏性阻尼的一般情况，采用无阻尼的固有振型模态矩阵的坐标变换运算不能使阻尼矩阵对角化，即阻尼矩阵不能在 N 维主空间解耦，因此采用状态空间法来建立系统的运动方程，可以找到方程的解耦途径。

假设黏性阻尼力与速度成正比，因此运动方程为

$$M\ddot{X} + C\dot{X} + KX = F \qquad (7-30)$$

又
$$M\dot{X} - M\dot{X} = 0 \qquad (7-31)$$

将上式 (7-30) 与式 (7-31) 联立，并以矩阵的形式表示，可得

$$\begin{bmatrix} C & M \\ M & 0 \end{bmatrix}_{(2N\times 2N)} \begin{Bmatrix} \dot{X} \\ \ddot{X} \end{Bmatrix}_{(2N\times 1)} + \begin{bmatrix} K & 0 \\ 0 & -M \end{bmatrix}_{(2N\times 2N)} \begin{Bmatrix} X \\ \dot{X} \end{Bmatrix}_{(2N\times 1)} = \begin{Bmatrix} F \\ 0 \end{Bmatrix}_{(2N\times 1)} \qquad (7-32)$$

令 $\overline{X} = \begin{Bmatrix} X \\ \dot{X} \end{Bmatrix}_{(2N\times 1)}$ 为状态向量。式 (7-32) 可改写为

$$A'\dot{\overline{X}} + B'\overline{X} = F \qquad (7-33)$$

式（7-33）为状态方程。考虑自由振动情况，则式（7-24）为

$$A'\dot{\overline{X}} + B'\overline{X} = 0 \tag{7-34}$$

式中：$A' = \begin{bmatrix} C & M \\ M & 0 \end{bmatrix}$ 和 $B' = \begin{bmatrix} K & 0 \\ 0 & -M \end{bmatrix}$，都为 $(2N \times 2N)$ 阶矩阵。

设式（7-34）的解为

$$\overline{X} = \boldsymbol{\Psi}\mathrm{e}^{\lambda t}, \quad \dot{\overline{X}} = \boldsymbol{\Psi}\lambda\mathrm{e}^{\lambda t} \tag{7-35}$$

式中：$\boldsymbol{\Psi} = \begin{bmatrix} \psi_1 & \psi_2 & \cdots & \psi_N \end{bmatrix}^{\mathrm{T}}$，代入式（7-34），可得

$$(A'\lambda + B')\left\{\begin{matrix} \boldsymbol{\Psi} \\ \boldsymbol{\Psi}\lambda \end{matrix}\right\} = 0 \tag{7-36}$$

求解式（7-36），可得 $2N$ 个复特征值和特征向量，分别记为

特征值：$\lambda_1, \lambda_2, \cdots, \lambda_N; \lambda_1^*, \lambda_2^*, \cdots, \lambda_N^*$；

特征向量：$\left\{\begin{matrix} \boldsymbol{\Psi}_1 \\ \boldsymbol{\Psi}_1\lambda_1 \end{matrix}\right\}, \left\{\begin{matrix} \boldsymbol{\Psi}_2 \\ \boldsymbol{\Psi}_2\lambda_2 \end{matrix}\right\}, \cdots, \left\{\begin{matrix} \boldsymbol{\Psi}_N \\ \boldsymbol{\Psi}_N\lambda_N \end{matrix}\right\}; \left\{\begin{matrix} \boldsymbol{\Psi}_1^* \\ \boldsymbol{\Psi}_1^*\lambda_1^* \end{matrix}\right\}, \left\{\begin{matrix} \boldsymbol{\Psi}_2^* \\ \boldsymbol{\Psi}_2^*\lambda_2^* s \end{matrix}\right\}, \cdots, \left\{\begin{matrix} \boldsymbol{\Psi}_N^* \\ \boldsymbol{\Psi}_N^*\lambda_N^2 \end{matrix}\right\};$

对第 r 阶模态，其特征值与特征向量分别为：$\lambda_r, \lambda_r^*, \left\{\begin{matrix} \boldsymbol{\Psi}_r \\ \boldsymbol{\Psi}_r\lambda_r \end{matrix}\right\}, \left\{\begin{matrix} \boldsymbol{\Psi}_r^* \\ \boldsymbol{\Psi}_r^*\lambda_r^* \end{matrix}\right\}$。

令 $\overline{\boldsymbol{\Psi}}_r = \left\{\begin{matrix} \boldsymbol{\Psi}_r \\ \boldsymbol{\Psi}_r\lambda_r \end{matrix}\right\}, \overline{\boldsymbol{\Psi}}_r^* = \left\{\begin{matrix} \overline{\boldsymbol{\Psi}_r^*} \\ \boldsymbol{\Psi}_r^*\lambda_r^* \end{matrix}\right\}$，则式（7-36）可写成

$$(A'\lambda + B')\overline{\boldsymbol{\Psi}} = 0 \tag{7-37}$$

对第 r 阶模态则有：$(A'\lambda_r + B')\overline{\boldsymbol{\Psi}}_r = 0$。

将上式左乘 $\overline{\boldsymbol{\Psi}}_s^{\mathrm{T}}$，则有

$$\overline{\boldsymbol{\Psi}}_s^{\mathrm{T}}(A'\lambda_r + B')\overline{\boldsymbol{\Psi}}_r = 0 \quad (r, s = 1, 2, \cdots, 2N) \tag{7-38}$$

同理可得

$$\overline{\boldsymbol{\Psi}}_r^{\mathrm{T}}(A'\lambda_s + B')\overline{\boldsymbol{\Psi}}_s = 0 \quad (r, s = 1, 2, \cdots, 2N) \tag{7-39}$$

利用 A'、B' 矩阵的对称性，有：$\overline{\boldsymbol{\Psi}}_s^{\mathrm{T}}A'\overline{\boldsymbol{\Psi}}_r = \overline{\boldsymbol{\Psi}}_r^{\mathrm{T}}A'\overline{\boldsymbol{\Psi}}_s, \overline{\boldsymbol{\Psi}}_s^{\mathrm{T}}B'\overline{\boldsymbol{\Psi}}_r = \overline{\boldsymbol{\Psi}}_r^{\mathrm{T}}B'\overline{\boldsymbol{\Psi}}_s$；将式（7-39）减式（7-38）可得

$$\overline{\boldsymbol{\Psi}}_r^{\mathrm{T}}A'\overline{\boldsymbol{\Psi}}_s(\lambda_r - \lambda_s) = 0 \tag{7-40}$$

当 $\lambda_r \neq \lambda_s$ 时，则

$$\overline{\boldsymbol{\Psi}}_r^{\mathrm{T}}A'\overline{\boldsymbol{\Psi}}_s = 0 \tag{7-41}$$

将式（7-32）代入式（7-30）可得

$$\overline{\boldsymbol{\Psi}}_r^{\mathrm{T}}B'\overline{\boldsymbol{\Psi}}_s = 0 \tag{7-42}$$

式（7-41）和式（7-42）即为复模态的正交性条件，由于 $\overline{\boldsymbol{\Psi}}$ 是 $2N$ 维向量，因此复模态是在 $2N$ 维复特征空间中正交，与实模态正交条件不同（实模态是在 N 维主空间中正交）。

当 $r = s$ 时，可得

$$\overline{\boldsymbol{\Psi}}_r^{\mathrm{T}}A'\overline{\boldsymbol{\Psi}}_r = a_r, \quad \overline{\boldsymbol{\Psi}}_r^{\mathrm{T}}B'\overline{\boldsymbol{\Psi}}_r = b_r \tag{7-43}$$

对全部模态而言，模态矩阵为

$$\overline{\boldsymbol{\Psi}} = [\ \boldsymbol{\Psi}_1 \quad \boldsymbol{\Psi}_2 \quad \cdots \quad \boldsymbol{\Psi}_N\ ], \quad \overline{\boldsymbol{\Psi}}^* = [\ \overline{\boldsymbol{\Psi}}_1^* \quad \overline{\boldsymbol{\Psi}}_2^* \quad \cdots \quad \overline{\boldsymbol{\Psi}}_N^*\ ] \tag{7-44}$$

特征矩阵为

$$\begin{bmatrix} \Lambda & \\ & \Lambda^* \end{bmatrix} = \begin{bmatrix} \ddots & & & & \\ & \lambda_r & & & \\ & & \ddots & & \\ & & & \lambda_r^* & \\ & & & & \ddots \end{bmatrix}, \quad (r = 1,2,\cdots,N) \tag{7-45}$$

将模态向量中的共轭部分分别排列，可得

$$\begin{bmatrix} \boldsymbol{\Psi} & \boldsymbol{\Psi}^* \\ \boldsymbol{\Psi}\Lambda & \boldsymbol{\Psi}^*\Lambda^* \end{bmatrix} = \begin{bmatrix} \begin{Bmatrix} \boldsymbol{\Psi}_1 \\ \boldsymbol{\Psi}_1\lambda_1 \end{Bmatrix} & \cdots & \begin{Bmatrix} \boldsymbol{\Psi}_N \\ \boldsymbol{\Psi}_N\lambda_N \end{Bmatrix} & \begin{Bmatrix} \boldsymbol{\Psi}_1^* \\ \boldsymbol{\Psi}_1^*\lambda_1^* \end{Bmatrix} & \cdots & \begin{Bmatrix} \boldsymbol{\Psi}_N^* \\ \boldsymbol{\Psi}_N^*\lambda_N^* \end{Bmatrix} \end{bmatrix}$$

$$= [\ \overline{\boldsymbol{\Psi}}_1 \quad \cdots \quad \overline{\boldsymbol{\Psi}}_N \quad \overline{\boldsymbol{\Psi}}_1^* \quad \cdots \quad \overline{\boldsymbol{\Psi}}_N^*\ ] \tag{7-46}$$

因此，对全部模态而言，正交性条件可表示为

$$\begin{bmatrix} \boldsymbol{\Psi} & \boldsymbol{\Psi}^* \\ \boldsymbol{\Psi}\Lambda & \boldsymbol{\Psi}^*\Lambda^* \end{bmatrix}^{\mathrm{T}} A' \begin{bmatrix} \boldsymbol{\Psi} & \boldsymbol{\Psi}^* \\ \boldsymbol{\Psi}\Lambda & \boldsymbol{\Psi}^*\Lambda^* \end{bmatrix} = \begin{bmatrix} a_1 & & & & & \\ & \ddots & & & & \\ & & a_N & & & \\ & & & a_1^* & & \\ & & & & \ddots & \\ & & & & & a_N^* \end{bmatrix} \tag{7-47}$$

$$\begin{bmatrix} \boldsymbol{\Psi} & \boldsymbol{\Psi}^* \\ \boldsymbol{\Psi}\Lambda & \boldsymbol{\Psi}^*\Lambda^* \end{bmatrix}^{\mathrm{T}} B' \begin{bmatrix} \boldsymbol{\Psi} & \boldsymbol{\Psi}^* \\ \boldsymbol{\Psi}\Lambda & \boldsymbol{\Psi}^*\Lambda^* \end{bmatrix} = \begin{bmatrix} b_1 & & & & & \\ & \ddots & & & & \\ & & b_N & & & \\ & & & b_1^* & & \\ & & & & \ddots & \\ & & & & & b_N^* \end{bmatrix} \tag{7-48}$$

当 $r = s$ 时，由式（7-48）可得

$$\lambda_r = -b_r/a_r, \quad \lambda_r^* = -b_r^*/a_r^* \tag{7-49}$$

式中：由于 A' 为满秩矩阵，特征向量矩阵 $\boldsymbol{\Psi}$ 亦为满秩矩阵，因此 a_r 亦为满秩矩阵，故 $a_r \neq 0$，$a_r^* \neq 0$。

以上各式中，$\lambda_r(r = 1,2,\cdots,N)$ 为系统的复模态频率；$\overline{\boldsymbol{\Psi}}_r(r = 1,2,\cdots,N)$ 为系统的复模态向量或复振型系数向量，为 $(2N \times 1)$ 维向量。λ_r 及 $\overline{\boldsymbol{\Psi}}_r$ 均为复数，均共轭成对，都是系统的复模态参数。下面对复模态振型进行分析。

对状态向量 $\overline{X}$ 用复模态坐标进行变换，可得

$$\overline{X} = \begin{Bmatrix} X \\ \dot{X} \end{Bmatrix} = \begin{bmatrix} \boldsymbol{\Psi} & \boldsymbol{\Psi}^* \\ \boldsymbol{\Psi}\Lambda & \boldsymbol{\Psi}^*\Lambda^* \end{bmatrix} \begin{Bmatrix} Q \\ Q^* \end{Bmatrix} \tag{7-50}$$

式中：Q 和 Q^* 为复模态坐标。

将式（7-50）代入状态方程式（7-34），同时左边乘 $\begin{bmatrix} \boldsymbol{\Psi} & \boldsymbol{\Psi}^* \\ \boldsymbol{\Psi}\boldsymbol{\Lambda} & \boldsymbol{\Psi}^*\boldsymbol{\Lambda}^* \end{bmatrix}^{\mathrm{T}}$，由正交性条件，得

$$
\begin{bmatrix} a_1 & & & & & \\ & \ddots & & & & \\ & & a_N & & & \\ & & & a_1^* & & \\ & & & & \ddots & \\ & & & & & a_N^* \end{bmatrix} \begin{Bmatrix} \dot{\boldsymbol{Q}} \\ \dot{\boldsymbol{Q}}^* \end{Bmatrix} + \begin{bmatrix} b_1 & & & & & \\ & \ddots & & & & \\ & & b_N & & & \\ & & & b_1^* & & \\ & & & & \ddots & \\ & & & & & b_N^* \end{bmatrix} \begin{Bmatrix} \boldsymbol{Q} \\ \boldsymbol{Q}^* \end{Bmatrix} = 0
$$

$$(7-51)$$

式（7-51）说明系统在以特征向量为基向量的 $2N$ 维复状态空间中是解耦的。

对第 r 阶模态，则有

$$a_r\dot{q}_r + b_r q_r = 0 \tag{7-52}$$

$$a_r^* \dot{q}_r^* + b_r^* q_r^* = 0 \tag{7-53}$$

式（7-52）、式（7-53）中：q_r 为第 r 阶复模态坐标。上两式的解分别为

$$q_r = q_{r0}\mathrm{e}^{-b_r/a_r t} = q_{r0}\mathrm{e}^{\lambda_r t} \tag{7-54}$$

$$q_r^* = q_{r0}^* \mathrm{e}^{-b_r^*/a_r^* t} = q_{r0}^* \mathrm{e}^{\lambda_r^* t} \tag{7-55}$$

对于全部模态而言，则有

$$
\begin{Bmatrix} \boldsymbol{Q} \\ \boldsymbol{Q}^* \end{Bmatrix} = \begin{bmatrix} \mathrm{e}^{\lambda_1 t} & & & & & \\ & \ddots & & & & \\ & & \mathrm{e}^{\lambda_N t} & & & \\ & & & \mathrm{e}^{\lambda_1^* t} & & \\ & & & & \ddots & \\ & & & & & \mathrm{e}^{\lambda_N^* t} \end{bmatrix} \begin{Bmatrix} \boldsymbol{Q}_0 \\ \boldsymbol{Q}_0^* \end{Bmatrix}
$$

$$(7-56)$$

式中：$\boldsymbol{Q}_0$ 和 $\boldsymbol{Q}_0^*$ 分别为 $t=0$ 时的模态坐标向量及其共轭。

将式（7-56）代入式（7-50），并取向量的上半部，可得

$$\boldsymbol{X} = \boldsymbol{\Psi}\begin{bmatrix} \mathrm{e}^{\lambda_1 t} & & \\ & \ddots & \\ & & \mathrm{e}^{\lambda_N t} \end{bmatrix}\boldsymbol{Q}_0 + \boldsymbol{\Psi}^*\begin{bmatrix} \mathrm{e}^{\lambda_1^* t} & & \\ & \ddots & \\ & & \mathrm{e}^{\lambda_N^* t} \end{bmatrix}\boldsymbol{Q}_0^* \tag{7-57}$$

同理可得速度响应向量

$$\dot{\boldsymbol{X}} = \boldsymbol{\Psi}\begin{bmatrix} \lambda_1\mathrm{e}^{\lambda_1 t} & & \\ & \ddots & \\ & & \lambda_N\mathrm{e}^{\lambda_N t} \end{bmatrix}\boldsymbol{Q}_0 + \boldsymbol{\Psi}^*\begin{bmatrix} \lambda_1^*\mathrm{e}^{\lambda_1^* t} & & \\ & \ddots & \\ & & \lambda_N^*\mathrm{e}^{\lambda_N^* t} \end{bmatrix}\boldsymbol{Q}_0^* \tag{7-58}$$

对 l 点的瞬时位移则可写成

$$x_1(t) = \sum_{r=1}^{N} \psi_{1r}\mathrm{e}^{\lambda_r t}q_{r0} + \sum_{r=1}^{N} \psi_{1r}^*\mathrm{e}^{\lambda_r^* t}q_{r0}^* \tag{7-59}$$

式中：ψ_{lr}、λ、q_{r0} 均为复数，可用模与相角表示。设

$$\psi_{lr} = \eta_{lr}e^{j\gamma_{lr}} \tag{7-60}$$

$$q_{r0} = p_r e^{j\alpha_r} \tag{7-61}$$

$$\lambda_r = -\alpha_r + j\beta_r \tag{7-62}$$

式（7-60）~式（7-62）中：η_{lr} 及 p_r 为第 r 阶模，l 点的模态系数及模态坐标的幅值；γ_{lr} 及 θ_r 则分别为它们的相角；α_r 及 β_r 为复模态频率的实部及虚部。将式（7-60）~式（7-62）代入式（7-59），整理得到

$$\begin{aligned} x_1(t) &= \sum_{r=1}^{N} \eta_{lr}p_r e^{-\alpha_r t}\left[e^{j(\beta_r t+\gamma_{lr}+\theta_r)} + e^{-j(\beta_r t+\gamma_{lr}+\theta_r)}\right] \\ &= 2\sum_{r=1}^{N} \eta_{lr}p_r e^{-\alpha_r t}\cos(\beta_r t + \gamma_{lr} + \theta_r) \end{aligned} \tag{7-63}$$

式（7-63）即为复模态自由振动的解，它表明系统在复模态时的自由响应为 N 个复响应的叠加。可见，复模态时，系统第 l 点响应不仅具有幅值，而且有相位，不同点的相位是不同的。假设系统只有一阶模态，则各点响应列向量为

$$\begin{Bmatrix} x_1(t) \\ x_2(t) \\ \vdots \\ x_N(t) \end{Bmatrix} = 2p_r e^{-\alpha_r t} \begin{Bmatrix} \eta_{1r}\cos(\beta_r t + \theta_r + \gamma_{1r}) \\ \eta_{2r}\cos(\beta_r t + \theta_r + \gamma_{2r}) \\ \vdots \\ \eta_{Nr}\cos(\beta_r t + \theta_r + \gamma_{Nr}) \end{Bmatrix} \tag{7-64}$$

因此，系统各点的响应不仅幅值不同，而且相位也不同，这就形成了复模态不同于实模态的运动特性。

1）复模态特性。

a）复共轭特性。复模态时，系统的特征值与特征向量均为复数，而且共轭成对，共有 $2N$ 个复特征值，即：λ_1，λ_2，$\cdots$，λ_N；λ_1^*，λ_2^*，$\cdots$，λ_N^*；相应的有 $2N$ 个复特征向量，即

$$\begin{Bmatrix} \boldsymbol{\Psi}_1 \\ \boldsymbol{\Psi}_1\lambda_1 \end{Bmatrix}, \begin{Bmatrix} \boldsymbol{\Psi}_2 \\ \boldsymbol{\Psi}_2\lambda_2 \end{Bmatrix}, \cdots, \begin{Bmatrix} \boldsymbol{\Psi}_N \\ \boldsymbol{\Psi}_N\lambda_N \end{Bmatrix}; \begin{Bmatrix} \boldsymbol{\Psi}_1^* \\ \boldsymbol{\Psi}_1^*\lambda_1^* \end{Bmatrix}, \begin{Bmatrix} \boldsymbol{\Psi}_2^* \\ \boldsymbol{\Psi}_2^*\lambda_2^* \end{Bmatrix}, \cdots, \begin{Bmatrix} \boldsymbol{\Psi}_N^* \\ \boldsymbol{\Psi}_N^*\lambda_N^* \end{Bmatrix}$$

b）正交性。复模态时，在以复特征向量为基向量所张成的 $2N$ 维空间中正交，而实模态则在 N 维主空间中正交。

c）解耦性。对复模态而言，系统的运动微分方程在复特征向量所张成的 $2N$ 维状态空间中解耦，而实模态则在 N 维主空间中解耦。

d）运动特征。复模态时，系统呈现一些与实模态不同的运动特点，主要包括：①复模态时，系统各点的相位不同，存在着相位差，且无一定规律；而对于实模态，各点间的相位差为 $0°$ 或 $180°$。②由于复模态时各点运动有一时间差异，因此它们不同时通过振动的平衡位置；而对于实模态，各点同时通过振动平衡位置。尽管如此，对于复模态而言，各点的振动频率和周期仍然相同，由 β_r 决定，对一定模态而言它是常数。③对复模态，系统振动时，无一定振型，节点亦不一定是固定的，而做周期性移动。这与实模态截然不同。④复模态的自由振动是衰减振动，而且各点的衰减率相同，衰减率由 α_r 表示，与实模态相同。

2）复模态传递函数表达式。由式（7-33）和式（7-51）可得

$$\begin{bmatrix} a_1 & & & & & & \\ & \ddots & & & & & \\ & & a_N & & & & \\ & & & a_1^* & & & \\ & & & & \ddots & & \\ & & & & & a_N^* \end{bmatrix} \begin{Bmatrix} \dot{\boldsymbol{Q}} \\ \dot{\boldsymbol{Q}}^* \end{Bmatrix} + \begin{bmatrix} b_1 & & & & & & \\ & \ddots & & & & & \\ & & b_N & & & & \\ & & & b_1^* & & & \\ & & & & \ddots & & \\ & & & & & b_N^* \end{bmatrix} \begin{Bmatrix} \boldsymbol{Q} \\ \boldsymbol{Q}^* \end{Bmatrix} = \begin{Bmatrix} \boldsymbol{\Psi}^{\mathrm{T}} \boldsymbol{F} \\ \boldsymbol{\Psi}^{*\mathrm{T}} \boldsymbol{F} \end{Bmatrix}$$

$$(7-65)$$

对第 r 阶模态，可写成

$$\left. \begin{aligned} a_r \dot{q} + b_r q_r &= \boldsymbol{\Psi}_r^{\mathrm{T}} \boldsymbol{F} \\ a_r^* \dot{q_r^*} + b_r^* q_r^* &= \boldsymbol{\Psi}_r^{*\mathrm{T}} \boldsymbol{F} \end{aligned} \right\}$$

$$(7-66)$$

式（7-66）的解可由 Duhamel 积分求得

$$q_r = q_{r0} \mathrm{e}^{\lambda_r t} + \frac{1}{a_r} \int_0^t \mathrm{e}^{\lambda_r(t-\tau)} \boldsymbol{\Psi}_r^{\mathrm{T}} \boldsymbol{F}(\tau) \mathrm{d}\tau \tag{7-67}$$

$$q_r^* = q_{r0}^* \mathrm{e}^{\lambda_r^* t} + \frac{1}{a_r^*} \int_0^t \mathrm{e}^{\lambda_r^*(t-\tau)} \boldsymbol{\Psi}_r^{*\mathrm{T}} \boldsymbol{F}(\tau) \mathrm{d}\tau \tag{7-68}$$

上两式中等式后边的第一项相当于自由振动解；第二项则相当于受迫振动解。

设初始状态（$t=0$）为振动平衡位置，即 $q_{r0} = q_{r0}^* = 0$，则系统受迫振动的响应向量由式（7-50）可写成

$$\begin{aligned} \boldsymbol{X} &= \boldsymbol{\Psi} Q + \boldsymbol{\Psi}^* Q^* = \sum_{r=1}^N \boldsymbol{\Psi}_r q_r + \sum_{r=1}^N \boldsymbol{\Psi}_r^* q_r^* \\ &= \sum_{r=1}^N \left[\frac{\boldsymbol{\Psi}_r \boldsymbol{\Psi}_r^{\mathrm{T}}}{a_r} \int_0^t \mathrm{e}^{\lambda_r(t-\tau)} \boldsymbol{F}(\tau) \mathrm{d}\tau + \frac{\boldsymbol{\Psi}_r^* \boldsymbol{\Psi}_r^{*\mathrm{T}}}{a_r^*} \int_0^t \mathrm{e}^{\lambda_r^*(t-\tau)} \boldsymbol{F}(\tau) \mathrm{d}\tau \right] \end{aligned} \tag{7-69}$$

对式（7-67）和式（7-68）两边作拉氏变换，得

$$\boldsymbol{X}(s) = \sum_{r=1}^N \left(\frac{\boldsymbol{\Psi}_r \boldsymbol{\Psi}_r^{\mathrm{T}}}{a_r} \frac{1}{s-\lambda_r} + \frac{\boldsymbol{\Psi}_r^* \boldsymbol{\Psi}_r^{*\mathrm{T}}}{a_r^*} \frac{1}{s-\lambda_r^*} \right) \boldsymbol{F}(s) \tag{7-70}$$

因此，传递函数矩阵为

$$\boldsymbol{H}(s) = \sum_{r=1}^N \left[\frac{\boldsymbol{\Psi}_r \boldsymbol{\Psi}_r^{\mathrm{T}}}{a_r(s-\lambda_r)} + \frac{\boldsymbol{\Psi}_r^* \boldsymbol{\Psi}_r^{*\mathrm{T}}}{a_r^*(s-\lambda_r^*)} \right] = \sum_{r=1}^N \left(\frac{\boldsymbol{A}_r}{s-\lambda_r} + \frac{\boldsymbol{A}_r^*}{s-\lambda_r^*} \right) \tag{7-71}$$

式中：$\boldsymbol{A}_r$ 及 $\boldsymbol{A}_r^*$ 为留数矩阵及其共轭。

令 $s = \mathrm{j}\omega$，则系统的频响函数矩阵为

$$\begin{aligned} \boldsymbol{H}(\omega) &= \sum_{r=1}^N \left[\frac{\boldsymbol{\Psi}_r \boldsymbol{\Psi}_r^{\mathrm{T}}}{a_r(\mathrm{j}\omega - \lambda_r)} + \frac{\boldsymbol{\Psi}_r^* \boldsymbol{\Psi}_r^{*\mathrm{T}}}{a_r^*(\mathrm{j}\omega - \lambda_r^*)} \right] \\ &= \sum_{r=1}^N \left(\frac{\boldsymbol{A}_r}{\mathrm{j}\omega - \lambda_r} + \frac{\boldsymbol{A}_r^*}{\mathrm{j}\omega - \lambda_r^*} \right) \end{aligned} \tag{7-72}$$

（4）多自由度系统实模态传递函数与复模态传递函数的关系

将式（7-71）进行通分得

$$H(s) = \sum_{r=1}^{N} \frac{(A_r + A_r^*)s - (A_r\lambda_r^* + A_r^*\lambda_r)}{s^2 - (\lambda_r + \lambda_r^*)s + \lambda_r\lambda_r^*} \tag{7-73}$$

令 $\left.\begin{array}{l} \boldsymbol{R}_r = (A_r + A_r^*)s \\ \boldsymbol{P}_r = -(A\lambda_r^* + A_r^*\lambda_r) \end{array}\right\}$，则式（7-73）可写为

$$H(s) = \sum_{r=1}^{N} \frac{\boldsymbol{R}_r s + \boldsymbol{P}_r}{s^2 - (\lambda_r + \lambda_r^*)s + \lambda_r\lambda_r^*} \tag{7-74}$$

当实模态时，$\boldsymbol{\Psi}_r = \boldsymbol{\Psi}_r^* = \boldsymbol{\phi}_r$；则由式（7-38）可得

$$(\boldsymbol{\Phi}^T\boldsymbol{C} + \boldsymbol{\Lambda}^T\boldsymbol{\Phi}^T\boldsymbol{M})\boldsymbol{\Phi} + \boldsymbol{\Phi}^T\boldsymbol{M}\boldsymbol{\Phi}\boldsymbol{\Lambda} = \begin{bmatrix} a_1 & & \\ & \ddots & \\ & & a_N \end{bmatrix} \tag{7-75}$$

展开上式，对递 r 阶模态，则可得

$$\left.\begin{array}{l} a_r = 2jM_r\beta_r \\ a_r^* = -2jM_r\beta_r \end{array}\right\} \tag{7-76}$$

将式（7-76）代入 $\boldsymbol{R}_r$ 及 $\boldsymbol{P}_r$ 可得：$\boldsymbol{R}_r = 0$，$\boldsymbol{P}_r = \dfrac{\boldsymbol{\phi}_r\boldsymbol{\phi}_r^T}{M_r}$；并代入式（7-73），可得实模态传递函数矩阵

$$H(s) = \sum_{r=1}^{N} \frac{\boldsymbol{\phi}_r\boldsymbol{\phi}_r^T}{M_r} \frac{1}{s^2 - 2\zeta_r\omega_r s + \omega_r^2} \tag{7-77}$$

令 $s = j\omega$，则系统的实模态频响函数矩阵为

$$H(\omega) = \sum_{r=1}^{N} \frac{\boldsymbol{\phi}_r\boldsymbol{\phi}_r^T}{M_r\omega_r^2} \frac{1}{(1-\overline{\omega}_r^2) + j2\zeta_r\overline{\omega}_r} \tag{7-78}$$

式（7-78）即为式（7-44）推导的实模态频响函数矩阵。

（5）系统的状态方程模型

对一个 N 自由度线性定常系统，在 P 个激励力作用下，其运动方程常用下列微分方程组来描述

$$\boldsymbol{M}\ddot{\boldsymbol{X}} + \boldsymbol{C}\dot{\boldsymbol{X}} + \boldsymbol{K}\boldsymbol{X} = \boldsymbol{L}\boldsymbol{F} \tag{7-79}$$

式中：$\boldsymbol{X}$ 为 N 维位移向量；$\boldsymbol{F}$ 为 P 维激励力向量；$\boldsymbol{M}$、$\boldsymbol{C}$、$\boldsymbol{K}$ 分别为系统的质量、阻尼和刚度矩阵；当不计刚体运动时，$\boldsymbol{M}$、$\boldsymbol{K}$ 均为正定矩阵；$\boldsymbol{L}$ 为荷载分配矩阵，它是 $N \times P$ 阶矩阵，它反映各种激励源在各激励点引起的激励分配情况。

将式（7-79）与恒等式 $\dot{\boldsymbol{X}} = \boldsymbol{I}\dot{\boldsymbol{X}}$ 组合在一起，可得

$$\left\{\begin{array}{l} \dot{\boldsymbol{X}} = \boldsymbol{I}\dot{\boldsymbol{X}} \\ \ddot{\boldsymbol{X}} = -\boldsymbol{M}^{-1}\boldsymbol{K}\boldsymbol{X} - \boldsymbol{M}^{-1}\boldsymbol{C}\dot{\boldsymbol{X}} + \boldsymbol{M}^{-1}\boldsymbol{L}\boldsymbol{F} \end{array}\right. \tag{7-80}$$

令 $\overline{\boldsymbol{X}} = \left\{\begin{array}{l} \boldsymbol{X} \\ \dot{\boldsymbol{X}} \end{array}\right\}$，称为状态向量，为 $2N$ 维向量。因此可得状态方程为

$$\dot{\overline{\boldsymbol{X}}} = \boldsymbol{A}\overline{\boldsymbol{X}} + \boldsymbol{B}\boldsymbol{F} \tag{7-81}$$

式中：$\boldsymbol{A}$ 称为系统矩阵，为 $2N \times 2N$ 阶矩阵；$\boldsymbol{B}$ 称为输入矩阵（又称控制系数矩阵），

为 $2N \times P$ 阶矩阵，分别为

$$A = \begin{bmatrix} 0 & I \\ -M^{-1}K & -M^{-1}C \end{bmatrix}; \quad B = \begin{bmatrix} 0 \\ -M^{-1}L \end{bmatrix} \tag{7-82}$$

系统的输出向量 Y 与状态向量 X 之间有如下关系

$$Y = CX \tag{7-83}$$

式中：Y 为 m 维向量；C 为系统的输出矩阵(又称观测系数矩阵)。该式又称为观察方程，它表征系统输出与状态之间的关系。

7.1.3　基于 QR 分解和 MAC 准则的泄流结构传感器优化布置方法

泄流结构[包括高薄拱坝、导(隔)墙、水工闸门、闸墩、泄洪洞等]是水利枢纽宣泄洪水的安全通道，泄流结构要承受高速水流的作用，会因冲刷、空蚀、磨蚀和振动等产生结构损伤，也会在地震等作用下产生损伤，如何有效地检测出泄流结构的损伤程度、正确评估其安全性，对确保枢纽整体安全是至关重要的。在结构损伤检测及评估方法中，基于振动分析的结构损伤识别方法得到了较快的发展，其中，结构模态参数的准确识别是该项技术的关键之一。研究表明，环境激励下结构模态参数识别精度和准确性主要取决于传感器优化布置、对干扰信号的降噪效果以及模态参数识别算法的有效性。

由于泄流结构常处于含水流等强背景噪声的环境中，进行泄流结构动力测试所需的传感器布置将受到水流条件的影响和限制，因此，泄流结构的传感器布置应能够利用有限的或尽可能少的传感器获取全面精确的结构参数信息，并使试验结果具有良好的可观性和鲁棒性。研究了基于 QR 分解和 MAC 准则的传感器优化布置，并基于该传感器优化配置结果，开展了基于泄流激励的悬臂梁类结构模态参数识别试验，结果表明，基于传感器优化配置后的模态参数识别与计算值较为吻合；该方法可为开展泄流条件下泄流结构动力测试与损伤诊断的传感器优化配置提供重要前提保证。

(1) 基于 QR 分解和 MAC 准则的传感器优化布置理论

1) 基于 QR 分解的传感器配置原理。根据模态叠加原理，考虑测量噪声系统响应可写为

$$\{u\} = \boldsymbol{\Phi}_s \{q\} + \{v\} \tag{7-84}$$

式中：$\{u\}$ 为物理坐标，$\{u\} \in \boldsymbol{R}^{s \times 1}$；$\boldsymbol{\Phi}_s \in \boldsymbol{R}^{s \times m}$ 为模态向量矩阵；$\{q\} \in \boldsymbol{R}^{m \times 1}$；$s$ 代表传感器数量；m 为所识别的模态个数；v 代表方差为 σ^2 的高斯分部白噪声。无噪声系统响应的最小二乘解为

$$\{\bar{q}\} = [\boldsymbol{\Phi}_s^T \boldsymbol{\Phi}_s]^{-1} \boldsymbol{\Phi}_s^T \{u\} \tag{7-85}$$

则 $\{\bar{q}\}$ 与 $\{\bar{q}\}$ 的协方差为

$$[P] = E[(\{q\} - \{\bar{q}\})(\{q\} - \{\bar{q}\})^T] = \left[\frac{1}{\sigma^2}\boldsymbol{\Phi}_s^T\boldsymbol{\Phi}_s\right]^{-1} = \frac{1}{\sigma^2}[Q]^{-1} \tag{7-86}$$

式中：$[Q]$ 称为 Fisher 信息矩阵，当 $[Q]$ 取极大值时，协方差 $[P]$ 最小，就能够得到较好的估计。所以必须使 $[Q]$ 的某一种范数最大，这里选取常用的 5 - 范数 $\|Q\|_2$，则有

$$\|Q\| = \|\boldsymbol{\Phi}_s^T \boldsymbol{\Phi}_s\| = \|\boldsymbol{\Phi}_s^T\|^2 \tag{7-87}$$

因此，以上对 $[Q]$ 的要求可通过求 $\boldsymbol{\Phi}_s$ 的选择来实现。根据矩阵理论，列主元 QR

分解是选取矩阵列向量组具有较大范数子集的一种简捷有效的方法。

设有限元模型所得的模态向量矩阵对应于可测自由度的子集为 $\boldsymbol{\Phi}$，$\boldsymbol{\Phi} \in \boldsymbol{R}^{n \times m}$。一般有 $m < n$，并且 $r(\boldsymbol{\Phi}) = m$，即矩阵 $\boldsymbol{\Phi}$ 列满秩。由于列主元 QR 分解选择的是列向量组的子集，因此进行 $\boldsymbol{\Phi}^{\mathrm{T}}$ 的列主元 QR 分解。

$$\boldsymbol{\Phi}^{\mathrm{T}}\boldsymbol{E} = \boldsymbol{QR} = \boldsymbol{Q}\begin{bmatrix} R_{11} & \cdots & R_{1m} & R_{1m+1} & \cdots & R_{1n} \\ \vdots & \ddots & \vdots & \vdots & \ddots & \vdots \\ 0 & \cdots & R_{mm} & R_{mm+1} & \cdots & R_{mn} \end{bmatrix} \tag{7-88}$$

式中：$\boldsymbol{Q} \in \boldsymbol{R}^{m \times m}$，$\boldsymbol{R} \in \boldsymbol{R}^{m \times n}$，$\boldsymbol{E} \in \boldsymbol{R}^{n \times n}$，$|R_{11}| > |R_{22}| > \cdots > |R_{mm}|$；$\boldsymbol{E}$ 为置换矩阵，则 $\boldsymbol{\Phi}$ 中对应于 $\{\overline{r}_1\}, \{\overline{r}_2\}, \cdots, \{\overline{r}_n\}$ 的行（即自由度）就是 $\boldsymbol{\Phi}$ 的行向量组中具有较大范数的子集即自由度（其中 $\{\overline{r}_i\}$ 代表 $\boldsymbol{R}$ 矩阵的第 i 列）。

2）模态置信度 MAC 矩阵。由结构动力学原理可知，结构各阶模态向量在节点上的值形成了一组正交向量。但由于量测自由度远小于结构模型的自由度并且受到测试精度和测量噪声的影响，测得的模态向量已不可能保证其正交性。在极端的情况下甚至会由于向量间的空间交角过小而丢失重要的模态。因此，在选择测点时有必要使量测的各模态向量保持较大的空间交角，从而尽可能地把原来模型的特性保留下来。Came 等认为模态置信度 MAC 矩阵是评价模态向量空间交角的一个很好的工具。其公式表达为

$$MAC_{ij} = \frac{(\boldsymbol{\Phi}_i^{\mathrm{T}}\boldsymbol{\Phi}_j)^2}{(\boldsymbol{\Phi}_i^{\mathrm{T}}\boldsymbol{\Phi}_i)(\boldsymbol{\Phi}_j^{\mathrm{T}}\boldsymbol{\Phi}_j)} \tag{7-89}$$

式中：$\boldsymbol{\Phi}_i$ 和 $\boldsymbol{\Phi}_j$ 分别为第 i 阶和第 j 阶模态向量。

由式（7-89）可以看出，MAC 矩阵考虑的是模态向量矩阵列空间的度量特性。而利用 QR 分解的传感器配置实际上讨论的是模态向量矩阵行空间的特性，所以虽然这种传感器配置可以保证 q 估计值的质量，但并不一定能够得到良好的 MAC，必须采取新的措施来提高 MAC 以满足振型匹配的要求。由式（7-89）可见，MAC 矩阵的非对角元 $MAC_{ij}(i \neq j)$ 代表了相应两模态向量的交角情况：当 MAC 矩阵的某一非对角元 $\boldsymbol{\Phi}_j$ 等于 1 时，表明第 i 向量与第 j 向量交角为零，两向量不可分辨；而当 $MAC_{ij}(i \neq j)$ 等于零时，则表明第 i 向量与第 j 向量相互正交，两向量较易识别，故测点的布置应使 MAC 矩阵的非对角元最小化。

（2）基于模态置信度的传感器优化布置的逐步累积法

1）基于 QR 分解获取初始测点模态向量的 MAC 矩阵。根据上述原理，先由有限元方法获得模态向量矩阵，而后对模态向量矩阵进行 QR 分解得到传感器的初始配置。以 $\boldsymbol{\Phi}(n \times m)$ 和 $\hat{\boldsymbol{\Phi}}(\hat{n} \times m)$ 分别表示由量测自由度及剩余自由度形成的模态向量矩阵，其中，m 为可能测取的或感兴趣的模态数，n 为量测的自由度数，$\hat{n}$ 为模型可测总自由度（可安装传感器的位置）减去量测自由度所剩下的自由度。因为实际测试时，总会把模型中那些不可能作为测点的自由度剔除，如转交自由度及无法安装仪器的位置（如泄流结构水下），故 $\hat{n}$ 实际上是剩余可供选择的自由度。通过 QR 分解获取传感器初始位置测点组成的模态矩阵形成的 MAC 元素的值可表示为

$$MAC_{ij} = \frac{a_{ij}a_{ij}}{a_{ii}a_{jj}} \tag{7-90}$$

式中：a_{ij} 为第 i 阶与第 j 阶测点模态向量的点积；a_{ii}、a_{jj} 分别为第 i 阶与第 j 阶测点模态向量各自的点积。

2）逐步累积使 MAC 最大非对角元最小。当增加一个测点时，即 $\hat{\boldsymbol{\Phi}}$ 中的 k 行添加至 $\boldsymbol{\Phi}$ 中，模态 i 和模态 j 相应形成的 MAC 矩阵元素的值变为

$$MAC_{ij}^{k} = \frac{(a_{ij} + \hat{\boldsymbol{\Phi}}_{ki}\hat{\boldsymbol{\Phi}}_{kj})(a_{ij} + \hat{\boldsymbol{\Phi}}_{ki}\hat{\boldsymbol{\Phi}}_{kj})}{(a_{ii} + \hat{\boldsymbol{\Phi}}_{ki}\hat{\boldsymbol{\Phi}}_{ki})(a_{jj} + \hat{\boldsymbol{\Phi}}_{kj}\hat{\boldsymbol{\Phi}}_{kj})} \qquad (7-91)$$

式中：$\hat{\boldsymbol{\Phi}}_{ki}$、$\hat{\boldsymbol{\Phi}}_{kj}$ 分别表示自由度 k 处对应的模态 i 和模态 j 的模态值；a_{ij}、a_{ii} 及 a_{jj} 如前所述。

从式（7-91）可以看出，每次向原定的测点组中添加一个新的传感器时，$\boldsymbol{\Phi}$ 和 $\hat{\boldsymbol{\Phi}}$ 以及 MAC 都需要进行修正，MAC 矩阵中每个元素更新时只需进行五次乘法、三次加法和一次除法，同时由于 MAC 矩阵为对称矩阵，所以评价每个测点也仅用式（7-91）计算 $m(m-1)\hat{n}/2$ 次；因此这种算法对于大型泄流结构这样具有庞大自由度的水工结构是一种切实可行的方法。进行 MAC 矩阵更新的目的就是在 $\hat{\boldsymbol{\Phi}}$ 中寻找这么一个测点，它能在每次计算中最大限度地减小原 MAC 矩阵中非对角元的最大值，当传感器增加到一定数量后，MAC 最大非对角元的减小速度非常缓慢，继续增加传感器数量的优化效果不明显，而过多的传感器数量也失去了优化配置的意义。因此，传感器的数量应综合优化结果和经济性两方面来确定。

3）基于 MAC 准则的逐步累积法步骤。运用基于 QR 分解和 MAC 准则对泄流结构传感器进行优化配置的具体步骤如下：

a）用有限元方法得到结构的湿模态向量矩阵（假定可测自由度为 n，取 m 阶模态，一般 $m<n$），求其模态置信度矩阵 MAC。

b）将模态向量矩阵转置后进行 QR 分解，将得到的 s 个自由度作为传感器的初始配置位置，从有限元模型中导出形成初始配置测点的模态向量矩阵 $\boldsymbol{\Phi}_s(s\times m)$，则由剩余自由度组成的振型矩阵子集为 $\hat{\boldsymbol{\Phi}}_s[(n-s)\times m]$。由式（7-91）求其模态向量矩阵的置信度矩阵 MAC，并求 MAC 矩阵的最大非对角元 $MAX = MAX_{ij}$。

c）依次计算将 $\hat{\boldsymbol{\Phi}}_s$ 的第 l 行加入到 $\boldsymbol{\Phi}_s$ 后的 $(MAX_{ij})_{kl}$ 矩阵，$l=1,2,\cdots,(n-s)-k+1$，计算这 $(n-s)-k+1$ 个 $(MAX_{ij})_{kl}$ 矩阵的最大非对角元 $(MAX)_{kl}$，开始 $k=1$。

d）计算 $f(k) = MAX - (MAX)_{kl}$ 的值，如果差值均小于零，停止计算；否则，取两者差值最大的记为 $(MAX)_k$，并将其对应的自由度 p 行加入到原始布置中去；交换 $\hat{\boldsymbol{\Phi}}_s$ 中的 k 行和 p 行。

e）将加入这个新的传感器后的布置作为初始布置，令 $MAX = (MAX)_k$，$k = k+1$，重复步骤 c）~ d）。

f）根据每次添加一个传感器后最大非对角元的变化，确定传感器最佳的配置结果。

7.2　基于泄流振动响应的导墙结构损伤诊断研究

泄流诱发结构振动是一种极其复杂的水流与结构相互作用的现象。在水利工程中，

由于水流的强烈紊动，产生的脉动压力作用在结构物上，极有可能造成结构物的强烈振动，甚至导致结构的破坏。尤其是当今的水工建筑物，泄量大、流速高及结构趋向轻型化发展使得流激振动问题更为突出，部分轻型结构（如导墙、闸门等）在长期的水流动力荷载作用下，常常因疲劳而导致结构破坏，从而引起工程事故。

目前，工程界对导墙结构的损伤诊断，多采用长期静态位移观测来确定导墙结构的安全性，而长期静态位移观测常常会出现观测基准漂移的现象，影响损伤诊断的可靠性。

7.2.1 导墙结构泄流振动破坏特性

对于导墙这种轻型水工结构而言，一般水工设计人员往往以为隔水墙只起分水作用，两侧动水压或静水压平衡，而忽视脉压的动力压力，由于混凝土结构的抗拉强度小，在长期泄水过程中，常导致疲劳破坏，目前，国内外已经发现多起导墙振动和破坏的工程实例。

1）美国得克萨斯州的德克萨尔卡那坝（Texarkana Dam）隔水墙的破坏。据报道，该泄水建筑物的隔水墙和底板的连接处发生断裂，除了8根钢筋外（已弯成90°），墙中所有钢筋都断裂，迹象表明，这些钢筋是由于金属的疲劳破坏所引起的，如图7-8所示。同时，有迹象表明，在隔墙倒塌之前，曾发生过剧烈的侧向振动，因为钢筋周围的混凝土压碎深度达0.6~0.9m。

图7-8　美国德克萨尔卡那坝隔水墙破坏

2）美国加利福尼亚州的垂尼蒂坝（Trinity Dam）隔水墙的破坏。检查表明，除消力池底部和隔水墙有严重的冲蚀破坏外，沿着消力池底板高6.1m处有一条水平工作缝，分水隔墙的上部倒塌，从钢筋的破坏迹象看出，破坏是由于疲劳产生的，剩下来的那部分隔墙，两边底部（隔水墙的嵌固端）都有相当长的水平弯曲裂缝，中间还有一条垂直裂缝。

3）美国新泽西州科罗拉多河蓄水工程的纳佛角坝（Navajo Dam）隔水墙的破坏。检查发现，除了严重的冲蚀破坏外，导墙中不少钢筋折断或弯曲，沿导墙根部出现整齐的一排疲劳裂缝。据报道，导墙是由于振动导致疲劳破坏，泄水时，当泄量超过50m³/s，隔墙便出现振动，振动频率和脉动压力耦合，脉动压力的频率和振幅是泄流量和尾水高度的函数。

4）据苏联有关文献报道：巴帕津斯基水利枢纽溢洪道消力池内作为检修用的分水

墙由于振动而破坏；沃特金水利枢纽水电站厂房与坝之间的隔墩段承受了不能允许的强烈振动。

5）万安水电站导墙及大化水电站闸墩。万安水电站导墙在运行过程中倒塌；大化水电站在泄流中发现某一流量范围内，闸墩发生显著振动，振动方均根值达 1.56mm，在过坝流量超过 4400m³/s 时，操作人员在闸墩上已有振动的明显感觉，在流量超过 7000m³/s 时，闸墩的振动最大，观测到最大振幅达 3mm，大大超过闸墩允许振幅值；1982 年，乌江渡原型观测发现左右导墙的激烈振动，在闸门开度大于 4m 时，导墙振动有随着闸门开度增加而加大的趋势，在闸门全开时，左右导墙侧向振动振幅最大值达 2mm（1987 年观测值），均超过苏联有关文献提出的对水工建筑物混凝土结构的允许振幅值。

可见，导墙或隔水墙这种轻型薄壁结构受到脉动压力的交变作用，导致结构物疲劳破坏和强烈振动的危险性，是一个现实的问题，应引起充分重视。

7.2.2　基于机器学习理论的水工结构损伤诊断方法研究

基于数据的机器学习理论，是指研究从观测数据（样本）出发寻找规律，利用这些规律对未来数据或无法观测的数据进行预测，是现代智能技术中的重要方面。包括模式识别、神经网络等在内，现有机器学习方法共同的重要的理论基础之一是统计学。传统统计学研究的是样本数目趋于无穷大时的渐近理论，现有学习方法也多是基于此假设。但在实际问题中，样本数往往是有限的，因此一些理论上很优秀的学习方法在实际中表现可能不尽人意。

（1）机器学习的基本问题

$$(x_1, y_1), (x_2, y_2), \cdots, (x_n, y_n) \tag{7-92}$$

在一组函数 $\{f(x,w)\}$ 中求一个最优的函数 $\{f(x,w_0)\}$，对依赖关系进行估计，使期望风险

$$R(w) = \int L[y, f(x,w)] dF(x,y) \tag{7-93}$$

式中：$\{f(x,w)\}$ 称作预测函数集，w 为函数的广义参数，$\{f(x,w)\}$ 可以表示任何函数集；$L[y, f(x,w)]$ 为由于用 $f(x,w)$ 对 y 进行预测而造成的损失，不同类型的学习问题有不同形式的损失函数。预测函数也称作学习函数、学习模型或学习机器。有三类基本的机器学习问题，即模式识别、函数逼近和概率密度估计。

对模式识别问题而言，输出 y 是类别信号。比如两类情况下 $y = \{0,1\}$ 或 $\{1, -1\}$，其预测函数称作指示函数，而损失函数则可以定义为

$$L[y, f(x,w)] = \begin{cases} 0 & y = f(x, \omega) \\ 1 & y \neq f(x\omega) \end{cases} \tag{7-94}$$

对于函数逼近问题而言，y 是连续变量（这里假设为单值函数），可采用最小平方误差准则，其损失函数可定义为

$$L[y, f(x,w)] = [y - f(x, \omega)]^2 \tag{7-95}$$

对于概率密度估计问题而言，学习的目的是根据训练样本确定 x 的概率密度。若估计的密度函数为 $p(x, \omega)$，则损失函数可定义为概率密度的自然对数，即

$$L[y, f(x, w)] = \ln p(x, \omega) \qquad (7-96)$$

1）经验风险最小化。在上面的问题表述中，学习的目标在于使期望风险最小化，但是，由于可以利用的信息只有样本式（7-92），式（7-93）的期望风险并无法计算，因此传统的学习方法中采用了所谓经验风险最小化（ERM）准则，即用样本定义经验风险

$$R_{emp}(w) = \frac{1}{l} \sum_{i=1}^{n} L[y_i, f(x_i, w)] \qquad (7-97)$$

作为对式（7-93）的估计，设计学习算法使其最小化。

事实上，用 ERM 准则代替期望风险最小化并没有经过充分的理论论证，只是在直观上理所当然的做法，但这种思想却在多年的机器学习方法研究中占据了主要地位。人们多年来将大部分注意力集中到如何更好地最小化经验风险上，而实际上，即使可以假定当 n 趋向于无穷大时式（7-96）趋近于式（7-93），但在很多问题中的样本数目离无穷大相去甚远。

2）复杂性与推广能力。ERM 准则不成功的一个例子是神经网络的过学习问题。开始，很多注意力都集中在如何使 $R_{emp}(w)$ 更小，但很快就发现，训练误差小并不总能导致好的预测效果。某些情况下，训练误差过小反而会导致推广能力的下降，即真实风险的增加，这就是过学习问题。

之所以出现过学习现象，一是因为样本不充分，二是学习机器设计不合理，这两个问题是互相关联的。设想一个简单的例子，假设有一组实数样本 $\{x, y\}$，y 取值为 $[0, 1]$。那么不论样本是依据什么模型产生的，只要用函数 $f(x, \alpha) = \sin(\alpha x)$ 去拟合它们（α 是待定参数），总能够找到一个 α 使训练误差为零，但显然得到的"最优"函数并不能正确代表真实的函数模型。究其原因，是试图用一个十分复杂的模型去拟合有限的样本，导致丧失了推广能力。在神经网络中，若对有限的样本来说网络学习能力过强，足以记住每个样本，此时经验风险很快就可以收敛到很小甚至零，但却根本无法保证其对未来样本能给出好的预测。学习机器的复杂性与推广性之间的这种矛盾同样可以在其他学习方法中看到。

（2）统计学习理论的核心内容

统计学习理论就是研究小样本统计估计和预测的理论，主要内容包括四个方面：

1）经验风险最小化准则下统计学习一致性的条件。

2）在这些条件下关于统计学习方法推广性的界的结论。

3）在这些界的基础上建立的小样本归纳推理准则。

4）实现新的准则的实际方法（算法）。

其中，最有指导性的理论结果是推广性的界，与此相关的一个核心概念是 VC 维。

1）VC 维。为了研究学习过程一致收敛的速度和推广性，统计学习理论定义了一系列有关函数集学习性能的指标，其中最重要的是 VC 维（Vapnik-Chervonenkis Dimension）。模式识别方法中 VC 维的直观定义：对一个指示函数集，如果存在 h 个样本能够被函数集中的函数按所有可能的 2^h 种形式分开，则称函数集能够把 h 个样本打散；函数集的 VC 维就是其能打散的最大样本数目 h。若对任意数目的样本都有函数能将它们打散，则函数集的 VC 维是无穷大。有界实函数的 VC 维可以通过用一定的阈值将它转

化成指示函数来定义。

VC 维反映了函数集的学习能力。一般而言，VC 维越大，则学习机器越复杂，学习容量就越大。目前尚没有通用的关于任意函数集 VC 维计算的理论，只对一些特殊的函数集知道其 VC 维。例如在 n 维实数空间中线性分类器和线性实函数的 VC 维是 $n+1$，而 $f(x,\alpha) = \sin(\alpha x)$ 的 VC 维则为无穷大。如何用理论或试验的方法计算 VC 维是当前统计学习理论中有待研究的一个问题。

2）推广性的界。统计学习理论系统地研究了对于各种类型的函数集，经验风险和实际风险之间的关系，即推广性的界。关于两类分类问题，结论：对指示函数集中的所有函数（包括使经验风险最小的函数），经验风险 $R_{emp}(w)$ 和实际风险 $R(w)$ 之间以至少 $1-\eta$ 的概率满足如下关系

$$R(w) \leqslant R_{emp}(w) + \sqrt{\frac{h(\ln(2n/h) + 1) - \ln(\eta/4)}{n}} \qquad (7-98)$$

式中：h 是函数集的 VC 维，n 是样本数。这一结论从理论上说明了学习机器的实际风险是由两部分组成的：一部分是经验风险（训练误差），另一部分称作置信范围，其和学习机器的 VC 维 h 及训练样本数 n 有关。可以简单地表示为

$$R(w) \leqslant R_{emp}(w) + \Phi(h/n) \qquad (7-99)$$

以上表明，在有限训练样本下，学习机器的 VC 维越高（复杂性越高），则置信范围越大，导致真实风险与经验风险之间可能的差别越大。这就是出现过学习现象的原因。机器学习过程不但要使经验风险最小，还要使 VC 维尽量小以缩小置信范围，才能取得较小的实际风险，即对未来样本有较好的推广性。

需要指出，推广性的界是对于最坏情况的结论，在很多情况下是较松的，尤其当 VC 维较高时更是如此。而且，这种界只在对同一类学习函数进行比较时有效，可以指导我们从函数集中选择最优的函数，在不同函数集之间比较却不一定成立。Vapnik 指出，寻找更好地反映学习机器能力的参数和得到更紧的界是学习理论今后的研究方向之一。

由上面的结论看到，ERM 原则在样本有限时是不合理的，我们需要同时最小化经验风险和置信范围。其实，在传统方法中，选择学习模型和算法的过程就是调整置信范围的过程，如果模型比较适合现有的训练样本（相当于 h/n 值适当），则可以取得比较好的效果。但因为缺乏理论指导，这种选择只能依赖先验知识和经验，造成了如神经网络等方法对使用者 "技巧" 的过分依赖。统计学习理论提出了一种新的策略，即把函数集构造为一个函数子集序列，使各个子集按照 VC 维的大小（亦即 Φ 的大小）排列；在每个子集中寻找最小经验风险，在子集间折中考虑经验风险和置信范围，取得实际风险的最小，如图 7-9 所示。

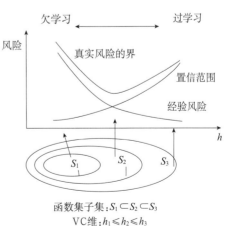

图 7-9　结构风险最小化示意图

这种思想称作结构风险最小化（Structural Risk Minimization），即 SRM 准则。统计学习理论还给出了合理的函数子集结构应满足的条件及在 SRM 准则下实际风险收敛的性质。

实现 SRM 原则可以有两种思路，一是在每个子集中求最小经验风险，然后选择使最小经验风险和置信范围之和最小的子集。显然这种方法比较费时，当子集数目很大甚至是无穷时不可行。因此有第二种思路，即设计函数集的某种结构使每个子集中都能取得最小的经验风险（如使训练误差为 0），然后只需选择适当的子集使置信范围最小，则这个子集中使经验风险最小的函数就是最优函数。支持向量机方法实际上就是这种思想的具体实现。下面对机器学习理论中常用的两种方法，神经网络和支持向量机理论进行介绍。

（3）神经网络与支持向量机

人们对于人工神经网络的研究可以追溯到 20 世纪 40 年代，初衷是对思维的物质基础——神经元及由神经元组成的网络的模拟入手，建造具有某种智能行为的系统。ANN 的研究经过了一段坎坷的历史，直到 1981 年物理学家 John Hopfield 提出具有联想记忆功能的 Hopfield 神经网络以及 1985 年 David Rumelhart 和 James McClelland 提出能够有效训练多层感知机神经网络的误差反向传播算法（BP 算法之后），ANN 的研究才又进入了一个鼎盛时期。到目前为止，人们已经提出了很多 ANN 结构模型和相应的算法。但总的来讲，从网络的拓扑结构来说，ANN 大体可分为层次型网络和递归型网络，后者是带有反馈的网络，其部分输出又连接到它的输入。

人工神经网络的基本单位是人工神经元基本结构，如图 7-10 所示。神经元接受与其连接的其他神经元的输入（亦称激励，其值为其他神经元的输出值与神经元间连接权的乘积），该神经元按照一定的函数 f（如硬极限函数、线性函数、对数-S 函数、竞争函数）等输出。

1）BP 神经网络理论。1985 年由 Rumelhart 和 Mcclelland 领导的 PDP（Parallel Distributed Processing）小组提出了一种基于误差反向传播算法的网络。这种网络是在感知机中加入隐含层并且使用广义 δ-算法进行学习之后发展起来的。表现为多层网络结构，相邻层之间为单向完全连接。如图 7-11 所示。由于这种对老的感知机模型的改进，使得 BP 网络可以以任意精度近似任意连续函数。由于 BP 网络对输入输出节点的数量没有限制，使得很多问题可以转化为 BP 网络能够解决的问题。如模式识别、信号检测、图像处理、自适应滤波、函数逼近以及逻辑映射等。

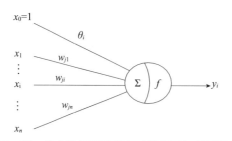

图 7-10 单个神经网络节点（神经元）模型结构

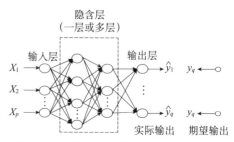

图 7-11 基于 BP 算法的神经网络结构

BP 算法是在导师指导下，适合多层神经网络的一种学习，是建立在梯度下降法的基础上的。下面说明阈值修正过程。

首先定义误差函数

$$E_\mathrm{p}(W) = \frac{1}{2} \sum (d_{\mathrm{p},j} - O_{\mathrm{p},j,1}^2)^2 \qquad (7-100)$$

式中：$E_\mathrm{p}(W)$ 为网络在第 p 个输入模式下的误差度量；$d_{\mathrm{p},j}$ 为在第 p 个输入模式下，输出层的第 j 个节点的期望输出；$O_{\mathrm{p},j}^2$ 为第 k 层第 i 个节点的输出；第 i 节点的输入为 $net_{i,k} = \sum_{j=1}^{N_{k-1}} (W_{i,k} * O_{j,k-1}) + \theta_{i,k}$；$net_{i,k}$ 为第 k 层第 i 个节点的输入；$W_{i,k}$ 为连接权向量；$\theta_{i,k}$ 为第 k 层第 i 个神经元节点的阈值。

节点的输出为

$$O_{i,k} = f(net_{i,k}) \qquad (7-101)$$

这里 f 可选为 Sigmoid 函数

$$f(net_{i,k}) = \frac{1}{(1 + e^{-net_{i,k}})} \qquad (7-102)$$

BP 神经网络的训练过程，由正向和反向传播组成。在正向传播过程中，输入层经隐节点逐层处理，并传向输出层，每一层的神经元状态又影响下一层神经元的状态，如果输出层不能得到期望输出则转向反向传播，将误差信号按照原来的连接通路返回，通过修正各层神经元的权值，使得误差传递函数最小。

BP 网络的计算步骤可归纳如下：

a）构造网络拓扑结构，设置合理的网络参数：学习速率 η、冲量因子 a。

b）网络权值及阈值初始化，即在 $[-0.5, 0.5]$ 之间随机给定初始权值 $W_{ij}(0)$ 和阈值 $\theta_{ij}(0)$。

c）确定训练用学习样本的输入向量和期望输出向量 (X, d)；对每个步骤重复 d）~ g）。

d）计算网络的实际输出。

e）计算网络反向误差。

f）权值学习，修改各层的权值和阈值。

g）若 $E_\mathrm{p} < E_\mathrm{s}$（系统允许误差）或 $E_k < E_{ks}$（单个样本的允许误差）或达到指定的迭代步数，学习结束。否则进行误差反向传播，转向 c）。

BP 神经网络虽被广泛应用，但仍有不足：不一定收敛到全局最小、收敛速度慢、隐层单元数根据经验选取、网络学习和记忆不稳定、泛化能力较差等。

2）RBF 神经网络理论。RBF 网络是近年提出并得到很大发展的一种神经网络。从网络的结构上讲，它同上面介绍的 BP 网络（也称多层前馈网）、MLP 网相似，同属于层次网络。从本质上说，该网络结构是一种两层网络，输入层节点只是传递输入信号到隐层，隐层节点（即 RBF 节点）的激发函数为径向基函数，输出层节点通常采用简单的线性函数。隐层中的基函数对输入激励产生一个局部化的响应，即当输入落入很小的区域时，隐元才有非零响应。因此，RBF 网络也称为局部接受域网络。在 RBF 网络中，隐含层常用的激励函数为高斯函数

$$R_j = \exp\left[-\frac{(x-c_j)^2}{2\sigma_j^2}\right] \quad j = 1,2,\cdots,N_r \tag{7-103}$$

式中：R_j 为隐层第 j 个单元的输出；x 为输入模式；c_j 为第 j 个单元高斯函数的中心；σ_j^2 为第 j 个隐层节点的归一化参数（表示与第 j 个聚类中心相联系的数据散布的一种测度）；N_r 为隐层节点数。决定各隐层节点的数目和高斯函数中心的位置 c_j 及归一化参数。最常用的确定高斯函数的方法是 K-means 聚类算法，其基本算法为：

a）将 $c_j(j = 1 \sim N_r)$ 的初值 c_j^0 置为最初的 N_r 个训练样本。

b）将所有分类按照最近的聚类中心分组，即将 x_i 分配给 θ_j^*，$c_j^* = \min\|x_i - c_j\|$。

c）对每个模式类计算样本均值 $c_j = \frac{1}{M_j}\sum_{x_i \in j} x_i$。

d）比较 c_j 和 c_j^0，若 m 前后没有变化，则聚类结束，否则，令 $c_j^0 = c_j$，转 b）。

以上算法中 θ_j 为第 j 组所有样本，M_j 为 θ_j 中的模式数。聚类完成后，尚需确定参数 σ_j^2，一般可按照下式求得归一化参数 σ_j^2

$$\sigma_j^2 = \frac{1}{M_j}\sum_{x \in \theta_j}(x-c_j)^{\mathrm{T}}(x-c_j) \tag{7-104}$$

在第二段的训练是根据已确定好的隐层参数和输入样本、输出样本，按照最小二乘原则求得隐层与输出层连接权值 W_{ik}，一般采用 LMS 算法。RBF 神经网络图如图 7-12 所示。

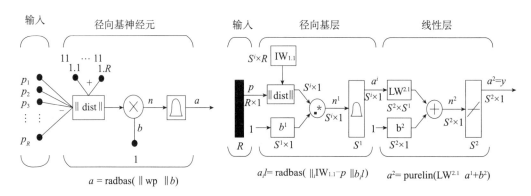

(a) 有 R 个输入的径向基神经元　　　　　(b) 径向基神经元网络结构

图 7-12　基于 BP 算法的神经网络结构

3）最小二乘支持向量机理论。与传统统计学相比，统计学习理论（Statistical Learning Theory，SLT）是一种专门研究小样本情况下机器学习规律的理论。V. Vapnik 等人从 20 世纪六七十年代开始致力于此方面研究，到 90 年代中期，随着该理论的不断发展和成熟，也由于神经网络等学习方法在理论上缺乏实质性进展，统计学习理论开始受到越来越广泛的重视。

统计学习理论是建立在一套较坚实的理论基础之上的，为解决有限样本学习问题提供了一个统一的框架，能将很多现有方法纳入其中，有望帮助解决许多原来难以解决的问题（比如神经网络结构选择问题、局部极小点问题等）；同时，在这一理论基础上发展了一种新的通用学习方法——支持向量机（Support Vector Machine，SVM），如

图 7 – 13 所示，已初步表现出很多优于已有方法的性能。一些学者认为，SLT 和 SVM 正在成为继神经网络研究之后新的研究热点，并将有力地推动机器学习理论和技术的发展。

Suykens J. A. K 在 1998 年提出了一种新型支持向量机方法——最小二乘支持向量机（Least Squares Support Vector Machine，LS-SVM）用于解决分类和函数估计问题。这种方法采用最小二乘线性系统作为损失函数，代替传统的支持向量机采用的二次规划方法，并应用到模

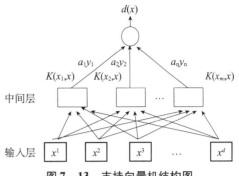

图 7 – 13　支持向量机结构图

式识别和非线性函数估计中来，取得了比较好的效果。该算法运算简单，收敛速度快，精度高。采用最小二乘支持向量机进行函数估计的算法如下所述。支持向量机（SVM）是建立在学习理论的结构风险最小化原则之上。主要思想是针对两类分类问题，在高维空间中寻找一个超平面作为两类的分割，以保证最小的分类错误率。而且支持向量机的一个重要优点是可以处理线性不可分的情况。另外，由于支持向量机算法是一个二次优化问题，所以能够保证所得到的解救是全局最优解，避免了人工神经网络等方法的网络结构难以确定、过学习和欠学习以及局部极小化等问题。目前，支持向量机正在成为机器学习领域中新的研究热点，并在很多领域得到了成功应用。

设训练样本 $(x_1,y_1),(x_2,y_2),\cdots,(x_n,y_n)$，$x \in R^n$，$y \in R^m$，$x$ 是输入数据，y 是输出数据。在原始空间中的优化问题可以描述为

$$\min_{w,b,\varepsilon} J(w,\varepsilon) = \frac{1}{2}w^{\mathrm{T}}w + \frac{1}{2}\gamma\sum_{i=1}^{n}\varepsilon_i^2 \tag{7 – 105}$$

其中，约束条件为 $y_i = w^{\mathrm{T}}\varphi(x_i) + b + \varepsilon_i$，$i = 1,2,n,n$。

式中：$\varphi(\cdot)$ 用 $R^n \to R^{n_h}$ 表述，是核空间映射函数；权矢量 $w \in R^{n_h}$（原始空间），误差变量 $\varepsilon_i \in R$，b 是偏差量；损失函数 J 是 SSE 误差和规则化量之和；γ 是可调常数。核空间映射函数的目的是从原始空间中抽取特征，将原始空间中的样本映射为高维特征空间中的一个向量，以解决原始空间中线性不可分的问题。

根据优化函数式式（7 – 105），定义拉格朗日函数为

$$L(w,b,\varepsilon,\alpha) = J(w,\varepsilon) - \sum_{i=1}^{l}\alpha_i\{w^{\mathrm{T}}\varphi(x_i) + b + e_i + y_i\} \tag{7 – 106}$$

式中：拉格朗日乘子（即支持向量）$\alpha_i \in R$。对上式进行优化，得

$$\left.\begin{array}{l}
\dfrac{\partial L}{\partial w} = 0 \to w = \sum_{i=1}^{n}\alpha_i\varphi(x_i) \\[3mm]
\dfrac{\partial L}{\partial b} = 0 \to w = \sum_{i=1}^{n}\alpha_i = 0 \\[3mm]
\dfrac{\partial L}{\partial \varepsilon_i} = 0 \to \alpha_i = \gamma\varepsilon_i \\[3mm]
\dfrac{\partial L}{\partial \alpha_i} = 0 \to w^{\mathrm{T}}\varphi(x_i) + b + \varepsilon_i^k - y_k = 0
\end{array}\right\} \tag{7 – 107}$$

式（7-107）中：$i=1,2,\cdots,n$。消除变量 w，ε，可得矩阵方程

$$\begin{bmatrix} 0 & l_v^T \\ l_v & \Omega+\dfrac{1}{\gamma}I \end{bmatrix}\begin{bmatrix} b \\ a \end{bmatrix}=\begin{bmatrix} 0 \\ y \end{bmatrix} \tag{7-108}$$

式中：$y=[y_1,y_2,n,y_l]$；$l_v=[1,1,n,1]$；$\alpha=[\alpha_1,\alpha_2,n,\alpha_l]$；$\Omega_{ij}=\varphi(x_i)^T\varphi(x_j)$，$i,j=1,2,\cdots,n$。根据 Mercer 条件，存在映射函数 φ 和核函数 $K(\cdot,\cdot)$，使得

$$K(x_i,x_j)=\varphi(x_i)^T\varphi(x_j) \tag{7-109}$$

LS-SVM 最小二乘支持向量机的函数估计为

$$y(x)=\sum_{i=1}^{n}\alpha_i K(x,x_i)+b \tag{7-110}$$

式中：a，b 由式（7-108）求解出。

预测模型设计主要包括模型参数的选择和核函数（包括核函数参数）的选择。这是支持向量机方法的一个难点，实际工程中主要靠经验和试验来确定。可以通过模型训练的交互验证法结合对参数的测试来进行模型设计。交互验证就是将全部 L 个样本随机均匀分为 N 份，首先取出其中一份作为验证集进行验证，计算相应的预测误差，用剩下的 $N-1$ 份作为设计集来设计预测模型，然后再把取出的那份样本放回原样本集中，取出另外一份，再用剩下的 $N-1$ 份作为设计集来设计预测模型。这样一共重复设计模型 N 次，检验 N 次，并计算平均预测误差，以此当作评价模型效果的依据来调整模型参数，直到得到预测误差最小的模型作为最优预测模型。

留一法是交互验证法的特例，即 $N=L$，就是将全部 L 个样本分成 L 份，每份有一个样本，然后进行交互验证。留一法充分利用了 L 个样本中每一个样本的信息，能有效避免过拟合现象，是评价模型稳定性和泛化能力的重要方法之一。留一法的缺点是如果样本集 L 较大，因每一组模型参数将会带来 L 次模型计算，计算量较大，所以如若结合求解效率的最小二乘支持向量机算法，可以有效地解决大规模数据计算问题。

支持向量机识别结构损伤的步骤如下所述：

a）构造损伤标识量。损伤的存在会影响结构的动力响应特性，使得各种结构参数（固有频率、模态振型等）发生不同程度的变化，从损伤的识别效果来看，模态频率、模态振型、应变模态、柔度矩阵等都是较好的损伤标识量。其中模态频率是工程中较易获得的模态参数，而且精度容易保证；另外，频率的整体辨识特性使得测量点可以根据实际情况进行定制，完全可以胜任损伤诊断。

b）数据预处理。SVM 方法虽然对样本的维数不敏感，可以不进行特征变换；但由于各类参数所代表的物理含义不一样，取值范围差别较大，另外实际数据可能存在噪声和冗余，所以为提高计算精度，需要对参数进行预处理，如进行离散归一化处理、用粗糙集理论进行预处理等。数据冗余信息，还可以克服 SVM 算法在处理大量样本时速度慢的缺点。

c）核函数的选择。常用的核函数有线性函数、多项式函数、径向基函数以及 Sigmoid 函数等，应根据不同的数据特征选择不同的核函数。在不知数据概率分布的情况下，采取径向基函数可以取得较好的推广效果。所以一般推荐采用径向基函数作为核函数。

d）样本测试。使用 SVM 进行损伤诊断，首先要构造可靠的训练样本，但在实际测量中很难做到。可以通过先构造合适的有限元模型，采用数值模拟的方法获得训练样本来预测未知的损伤位置和程度。

e）损伤诊断。样本测试完成后，将实测的结构响应信号通过模态参数识别方法对结构的模态参数进行识别，然后转化为符合支持向量机的输入数据的结构，输入支持向量机模型中，从而实现结构的损伤诊断。

（4）损伤标示量的确定

1）位置检测指标（LDI）的选择。对于损伤定位而言，需要选取的是与损伤程度无关、仅与损伤位置有关的参数。这样的参数有归一化的频率变化比、损伤信号指标、组合损伤指标等，大量的研究表明，相对于振型、阻尼，频率的识别精度最高（识别误差在 1% 量级），振型的识别误差为 10%，阻尼则大于 100%，不宜用于损伤诊断。由于频率运用以上几章内容比较容易获得且相对更准确点，所以本文采用归一化的固有频率变化为输入向量。

第 i 阶破损前后频率的变化为

$$FFC_i = \frac{F_{ui} - F_{di}}{F_{ui}} \quad (i = 1,2,3,\cdots,m) \tag{7-111}$$

式中：F_{di} 为结构损伤后的第 i 阶固有频率；F_{ui} 是结构完好时的第 i 阶固有频率

假设其与破损的程度和位置均相关。即

$$FFC_i = g_i(r)f_i(\Delta K, \Delta M) \tag{7-112}$$

式中：r 为破损位置向量。

将 f_i 关于 $\Delta K = 0$ 和 $\Delta M = 0$ 做泰勒级数展开，并忽略高阶项，可得

$$FFC_i = g_i(r)\left\{f_i(0,0) + \Delta M \frac{\partial f_i}{\partial \Delta M}(0,0) + \Delta K \frac{\partial f_i}{\partial \Delta M}(0,0)\right\} \tag{7-113}$$

式中：$f_i(0,0) = 0$（因为此时结构处于无扰动状态），从而有

$$FFC_i = g_i(r)\left\{\Delta M \frac{\partial f_i}{\partial \Delta M}(0,0) + \Delta K \frac{\partial f_i}{\partial \Delta M}(0,0)\right\} \tag{7-114}$$

函数 f_i 在 $\Delta K = 0$ 和 $\Delta M = 0$ 处的偏微分为常数。因此有

$$FFC_i = \Delta M m_i(r) + \Delta K n_i(r) \tag{7-115}$$

对于像水工结构这样的大型工程来说，损伤常对结构的刚度产生较明显的影响，而对质量分布几乎不产生影响，所以在方程中 ΔM 可看作等于零，则式（7-115）就变为

$$FFC_i = \Delta K n_i(r) \tag{7-116}$$

而归一化的频率变化比为

$$NFCR_i = \frac{FFC_i}{\sum_{i=1}^{m} FFC_i} = \frac{\Delta K n_i(r)}{\Delta K \sum_{i=1}^{m} n_i(r)} \tag{7-117}$$

从式（7-117）可以看出归一化的频率变化比 $NFCR_i$ 只与破损的位置有关，而与破损的程度无关。应用该参数进行破损定位，不受破损程度的影响，从而提高了破损定位的精度，便于实际应用。

2）裂缝长度曲线（FCI）的定义。对于程度指标的选取相对定位指标来说，范围

更广，更容易选取，任何与损伤位置及程度有关的参数均可以作为输入量。本文中为了能更加充分地利用数据，依然采用与频率有关的量作为输入，这里选取固有频率平方的变化作为指标程度。公式为

$$NSFR_i = \frac{F_{ui}^2 - F_{ud}^2}{F_{ui}^2} \times 100\%$$ (7-118)

式中：F_{ui} 和 F_{ud} 分别为结构完好时和损伤时结构的频率变化。由式（7-118）绘制每一个 FCI 曲线（由沿着导墙高度同一深度获得）。对于裂缝深度 β_x 的评估由式（7-119）计算获得（图 7-14）

$$\beta_x = \beta_l + \frac{NSFR_{ix} - NSFR_{il}}{NSFR_{iu} - NSFR_{il}} \times (\beta_u - \beta_l)$$ (7-119)

式中：β_u 和 β_l 分别为结构由 FCI 曲线获得结构发生两种不同损伤时的裂缝长度。

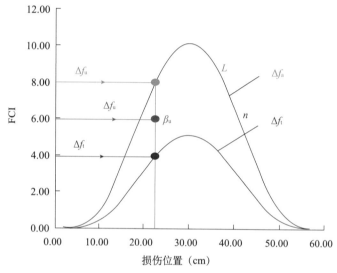

图 7-14　FCI 曲线裂缝深度评价示意图

7.2.3　三峡水电站左导墙结构损伤诊断研究

（1）工程背景

三峡工程位于湖北省宜昌市，具有防洪、发电、航运等巨大的综合利用效益。三峡水库正常蓄水位为175m，总库容为393亿 m^3，电站装机26台，单机容量70万kW，总装机容量为1820万kW，保证出力499万kW，多年平均发电量为847亿 $kW \cdot h$，在电力系统中将承担调峰、调频任务。三峡电厂由左岸电厂（装机14台）、右岸电厂（装机12台）、地下电厂（规划装机6台）组成。

三峡水利枢纽在其泄洪坝段与厂房坝段之间设有左导墙和右导墙（纵向围堰），向下游延伸的导水隔墙将泄洪区与电厂尾水区分开，以稳定流态，并调整水流尽快归槽，导墙典型剖面如图 7-15 所示。导墙使泄洪、发电、航运等方面有较稳定的水流条件，其作用是十分重要的。特别是左导墙位于原河床深槽处，最大墙高达95m，顶部设有排漂孔 $10m \times 12m$（宽×高）。该导墙的设计主要考虑以下几个方面的问题：①满足稳定

流态、并调整水流河槽的要求；②满足导墙流激振动要求，该导墙溢流坝侧是挑流消能区，水流紊动激烈，流态十分复杂，脉动压力幅值变化和作用面积都较大，而且作用点偏高，再加上导墙两侧水位差、水压力的不平衡作用等，这些因素综合作用是否会使导墙结构疲劳破坏；③满足抗震设计的要求，导墙作为永久建筑物，设计烈度为 6 度，考虑到其重要性及受破坏难以修复，设计时按照 7 度复核。

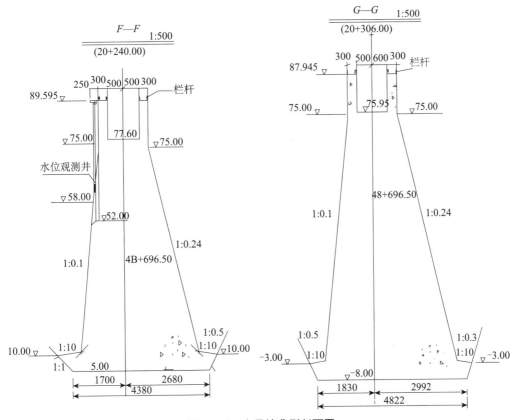

图 7-15　左导墙典型剖面图

鉴于以上提到的导墙破坏和强烈振动的工程实例，加上三峡工程的泄洪是经常性的，持续时间长，这点不同于地震（与地震防范不是一个标准），因而对三峡导墙及大坝泄流振动的响应评估以及结构自身的健康安全状态鉴定是十分必要的。为提高三峡大坝及导墙结构泄洪安全性，深入研究大坝及左导墙结构在工作状态下（如泄洪）的振动动力特性及诊断泄流结构健康安全状态；受中国长江三峡工程开发总公司的委托，天津大学水利水电工程系进行了三峡水利枢纽厂坝隔（导）墙（左导墙）泄洪振动的流激振动响应现场测试评估以及导墙结构的泄洪振动健康状态诊断研究，并将现代传感器技术、信息技术、系统辨识技术等有机融合；研究大坝及导墙等泄流结构在工作状态下对其进行动力特性进行实时监控的实现手段，开展结构损伤敏感特征量（泄流结构的模态参数）的提取和信息融合，进行泄流结构损伤和安全状态的识别和诊断。具体的研究内容主要有以下几个方面：

1）左导墙动位移原型观测的传感器布置。在左导墙顶部靠近左厂房侧每个导墙段布置水平及垂直动位移传感器。

2）研究左导墙结构在泄流激励作用下动力响应信号的降噪方法，提高信号的信噪比，提取、重构结构的真实动力响应。

3）研究左导墙结构在泄流激励作用下工作模态定阶方法以及提出结构模态参数的识别算法（包括时域识别算法及频域识别算法）。

4）通过模态识别算法，提取左导墙结构的工作模态参数（如工作频率、振型、阻尼），并进一步分析左导墙结构工作状态下的真实动力特性，评价其运行安全性和可靠性，提供对泄流结构的动力特性进行实时监控手段和预警方法及健康安全状态诊断手段。

（2）左导墙各坝段泄洪振动模态识别

1）模态参数 ERA 时域识别法。左导墙各坝段模态识别同样采用上述方法，首先对各导墙坝段 1 号、2 号点水平向动位移进行降噪重构，用 NExT 法计算 2 号测点的脉冲响应函数，最后用 ERA 法识别结构频率，识别过程在此不再赘述，识别结果见表 7－1。

表 7－1　各导墙坝段结构振动频率识别结果

阶次		1	2	3	4	5
1 号导墙坝段	频率（Hz）	5.73	7.14	14.34	15.22	—
	阻尼比（%）	2.6	1.0	0.4	2.3	—
2 号导墙坝段	频率（Hz）	0.56	5.64	7.19	14.73	15.15
	阻尼比（%）	32.3	3.4	1.0	1.2	1.0
3 号导墙坝段	频率（Hz）	0.7	5.66	7.1	—	—
	阻尼比（%）	22.4	5.2	1.1	—	—
4 号导墙坝段	频率（Hz）	0.69	1.23	3.98	5.76	7.16
	阻尼比（%）	27.9	11.1	3.6	4.2	1.3
5 号导墙坝段	频率（Hz）	0.72	1.26	3.86	5.78	7.18
	阻尼比（%）	21.5	15.6	4.4	2.3	1.0

从识别结果来看，在该泄洪工况下，1 号导墙坝段结构自振频率有 5 阶；2 号导墙坝段识别出 5 阶，其中第一阶为水流荷载的频率（导墙边壁上水流的压力脉动是一种宽带低频脉动，能量主要集中在低频段，对于三峡导墙而言，脉动荷载的优势频率在 2Hz 以下），后四阶为结构自身振动频率；3 号导墙坝段识别出 3 阶，第一阶为水流荷载频率，后两阶为导墙结构频率；4 号导墙坝段识别出 5 阶，前两阶为水流荷载频率（由于水流频率有一定宽度），后三阶为导墙结构频率；5 号导墙坝段识别出 5 阶，前两阶为水流荷载频率，后三阶为导墙结构频率。将识别结果与其动位移功率谱密度图对比来看，识别结果还是与实际情况比较吻合的，1 号、2 号、3 号导墙被水流激起的第一阶频率在 5.6Hz 以上；而 4 号、5 号导墙处于中孔水舌挑流冲击区，被水流激起的第一阶频率为 3.8Hz～3.9Hz，从动位移方均根值来看，4 号、5 号导墙的方均根值较其他导墙坝段大，可见，4 号、5 号导墙坝段的泄流振动表现为低频率、大振幅的振动，而 1 号、2 号、3 号导墙坝段相对 4 号、5 号导墙坝段表现为高频小振幅振动。为使识别结果具有可参考性和对比性，下面将从频域角度识别溢流坝及导墙在泄流激励下的模态参数。

2）模态参数识别频域法。选择左导墙各坝段的 1～2 号点（即 1～3 号通道）测量数据用 Welch 平均周期图法估计各工况下动位移观测信号的功率谱矩阵，可得到 3×3 功率谱矩阵序列 $\dot{\boldsymbol{G}}_{xx}(K \cdot \Delta\omega)$，对其进行奇异值分解，并计算 CMIF 指示函数如图 7－16～图 7－20 所示，识别结果见表 7－2。CMIF 指示函数图中第一个峰值频率为水流脉动荷载频率，其值在 0.68Hz 附近，图中未进行标注。

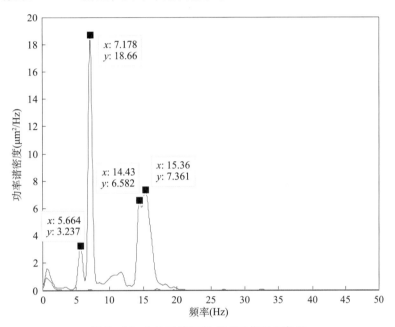

图 7－16　1 号导墙坝段 CMIF 指示函数图

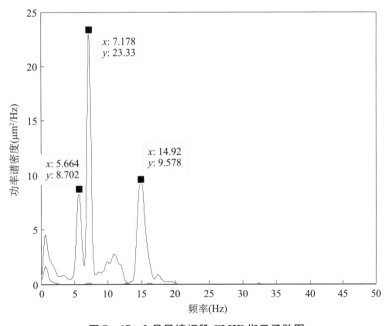

图 7－17　2 号导墙坝段 CMIF 指示函数图

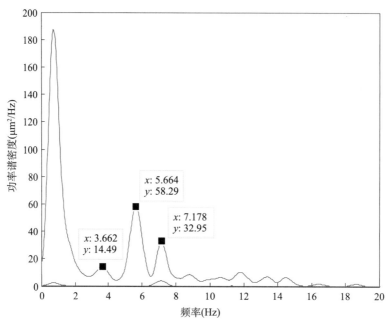

图 7－18 3 号导墙坝段 CMIF 指示函数图

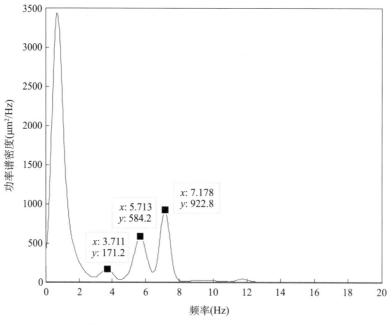

图 7－19 4 号导墙坝段 CMIF 指示函数图

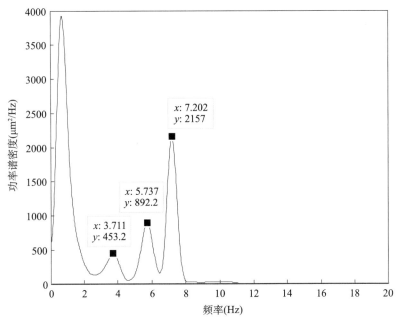

图 7-20　5 号导墙坝段 CMIF 指示函数图

表 7-2　各导墙坝段结构振动频率频域分解法识别结果

阶次		1	2	3	4
1 号导墙坝段	频率（Hz）	5.66	7.18	14.43	15.36
	阻尼比（%）	4.9	3.3	1.0	1.6
2 号导墙坝段	频率（Hz）	5.66	7.18	14.92	—
	阻尼比（%）	5.3	3.3	3.3	—
3 号导墙坝段	频率（Hz）	3.66	5.66	7.18	—
	阻尼比（%）	10	5.5	3.8	—
4 号导墙坝段	频率（Hz）	3.71	5.71	7.15	—
	阻尼比（%）	8.7	5.5	3.0	—
5 号导墙坝段	频率（Hz）	3.76	5.74	7.2	—
	阻尼比（%）	9.0	5.0	3.2	—

3）时域法与频域法识别结果对比。左导墙 1~5 号坝段时域、频域识别结果对比见表 7-3。

表 7-3　左导墙 1~5 号坝段时域、频域法识别结果对比

阶次			1	2	3	4
1 号导墙坝段	时域 ERA 法	频率（Hz）	5.73	7.14	14.34	15.22
		阻尼比（%）	2.5	1.0	0.4	2.3
	频域分解法	频率（Hz）	5.66	7.18	14.43	15.36
		阻尼比（%）	4.9	3.3	1.0	1.6
2 号导墙坝段	时域 ERA 法	频率（Hz）	0.56	5.64	7.19	14.73
		阻尼比（%）	32.3	3.4	1.0	1.2
	频域分解法	频率（Hz）	5.66	7.18	14.92	—
		阻尼比（%）	5.3	3.3	3.3	—

续表

阶次			1	2	3	4
3号导墙坝段	时域ERA法	频率（Hz）	0.7	5.66	7.1	—
		阻尼比（%）	22.4	5.2	1.1	—
	频域分解法	频率（Hz）	3.66	5.66	7.18	—
		阻尼比（%）	10	5.5	3.8	—
4号导墙坝段	时域ERA法	频率（Hz）	0.69	1.23	3.98	5.76
		阻尼比（%）	27.9	11.1	3.6	4.2
	频域分解法	频率（Hz）	3.71	5.71	7.15	—
		阻尼比（%）	8.7	5.5	3.0	—
5号导墙坝段	时域ERA法	频率（Hz）	0.72	1.26	3.86	5.78
		阻尼比（%）	21.5	15.6	4.4	2.3
	频域分解法	频率（Hz）	3.76	5.74	7.2	—
		阻尼比（%）	9.0	5.0	3.2	—

从结果来看，时域ERA法与频域分解法识别结果基本一致，误差很小，可见两种方法具有较好的相互对比性，在识别结果的精度与可靠度方面有较好保证。从识别结果来看，由于各导墙坝段位置不同，因此被水流激起的频率阶次也会有所不同，1~2号导墙坝段被激起4阶，3~5号导墙坝段被激起3阶，由于3~5号导墙靠近中孔挑流水舌冲击区，导墙结构被激发的振动频率较为明显，三阶振动频率振动范围为3.6~3.9Hz、5.6~5.8Hz以及7.2Hz左右，从功率谱密度图中也可看出，该三阶振动能量较高。综合各导墙坝段识别结果可以估计，各导墙坝段结构自振频率相近，振动基频为3.6~3.9Hz。

由于结构中的特定部分的质量和刚度损失而引起的模态参数变化，都将在模态测量中有所反映。当系统的模态测量值与未存在隐患的系统模态值之间出现了差异时，就表示出现了损伤或破损，进而可以确定损伤的位置及程度。另外，在相同激励条件下，有无损伤的同一结构的振动响应也是不同的，因此具体检测可从以下几个方面进行：①将被测结构的实测值与完好结构的模态参数和物理参数的理论解或设计值进行比较，判断被测结构是否有损伤以及其位置和大小；②根据被测结构与完好的相同结构模态参数和物理参数实测值的比较来判断；③根据被测结构健康阶段与目前状态的模态参数和物理参数实测值的比较来判断；④根据激励和响应的关系以及其他综合分析方法来判断。

本次左导墙结构的健康评估将采取以上中的第三方面措施进行评估，即根据被测结构健康阶段与目前状态的模态参数和物理参数实测值的比较来判断。被测结构健康阶段的模态主要参数主要通过有限元模态分析来确定。

（3）三峡左导墙有限元模态分析

三峡工程左导墙位于左导墙坝段下游，是三峡溢流泄洪坝段和左岸发电厂房坝段的分隔体，为Ⅰ等Ⅰ级永久建筑物。导墙轴线垂直于大坝坝轴线，总长度为210m，分成导墙1~7号共7个坝段，其中导墙1号、导墙2号均长25m，导墙3~7号均长32m，其横截面为梯形，左侧面除与左侧厂房相接的导墙1号、导墙2号块为垂直面外，其余各块左侧面为 1:0.1 的坡面，右侧面均为 1:0.24 坡面，底部宽度 32~52m，建基面高程从 8.0~15.0m 不等，顶部高程 76.56~92.645m；导墙上部设有一断面为 10m×12m（宽×高）的泄槽，与左导墙坝段的排漂孔相连，作为泄洪和排除漂浮物之用。泄槽两侧侧墙厚 3.0m。左导墙结构形式为梯形，如图 7-15 所示。采用 ANSYS 大型有限元软件进行左导墙模态分析，如图 7-21 所示。

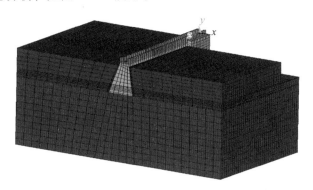

图 7-21　左导墙—地基—水体有限元模型图

导墙及地基结构计算材料参数：导墙结构动弹模 $E = 3.5 \times 10^4$MPa，泊松比 $\mu = 0.167$，材料密度 $\rho = 2450$kg/m³；基岩结构动弹模 $E = 4.0 \times 10^4$MPa，泊松比 $\mu = 0.2$，材料密度 $\rho = 2750$kg/m³。计算范围及边界条件：地基计算深度取 2 倍导墙高度，上、下游计算长度也 2 倍导墙高度；地基地面及四周采用全约束，即约束 x、y、z 方向位移。采用 ANSYS 单元库中的 SOLID45 单元对导墙及地基结构进行有限元划分，流固耦合计算中水体采用 FLUID30 单元进行有限元离散。

三峡左导墙结构共 7 个导墙坝段，各导墙坝段间设置永久横缝，为考虑横缝对结构的影响，综合利用导墙结构动力特性识别结果与有限元计算结果对导墙健康状态进行评价，本次动力计算（模态分析）计算共分两种情况：①考虑横缝对各导墙坝段间的黏结作用，将各坝段视为整体动力计算；②不考虑横缝的黏结作用，将各导墙坝段分别进行动力计算。左导墙结构按上述两种情况计算结果见表 7-4、表 7-5，典型单独导墙坝段（以 4 号导墙段为例）振动湿模态如图 7-22~图 7-29 所示，1~7 号导墙整体振动模态如图 7-30~图 7-37 所示。

表 7-4　三峡左导墙各段干、湿模态计算结果（不考虑横缝作用）　（单位：Hz）

阶次		1	2	3	4	5	6	7	8	9	10
1 号导墙坝段	干模态	2.61	3.51	9.16	10.7	11.4	11.6	14.1	16.5	19.4	21.2
	湿模态	2.61	3.41	9.08	10.7	7.56	11.6	13.8	16.4	19.3	21.1
2 号导墙坝段	干模态	2.81	3.77	9.43	11.5	12.0	12.1	14.4	17.4	19.5	21.0
	湿模态	2.81	3.67	9.35	11.5	7.89	12.1	14.1	17.2	19.5	21.0
3 号导墙坝段	干模态	3.71	3.84	10.1	11.1	12.4	13.2	13.7	16.9	17.1	17.8
	湿模态	3.71	3.56	9.69	7.74	12.4	13.2	16.6	16.8	17.8	—
4 号导墙坝段	干模态	3.56	3.71	9.85	10.9	12.1	12.7	13.7	16.5	16.9	17.8
	湿模态	3.56	3.40	9.45	6.57	12.1	12.7	13.7	16.4	16.7	17.8

续表

阶次		1	2	3	4	5	6	7	8	9	10
5 号导墙坝段	干模态	3.26	3.51	9.50	10.5	11.3	12.1	13.7	16.0	16.7	17.8
	湿模态	3.26	3.16	9.08	6.23	11.3	12.1	13.7	16.0	16.4	17.8
6 号导墙坝段	干模态	2.83	3.58	9.05	9.83	10.5	10.9	13.8	15.4	16.5	17.9
	湿模态	2.83	2.87	8.6	6.54	10.5	10.9	13.8	15.4	15.9	16.2
7 号导墙坝段	干模态	2.6	3.0	8.72	9.21	9.67	10.5	13.8	14.8	16.1	17.7
	湿模态	2.6	2.62	8.3	6.18	9.51	10.5	13.3	13.7	15.5	16.2

表 7-5　三峡左导墙整体干、湿模态计算结果（考虑横缝作用）　（单位：Hz）

阶次	1	2	3	4	5	6	7	8	9	10
干模态	3.28	3.82	5.43	5.97	7.77	8.94	9.42	9.74	10.5	10.9
湿模态	2.89	3.59	4.99	5.96	7.28	8.92	5.56	9.69	10.1	10.8

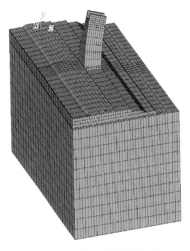

图 7-22　典型导墙段振动第一阶
湿模态（3.56Hz）

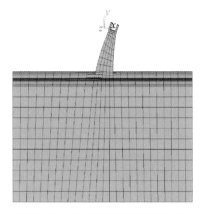

图 7-23　典型导墙段振动第二阶
湿模态（3.40Hz）

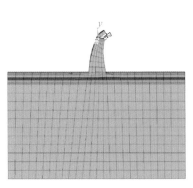

图 7-24　典型导墙段振动第三阶
湿模态（6.57Hz）

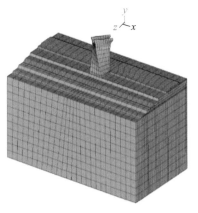

图 7-25　典型导墙段振动第四阶
湿模态（9.45Hz）

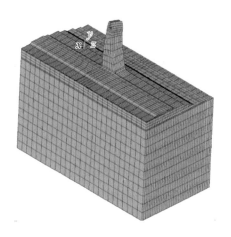

图 7 - 26　典型导墙段振动第五阶
湿模态（12.1Hz）

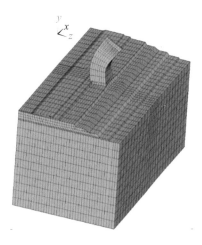

图 7 - 27　典型导墙段振动第六阶
湿模态（12.7Hz）

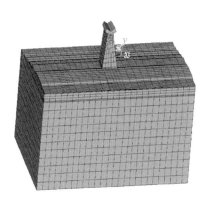

图 7 - 28　典型导墙段振动第七阶
湿模态（13.7Hz）

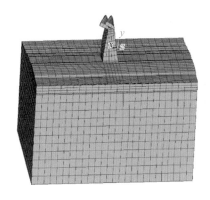

图 7 - 29　典型导墙段振动第八阶
湿模态（16.4Hz）

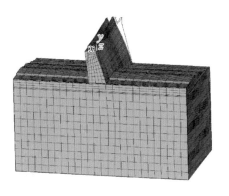

图 7 - 30　导墙整体振动第一阶
湿模态（2.89Hz）

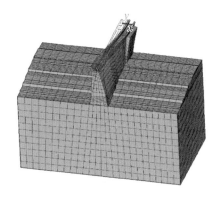

图 7 - 31　左导墙整体振动第二阶
湿模态（3.59Hz）

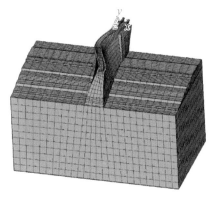

图 7－32　左导墙整体振动第三阶
湿模态（4.99Hz）

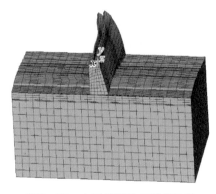

图 7－33　左导墙整体振动第四阶
湿模态（5.56Hz）

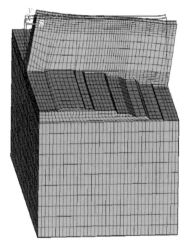

图 7－34　左导墙整体振动第五阶
湿模态（5.96Hz）

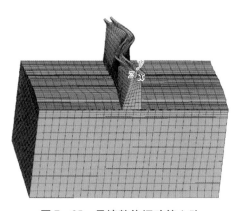

图 7－35　导墙整体振动第六阶
湿模态（7.28Hz）

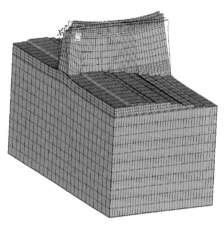

图 7－36　左导墙整体振动第七阶
湿模态（8.92Hz）

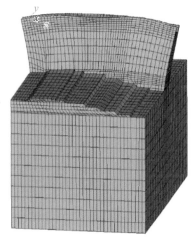

图 7－37　左导墙整体振动第八阶
湿模态（9.69Hz）

从计算结果来看，在不考虑横缝作用的前提下（各导墙段独立），靠近厂房左导墙的1号及2号段一侧有水，考虑流固耦合的影响振动基频分别为2.61Hz、2.81Hz，振型表现为沿长度方向的一阶振动。3～7号导墙段两侧有水，考虑流固耦合的影响其振动基频分别为3.56Hz、3.40Hz、3.16Hz、2.87Hz、2.62Hz，可见，3～7号导墙段随着地基深度增加，基频逐渐降低。在考虑横缝作用下，左导墙整体振动基频为2.89Hz，振型如图7-30所示。

从左导墙各个坝段识别结果来看，虽然各个导墙段识别的阶次不一样，但从识别结果来看，各个阶次的值相差不大，由于测点位置的不同，结构振动信号强弱会有所不同，因此利用各导墙各段测点识别出的阶次会有所不同。综合各导墙段识别结果，左导墙被激发第一阶振动频率为3.66～3.9Hz，被激发第二阶振动频率为5.66～5.8Hz，被激发的第三阶振动频率在7.2Hz左右，被激发第四、第五阶分别为14.3～14.9Hz及15.15～15.36Hz范围（主要是排漂孔两侧墙体的单独振动）。左导墙各坝段在泄流激励下的模态识别结果与基于有限元数值计算模态频率结果对比见表7-6。

表7-6 左导墙识别与左导墙整体有限元计算结果

阶次	识别结果	有限元计算结果	
	频率（Hz）	频率（Hz）	振动阶次
1	3.66～3.9	3.59	第二阶
2	5.66～5.8	5.56	第四阶
3	7.2	7.28	第五阶
4	14.2～14.9	14.0	第十七阶
5	15.15～15.36	14.8	第十九阶

（4）左导墙结构健康状态评估

从识别结果与计算结果来看，识别值与左导墙整体有限元计算结果相符合，而与单独导墙振动频率不同，因此可以判断，左导墙在泄流情况下，其振动表现为1～7号导墙结构的整体性振动，而非各个导墙的单独振动形式；分析其原因，是由于横缝虽然不能承受拉力，但是能够承受或传递一部分剪力，在弱震情况下，结构仍然表现出了整体性振动。另外，由于测试期间正处于三峡大坝库区温度最高时期，受混凝土膨胀的影响，左导墙各段被挤压而使结构表现出整体性。因此可以确定，左导墙结构完好，在汛期泄洪情况下表现为整体性振动，更有利于导墙结构的抗震。

1）从左导墙泄洪振动实测动位移统计特征来看：无论水平向动位移方均根值还是垂向动位移方均根值，沿导墙长度方向有增大的趋势，在4号导墙坝段达到最大值，水平最大动位移方均根值约68μm量级，垂向最大动位移方均根值为10μm量级，相比其他导墙坝段，4号、5号导墙坝段动位移方均根值较大，主要是由于4号、5号导墙坝段正好处于中孔泄洪挑流消能区，水流紊动强烈的原因。从频谱特征分析，前3个导墙坝段振动主频为7.2Hz左右，表现为结构自身振动频率，4号～5号导墙坝段振动主频为0.68Hz左右，水流的优势频率较为明显，同时导墙结构自身振动频率也较突出。

2）通过对左导墙实测动位移响应评估认为，三峡左导墙振动不会对结构自身产生危害；从Meister感觉曲线来看，三峡左导墙泄洪振动响应将为人强烈地感觉到。

7.3 基于结构动力特性的坝体结构损伤诊断研究

7.3.1 三峡水电站溢流坝结构损伤诊断研究

（1）三峡大坝振动现场测试

为了量测三峡工程泄洪发电时部分溢流坝段的振动动位移，对三峡溢流坝1号及5号坝段进行了动位移测试，信号采集系统连接及传感器布置示意图如图7-38～图7-41所示。

1）1号溢流坝段测点布置。测点布置于坝顶（高程185.00m），上游测点布置1号、2号测点，下游测点布置3号、4号测点。其中1号、2号测点距离上游坝顶防浪墙3.6m左右，3号、4号测点距离下游坝顶走廊内侧1.8m左右。1号及3号测点布置水平向及垂向动位移传感器，其他测点仅布置水平向动位移传感器。1号、2号、3号、4号测点的水平向动位移传感器试验通道号分别为1、2、3、4。1号、3号测点的垂向动位移传感器试验通道号分别为5、6。

2）5号溢流坝段测点布置。测点布置情况与1号坝段基本相同。测点布置于坝顶（高程185.00m），上游测点布置1号、2号测点，下游测点布置3号、4号测点。其中1号、2号测点距离上游坝顶防浪墙0.02m左右，3号、4号测点距离下游坝顶走廊内侧1.0m左右。1号及3号测点布置水平向及垂向动位移传感器，其他测点仅布置水平向动位移传感器。1号、2号、3号、4号测点的水平向动位移传感器试验通道号分别为1、2、3、4。1号、3号测点的垂向动位移传感器试验通道号分别为5、6。

1号溢流坝段及5号溢流坝段动位移时程线及功率谱密度如图7-42～图7-45所示。

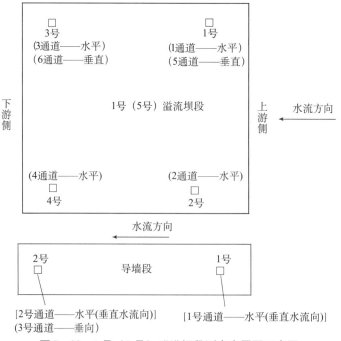

图7-38 1号（5号）泄洪坝段测点布置图示意图

图 7 - 39　信号采集系统

图 7 - 40　传感器布置示意图

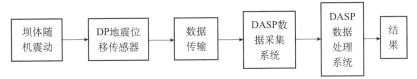

图 7 - 41　测试系统框图

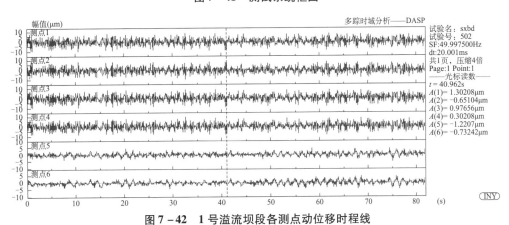

图 7 - 42　1 号溢流坝段各测点动位移时程线

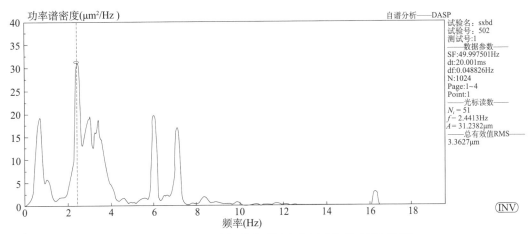

图 7 - 43　1 号溢流坝段典型测点水平动位移功率谱密度

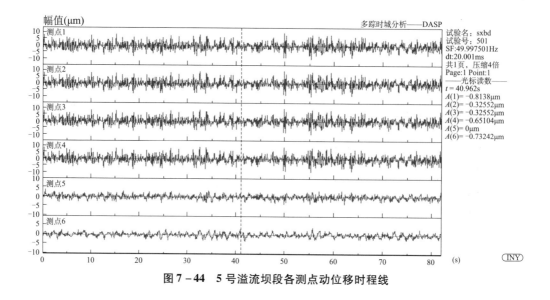

图 7-44　5 号溢流坝段各测点动位移时程线

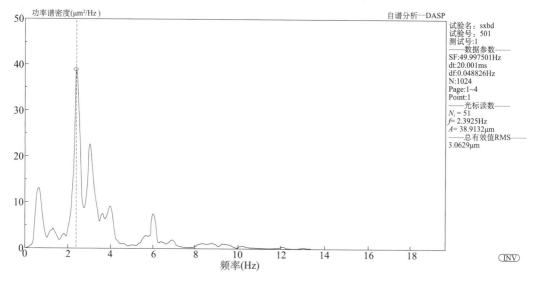

图 7-45　5 号溢流坝段典型测点水平动位移功率谱密度

从 1 号、5 号溢流坝段实测动位移统计分析来看：1 号溢流坝段各水平动位移方均根值均在 3μm 左右量级，垂向动位移方均根值在 1.5μm 左右量级；从功率谱密度图上看，1 号溢流坝段泄洪水平向振动（顺流向振动）主频为 2.4~2.5Hz，垂向振动主频为 0.7~0.8Hz。可见，水平向振动主频表现为溢流坝体的结构自身振动频率，而垂向振动相对较弱，主要表现为水流激励的强迫振动，因此主频表现为水流脉动低频特征。5 号溢流坝段各水平动位移方均根值为 3μm 左右，垂向动位移方均根为 1.2μm 左右，水平向振动主频为 2.4Hz 左右，垂向振动主频为 0.68Hz 左右。

（2）基于泄流激励的大坝振动模态识别

1）模态参数 ERA 时域识别法。

a）1 号溢流坝段泄洪激振模态识别。以大坝泄洪时所采集到的数据为依据，选择坝顶靠近上游的 2 号测点垂向动位移（也即 5 号通道数据）为参考点，计算 1 号测点水平向动位移（1 号通道数据）与参考点的互相关函数，即可得到 1 号测点的脉冲响应函数。典型工况下 1 号测点水平、2 号测点垂向动位移时程如图 7 - 46 所示。

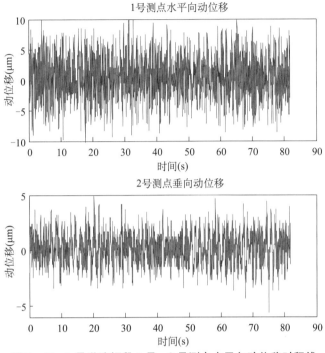

图 7 - 46　1 号溢流坝段 1 号、2 号测点水平向动位移时程线

　　计算互相关函数之前，先对原始测试信号进行滤波降噪处理，1 号、2 号测点在不同工况下的奇异熵增量随阶次变化如图 7 - 47 所示，可以看出，在 20 阶以后奇异熵增量趋于稳定，可以认为前 20 阶足以包含信息的特征量，对原始信号进行重构，信号重构前后对比（局部放大）如图 7 - 48 所示。信号重构后用 NEXT 法计算 1 号测点相对 2 号测点的互相关函数如图 7 - 49 所示，以此作为脉冲响应函数作为 ERA 法输入进行参数识别。

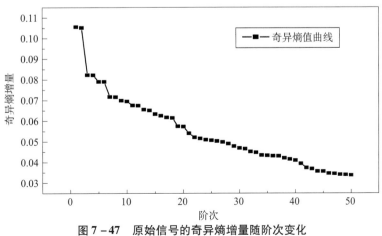

图 7 - 47　原始信号的奇异熵增量随阶次变化

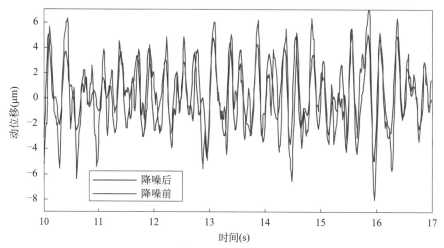

图 7 - 48　1 号测点信号降噪后的重构（局部放大）

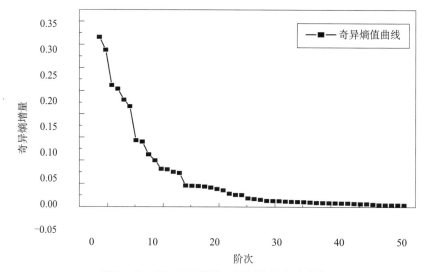

图 7 - 49　NExT 法提取 1 号测点的脉冲响应函数

溢流坝实测动位移方均根值不同采样频率统计结果见表 7 - 7。

表 7 - 7　溢流坝实测动位移方均根值不同采样频率统计结果

坝段	50Hz 采样统计			100Hz 采样统计	
	通道号	方均根值（μm）	功率谱主频（Hz）	方均根值	功率谱主频
1 号溢流坝段	1	3.4	2.4	2.98	2.54
	2	3.34	2.44	2.94	2.54
	3	3.37	2.44	2.96	2.54
	4	3.25	2.44	2.87	2.54
	5	1.38	0.73	1.23	0.88
	6	1.49	0.73	1.25	0.88

续表

坝段	50Hz 采样统计			100Hz 采样统计	
	通道号	方均根值（μm）	功率谱主频（Hz）	方均根值	功率谱主频
5 号溢流坝段	1	3.0	2.39	2.77	2.34
	2	2.98	2.39	2.75	2.34
	3	2.90	2.39	2.68	2.34
	4	2.97	2.39	2.74	2.34
	5	1.28	0.68	1.18	0.68
	6	1.19	0.68	1.14	0.68

脉冲响应信号的奇异熵增量随阶次变化如图 7-48 所示，可以看出，当奇异熵增量开始降低到渐进值时，奇异谱阶次可确定为 13 阶，此时信号的有效特征信息量已趋于饱和，特征信息已基本完整。对系统矩阵 A 进行特征值分解后，剔除特征值中的非模态项（非共轭根）和共轭项（重复项），实际得出该脉冲响应函数的阶次为 6 阶，频率与阻尼比识别结果稳定图如图 7-51、图 7-52 所示。识别结果见表 7-8。

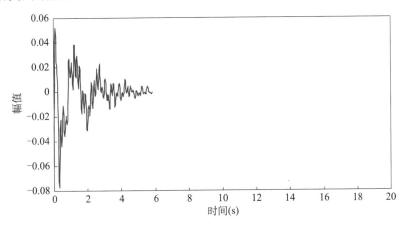

图 7-50　脉冲响应信号的奇异熵增量随阶次变化

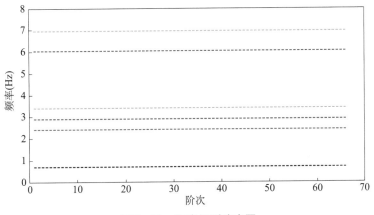

图 7-51　频率识别稳定图

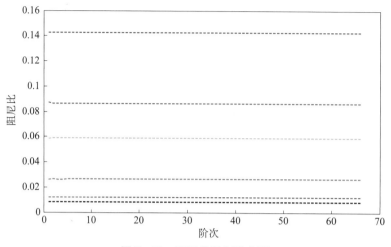

图 7-52　阻尼比识别稳定图

表 7-8　1 号、5 号溢流坝段工作模态参数 ERA 法识别结果

阶次	1 号溢流坝段		5 号溢流坝段	
	工作频率（Hz）	阻尼比（%）	工作频率（Hz）	阻尼比（%）
1	0.68	14.2	0.69	17.2
2	2.43	2.6	2.43	9.9
3	2.91	8.6	2.96	5.7
4	3.40	5.8	4.0	5.6
5	6.04	1.0	5.84	3.2
6	6.97	1.2	—	—

　　从信号识别结果来看，1 号溢流坝段的主要结构工作频率有 5 阶，识别结果中的第一阶为水流脉动荷载主频，根据工程经验以及其识别阻尼比（一般认为阻尼比为 1% ~ 10% 为结构阻尼）可以很容易判断其为结构的虚假模态。可见，1 号溢流坝段基频在 2.43Hz 左右，在该泄洪工况下，结构振动要有 5 阶振动阶次，识别的阻尼比均在一般结构阻尼比范围之内。

　　b）5 号溢流坝段泄洪激振模态识别。5 号溢流坝段模态识别方法与步骤与 1 号溢流坝段相同，首先对原始信号进行降噪重构，用 NExT 法计算 1 号测点的脉冲响应函数，确定系统识别阶次，最后得出共 5 阶模态见表 7-8。显然，第一阶为水流脉动荷载频率，其他 4 阶为结构自身振动频率。从识别结果来看，5 号溢流坝基频为 2.4Hz 左右，与 1 号溢流坝相近，除了第三阶自振频率有点差别外，其他阶次的自振频率与 1 号溢流坝段基本接近。

　　2）模态参数识别频域法。选择 1 号及 5 号溢流坝段的 1~4 号测点（即 1~6 号通道）测量数据用 Welch 平均周期图法估计各工况下动位移观测信号的功率谱矩阵，可得到 6×6 功率谱矩阵序列 $\dot{G}_{xx}(K \cdot \Delta\omega)$，对其进行奇异值分解，并计算 CMIF 指标如图 7-53 和图 7-54 所示；考虑到大坝泄洪振动时的主要振动频率以低阶振动为主，图中横坐标选择 0~15Hz 范围进行了放大，很明显，图中的第一个峰值主频在 0.68Hz 左右，为典型水流脉动荷载主频，溢流坝 1 号、5 号坝段结构识别结果见表 7－9。

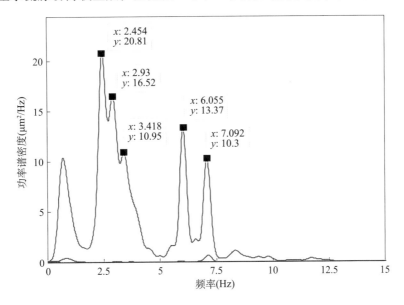

图 7－53　1 号溢流坝段频域分解法 CMIF 指示函数

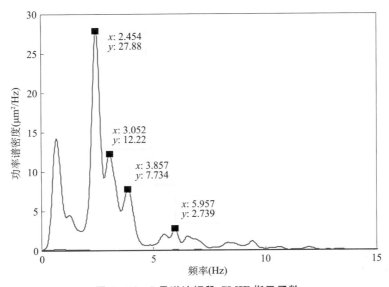

图 7－54　5 号溢流坝段 CMIF 指示函数

表 7－9　1 号、5 号溢流坝段结构工作模态参数频域分解法识别结果

	1 号溢流坝段		5 号溢流坝段	
阶次	工作频率（Hz）	阻尼比（%）	工作频率（Hz）	阻尼比（%）
1	2.46	7.3	2.46	6.3
2	2.93	9.1	3.05	6.0
3	3.42	8.9	3.86	5.6
4	6.06	2.1	5.96	2.4
5	7.09	1.9	—	—

3）时域法与频域法识别结果对比。1号及5号溢流坝段时域、频域识别结果对比见表7-10，从结果来看，时域 ERA 法与频域分解法识别结果基本一致，误差很小，可见两种方法具有较好的相互对比性，在识别结果的精度与可靠度方面有较好保证。

表7-10　溢流坝段时域、频域法识别结果对比

阶次	1号溢流坝段				5号溢流坝段			
	时域 ERA 法		频域分解法		时域 ERA 法		频域分解法	
	频率（Hz）	阻尼比（%）	频率（Hz）	阻尼比（%）	频率（Hz）	阻尼比（%）	频率（Hz）	阻尼比（%）
1	2.43	2.6	2.46	7.3	2.43	9.9	2.46	6.3
2	2.91	8.6	2.93	9.1	2.96	5.7	3.05	6.0
3	3.40	5.8	3.42	8.9	4.0	5.6	3.86	5.6
4	6.04	1.0	6.06	2.1	5.84	3.2	5.96	2.4
5	6.97	1.2	7.09	1.9	—	—	—	—

从结果来看，在该泄洪工况下，1号溢流坝段结构振动阶次共有5阶，前三阶频率为 2.4~3.4Hz，频率较密集，第四阶、第五阶分别为 6Hz 及 7Hz 左右；5号溢流坝段结构振动阶次共有4阶，前三阶频率为 2.4~4.0Hz，频率较密集，第四阶为 6Hz 左右，且结构阻尼比也基本合理。可见，1号及5号溢流坝段基频基本相同，除第三阶外其他阶次频率基本相近，主要由于1号及5号坝段地基高程相同（从施工图中可以看出），结构基本相同，所不同的是1号溢流坝段靠近排漂孔，不仅结构两侧不对称，而且地基高程也不一样，所以会导致第三阶频率会有所不同。

（3）三峡溢流坝有限元模态分析

三峡水利枢纽工程采用坝顶溢流和深孔泄洪并用的泄洪布置方式，设有23个泄洪坝段（泄1~23号），布置有23个泄洪深孔和22个溢流表孔，孔堰相间布置。每个坝段长度为21m，坝块中央的深孔孔口尺寸为 7m×9m（宽×高），进口底高程为90m；跨缝布置的表孔净宽8m，堰顶高程为158m。采用 ANSYS 大型有限元软件进行测试坝段（1号及5号溢流坝段）模态分析。

溢流坝及地基结构计算材料参数：坝体结构动弹模 $E=3.32\times10^4$ MPa，泊松比 $\mu=0.167$，材料密度 $\rho=2403$ kg/m^3；基岩结构动弹模 $E=3.9\times10^4$ MPa，泊松比 $\mu=0.2$，材料密度 $\rho=2750$ kg/m^3。

计算范围及边界条件：地基计算深度取2倍溢流坝高度，上、下游计算长度也2倍溢流坝高度；地基地面及四周采用全约束，即约束 x、y、x 方向位移。

采用 ANSYS 单元库中的 SOLID45 单元对坝体及地基结构进行有限元划分，流固耦合计算中水体采用 FLUID30 单元进行有限元离散。5号溢流坝段有限元模型图如图7-55所示，计算结果见表7-11，5号溢流坝坝体前8阶振动模态如图7-56~图7-63所示，1号溢流坝段模态振型与5号相同。

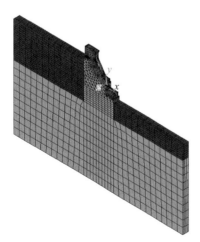

图7-55　溢流坝—水体—地基有限元模型图

表 7 - 11 1 号及 5 号溢流坝段振动模态

	阶数	1	2	3	4	5	6	7	8	9	10
1 号坝段	干模态	2.41	2.58	3.37	5.86	6.80	6.98	9.79	10.45	10.69	12.50
	湿模态	2.31	2.57	3.37	5.81	6.12	6.79	9.37	9.78	10.0	12.0
5 号坝段	阶数	1	2	3	4	5	6	7	8	9	10
	干模态	2.71	2.99	3.78	6.36	6.42	7.31	7.49	10.1	11.5	13.2
	湿模态	2.60	2.99	3.78	5.87	6.35	6.71	7.49	10.1	11.2	12.6

图 7 - 56 5 号溢流坝段第一阶
振型 (2.6Hz)

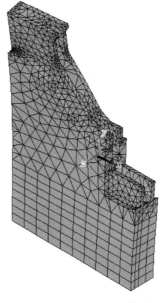

图 7 - 57 5 号溢流坝段第二阶
振型 (2.99Hz)

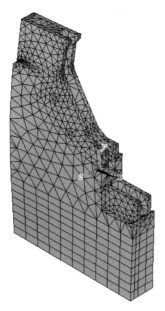

图 7 - 58 5 号溢流坝段第三阶
振型 (3.78Hz)

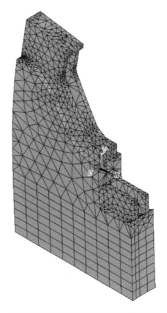

图 7 - 59 5 号溢流坝段第四阶
振型 (5.87Hz)

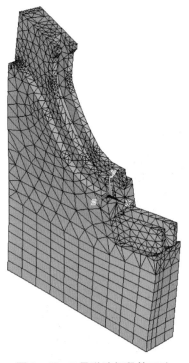

图 7 – 60　5 号溢流坝段第五阶
振型（6.35Hz）

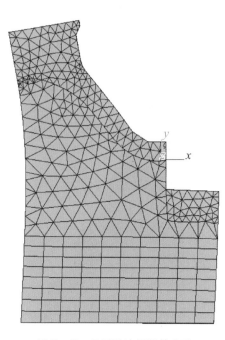

图 7 – 61　5 号溢流坝段第六阶
振型（6.71Hz）

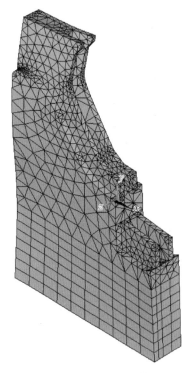

图 7 – 62　5 号溢流坝段第七阶
振型（7.49Hz）

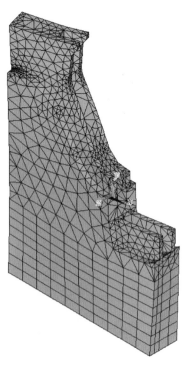

图 7 – 63　5 号溢流坝段第八阶
振型（10.1Hz）

从计算结果来看，1 号、5 号溢流坝段在考虑流固耦合的影响下振动基频分别为 2.31Hz、2.60Hz，振型表现为顺河向弯曲振动。

由于结构中的特定部分的质量和刚度损失而引起的模态参数变化，都将在模态测量中有所反映。当系统的模态测量值与未存在隐患的系统模态值之间出现了差异时，就表示出现了损伤或破损，进而可以确定损伤的位置及程度。另外，在相同激励条件下，有无损伤的同一结构的振动响应也是不同的，因此具体检测可从以下几个方面进行：①将被测结构的实测值与完好结构的模态参数和物理参数的理论解或设计值进行比较，判断被测结构是否有损伤以及其位置和大小；②根据被测结构与完好的相同结构模态参数和物理参数实测值的比较来判断；③根据被测结构健康阶段与目前状态的模态参数和物理参数实测值的比较来判断；④根据激励和响应的关系以及其他综合分析方法来判断。

本次溢流坝结构的健康评估将采取上述的第三方面措施进行，即根据被测结构健康阶段与目前状态的模态参数和物理参数实测值的比较来判断。被测结构健康阶段的模态主要参数主要通过有限元模态分析来确定。

（4）溢流坝结构健康状态评估

1 号及 5 号溢流坝段在泄流激励下的模态识别结果与基于有限元数值计算模态频率结果对比见表 7 - 12。

表 7 - 12　1 号、5 号溢流坝段时域、频域法识别与有限元计算结果

阶次	1 号溢流坝段			
	时域 ERA 法	频域分解法	有限元计算结果	
	频率（Hz）	频率（Hz）	频率（Hz）	振动阶次
1	2.43	2.46	2.31	第一阶
2	2.91	2.93	2.57	第二阶
3	3.40	3.42	3.37	第三阶
4	6.04	6.06	5.87	第四阶
5	6.97	7.09	6.79	第六阶
阶次	5 号溢流坝段			
	时域 ERA 法	频域分解法	有限元计算结果	
	频率（Hz）	频率（Hz）	频率（Hz）	振动阶次
1	2.43	2.46	2.60	第一阶
2	2.96	3.05	2.99	第二阶
3	4.0	3.86	3.78	第三阶
4	5.84	5.96	5.87	第四阶

从识别结果与计算结果来看，1 号及 5 号溢流坝段结构有限元计算频率与识别结果基本相同，可见，1 号及 5 号溢流坝原型真实结构状态与有限元模拟结构状态相同，各坝段间相互独立，溢流坝体结构完好。

7.3.2 二滩水电站坝体结构损伤诊断研究

二滩拱坝位于四川省雅砻江下游，是座变半径、变中心抛物线型双曲拱坝。泄洪诱发拱坝振动，对拱坝来说，环境随机振动来自两个方面：一方面是作用于拱坝上的水流脉动压力；另一方面水流冲击水垫塘，从水垫塘基础部分传到拱坝结构的地面振动。研究表明，激发拱坝振动的水流作用及响应属各态历经的平稳随机过程。二滩拱坝坝体泄洪振动原型观测采用了 DP 型地震式位移传感器和北京东方振动噪声研究所 DASP 数据采集和处理系统，测试系统框图如图 7-64 所示。

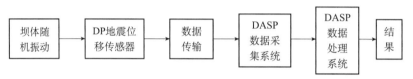

图 7-64　测试系统框图

考虑到拱坝泄洪振动属于微幅振动，为更加全面了解大坝泄洪振动情况，选择 2005 年汛期观测二滩拱坝泄洪振动。坝体表面共布置 9 个测点，测点高程均为 1205.00m，分布于拱坝 12~20 号坝段，测点的分布情况如图 7-65 所示，测试工况 1：上游水位 1186.00m，下游水位 1017.50m，3 号、4 号中孔开度 100%，泄流量 1892m³/s；测试工况 2：上游水位 1187.05m，下游水位 1018.98m，3 号、4 号、5 号中孔开度 100%，泄流量 2852m³/s。观测数据共有 9 个通道，采样频率 50Hz，这里取 4096 个采样点（81.92s）进行分析，典型测点动位移时程及功率谱如图 7-66、图 7-67 所示。

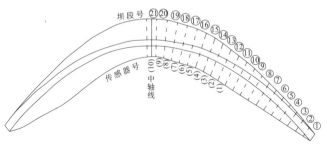

图 7-65　二滩拱坝原型动位移测点布置图

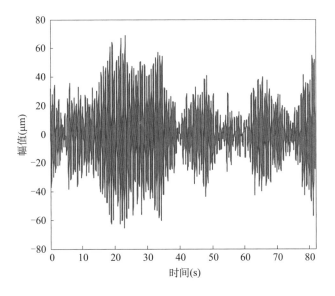

图 7 - 66　典型测点位移时程线

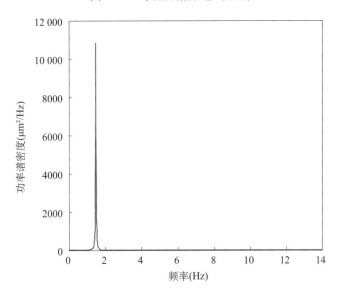

图 7 - 67　典型测点动位移功率谱密度

　　用 Welch 平均周期图法估计各工况下动位移观测信号的功率谱矩阵，可得到 9×9 功率谱矩阵序列 $\dot{G}_{xx}(K \cdot \Delta\omega)$，对其进行奇异值分解，并计算 CMIF 指标，如图 7 - 68 所示（以工况 1 为例）；考虑到大坝泄洪振动时的主要振动频率以低阶振动为主，图中横坐标选择 0 ~ 15Hz 范围进行了放大。为确定辨别所拾取峰值是结构真实模态频率还是水流等背景噪声引起的虚假模态频率，并同时确定该阶模态起主要作用的优势频域带宽，同时计算了各峰值的 MCF 函数，如图 7 - 69 ~ 图 7 - 73 所示（以工况 1 为例），从 MCF 图中可以看出，频率为 4.639Hz 的 MCF 值较小，可信度低，可认为是虚假模态频率。大坝振动频率及根据线性插值半功率带法计算的阻尼比见表 7 - 13。

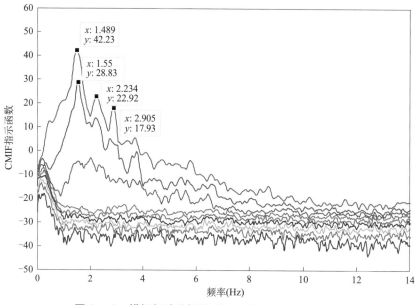

图 7 - 68　拱坝频域分解法 CMIF 指示函数（工况 1）

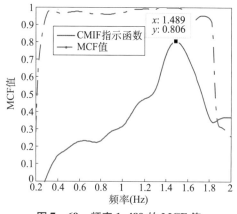

图 7 - 69　频率 1.489 的 MCF 值

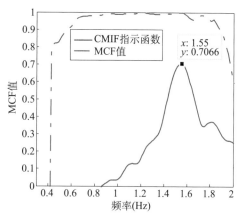

图 7 - 70　频率 1.55 的 MCF 值

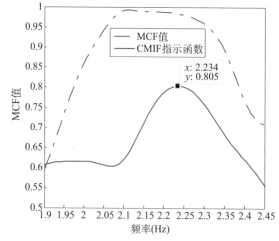

图 7 - 71　频率 2.234Hz 的 MCF 值

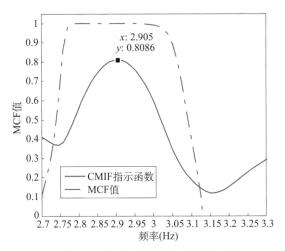

图 7 - 72　频率 2.905Hz 的 MCF 值

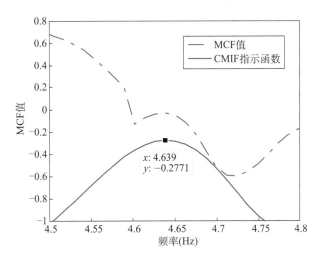

图 7 - 73　频率 4.639Hz 的 MCF 值（虚假模态）

表 7 - 13　不同泄洪工况下拱坝工作模态参数识别结果

阶次	工况 1		工况 2	
	工作频率（Hz）	阻尼比（%）	工作频率（Hz）	阻尼比（%）
1	1.49	3.3	1.48	4.2
2	1.55	1.7	1.54	2.5
3	2.23	2.9	2.25	2.0
4	2.90	1.8	2.88	1.7

第8章　主要结论与创新

8.1　高水头大流量泄流建筑物消能防冲安全新技术

本文提出了水平淹没射流消能型式，它兼有三元空间水跃和淹没射流特征，具有自身独特的水力特性和消能机理。这种消能方式具有雾化较低，消能效率较高，临底流速低，流态稳定等特点，可以有效地解决高坝非挑流泄洪消能问题。

本文提出了顺直洞塞、台阶洞塞、收缩洞塞和直角转弯洞塞等新型内流消能工。得出了收缩洞塞最佳的进、出口直径比与洞塞出口面积收缩比的关系以及收缩洞塞长度与水头损失的关系、脉动压强特性以及初生空化数的表达式，为洞塞式消能工的工程设计提供了依据。

本文揭示了水垫塘内的水体可以被分为剪切消能区、撞击消能区和混掺消能区。水垫塘和坝身泄水孔口优化的原则应该为扩大剪切消能区的范围，减轻撞击消能区的撞击强度，以及尽可能利用混掺消能区的水体。

本文提出了一套无碰撞分级分散挑流技术，通过解决表孔泄流能力、水垫塘冲击荷载和泄洪雾化强度三大核心问题，为窄河谷高拱坝大流量泄水建筑物的设计开辟了一条新途径，使其由长期单纯依赖表深孔挑流空中碰撞发展到可根据工程特点在碰撞与无碰撞之间优选。

本文提出了一种泄洪洞出口燕尾形挑流鼻坎，可同时实现空中挑流水舌横向扩散和纵向拉开，具有水流空中扩散充分、归槽效果好，且可有效封堵回流等优点，适合于在狭窄河道中布置泄洪洞出口时采用。

此外，本文还通过研究建立了泄水建筑物下游冲刷坑的数值模拟方法，较好地模拟了清水射流和掺气射流的冲刷坑冲刷过程与稳定形态。

8.2　高水头大流量泄洪洞掺气减蚀新技术

本文揭示了高水头大流量泄洪洞反弧段水力特性及空蚀原因，提出了泄洪洞侧墙掺气减蚀技术，可以解决二维掺气设施底部掺气比较充分其边墙仍然不能得到有效保护的问题；同时建立了反弧段掺气保护长度估算方法。

与此同时，本文还研究了小底坡掺气减蚀设施空腔回水壅堵条件和消除措施，详细揭示了回水对掺气效果的影响，提出了一种新型的防回水掺气设施结构，揭示了掺气方式对减蚀效果的影响，提出了突扩跌坎掺气设施体型布置和设计方法。

8.3　泄洪雾化影响预测方法及防护措施

基于泄洪雾化的水力学影响因素分析，本文建立了挑流掺气水舌的数学模型、溅水区的随机喷溅数学模型和雨雾输运与扩散的数学模型，构成了模拟泄洪雾化全过程的数学模型。

按照不同的降雨特点和雨滴受力情况，本文将大坝下游的雾化范围划分为三个区，沿坝址下游方向依次为抛洒降雨区、溅水降雨区和雾流降雨区，并根据比尺模型雨强的分析成果给出了抛洒降雨区和雾流降雨区的模型律，进一步丰富了雾化雨强模型律的研究成果。

本文建立了雾化雨入渗数学模型及分析程序，揭示了雾化雨入渗对岸坡稳定性的影响。水垫塘区岸坡整体深层滑动的稳定安全系数随雾化雨入渗的进行降低不大。雾化雨区局部浅层滑动的稳定安全系数随连续入渗时间的延长将逐渐降低，入渗结束后24h 降至最低，之后又有所回升。雾化雨区护面措施的控渗作用对雾化雨区局部浅层滑动的稳定安全系数影响很大。研究给出了泄洪雾化分区的量化指标、防护设计原则及安全措施。

8.4　高性能抗冲耐磨混凝土

本文揭示了骨料品种（玄武岩、灰岩）、混凝土强度等级（$C_{90}40 \sim C_{90}60$）、粉煤灰掺量（20% ~50%）、硅灰掺量（5%或8%）、柔性填充料（橡胶粉）的细度和掺量、纤维品种（PVA 或聚酯粗、微纤维）对混凝土工作性能、力学性能、抗冲磨防空蚀性能、抗裂性的影响；提出了不同部位泄水建筑物的高性能抗冲磨混凝土配合比优选方法，兼顾混凝土的抗裂性和抗冲磨性能。

本文通过研究合成了一种纳米抗冲磨面层涂料体系，该体系由底漆和面漆组成，底漆由呋喃类活性溶剂改性环氧树脂组成成膜树脂，面漆由 $nmAl_2O_3/ZrO_2$ 改性环氧树脂组成成膜树脂。该涂层体系具有优异的抗冲磨性能、黏结强度、耐碱性及耐紫外老化性能，可作为抵抗高速夹沙石水流冲磨破坏的面层保护材料。

本文揭示了真空混凝土的性能特性，以 C45 设计强度的真空混凝土，达到并超出C70 强度混凝土的抗冲磨性能。研究表明，在不同的水压力和渗水高度条件下，真空混凝土与非真空混凝土的抗渗性能有所不同，真空混凝土的抗冻耐久性提高，真空脱水明显降低了混凝土总孔隙率。

本文开发了高速水下钢球法试验机，开发了旋转缩放型磨蚀—空蚀耦合试验系统。

本文建立了悬移质、推移质冲磨作用下混凝土使用寿命的估算模型，并用实例予以验证，结果表明所建立的估算模型可在一定程度上合理表达混凝土抗冲磨强度与冲磨使用寿命的关系。

8.5　泄流结构损伤诊断及灾变过程监测系统

在 RBF 神经网络的基础上，本文提出了一种基于泄流振动响应的弧形闸门多级损伤诊断评估方法。该方法集结构振动理论与神经网络及模式识别技术以及局部检测技术于一体，为实现弧形闸门的在线状态检测与监测提供了新思路。

本文开发研制了"光纤区域同步空化空蚀监测"仪器来同步测试空化噪声和泄流结构的空蚀冲击波动响应，并同时安装常规的"点"式水压和振动传感器来全面测试泄洪洞发生空蚀、磨蚀和冲刷等破坏时的水力要素和结构动力响应特征变化规律。

本文提出了大型水利工程泄洪消能防护结构的健康诊断方法，从监控传感器选型、信息采集与传输、安全监控指标确定及系统集成四方面，初步构建了泄洪消能结构安全实时监控系统；构建了监控指标体系，运用模糊综合评判方法，建立了水垫塘底板综合安全评价系统，该系统具有很好的运用前景。

8.6　泄流结构模态参数识别及损伤诊断与预警

基于泄流激励的水工结构模态参数识别，泄流激励荷载一般为上述谱中的多种组合，具有一定的激励频带和有较大的激励能量，能激发大刚度泄流结构多阶模态，可近似为白噪声输入激励。因此利用泄流激励识别大型泄流结构工作模态参数具有独特优势，获取模态参数可避免传统模态试验中实施人工激励难的问题，且可以对泄流结构工作性态进行在线评估。

本文开发了泄流激励下结构动力响应的降噪技术。该法无需事先假定一些工程技术指标，信号的重构不受一些主观技术指标的影响，经过降噪后的信号具有较高的信噪比。该方法可以用于基于泄流激励的结构模态参数识别方法的原始动力响应信号的降噪预处理，保留结构自身的振动特征量，为提高泄流激励下结构的模态参数识别提供了可靠基础。

本文提出了泄流结构的模态参数识别算法，提出了基于支持向量机和模态分析的导墙结构损伤诊断评估方法，提出了基于泄流振动响应的结构动力特性识别损伤诊断评估方法。

参考文献

[1] 郭子中. 消能防冲原理与水力设计 [M]. 北京：科学出版社，1982.

[2] 陈椿庭. 高坝大流量泄洪建筑物 [M]. 北京：水利电力出版社，1988.

[3] 时启燧. 高速水气两相流 [M]. 北京：中国水利水电出版社，2007.

[4] 张楚汉，王光纶，金峰. 水工建筑学 [M]. 北京：清华大学出版社，2011.

[5] 金忠青. N-S 方程的数值解和紊流模型 [M]. 南京：河海大学出版社，1989.

[6] 刘士和. 高速水流 [M]. 北京：科学出版社，2005.

[7] 戴会超，许唯临. 高水头大流量泄洪建筑物的泄洪安全研究 [J]. 水力发电，2009，35（1）：14－17.

[8] 戴会超，槐文信，吴玉林，等. 水利水电工程水流精细模拟理论与应用 [M]. 北京：科学出版社，2006.

[9] 刘沛清. 现代坝工消能防冲原理 [M]. 北京：科学出版社，2010.

[10] 林秉南. 我国高速水流消能技术的发展 [J]. 水利学报，1985（5）：22－26.

[11] 练继建，杨敏，等. 高坝泄流工程 [M]. 北京：中国水利水电出版社，2008.

[12] 许唯临，杨永全，邓军. 水力学数学模型 [M]. 北京：科学出版社，2010.

[13] 邓军，许唯临，卫望汝. 明渠自掺气水流 [M]. 北京：科学出版社，2018.

[14] RODI W. Turbulence Models and Their Application in Hydraulics [M]. Karlsruhe：University of Karlsruhe，1984.

[15] POPE S B. Turbulent Flows [M]. Cambridge：Cambridge University Press，2000.

[16] 张建民，陈剑刚. 多股多层水平淹没射流新型消能工 [M]. 北京：科学出版社，2013.

[17] 戴会超，王玲玲. 淹没水跃的数值模拟 [J]. 水科学进展，2004，15（2）：184－188.

[18] 戴会超，王玲玲，唐洪武. 三峡工程泄水建筑物水力优化设计 [J]. 河海大学学报（自然科学版），2006，34（4）：409－413.

[19] 戴会超，许唯临，高季章，等. 高坝水力学中紊流数学模型的应用及改进（Ⅱ）[J]. 水电能源科学，2007，25（4）：54－57.

[20] 戴会超，杨文俊. 三峡工程泄洪建筑物泄洪消能问题研究 [J]. 水力发电学报，2007，26（1）：48－55.

[21] 郑铁刚，戴会超，王玲玲，等. 低弗劳德数闸后淹没水跃的数值模拟 [J]. 水动力学研究与进展 A 辑，2010，25（6）：784－791.

[22] 许唯临，廖华胜，杨永全，等. 水垫塘三元流态及消能特征的数值和实验研究 [J]. 力学学报，1998，30（1）：36－43.

[23] 张建民，许唯临，刘善均，等. 突扩突缩式内流消能工的数值模拟研究 [J]. 水利学报，2004，35（12）：27－33.

[24] 田忠，许唯临，刘善均，等. 组合式洞塞消能工的数值计算 [J]. 水利水电科技进展，2005，25（3）：8－10.

[25] 刘沛清，许唯临. 高拱坝挑跌流非碰撞水垫塘消能形式研究 [J]. 水利学报，2010，41（7）：841－848.

[26] 刘善均，许唯临，王韦. 高坝竖井泄洪洞、龙抬头放空洞与导流洞"三洞合一"优化布置研究 [J]. 四川大学学报（工程科学版），2003，35（2）：10－14.

[27] 李乃稳，许唯临，周茂林，等. 高拱坝坝身表孔和深孔水流无碰撞泄洪消能试验研究 [J]. 水利学报，2008，39（8）：927－933.

[28] 李乃稳，许唯临，张法星，等. 高拱坝表孔宽尾墩流道内水流特性的数值模拟研究 [J]. 四川大学学报（工程科学版），2008，40（2）：19－25.

[29] 李乃稳，许唯临，田忠，等. 高拱坝表孔宽尾墩体型优化试验研究 [J]. 水力发电学报，2009，28（3）：132－138.

[30] 李乃稳，许唯临，刘超，等. 高拱坝表孔宽尾墩水力特性试验研究 [J]. 水力发电学报，2012，31（2）：56－61.

[31] 邓军，许唯临，张建民，等. 一种新型消力池布置形式——多股水平淹没射流 [J]. 中国科学（E辑：技术科学），2009，39（1）：29－38.

[32] 张建民，杨永全，许唯临，等. 水平多股淹没射流理论及试验研究 [J]. 自然科学进展，2005，15（1）：99－104.

[33] 张建民，任成瑶，许唯临，等. 淹没出流型旋流竖井泄洪洞新型连接型式及水力特性研究 [J]. 水力发电学报，2012，31（5）：96－101.

[34] 刘善均，杨永全，许唯临，等. 洞塞泄洪洞的水力特性研究 [J]. 水利学报，2002，2（7）：42－46，52.

[35] 张建民，王玉蓉，杨永全，等. 水平多股淹没射流水力特性及消能分析 [J]. 水科学进展，2005，16（1）：18－22.

[36] 孙双科，柳海涛，夏庆福，等. 跌坎型底流消力池的水力特性与优化研究 [J]. 水利学报，2005，36（10）：1188－1193.

[37] 黄秋君，冯树荣，李延农，等. 多股多层水平淹没射流消能工水力特性试验研究 [J]. 水动力学研究与进展A辑，2008，23（6）：694－701.

[38] 谢省宗，吴一红，陈文学. 我国高坝泄洪消能新技术的研究和创新 [J]. 水利学报，2016，47（3）：324－336.

[39] 梁在潮，黄纪忠. 论脉动壁压的振幅、频率的概率分布规律 [J]. 武汉水利电力学院学报，1980，1（1）：69－81.

[40] 梁在潮. 底流消能雾化的计算 [J]. 水动力学研究与进展（A辑），1994，9（5）：515－522.

[41] 张建民，杨永全，戴光清. 高拱坝挑跌流泄洪消能水垫塘底板稳定性研究 [J].

四川大学学报（工程科学版），2000，32（2）：17－21.

[42] 董兴林，郭军，杨开林，等. 高水头大流量泄洪洞内消能工研究进展［J］. 中国水利水电科学研究院学报，2003，1（3）：21－25.

[43] FOSSA M, GUGLIELMINI G. Pressure drop and void fraction profiles during horizontal flow through thin and thick orifices ［J］. Experimental Thermal & Fluid Science, 2002, 26（5）：513－523.

[44] 夏庆福，倪汉根. 洞塞消能的数值模拟［J］. 水利学报，2003，8（8）：37－42.

[45] 孙双科，柳海涛，徐体兵. 深厚覆盖层条件下高拱坝坝身泄洪消能的布置方式研究［J］. 水力发电学报，2010，29（2）：26－30.

[46] HORSZCZARUK EK. Hydro-abrasive erosion of high performance fiber-reinforced concrete ［J］. Wear, 2009, 267（1）：110－115.

[47] GLAZOV AI. Calculation of the air-capturing ability of a flow behind an aerator ledge ［J］. Hydrotechnical Construction, 1984, 18（11）：554－558.

[48] LIAN J, WANG X, ZHANG W, et al. Multi－source generation mechanisms for low frequency noise induced by flood discharge and energy dissipation from a high dam with a ski-jump type spillway ［J］. International Journal of Environmental Research and Public Health, 2017, 14（12）：1482.

[49] GUHA A. Transport and Deposition of Particles in Turbulent and Laminar Flow ［J］. Annual Review of Fluid Mechanics, 2008, 40（1）：311－341.

[50] 张华，练继建，李会平. 挑流水舌的水滴随机喷溅数学模型［J］. 水利学报，2003，34（8）：21－25.

[51] LIU S H, SUN X F, LUO J. Unified Model for Splash Droplets and Suspended Mist of Atomized Flow ［J］. Journal of Hydrodynamics, 2008, 20（1）：125－130.

[52] MOVAHEDI A, KAVIANPOUR M R. Aminoroayaie yamini O. evaluation and modeling scouring and sedimentation around downstream of large dams（article）［J］. Environmental Earth Sciences, 2018, 77（8）：320.

[53] DUAN H D, LIU S H, LUO Q S, et al. Rain intensity distribution in the splash region of atomized flow ［J］. Journal of Hydrodynamics, 2006, 18（3）：362－366.

[54] 练继建，张建伟，王海军. 基于泄流响应的导墙损伤诊断研究［J］. 水力发电学报，2008，27（1）：96－101.

[55] 练继建，刘昉，黄财元. 环境风和地形因素在挑流泄洪雾化数学模型中的影响［J］. 水利学报，2005，36（10）：1147－1152.

[56] 李敏，蒋维楣，张宁，等. 由泄洪水流引起的水舌风现象的数值模拟分析［J］. 空气动力学学报，2003，21（4）：408－416.

[57] PETERS R R, KLAVETTER E A. A continuum model for water movement in an unsaturated, fractured rock mass ［J］. Water Resources Research, 1988, 24（3）：416－430.

[58] 练继建. 高坝泄洪安全关键技术研究［J］. 水利水电技术，2009，40（8）：80－88.

[59] 周辉，陈惠玲，吴时强. 宽尾墩的泄洪消能效果与雾化影响［J］. 水力发电学

报，2008，27（1）：58－63.

［60］吴时强，吴修锋，周辉，等．底流消能方式水电站泄洪雾化模型试验研究［J］.水科学进展，2008，19（1）：84－88.

［61］刘之平，夏庆福，孙双科．跌坎底流消能水流再附长度的数值模拟研究［J］.水力发电学报，2012，31（1）：162－167.

［62］柳海涛，孙双科，郑铁刚，等．两河口水电站泄洪雾化影响分析［J］.水力发电，2016，42（11）：54－57.

［63］陈改新．高速水流下新型高抗冲耐磨材料的新进展［J］.水力发电，2006，32（3）：56－59.

［64］YEN T，HSU T H，LIU Y W，et al. Influence of class F fly ash on the abrasion-erosion resistance of high-strength concrete［J］. Construction & Building Materials，2007，21（2）：458－463.

［65］周赤，郭均立，芦俊英，等．泄洪表孔宽尾墩加消力池联合消能工的应用［J］.长江科学院院报，2000，17（4）：1－4，7.

［66］KOLVER K，IGARASHI S，BENTUR A. Tensile creep behavior of high strength concretes at early ages［J］. Materials & Structures，1999，32（5）：383－387.

［67］SAKAI E，SUGITA J. Composite mechanism of polymer modified cement［J］. Cement & Concrete Research，1995，25（1）：127－135.

［68］WONG W G，FANG P，PAN J K. Dynamic properties impact toughness and abrasiveness of polymer-modified pastes by using nondestructive tests［J］. Cement & Concrete Research，2003，33（9）：1371－1374.

［69］WETZEL B，HAUPERT F，MING Q Z. Epoxy nanocomposites with high mechanical and tribological performance［J］. Composites Science & Technology，2003，63（14）：2055－2067.

［70］KıLıÇ A，ATIŞ CD，Teymen A，et al. The influence of aggregate type on the strength and abrasion resistance of high strength concrete［J］. Cement & Concrete Composites，2008，30（4）：290－296.

［71］DHIR R K，HEWLETT P C，CHAN Y N. Near-surface characteristics of concrete：abrasion resistance［J］. Materials & Structures，1991，24（2）：122－128.

［72］HORSZCZARUK E. The model of abrasive wear of concrete in hydraulic structures［J］. Wear，2004，256（7）：787－796.

［73］MARAR K，Eren Ö，Çelik T. Relationship between impact energy and compression toughness energy of high-strength fiber-reinforced concrete［J］. Materials Letters，2001，47（4）：297－304.

［74］SAFFMAN P G. The lift on a sphere in a slow shear flow［J］. Journal of Fluid Mechanics，1965，22（2）：385－400.

［75］BERRYHILL R H. Experience with prototype energy dissipators［J］. Journal of the Hydraulics Division，1963，89（3）：181－201.

［76］CORTES C，VAPNIK V. Support-vector networks［J］. Machine Learning，1995，20

（3）：273 – 297.

［77］ 郭子中，徐祖信，吴建华 . 消能工的风险及经济分析 ［J］. 水动力学研究与进展
（A 辑），1990，5（2）：69 – 76.

［78］ 吴建华 . 旋涡孔板消能工的初步研究——一种新型无空蚀消能工 ［J］. 水动力学
研究与进展（A 辑），1996，11（6）：698 – 706.

［79］ 崔广涛，彭新民，杨敏 . 反拱型水垫塘——窄河谷大流量高坝泄洪消能工的合理
选择 ［J］. 水利水电技术，2001，32（12）：1 – 3，76.

［80］ 李艳玲，杨永全，华国春，等 . 多股多层水平淹没射流的试验研究 ［J］. 四川大
学学报（工程科学版），2004，36（6）：32 – 36.

［81］ 杨忠超，邓军，张建民，等 . 多股水平淹没射流水垫塘流场数值模拟 ［J］. 水力
发电学报，2004，23（5）：69 – 73.

［82］ 牛争鸣，贺立强，汪振 . 下游水位对水平旋转内消能泄洪洞水力特性的影响 ［J］.
水利学报，2005，36（10）：1213 – 1218.

［83］ HORSZCZARUK E. Mathematical model of abrasive wear of high performance concrete ［J］.
Wear，2007，264（1）：113 – 118.

［84］ 槐文信，曾玉红，李海涛，等 . 双曲拱坝坝顶表孔泄洪消能布置试验研究 ［J］.
四川大学学报（工程科学版），2007，39（1）：1 – 5.

［85］ LIN R J，CHENG F P. Multiple crack identification of a free-free beam with uniform material property variation and varied noised frequency ［J］. Engineering Structures，
2008，30（4）：909 – 929.

［86］ 高季章，董兴林，刘继广 . 生态环境友好的消能技术——内消能的研究与应用 ［J］.
水利学报，2008，39（10）：1176 – 1182，1188.

［87］ 汪振，牛争鸣，李嘉，等 . 水平旋流内消能泄洪洞的壁面压强及脉动特性 ［J］.
四川大学学报（工程科学版），2008，40（1）：32 – 37.

［88］ MOHAGHEGH A，WU J H. Effects of hydraulic and geometric parameters on downstream cavity length of discharge tunnel service gate ［J］. Journal of Hydrodynamics，
2009，21（6）：774 – 778.

［89］ 付波，牛争鸣，李国栋，等 . 竖井进流水平旋转内消能泄洪洞水力特性的数值模
拟 ［J］. 水动力学研究与进展 A 辑，2009，24（2）：164 – 171.

［90］ 孙双科 . 我国高坝泄洪消能研究的最新进展 ［J］. 中国水利水电科学研究院学
报，2009，7（2）：249 – 255.

［91］ XU W L，BAI L X，ZHANG F X. Interaction of a cavitation bubble and an air bubble with a rigid boundary ［J］. Journal of Hydrodynamics，2010，22（4）：503 – 512.

［92］ WU J H，AI W Z. Flows through energy dissipaters with sudden reduction and sudden enlargement forms ［J］. Journal of Hydrodynamics，2010，22（3）：360 – 365.

［93］ WU J H，AI W Z，ZHOU Q. Head loss coefficient of orifice plate energy dissipator ［J］.
Journal of Hydraulic Research，2010，48（4）：526 – 530.

［94］ GAO X X，CAI Y B，DING J T. Study on the influence of form factor of abrasion particles on concrete ［J］. Advanced Materials Research，2011，261（4）：69 – 74.

［95］ WU J H, LUO C. Effects of entrained air manner on Cavitation Damage ［J］. Journal of Hydrodynamics, 2011, 23 (3): 333 – 338.

［96］ WU J H, MA F, DAI H C. Influence of filling water on air concentration ［J］. Journal of Hydrodynamics, 2011, 23 (5): 601 – 606.

［97］ 程飞, 刘善均. 微挑消力池的数值模拟与试验研究 ［J］. 工程科学与技术, 2011, 43 (s1): 12 – 17.

［98］ ZHANG J M, CHEN J G, WANG Y R. Experimental study on time – averaged pressures in stepped spillway ［J］. Journal of Hydraulic Research, 2012, 50 (2): 236 – 240.

［99］ 董兴林, 杨开林, 付辉, 等. 兼有深水孔的旋流喇叭形竖井泄洪洞设计原理 ［J］. 水利学报, 2012, 43 (8): 941 – 947.

［100］ 练继建, 彭文祥, 马斌. 官地水垫塘底板泄洪振动响应特性研究 ［J］. 南水北调与水利科技, 2013, 11 (1): 60 – 65.

［101］ LEANDRO J, BUNG D, CARVALHO R. Measuring void fraction and velocity fields of a stepped spillway for skimming flow using non-intrusive methods ［J］. Experiments in Fluids, 2014, 55 (5): 17 – 32.

［102］ 栗帅, 张建民, 胡小禹, 等. 淹没型旋流竖井泄洪洞流态过渡的数值模拟研究 ［J］. 四川大学学报 (工程科学版), 2014, 46 (4): 13 – 19.

［103］ ZHANG X Q. Hydraulic characteristics of rotational flow shaft spillway for high dams ［J］. International Journal of Heat and Technology, 2015, 33 (1): 167 – 174.

［104］ 谢省宗, 吴一红, 陈文学. 我国高坝泄洪消能新技术的研究和创新 ［J］. 水利学报, 2016, 47 (3): 324 – 336.

［105］ 郭新蕾, 夏庆福, 付辉, 等. 新型竖井泄洪洞自调流机理和特性研究 ［J］. 水动力学研究与进展 (A 辑), 2016, 31 (6): 745 – 750.

［106］ 郭新蕾, 夏庆福, 付辉, 等. 新型旋流环形堰竖井泄洪洞数值模拟和特性分析 ［J］. 水利学报, 2016, 47 (6): 733 – 741, 751.

［107］ 王立杰, 牛争鸣, 张苾萃, 等. 新型射流消能的流态演变与极限临底流速研究 ［J］. 四川大学学报 (工程科学版), 2016, 48 (S1): 8 – 13.

［108］ GOODLING P J, LEKIC V, PRESTEGAARD K. Seismic signature of turbulence during the 2017 Oroville Dam spillway erosion crisis ［J］. Earth Surface Dynamics, 2018, 6 (2): 351 – 367.

［109］ KUMAR A, KHARE D, PANDEY A C. Optimization of stilling basin with high tail water depth ［J］. Water and Energy International, 2018, 61 (1): 62 – 67.

［110］ PENG Y, ZHANG J M, XU W L, et al. Experimental optimization of gate-opening modes to minimize near-field vibrations in hydropower stations ［J］. Water, 2018, 10 (10): 1435.

［111］ 孙双科, 彭育, 徐建荣. 高拱坝坝身泄洪规模探析——以白鹤滩水电站为例 ［J］. 水利学报, 2018, 49 (9): 1169 – 1177.

［112］ BHATE R R, MORE K T, BHAJANTRI M R, et al. Hydraulic model studies for optimising the design of two tier spillway-a case study ［J］. ISH Journal of Hydraulic Engineering, 2019, 25 (1): 28 –37.

[113] MICHAL A KOPERA, R M K, HUGH M BLACKBURN, et al. Direct numerical simulation of turbulent flow over a backward-facing step [J]. J Fluid Mech, 1997 (11): 1 –24.

[114] HELLER V. Scale effects in physical hydraulic engineering models [J]. Journal of Hydraulic Research, 2011 (49): 293 –306.

[115] PFISTER M, CHANSON H. Discussion-Scale effects in physical hydraulic engineering models [J]. Journal of Hydraulic Research, 2011 (50): 244 –246.

[116] DIMITRIS S, PANAYOTIS P. Macroscopic Turbulence Models and Their Application in Turbulent Vegetated Flows [J]. Journal of Hydraulic Engineering, 2011 (137): 315 –332.

[117] HASAN R, MATIN A. Experimental study for sequent depth ratio of hydraulic jump in horizontal expanding channel [J]. Journal of Civil Engineering (IEB), 2009, 37 (1): 1 –9.

[118] RAJARATNAM N, SUBRAMANYA K. Hydraulic jumps below abrupt symmetrical expansions [J]. Journal of Hydraulics Division, ASCE, 1968, 94 (HY2): 481 –503.

[119] CHANDRA J, LAL P B. Spatial hydraulic jump at axi-symmetrical sudden expansions in rectangular channels [J]. Indian Journal of Power and River Valley Development, 1978, 28 (7): 183 –188.

[120] OHTSU L, YASUDA Y, ISHIKAWA M. Submerged hydraulic jumps below abrupt expansions [J]. Journal of Hydraulic Engineering, 1999, 125 (5): 492 –499.

[121] LOKROU V P, SHEN H W. Analysis of the characteristics of flow in sudden expansion by similarity approach [J]. Journal of Hydraulic Research, 1983, 21 (2): 119 –132.

[122] HAGER W H. B-Jumps at abrupt channel drops [J]. Journal of Hydraulic Engineering, ASCE, 1985, 111 (5): 861 –866.

[123] NAKAGAWA H, NEZU L. Experimental investigation on turbulent structure of backward-facing step flow in an open channel [J]. Journal of Hydraulic Research, 1987, 25 (1): 67 –88.

[124] MICHELE M, ANTONIO P, HUBERT C. Tailwater level effects on flowconditions at an abrupt drop [J]. Journal of Hydraulic Research, 2003, 41 (1): 39 –51.

[125] KATAKAM V, SEETHA R, RAMA P. Spatial B-Jump at sudden channel enlargement with abrupt drop [J]. Journal of Hydraulic Engineering, 1998, 124 (6): 643 –646.

[126] GIOVANNI B F, CARMELO N. Hydraulic jumps at drop and abrupt enlargement in rectangular channel [J]. Journal of Hydraulic Research, 2002, 40 (4): 491 –505.

[127] DENG J, XU W L, ZHANG J M. A new type of plunge pool-Multi-horizontal submerged jets. Science in China Series E [J]. Technological sciences, 2008, 51 (12): 2128 –2141.

[128] HIRT C W, NICHOLS B D. Volume of fluid (VOF) method for the dynamics of free boundaries [J]. Journal of Computational Physics, 1981, 39: 201 - 225.

[129] LONG D, STEFFLER P M, RAJARATNAM N. LDA study of flow structure in submerged hydraulic jump [J]. Journal of Hydraulic Research, IAHR, 1990, 28 (4): 437 - 460.

[130] YAKHOT V, ORSZAG S A. Renormalization group analysis of turbulence [J]. Journal of Scientific Computing, 1986, 1 (1): 3 - 51.

[131] LIU H T, LIU Z P, XIA Q F, et al. Computational model of flood discharge splash in large hydropower stations [J]. Journal of Hydraulic Research, 2015, 53 (5): 1 - 12.